基因技术专利保护

国家知识产权局专利局专利审查协作北京中心 | 组织编写

知识产权出版社
全国百佳图书出版单位
—北京—

图书在版编目（CIP）数据

基因技术专利保护/国家知识产权局专利局专利审查协作北京中心组织编写. —北京：知识产权出版社，2024.9. —ISBN 978 - 7 - 5130 - 9533 - 4

Ⅰ. Q343.1；G306

中国国家版本馆 CIP 数据核字第 20249MN704 号

本书聚焦基因和生物技术领域专利保护实践中的热点问题，特别是围绕生物标志物、核酸干扰技术、基因编辑技术、病毒载体技术、核酸药物递送技术、给药群体表征制药用途专利六个领域，结合无效宣告请求审查决定、复审决定、行政裁决等进行解析，为上述领域专利申请人提供启示和参考。本书可作为从事基因和生物技术领域的新药研发人员、知识产权管理人员、专利代理师的工具书。

责任编辑：王玉茂　　　　　　　　　　　责任校对：谷　洋

封面设计：杨杨工作室·张冀　　　　　　责任印制：刘译文

基因技术专利保护

国家知识产权局专利局专利审查协作北京中心　组织编写

出版发行：	知识产权出版社 有限责任公司	网　　址：	http：//www.ipph.cn
社　　址：	北京市海淀区气象路 50 号院	邮　　编：	100081
责编电话：	010 - 82000860 转 8541	责编邮箱：	wangyumao@cnipr.com
发行电话：	010 - 82000860 转 8101/8102	发行传真：	010 - 82000893/82005070/82000270
印　　刷：	三河市国英印务有限公司	经　　销：	新华书店、各大网上书店及相关专业书店
开　　本：	787mm×1092mm　1/16	印　　张：	16.5
版　　次：	2024 年 9 月第 1 版	印　　次：	2024 年 9 月第 1 次印刷
字　　数：	340 千字		

ISBN 978 - 7 - 5130 - 9533 - 4　　　　　　　　　　　　　　　　　　　定　　价：90.00 元

———— 本书编委会 ————

作　者

黎舒婷　毛　颖　冯晓亮　刘新蕾　杨佳倩　李艳丽

审稿和点评

钟　辉　李子东　黄　磊　曹　扣　张秀丽　王　璟

统　稿

姚　云　杨　倩　靳春鹏

审　校

仲惟兵　王　静　钟　辉

撰写人员与分工

黎舒婷　　第一章　生物标志物专利保护

毛　颖　　第二章　核酸干扰技术专利保护

冯晓亮　　第三章　基因编辑技术专利保护

刘新蕾　　第四章　病毒载体技术专利保护

杨佳倩　　第五章　核酸药物递送技术专利保护

李艳丽　　第六章　给药群体表征制药用途专利保护

前　言

　　高质量发展是新时代的硬道理，需要新的生产力理论来指导。2024年1月，习近平总书记在中共中央政治局第十一次集体学习时强调："发展新质生产力是推动高质量发展的内在要求和重要着力点"，"新质生产力已经在实践中形成并展示出对高质量发展的强劲推动力、支撑力"。加快发展新质生产力，是新时代新征程解放和发展生产力的客观要求，是推动生产力迭代升级、实现现代化的必然选择。

　　新质生产力是由创新起主导作用，摆脱传统经济增长方式、生产力发展路径的先进生产力，具有高科技、高效能、高质量的特征。其中，以人工智能、云计算、大数据、物联网、区块链、虚拟现实和增强现实、基因和生物技术、机器人技术以及量子计算等为代表的战略性新兴行业和未来产业是形成新质生产力的主阵地。

　　具体到医药行业，人工智能、大数据等技术的应用可以为疾病的预防、诊断和治疗提供精准有力的支持，基因和生物技术的不断进步为复杂性、难治性疾病提供了新的治疗途径。而未被满足的临床需求、药品质量提升和产业可持续发展的具体要求为研发模式、生产方式、业务模式、组织结构等全面革新提出了明确的目标，为发展新质生产力、推动高质量发展蓄势赋能。

　　国家"十四五"规划中明确将"基因与生物技术"确定为七大科技前沿领域攻关领域之一，涵盖基因组学研究应用，遗传细胞和遗传育种、合成生物、生物药等技术创新，创新疫苗、体外诊断、抗体药物等研发，农作物、畜禽水产、农业微生物等重大新品种创制，生物安全关键技术研究等内容。面对全球基因与生物技术的快速迭代和多学科、跨领域融合的创新发展，应当以国家战略需求为导向，整合科技创新资源，集聚各方力量进行原创性、引领性科技攻关，打造更多引领新质生产力发展的"硬科技"。在此过程中，通过强化知识产权创造、运用、保护、管理、服务全链条保护路径，尤其是强化基因与生物技术领域的专利保护，可以增强基因与生物技术在全球竞争中的技术优势和产业优势，完善医药产业生态环境，为进一步培育发展新质生产力提供不竭动能。

　　本书聚焦基因与生物技术领域专利保护实践中的热点问题，分为生物标志物、核酸干扰技术、基因编辑技术、病毒载体技术、核酸药物递送技术、给药群体表征制药用途专利六个方面，研判相关领域专利保护状况，梳理实践中的争议，给出思考与启示。希望本书能为从事基因与生物技术领域新药研发和产业化工作、知识产权管理工作的从业人员、专利代理师及相关审查人员提供参考。

本书编写过程中参考借鉴了业内专家的意见和观点，在此一并表示感谢。因编者水平有限，疏漏之处在所难免，欢迎广大读者指正。

本书编委会
2024 年 8 月

目　　录

第 一 章
生物标志物专利保护

生物标志物又称生物标记物,是生物体受外界影响而异常化的信号指标,这种信号可以是细胞分子结构和功能的变化、某一生化代谢过程改变生成异常的代谢产物或代谢产物含量的变化、某一生理活动或活性物质的异常表现或个体、群体或整个生态系统表现出的异常变化。[①] 美国国家科学研究理事会(National Science Board,NSB)生物标志物委员会将生物标志物描述为反映生物系统或样本中所发生事件的指标,并将其视为阐明接触与健康损害之间关系的工具。早期生物标志物主要应用于环境卫生科学领域,将人类在环境中的暴露与疾病联系起来,例如将血铅作为生物标志物,反映儿童因铅中毒影响的智力发育状态。随着基础研究和临床医学的迅速发展,人们对疾病的病因和病理生理过程的认识不断深入,越来越多的参与疾病发生、发展和影响预后的疾病诊断类生物标志物被相继发现。

广义的生物标志物是指与疾病发生、发展密切相关的各种细胞学、生物学、生物化学中可以定量测定的指标,其可以是解剖学的、组织学的、影像学的,或者基因的、蛋白质的、代谢物等,只要能满足可客观测量以及可作为机体某一过程的评价这两个特征即可。而狭义的生物标志物,则多指来源人体组织的,如存在于血液、体液或组织中的可以用于衡量疾病诊断、疗效预测、治疗靶点、预后评估等的生物化学分子。从分子生物学角度而言,生物标志物可分为基因生物标志物、转录组学生物标志物、表观遗传学生物标志物、蛋白质组学生物标志物、代谢组学生物标志物、分子影像标志物等。随着组学技术和高通量测序技术的发展,越来越多的新型生物标志物不断被发现,例如肿瘤源性外泌体(exosomal protein)、循环肿瘤 DNA(circulating tumor DNA,ctDNA)、长链非编码 RNA(long noncoding RNAs,lncRNAs)等。[②]

目前,对于生物标志物的研究已经不仅是生物化学的基础研究,更重要的是,其在新药开发、医学诊断、临床试验方面的应用研究。生物标志物已被广泛应用于疾病

---

① 范月蕾,陈大明,于建荣. 生物标志物研究进展与应用趋势 [J]. 生命的化学,2013 (3):344-351.
② 罗荣城,张军一,等. 生物标志物与精准医学 [M]. 上海:上海交通大学出版社,2018.

的诊断，疾病分期或疾病严重程度的判断、患者分级、疾病预后、干预措施的毒性监测或预测，以及评价治疗效果或药物动力学的效应等，通过对疾病的不同状态和过程进行精确分类，提高疾病诊治与预防效果，实现对于疾病与特定患者进行个体化精准治疗的目的。因此，在新药研究中，生物标志物的研究备受重视，不少国家和地区已经加大投入建设生物标志物的数据平台等基础设施，同时出台相应的研究规划支持生物标志物相关基础研究的发展。

一、生物标志物的分类及其技术发展状况

美国食品药品监督管理局（FDA）和美国国立卫生研究院（NIH）联合制定的"BEST Resource"根据生物标志物的功能特点的差异，将生物标志物分为以下六种类型：诊断性生物标志物、预后性生物标志物、预测性生物标志物、药效效应生物标志物、安全性生物标志物、监测性生物标志物。[①] 我国《生物标志物在抗肿瘤药物临床研发中应用的技术指导原则》中也沿用了这一分类体系。[②] 这六种生物标志物类型的具体分类原则如下。

第一，诊断性生物标志物（diagnostic biomarker）：是指用于检测或确认相关疾病或病症的存在，或用于识别患有该疾病亚型个体的生物标志物，可判断患者是否患有特定疾病。例如，BCR - ABL1 融合基因阳性是慢性髓性白血病（chronic myelogenous leukemia，CML）的诊断指标之一，BCR - ABL1 融合基因属于诊断性标志物。在单一生物标志物准确率不高的情况下，可采用多个生物标志物进行联合诊断。某些可以鉴别疾病亚型的诊断型生物标志物通常在诊断分类结果被用作预测或预后生物标志物时发挥关键作用。

第二，预后性生物标志物（prognositc biomarker）：是指用于识别所关注的有特定疾病的患者疾病预后特征、疾病复发或进展风险的可能性的生物标志物，预后生物标志物可以指示将来临床事件（包括死亡、疾病进展、疾病复发、出现新的临床症状）增加或减少的可能性，以及在特定人群中疾病的复发或进展。例如前列腺特异性抗原的增加可评估前列腺癌患者癌症进展的可能性。

第三，预测性生物标志物（predictive biomarker）：是用于预测个体对某种治疗或干预措施疗效应答情况的生物标志物，是指当某些群体存在该生物标志物时比无该生物标志物的类似个体更容易或更不容易对治疗或干预产生有利或不利影响的生物标志物。例如人类白细胞抗原等位基因（HLA - B*5701）用于阿巴卡韦治疗前评估 HIV 患者，

---

① FDA - NIH Biomarker working group：BEST（Biomarkers，Endpoints，and other Tools），2018.

② 《生物标志物在抗肿瘤药物临床研发中应用的技术指导原则》，2021 年，国家药品监督管理局药品审评中心编订。

可识别有严重皮肤反应风险的人群。预测性生物标志物是目前抗肿瘤药物研发中应用最为广泛的生物标志物，可作为临床试验的富集因子或分层因子，也可用于排除暴露于药物可能产生不利影响的个体。

第四，药效效应生物标志物（response biomarker）：是指用于个体在接受药物治疗或环境因素后产生的潜在有益的或者有害的生物学效应的生物标志物，药效学生物标志物是一种动态评价指标，可以是因治疗而新产生的特异性生物标志物，也可以是因治疗导致水平发生变化的已有生物指标，可对药物的疗效或者疾病的治疗结果以及概念验证进行决策。例如血清低密度脂蛋白胆固醇可用于评估高胆固醇血症患者对降血脂药或饮食变化的反应等。

第五，安全性生物标志物（safety biomarker）：是指通过在用药前检测、用药过程中或用药后进行检测，用以指示是否产生毒副作用、程度如何，以表示不良反应的可能性、出现或毒性程度，从而避免或降低患者发生严重安全性风险的生物标志物。例如血清肌酐可评估患者服用影响肾功能的药物以监测药物肾毒性，一些肾损伤尿生物标志物（白蛋白、总蛋白、$\beta2$ 微球蛋白等）可检测急性药物诱导的肾毒性、肾小管或肾小球病变。

第六，监测性生物标志物（monitoring biomarker）：是用于对疾病或症状、用药状态或用药后的反应状态评估，通过动态重复检测、监测疾病状态变化的生物标志物。可以用于评估疾病的进展，包括新疾病的发生、已有异常症状的恶化、疾病的变化，评估疾病治疗程度。例如丙型肝炎病毒核糖核酸可用于评估慢性丙型肝炎患者的治疗反应。

虽然根据生物标志物的不同用途或功能可大致分为以上六类，然而由于同一生物标志物可能具有多种功能属性，在不同的使用背景下，同一生物标志物的归类可能不同。例如，BCR - ABL1 融合基因是 CML 的诊断性生物标志物；BCR - ABL1 激酶区的突变可预测患者对不同 BCR - ABL1 抑制剂的治疗反应，因此是预测性生物标志物；HER2 是乳腺癌病理亚型和预后性生物标志物，也是抗 HER2 单克隆抗体的预测性生物标志物。[①]

综合来看，生物标志物的应用价值主要体现在以下三个方面：①新的生物标志物可以成为预防医学的基础，在疾病发生前提出相应预防措施和应对策略，降低患病风险。②在临床医学和疾病治疗实践中使用生物标志物，提高疾病诊断的准确度或疾病治疗的特异靶向有效性，针对特定患者采取更为积极、有效的治疗，从而转变现有的健康检查、疾病预防和医疗模式，推动个性化疾病诊断和健康防护的发展。③通过对生物标志物的动态监测，监控和判断机体的治疗和预后的情况，为患者的恢复和长期

---

① 杨悦. 美国药品监管科学研究 ［M］. 北京：中国医药科技出版社，2020.

的健康状态提供保障。

从临床实践方面考虑，理想的生物标志物应该具有以下四个特点：①特异性好，可以准确判断出疾病的性质，协助疾病的诊断。②灵敏度高，能够早期检测出疾病的存在，用于疾病的筛查。③取材和检测方便，能够存在于血液或体液中并存在含量的变化，而不仅仅是发生于病灶周围，能够以无创的方式获得检测样品的生物标志物将更具实践价值。④能够较为稳定地存在并便于储存，确保检测的时效性和可实现性以及结果的稳定、可信性。

随着科学技术的不断进步以及人类对于健康和疾病预防的关注，医药技术领域对于生物标志物的开发和应用已非常普遍。由于生物标志物可以以血液、尿液等体液进行检测，对人体不会造成过大的痛苦，且能够在疾病的早期被发现，例如肿瘤标志物对于癌症的预测，因此，生物标志物存在巨大的商业价值。许多制药企业、科研机构纷纷投入生物标志物的研究中，并促进了各研究机构与企业加速生物标志物在知识产权领域的保护。根据市场调查发布的《中国癌症生物标志物行业竞争现状及企业投资策略研究报告》显示，全球癌症生物标志物市场规模将从 2022 年的 132 亿美元提高到 2026 年的 287 亿美元，[①] 专利保护无疑是增强生物标志物商业价值的有效工具。

二、专利保护实践中涉及生物标志物的焦点问题

生物标志物通常具有物质和计量两个属性，物质性表示生物标志物是由疾病相关细胞产生的、反映体内疾病状态的生物学物质；计量性表示生物标志物是可以定量的，这种可计量的变化与人体的生理条件、疾病发生发展、健康状态等相关，包括基因或蛋白的变异、异常表达等。因此，对于生物标志物的专利申请，其保护方式既可以是涉及生物标志物本身或相关产品的产品权利要求，也可以是涉及其用途或使用方法的方法权利要求。

客体是专利权保护的对象。从自然界找到以天然形态存在的物质，因属于科学发现而不能被授予专利权，对于涉及生物标志物本身或相关产品的发明，是否属于"科学发现"，疾病的诊断和治疗方法也是不授予专利权的客体，生物标志物的检测方法或其应用是否属于疾病的诊断方法，这都是生物标志物技术领域专利保护实践中需要考虑的具体问题。

公开换保护是专利制度的核心原则。鉴于生物体通路的复杂性，生物标志物的功

① 华经市场研究中心. 全球癌症生物标志物市场中的主要竞争者及市场规模现状分析 [EB/OL]. (2022 - 04 - 13) [2023 - 10 - 31]. http://www.sohu.com/a/537543893_372052.

能确定有其严格的要求，衡量生物标志物有效性的两个最基本的指标是灵敏度和特异性。只有满足一定的灵敏度和特异性要求的标志物，才能够有效地用于诊断疾病状态，否则会导致诊断结果出现假阳性或假阴性。专利申请文件中应记载足够的实验数据证明其对于特定疾病的特异性且能够被有效准确地测定才有可能确认其作为标志物对于疾病的指示作用。在生物标志物的筛选和测定手段上，也需要高效、准确的检测技术来给予支撑。

专利权保护范围的合理概括和延伸是平衡专利权人和公众利益的重要手段。在审查实践中，对于说明书中需要公开哪些内容才可以确认所述生物学物质能够作为特定疾病的生物标志物，或者需要验证到何种程度，才能够允许技术方案进行一定的上位概括或范围延伸，均存在一定的争议。

创造性是专利授权条件之一，也是专利实质审查过程中常见的争议焦点。生物机体本身的运转和疾病发生本身是很复杂的一个过程，一种疾病往往存在不同的病因、多种不同的致病机理，可伴随多种生物标志物指标的改变。不同疾病之间可存在相同的症状表现，其病因、症状、机理以及疾病进程之间的关系错综复杂、相互影响。生物标志物的通路机理复杂多样，根据现有技术已知的生物标志物和疾病发生通路，是否一定能够预期同一标志物用于相关通路疾病或者疾病发展程度的预测和判断，是关于生物标志物应用创造性审查方面的难点。生物标志物发明对于实验数据的高要求以及疾病发生发展的复杂因素，都使得生物标志物专利布局需要全方面、多角度考虑所述生物标志物与疾病的相关性。

（一）关于专利保护客体

根据生物标志物的技术特点及其实际的应用价值，专利申请文件中对于生物标志物的保护主题主要可分为三类：第一类是发现并验证新的生物标志物，对生物标志物（分离获得的蛋白、基因、化合物）产品本身或其性质给予保护。第二类是对某类疾病进行诊断、预测或预后价值的生物标志物进行检测的方法及诊断相关的应用，包括新的生物标志物的应用、已知生物标志物在新疾病诊断中的应用或者使用改进的诊断方法等。第三类是用于特定生物标志物检测的试剂、仪器设备、软件系统等，包括对各类诊断仪器、诊断试剂和检测方法施用的计算机软件或基于大数据的分析方法等改进。

（1）关于生物标志物本身及其性质的发现和应用

《专利审查指南》[①] 第二部分第十章第2.1节规定："人们从自然界找到以天然形态存在的物质，仅仅是一种发现，属于专利法第二十五条第一款第（一）项规定的'科学发现'，不能被授予专利权。"

---

① 书中提到的《专利审查指南》，如果未作特别说明，均指《专利审查指南2023》。——编辑注

生物标志物是人体中自然存在的物质，其与机体健康状况、疾病发生的关系也是一种客观存在的生理现象，对于单纯发现了以天然状态存在于人体中的生物标志物，将会由于其客观存在的属性而被认为仅仅是对自然界中客观存在的物质、现象、变化过程及其特性和规律的揭示，不属于我国专利法意义上的发明创造而不能被授予专利权。但是，如果是首次从自然界分离或提取出来的物质，其结构、形态或者其他物理化学参数是现有技术中不曾认识的，并能被确切地表征，且在产业上有利用价值，则该物质本身以及取得该物质的方法均可依法被授予专利权。因此，对于从生物体中通过技术手段分离、提取获得的，能够确定其结构的生物标志物及其相关应用，可以获得专利权的保护。

【案例1】 关于药物不良反应危险相关性标志物

涉案专利涉及 HLA－B＊1502、HLA－B＊5801、HLA－B＊4601，或者 HLA－B＊1502 的等价遗传标志物或 HLA－B＊5801 的等价遗传标志物与患者发生药物不良反应危险相关性的研究，授权公告的权利要求 1 主题为“HLA－B＊1502、HLA－B＊5801、HLA－B＊4601，或者 HLA－B＊1502 的等价遗传标志物或 HLA－B＊5801 的等价遗传标志物在制备评价患者发生应答于药物的药物不良反应危险的试剂盒中的用途”。无效宣告请求人认为，上述主题仅是发现人类部分 HLA－B 基因在预测药物不良反应中的功能，用于评价所述药物不良反应的危险，其体现的仅仅是发现所述基因或等价遗传标志物与所述药物不良反应的相关性，属于科学发现的范畴，不属于可授权的客体。对此，无效宣告请求审查决定[①]认为，权利要求 1 不属于科学发现，维持专利权有效。行政诉讼阶段对于上述争议，北京知识产权法院作出的行政判决书[②]中认为：如果仅仅是认识到 HLA－B＊1502、HLA－B＊5801、HLA－B＊4601，或者 HLA－B＊1502 的等价遗传标志物或 HLA－B＊5801 的等价遗传标志物与所述药物不良反应的相关性，则属于科学发现，但是该专利权利要求 1 的主题是“HLA－B＊1502、HLA－B＊5801、HLA－B＊4601，或者 HLA－B＊1502 的等价遗传标志物或 HLA－B＊5801 的等价遗传标志物在制备评价患者发生应答于药物的药物不良反应危险的试剂盒中的用途”，整个技术方案能够在产业上制造或者使用，能够解决技术问题，属于利用物质的医药用途的方法发明，而不是仅仅止步于揭示其与所述药物不良反应的相关性的科学发现。因此，涉案专利权利要求保护的技术方案不属于《专利法》第 25 条第 1 款第（1）项所规定的科学发现。由此可见，对于生物标志物产品本身或其客观特性的发明创造，可以将权利要求

---

① 国家知识产权局第 30580 号无效宣告请求审查决定（发文日：2016－11－17）。
② 北京知识产权法院（2017）京 73 行初 1342 号行政判决（发文日：2019－6－13）。

主题撰写为能够体现其所采取的技术手段以及对客观世界进行改造的技术方案来获得专利权的保护。

（2）关于生物标志物用途或检测方法

《专利法》第25第1款第（3）项的规定，疾病的诊断和治疗方法不属于专利法中的授权客体。《专利审查指南》第二部分第一章第4.3节规定："疾病的诊断和治疗方法，是指以有生命的人体或者动物体为直接实施对象，进行识别、确定或消除病因或病灶的过程。"出于人道主义的考虑和社会伦理的原因，医生在诊断和治疗过程中应当有选择各种方法和条件的自由，因而疾病的诊断和治疗方法不能被授予专利权。如果以"用于诊断某疾病""作为诊断标志物的应用""利用某生物标志物判断疾病预后状况的方法"等形式为保护主题的权利要求，则属于疾病诊断和治疗方法，不能被授予专利权。

《专利审查指南》第二部分第一章第4.3.1.2节还规定了不属于诊断方法的发明的几类情况，其中规定："（2）直接目的不是获得诊断结果或健康状况，而，（i）只是从活的人体或动物体获取作为中间结果的信息的方法，或处理该信息（形体参数、生理参数或其他参数）的方法；或（ii）只是对已经脱离人体或动物体的组织、体液或排泄物进行处理或检测以获取作为中间结果的信息的方法，或处理该信息的方法。……只有当根据现有技术中的医学知识和该专利申请公开的内容从所获得的信息本身不能够直接得出疾病的诊断结果或健康状况时，这些信息才能被认为是中间结果。（3）全部步骤由计算机等装置实施的信息处理方法。"

生物标志物一般是与疾病相关的，可以对疾病进行筛查、诊断或预后预测等。生物标志物客观上能够用于疾病的诊断、预测或者预后分析、用药治疗有效性等方面是由生物标志物本质特征决定的。对于生物标志物用途或检测方法类的权利要求，需要根据其直接目的、检测结果、实施手段等具体判断其是否构成专利法意义上疾病的诊断方法。对于涉及生物标志物用途或检测方法的权利要求，如果其全部步骤均由计算机等装置实施、检测结果仅是提供"中间结果"和/或直接目的不是获得诊断结果或健康状况，则其不属于专利法意义上的疾病诊断方法。

【案例2】用于定量测定胆固醇的方法

涉案专利涉及一种对小而密低密度脂蛋白（small dense low – density lipoprotein，sdLDL）的测定方法，涉案专利授权公告时的权利要求1如下：

1. 一种用于定量测定试样中小而密LDL中胆固醇的方法，该方法包括：第一步：在胆固醇酯酶和0.05g/L～1.0g/L的表面活性剂的存在下消除试样中除小而密LDL之外的脂蛋白，所述表面活性剂作用于除小而密LDL之外的脂蛋白；以及第二步：定量测定在第一步之后剩余的小而密 LDL 中的胆固醇。

在无效宣告请求阶段，无效宣告请求人请求宣告涉案专利全部权利要求属于疾病的诊断方法而无效，同时提交了如下证据（部分）。

证据 6：向延根等主编，《临床检验手册》，湖南科学技术出版社，2020 年 4 月第 1 版，第 218 页；

证据 7：崔巍等主编，《医学检验科诊断常规》，中国医药科技出版社，2020 年 6 月第 2 版，第 235 页；

证据 9：府伟灵主编，《临床生物化学检验》，人民卫生出版社，2013 年 1 月第 5 版，第 67 – 71 页；

证据 10：章成国主编，《动脉粥样硬化性血管疾病》，人民卫生出版社，2015 年 6 月第 1 版，第 31 页；

证据 11：关于小而密 LDL 体外诊断的中华人民共和国医疗器械注册文件。

无效宣告请求人认为：根据说明书的记载可知，sdLDL 的增加是动脉硬化的主要危险因素之一，在临床上进行此类 sdLDL 的分级测定非常重要。从证据 6、7、9、10 分析可知，对动脉粥样硬化（atherosclerosis，AS）、冠心病（coronary heart disease，CHD）等心血管疾病来说，sdLDL 是比低密度脂蛋白（LDL）更重要的致病因素和风险指标，更加具有诊断意义。据此，权利要求 1 保护的方法包括了以有生命的人体或动物体的离体样本为对象；以获得同一主体疾病诊断结果或健康状况为直接目的，属于专利法规定的不能被授予专利权的范畴。

对此，专利权人认为：涉案专利的目的是提供一种迅速定量 sdLDL 中胆固醇的方法，是对现有检测方法的改进，而非发现某些指标与疾病或健康状况之间的特异相关性，不对应于特定的疾病或健康状况。本领域技术人员根据所要求保护的方法所获得的信息不能直接判断疾病的诊断结果或健康状况，该信息属于"中间结果"，相应的检测方法不属于疾病诊断方法的范畴。

对于该争议焦点，无效宣告请求审查决定①中认为：①涉案专利说明书记载 sdLDL 是 AS 的主要危险因素之一；证据 6 记载 sdLDL 是引起冠状动脉粥样硬化最强大的物质，用于心血管疾病的风险评估，协助诊断 AS；证据 7 记载 sdLDL 是比 LDL 更重要的冠心病致病因素，是冠心病的致病性危险因素之一；证据 9 记载 AS 的病因非常复杂，是遗传、环境、年龄、性别等多种因素相互作用的结果，sdLDL 可促进 AS 发生、发展，是心脑血管事件发生的独立危险因素之一；证据 10 记载 sdLDL 相比 LDL 具有更强的致 AS 作用。虽然结合上述内容可以确定，sdLDL 与 AS 等存在一定的关联性，是 AS 等疾病的危险因素之一，但两者之间存在一定的关联性，并不意味着利用 sdLDL 的检

---

① 国家知识产权局第 48080 号无效宣告请求审查决定（发文日：2021 – 01 – 25）。

测指标能够直接诊断 AS 等疾病。证据 9 明确记载了 AS 的发生与多种因素相关，其病因复杂。因此，sdLDL 水平与 AS 并不存在明确直接对应关系，单独的 sdLDL 胆固醇的检测结果并不能与具体疾病对应。②一种疾病通常是多种因素综合作用的结果，一种致病因素可能与多种临床疾病或病理过程相关，在具体的疾病诊断过程中，通常需要医生在考虑通过多种检测手段获取的不同检测结果的基础上，综合年龄、病史等多个因素进行综合判断，如果缺乏医生的专业判断，即使获知测定 sdLDL 胆固醇的检测结果，本领域技术人员也不能直接诊断如 AS 等相关疾病。③涉案专利说明书记载了现有技术中各检测方法的缺陷，记载了"本发明的一个目的是提供一种用于无需预处理试样的分级测量 sdLDL 的试剂，其适用于迅速而方便的自动分析仪"，说明书还记载了达到该目的的检测方法。可见，涉案专利的发明目的在于对现有检测方法的改进，而非发现某些检测指标与疾病或健康状况之间的特异相关性；涉案专利中未涉及任何具体的分析、比较检测结果等需要医生介入的诊断过程和步骤，仅记载了具体检测过程中的相应步骤。本领域公知，这种体外检测过程中检测数据的获取通常都是由相应的仪器设备直接获取的，检测结果的获取过程通常不需要医生的参与、分析和具体判断，该方法本身并不会限制医生的选择自由。综上，涉案专利权利要求 1 请求保护的一种定量测定样品中的 sdLDL 胆固醇的方法并不属于疾病的诊断方法。

涉案专利中的待检测物质 sdLDL，虽然是动脉硬化、冠心病等心血管疾病的主要危险因素之一，但是根据现有技术整体的了解可知，并没有明确的医学证据表明 sdLDL 含量的升高或降低一定会导致某一具体种类的心血管疾病的发生，测定 sdLDL 胆固醇并不能直接诊断如 AS 等疾病，由此无法认定对其含量的检测属于一种疾病诊断方法。但与之不同的是，在下述案例 3 中，现有技术明确认定待检物质"碱性鞘磷脂酶"属于一种结肠癌及家族性腺瘤性息肉的诊断标记物，根据测定的碱性鞘磷脂酶含量是否超过正常基础值的检测信息，即可获知样品所来源的患者是否患有结肠直肠癌等疾病，因而对其检测并获得测定结果的过程属于疾病的诊断方法。

【案例3】 检测碱性鞘磷脂酶的分析方法

涉案专利驳回决定针对的权利要求书 1 如下：

1. 一种检测来自患者的生物学材料样品中的碱性鞘磷脂酶的体外方法，包括以下步骤：1）收集生物学材料样品；2）悬浮样品于包含 $0.24 \sim 0.26M$ 蔗糖、$0.14 \sim 0.16M$ 的 KCl、$45 \sim 55mM$ 的 KH_2PO_4 的匀浆缓冲液中，该缓冲液的 pH 调节至约 7.4；3）至少离心样品一次，回收上清液；4）测量上清液的蛋白含量；5）向上清液样品中加入包含 $44 \sim 55mM$ Tris/HCl、$1.9 \sim 2.2mM$ EDTA、$0.14 \sim 0.16M$ NaCl 并且 pH 为 $8.9 \sim 9.1$ 的检测缓冲液和 $28 \sim 30\mu M$ 的鞘磷脂以含有浓度为 $2.9 \sim 3.1mM$ 的胆盐 TC、

TDC、GC、GCDC 的检测缓冲液；6）在大约 37℃ 下孵育检测混合物大约 1 小时；7）步骤6）的样品与 28~31μM 的鞘磷脂混合，在约 37℃ 下孵育 1 小时；8）加入包含 pH 7.3~7.5 的 45~55mM Tris/HCl、9~11mM β-磷酸甘油、745~755μM ATP、4~6mM EDTA、4~6mM EGTA、95~105μM 的 Amplex Red 试剂、7~9U/ml 碱性磷酸酶、0.1~0.3U/ml 胆碱氧化酶和 1.5~2.5U/ml 辣根过氧化酶的反应缓冲液；9）在避光条件下于约 37℃ 下孵育所述反应混合物至少 1 小时；10）检测荧光，使用 530~560nm 的激发光，并在约 590nm 下检测发射光。

驳回决定认为：权利要求请求保护的主题为"检测来自患者的生物学材料样品中的碱性鞘磷脂酶的体外方法"，说明书中提及"所述碱性鞘磷脂酶是严重的病理状态如结肠癌及家族性腺瘤性息肉的标记物"。根据说明书的描述，权利要求1从表述形式上看是以离体样品为对象，但该发明仍是以获得同一主体疾病诊断结果或健康状况为直接目的，因此权利要求1请求保护的检测方法属于疾病的诊断方法，不能被授予专利权。

在复审阶段，复审请求人认为：权利要求1涉及的检测方法是一种体外方法，该方法获得的结果至多只能算中间结果，不能直接获得疾病的诊断结果或健康状况，该方法测得的碱性磷酸酶水平本身并不能作为存在疾病的确定证据，也不能用于建立任何治疗方案，只是提供了一个泛泛的信息，本领域普通技术人员根据该信息并不能推断个体患有何种疾病。粪便中碱性磷酸酶水平异常的原因很多，并不是仅仅由结肠直肠癌或家族性腺瘤性息肉造成，其也可能是细菌数量变化造成。本领域技术人员在获得检测结果后，不能根据结果本身就确定是否患有结肠直肠癌或家族性腺瘤性息肉，还必须在该检测结果基础上进行其他测试才能诊断结肠直肠癌或家族性腺瘤性息肉，故该申请方法提供的是中间结果，不能认为是疾病诊断结果。

对于该争议焦点，复审审查决定①指出：①该申请说明书中记载了"碱性鞘磷脂酶在肠道中的存在以及其在结肠直肠癌中检测到的选择性降低说明该酶在肠道癌变中起作用""超过了正常的基础值的过量碱性鞘磷脂酶在粪便或生物学流体中的排泄可作为结肠直肠癌变及家族性腺瘤性息肉的有价值的诊断标记物"，基于此，该申请认为"有需要获得可靠的检测方法以检测可能处于前述肠道病理状态的患者粪便或生物学流体中的碱性鞘磷脂酶"，并提供了所述检测碱性鞘磷脂酶的方法。由此可见，实施权利要求请求保护的方法后，根据其检测信息，即能获知样品所来源的患者是否患有结肠直肠癌等疾病，或者获知该患者患所述疾病的可能性有多大，该检测结果与所述疾病产生了直接的关联，根据该检测结果，本领域技术人员能够对样品所来源对象的疾病及健康状况作出直接评估。②虽然所述"生物学材料样品"是离体，但其来源于患者，

---

① 国家知识产权局第 15588 号复审决定（发文日：2008-12-22）。

并且根据上面的评述可知，权利要求 1 的方法可直接获得患者的诊断结果和健康状况，所述方法的对象实际上是有生命的人体。综合考虑，该方法应属于疾病的诊断方法。

由以上两个案例可以看出，判断一项权利要求的技术方案是否属于疾病的诊断方法，关键的考量因素还是有关方法能否同时满足以下两个条件：①能否以有生命的人体或动物体为对象；②能否以获得疾病诊断结果或健康状况为直接目的。其中，是否属于"中间结果"需要基于现有技术整体医学知识和专利申请文件中记载的实践内容进行综合判断。对于"中间结果"把握的争议点则往往集中于两个方面：一是对现有技术中的医学知识和该专利申请公开的内容的解读和认定，即判断其是否揭示了相应的诊断应用；二是判断相关信息本身能否直接得出疾病的诊断结果或健康状况。

由此可见，对于生物标志物的检测和应用技术领域，检测生物样本所获得的生物标志物信息通常都会或多或少地反映了该生物样本来源的生物个体的生理状态，尤其是根据现有技术判断所述生物标志物仅是存在潜在的诊断用途时，需要判断相应的检测结果是否属于"中间结果"，具体考虑所述检测结果与相关疾病或健康状况之间关联性、能否用于诊断目的、申请文件中能否实质用于诊断目的、根据检测结果能否直接得出相应疾病的诊断结果或健康状况等方面的因素。当然，如果专利申请说明书发明内容部分明确记载了相应的检测结果可直接用于诊断用途，或者基于现有技术的医学常识已经知晓所述生物标志物与某种疾病直接相关，那么所述生物标志物的诊断用途本身属于整体发明构思的一部分，无法将检测结果与诊断用途完全割裂来看待，通常应当将检测所得到的信息认定为疾病诊断结果。

（3）关于检测方法中涉及计算机软件或大数据分析的情形

对于生物标志物检测试剂、装置、软件类的发明创造，其中需要重点考虑的是检测方法中使用计算机程序和软件时是否属于智力的活动规则和方法。根据《专利法》第 25 条第 1 款第（2）项的规定，对智力活动的规则和方法不授予专利权。《专利审查指南》第二部分第一章第 4.2 节规定："智力活动，是指人的思维运动，它源于人的思维，经过推理、分析和判断产生出抽象的结果，或者必须经过人的思维运动作为媒介，间接地作用于自然产生结果。智力活动的规则和方法是指导人们进行思维、表述、判断和记忆的规则和方法。由于其没有采用技术手段或者利用自然规律，也未解决技术问题和产生技术效果，因而不构成技术方案。"在判断涉及智力活动的规则和方法的专利申请要求保护的主题是否属于可授予专利权的客体时，应当遵循以下原则：①如果一项权利要求仅仅涉及智力活动的规则和方法，则不应当被授予专利权。如果一项权利要求，除其主题名称以外，对其进行限定的全部内容均为智力活动的规则和方法，则该权利要求实质上仅仅涉及智力活动的规则和方法，也不应当被授予专利权。②除了上述①所描述的情形之外，如果一项权利要求在对其进行限定的全部内容中既包含智力活动的规则和方法的内容，又包含技术特征，则该权利要求就整体而言并不是一种智力活动的规则和方法，不应当依据《专利法》第 25 条排除其获得专利权的可能性。对于涉及生物标志物检测过程中计算机程序或软件的发明创造，同样可使用上述原则进行判断。

另外，随着人类逐渐进入数字化医疗时代，计算机技术以及数据库分析被越来越多地应用于医疗领域，极大地促进了诊断的准确性，提高了医疗的效率。利用大数据技术对生物信息与疾病的关系进行挖掘和分析，属于大数据技术在生物信息学领域的一种应用情形，实质上是一种信息学的分析和处理方法。这类信息处理方法是利用大数据和/或人工智能分析获得结果，但这种结果实质上是一种概率值，目的在于为医生更准确地诊断疾病和制定治疗方案提供参考，这种方法可以在产业上应用，也不会限制医生在诊断和治疗过程选择各种方法和条件的自由。得出的相关性结果仅作为理论研究基础为医生或研究人员提供参考信息，在实际诊断过程中，医生仍需要对具体患者或对象进行专业分析和确认后，才能做出具体诊断结果。因此，这类基于大数据分析或计算概率方法的直接目的不是得到特定疾病的诊断结果或具体的健康状况，一般不属于疾病的诊断方法。

综上所述，在生物标志物发明创造的专利保护主题方面，各类型均有其各自的特点以及需要考量和"规避"的问题，尤其是占比最多的涉及用途和方法类的权利要求。为了克服上述问题，以保证生物标志物及其应用发明的可专利性，申请文件的撰写方式是需要重点考量的。例如申请人可将涉及疾病诊断的生物标志物相关权利要求撰写为在制备检测产品中的应用。如果是涉及检测方法的改进，可以将涉及所述改进发明点相关的设备、试剂通过产品形式保护，或者撰写为在制备检测设备/试剂中的用途。而有些能够明显区分诊断/非诊断应用的方法权利要求，还可以采用排除式的限定即"所述方法不属于诊断方法"或"非诊断目的的方法或用途"的限定来克服上述问题。综上所述，只要在撰写权利要求主题时注意规避不能被授予专利权保护的客体，涉及生物标志物及其应用的发明创造就有可能作为专利权保护的客体。

（二）关于说明书是否充分公开

生物标志物种类众多，但能够真正作为疾病诊断的生物标志物需要与疾病之间存在明确的关联性，且需要满足具备检测灵敏度和特异性这两个基本条件，只有满足一定的灵敏度和特异性要求的标志物，才能够作为生物标志物，从而有效地用于疾病及健康状况诊断。

《专利法》第 26 条第 3 款规定，说明书应当对发明作出清楚、完整的说明，以所属技术领域的技术人员能够实现为准。《专利审查指南》第二部分第十章第 3.1 节关于"化学产品发明的充分公开"规定："要求保护的发明为化学产品本身的，说明书中应当记载化学产品的确认、化学产品的制备以及化学产品的用途。"如果所属技术领域的技术人员无法根据现有技术预测发明能够实现所述用途和/或使用效果，则说明书中还应当记载对于本领域技术人员来说，足以证明发明的技术方案可以实现所述用途和/或达到预期效果的定性或者定量实验数据。《专利审查指南》第二部分第十章第3.3节关于"化学产品用途发明的充分公开"规定："对于化学产品用途发明，在说明书中应当记载所使用的化学产品、使用方法及所取得的效果，使得本领域技术人员能够实施该用途发明。如果本领域的技术人员无法根据现有技术预测该用途，则应当记载对于本领域技术人员来说，足以证明该物质可以用于所述用途并能够解决要解决的技术问题或者达到所述效果的实验数据。"

疾病生物标志物（例如基因、蛋白等）是一类特殊的化学产品，相关发明内容涉及生物标志物本身、相关产品、方法和用途等，其发明的实质在于发现和/或确立已知或未知生物学物质与疾病之间的关联性，从而将该生物学物质作为生物标志物应用于疾病的风险预测、早期诊断、疗效评估和/或预后预测等。此类发明的关键在于确认该生物学物质与疾病之间的关联性。而且对于生物标志物筛选、验证的方法众多，例如通过代谢组学检测筛查生物标志物时，通常是先通过色谱分析检测生物样品，对于检测数据利用统计学方法和色谱数据处理方法进行处理，进而筛选出差异性标志物，再通过实验数据对差异性标志物是否能够作为疾病诊断或筛的生物标志物的应用进行验证。在这个环节会涉及大量的生物样本数据、临床验证数据等，要完整获得这些数据需要付出大量的人力、物力和时间精力，存在一定的难度。对于什么样的验证实验数据能够满足和体现发明的必要性、合理性和完整性，仍然需要寻找统一的标准。

为满足充分公开的要求，通常情况下，说明书应当记载足以证明该生物学物质可以用于疾病的风险预测、早期诊断、疗效评估和/或预后预测等的实验数据，除非本领域技术人员基于现有技术即可预测该生物学物质能够作为特定疾病的生物标志物使用。由于生物标志物之间的复杂关系，效果验证试验方法众多、效果数据形式多样等因素，涉及生物标志物的发明创造如何才能满足说明书充分公开的要求已成为专利实质审查中的难点之一。

【案例4】 用于癌症的诊断和治疗的方法和组合物

涉案专利涉及一种用于癌症的诊断的方法和组合物，该案复审阶段针对的独立权利要求1如下：

1. 一种或多种药剂在制备用于检测、诊断或监测转移性胃肠癌的组合物中的用途，所述转移性胃肠癌的特征为在分离自患者的生物样品中表达肿瘤抗原，所述一种或多种药剂选自：

（i）与编码如下肽的肿瘤核酸特异性杂交的核酸，所述肽包含所述肿瘤抗原的氨

基酸序列或肿瘤抗原肽的氨基酸序列，所述肿瘤抗原肽包含所述肿瘤抗原的至少 6 个连续氨基酸，

（ii）与如下肽特异性结合的抗体，所述肽包含所述肿瘤抗原的氨基酸序列或肿瘤抗原肽的氨基酸序列，所述肿瘤抗原肽包含所述肿瘤抗原的至少 6 个连续氨基酸，其中所述生物样品来自这样的组织或器官，当所述组织或器官不存在肿瘤时，其中的细胞不表达所述肿瘤抗原和/或编码所述肿瘤抗原的所述肿瘤核酸，其中，所述肿瘤抗原包含由如下核酸编码的氨基酸序列，所述核酸包含根据序列表中 SEQ ID NO：1 的核酸序列。

复审通知书中指出，权利要求 1 涉及保护将所述标志物用于转移性胃肠癌的诊断，该申请说明书记载的通过检测除了胃、结肠之外的组织是否表达 SEQ ID NO：1，并无法证明待测患者是否是转移性胃肠癌，根据说明书数据表格所显示的内容无法认定 SEQ ID NO：1 的少量表达是由于正常胰腺、睾丸、脾、胸腺组织正常产生的，还是由于转移的胃癌细胞产生的，也无法确认其是胃癌转移还是结肠癌转移引起的。在该申请没有提及和验证胰腺、睾丸、脾、胸腺组织的癌变细胞是否过表达 SEQ ID NO：1 的情况下，不能仅根据该申请的实验数据说明 SEQ ID NO：1 一定不在除了结肠、胃的癌变组织中表达。即便这些组织中存在 SEQ ID NO：1 的表达，也无法区分是这些组织本身的癌变还是胃癌细胞转移造成的。因此，该申请说明书公开不充分。

对此，复审请求人认为：①权利要求 1 限定了"当所述组织或器官不存在肿瘤时，其中的细胞不表达所述肿瘤抗原和/或编码所述肿瘤抗原的所述肿瘤核酸"，已排除正常组织少量表达 SEQ ID NO：1 的情形。②该申请明确公开"胃肠道癌症（消化系统癌症）包括食管癌、胆囊癌、肝癌、胰腺癌、胃癌、小肠癌、大肠（结肠）癌和直肠癌"，且无论所检测出的转移性癌症是胃癌转移还是结肠癌转移，其均属于"转移性胃肠癌"这一概念；是否对这种转移性胃肠癌的具体种类（即是否是转移性胃癌或转移性结肠癌）进行分类，则是本领域技术人员基于现有的常规技术（如组织活检、内窥镜等手段）可以自行选择实施的，其技术效果也能够合理预期。③现有技术已经针对包括 SEQ ID NO：1 在内的 300 余种 PRO 肽在不同肿瘤组织中分别进行了微阵列分析，以检测其过表达水平，其涉及例如肺、结肠、乳腺、前列腺、子宫颈、直肠和肝等多种肿瘤组织。结果发现，PRO 1472（即 SEQ ID NO：1）多肽仅在结肠肿瘤和肺肿瘤中过表达，并未检测到在其他任何肿瘤组织中的过表达。可见，本领域技术人员根据现有技术可以清楚地了解在多种不同的肿瘤组织中，PRO 1472 多肽仅在其中两种组织中过表达，证明了其不是一种普遍的肿瘤标志物，而仅是一种局限于特定肿瘤类型中的肽。

　　复审决定①认为：该申请要解决的技术问题是检测 SEQ ID NO：1 的药剂用来检测、诊断或监测转移性胃肠癌，提供的技术方案是检测待测患者除胃和结肠之外的器官（不存在肿瘤时，基本上不表达所述肿瘤抗原和/或核酸）中所述肿瘤抗原或其编码核酸的存在情况，如果存在所述肿瘤抗原或其核酸，则认为是胃肠癌转移患者。该申请说明书实施例验证了 SEQ ID NO：1 在正常胃、结肠、小肠、脑、乳房、胰腺、肺、肾、睾丸、脾、淋巴结、子宫、食管、胸腺等不表达或极低表达，还验证了 SEQ ID NO：1 在正常的结肠、胃组织中表达与在结肠癌、胃癌中的表达情况没有显著差异。复审请求人据此认为，由于在除胃、结肠之外的组织中不表达或极低表达 SEQ ID NO：1，因而在这些组织中存在 SEQ ID NO：1 的表达，则说明是来自转移的胃肠癌细胞。然而，通过检测除胃、结肠之外的组织是否表达 SEQ ID NO：1，并无法证明待测患者是否是转移性胃肠癌。具体理由为：①该申请附图显示胰腺、睾丸、脾、胸腺组织中有少量 SEQ ID NO：1 表达，由于转移性癌症中转移的癌细胞不是必然大量的，当仅有微量的转移胃肠癌细胞存在时，检测时也只显示少量的 SEQ ID NO：1 表达，此时无法认定所述 SEQ ID NO：1 的少量表达是由于正常胸腺、睾丸、脾、胸腺组织正常产生的，还是由于转移的胃肠癌细胞产生的。②由于肺癌中也表达 SEQ ID NO：1，如果发生转移，也可能在上述正常组织中发现 SEQ ID NO：1 的表达，则无法确认除结肠、胃之外的组织表达的 SEQ ID NO：1 是胃肠癌转移还是肺癌转移引起的。③该申请仅证明了除结肠、胃之外组织正常细胞不表达或少量表达，但并没有证明这些组织癌变细胞是否会出现 SEQ ID NO：1 的过量表达，例如胰腺、脑、睾丸、脾、胸腺等组织，在现有技术和该申请均没有提及上述组织的癌变细胞是否过表达 SEQ ID NO：1 的情况下，不能仅根据该申请的实验数据就说明 SEQ ID NO：1 不是一般性肿瘤标记物，不在上述除结肠、胃之外的癌变组织中表达。因此，即便这些组织中存在 SEQ ID NO：1 的表达，也无法区分是这些组织本身的癌变抑或是胃肠癌细胞转移造成的。虽然权利要求中限定了"当所述组织或器官不存在肿瘤时，其中的细胞不表达所述肿瘤抗原和/或编码所述肿瘤抗原的所述肿瘤核酸"，但事实上该申请也仅验证了部分正常组织少量表达 SEQ ID NO：1，部分正常组织不表达 SEQ ID NO：1，公开的信息不足以支撑本领域技术人员即可判断哪些正常组织是不表达，哪些正常组织是少量表达，即本领域技术人员不能容易地判断哪些正常组织是被排除在外的。对于本领域技术人员来说，根据需要测定特定癌症中是否存在特异性基因的表达，往往与其研究的关注点相关，现有技术中仅关注了几种癌症的基因表达情况，其并没有针对全部癌症类型进行测试，例如 PRO 1472 多肽，仅证明了其在结肠癌和肺癌中表达，由于其没有关注胃癌等癌症，没有发现其在胃癌中有表达，以及在胃和结肠的正常组织中有表达。可见，并不能仅依据目

_____

　　① 国家知识产权局第 263648 号复审决定（发文日：2021 - 06 - 25）。

前研究获知的信息就判断其他未研究的癌症类型中也不表达 SEQ ID NO：1。虽然该申请进一步发现了胃癌以及胃和结肠的正常组织表达 SEQ ID NO：1，其他部分正常组织少量表达或不表达 SEQ ID NO：1，但是在没有验证该申请涵盖癌症之外的癌症是否表达 SEQ ID NO：1 时，不能认定其他组织癌症患者不表达 SEQ ID NO：1，因此即便这些正常组织中发现了 SEQ ID NO：1 的表达，也不能认定其是由于自身癌变导致抑或是胃肠癌转移导致。综上所述，该申请提供的技术手段，无法解决将检测 SEQ ID NO：1 的药剂用于检测、诊断或检测转移性胃肠癌的技术问题，说明书针对权利要求请求保护的技术方案没有给予充分公开。

该案的争议焦点在于，SEQ ID NO：1 在不同的正常组织、癌组织中的差异表达的发现，是否作为其一定能够指示某种特定癌症发生的诊断指标。虽然如复审请求人在意见陈述中所述，分子诊断是一种辅助诊断，最终确诊还需要临床医生结合临床症状和其他诊断指标综合考虑来做出。但是，在以生物标志物为特征的疾病诊断技术中，所谓疾病诊断标志物就是与某种疾病显著相关的特征指标，由此才能说明受试者是否具有患某种疾病的倾向，而并不是仅简单通过基因组学、蛋白组学、代谢组学等手段发现指标的变化就能认可其指示作用。具体到该案，说明书仅仅提供了利用计算机数据发掘筛选得到的 SEQ ID NO：1 序列，发现 SEQ ID NO：1 在正常胃、结肠、小肠、脑、乳房、胰腺、肺、肾、睾丸、脾、淋巴结、子宫、食管、胸腺等不表达或极低表达，还验证了 SEQ ID NO：1 在正常的结肠、胃组织中表达与在结肠癌、胃癌中的表达情况没有显著差异。然而，本领域技术人员基于公知常识可知，同一疾病例如癌症有可能有许多相关基因的表达发生变化，不同的癌症也会引起相同基因表达的变化。而对于疾病生物标志物而言，必须具备检测某种疾病的灵敏度和特异性两个方面的特质，否则无法建立所述生物标志物与所述疾病之间的关系，从而无法准确诊断所述疾病。该案申请说明书并未记载任何验证实验，仅基于序列 SEQ ID NO：1 在各器官正常组织、癌组织中表达量的变化，并不能满足所述生物标志物在诊断中灵敏度和特异性的要求，导致本领域技术人员无法确定所述 SEQ ID NO：1 是否满足用于检测特定疾病即转移性胃肠癌的生物标志物的结论。

从与疾病的对应关系来说，生物标志物的功能确定有其严格的要求，并非通过代谢组学发现某些代谢物的变化就可以认定为标志物，差异表达仅能表明疾病状态下某些生物分子含量发生了改变，但不能由此就说明确该生物分子的改变就导致了疾病的风险程度和可能性。因此，申请文件中至少应记载足够的实验数据证明其对于特定疾病的特异性才有可能确认其作为标志物对于疾病的指示作用。如果本领域的技术人员根据现有技术无法预测某种生物学物质能够作为特定疾病的生物标志物，说明书中又未给出足以证明该生物学物质可以用于所述用途并能解决所要解决的技术问题或者达到所述效果的实验数据，则说明书不满足充分公开的要求。同一疾病可能存在众多生物学物质的变化，不同疾病也会存在相同的生物学物质的变化，因此即使通过研究和分析发现了疾病中存在某个/某些生物学物质的变化，这样的物质也不一定能够作为该疾病的生物标志物。

从生物标志物诊断疾病取得成功的效果预期方面来说，疾病生物标志物必须具备检测某种疾病的灵敏度和特异性两个方面的特质，如果在疾病生物标志物的研发中仅仅找到诸如差异表达的生物学物质，仅是初步的筛查结果，对于一个新的疾病生物标志物的认定，还必须包括后续的生物学效应的验证实验。因此，对于涉及新的疾病生物标志物的发明，即便申请文件说明书中记载了一定的表达差异数据，或者记载了用于确定诊断效能的受试者特征（ROC）曲线，以及灵敏度和特异性的值等从表面上看已验证的实验数据，然而，本领域技术人员还需要结合现有技术及其数据判断所述实验数据是否清楚、完整地记载了验证实验，以达到使所属技术领域的技术人员能够确信所述生物学物质与疾病之间存在关联性且可用作该疾病的生物标志物的程度。也就是说，对于生物标志物的功能确定有其严格的要求，并非通过某些基础研究、检测数据、代谢组学发现某些代谢物的变化就可以认定为标志物，申请文件中至少应记载足够的实验数据证明其对于特定疾病的特异性，才有可能确认其作为标志物对于疾病的指示作用。

除此以外，用于验证生物标志物与特定疾病相关性的实验样本，也是判断其实验结果是否可行、合理和有效的关键因素。随着该领域技术的不断发展，针对生物标志物的实验已不局限于细胞或组织方面的筛选和验证，而是使用疾病患者和健康人群直接作为筛选样本和验证样本，此时，则需要考量这些样本的选择和使用是否能够满足验证结果的科学、客观和有效。由于各类基因组数据库的建立和不断发展，越来越多的生物标志物筛选技术均是基于数据库样本进行筛选和分析，对于这类发明，同样需要注意样本库的使用是否真实可信、准确且可重复。例如发明涉及一种与肺癌相关的生物标志物 X 基因及其应用，说明书实施例记载了以随机 80 名肺癌患者和 80 名健康人作为筛选样本集，定量检测多种基因的表达量，数据统计分析结果显示肺癌患者血液中 X 基因的表达量显著低于健康对照组。诊断效能验证使用前述 80 名肺癌患者和 80 名健康人作为验证样本集，对其 X 基因表达量数据进行数据分析处理，绘制 ROC 曲线，结果显示曲线下面积（AUC）值为 0.92，灵敏度和特异性分别为 0.911 和 0.803。经检索，现有技术未公开或教导 X 基因与肺癌之间的关系。再如发明涉及用于诊断口腔鳞癌的生物标志物 Y 基因，说明书实施例中记载了获得所述生物标志物的步骤为：①数据和预处理。在癌症基因组图谱（TCGA）数据库和基因表达综合（GEO）数据库中搜索公共基因表达数据和完整的临床注释。根据临床信息，选择信息完整的口腔临床标本，对基因数据进行去重、取平均值等处理，获得的 TCGA 数据集作为训练集（癌旁：癌 =48 : 256），GEO 数据集作为验证集（癌旁：癌 =42 : 163）。②差异表达分析。使用 R 软件中的"limma"包进行差异表达分析。结果显示，Y 基因在 TCGA 训练集中均呈现差异表达，在癌组织中表达下调。③诊断效能分析。将 Y 基因作为候选标志物，在 GEO 验证集中检验其诊断效能。使用 R 包"pROC"绘制 ROC 曲线，分析其作为检测变量的 AUC 值、敏感性和特异性。结果显示在验证集中的 AUC 值、灵敏度和特异性分别为 0.939、0.936 和 0.818。经检索，现有技术未公开或教导 Y 基因与口腔鳞癌之间的关系。

对于上述两个案例中的情况，即便说明书中给出了验证实验，仍需要综合考虑多种因素来判断该实验是否足以证明所述生物学物质与疾病之间的关联性。如果本领域技术人员无法确认其结果的可靠性，则说明书不能满足充分公开的要求。上述案例虽然说明书记载了用于确定诊断效能的 ROC 曲线，以及灵敏度和特异性的值，从表面上看已进行了验证。但在验证过程中，其将同样的 80 名肺癌患者和 80 名健康人既作为筛选样本集，又作为验证样本集。一般来说，验证样本集应不同于筛选样本集才能保证验证结果的科学、客观和有效，这是因为如果从一组数据获得一个结论，再用相同数据去"验证"，必然会得出该结论"正确"的结果，其实质并未起到验证作用。因此，申请文件上述实验不能证明 X 基因可用于诊断肺癌。另外，当采取在线数据样本进行分析时，鉴于在线数据样本通常获取自 TCGA、GEO 等在线数据库，由于这些在线数据库的数据由不同研究者上传，检测样本来自不同地域，研究目的以及取样方式、检测方法、对照设置等的标准也不尽相同，以上这些因素均会导致用于生物标志物研究的在线数据库来源的样本集合缺乏统计学意义上的样本代表性和可比性。因此，仅通过在线数据库来源的数据样本验证获得疾病生物标志物的申请，本领域技术人员往往无法确认其结果的可靠性，通常不能满足说明书充分公开的要求。但是，如果申请文件首先利用在线数据库样本进行差异基因的筛选，随后又使用临床实体样本验证了候选基因的表达差异性，并采用本领域普遍认可的 ROC 曲线对于候选标志物的灵敏度和特异性进行了分析，能够说明所述基因与疾病之间的关联性从而具备诊断价值，则可以认为说明书满足充分公开的要求。

综上所述，对于新的疾病生物标志物，只有在其满足一定的灵敏度和特异性要求后，其才能够有效地诊断疾病状态等，因此在说明书中没有给出有效的验证实验时，其往往无法证明所述生物学物质与疾病的关联性，这种情况下，说明书通常存在公开不充分的缺陷。如果说明书中提供的基于临床样本的验证实验和/或其他生物学实验能够证明所述生物学物质与疾病之间的关联性，本领域技术人员确信所述生物学物质可用作特定疾病的生物标志物，则说明书满足充分公开的要求。

（三）关于创造性

随着人类基因组测序的完成和蛋白质组分析的完善，涉及新生物标志物的发明创造数量相对减少，目前审查实践中的难点聚焦于生物标志物对疾病诊断用途的创造性评判。

《专利审查指南》第二部分第十章第 6.2 节"化学产品用途发明的创造性"一节明确了涉及化学产品的用途发明的创造性的考量因素，包括：①新产品的用途发明的创造性。对于新的化学产品，如果该用途不能从结构或者组成相似的已知产品预见，可认为这种新产品的用途发明有创造性。②已知产品用途发明的创造性。对于已知产品的用途发明，如果该新用途不能从产品本身的结构、组成、分子量、已知的物理化学性质以及该产品的现有用途显而易见地得出或者预见，而是利用了产品新发现的性质，并且产生了预料不到的技术效果，可认为这种已知产品的用途发明有创造性。

上述规定对该类主题的创造性审查给出了原则性的审查标准，但是对于如何判断何种用途属于能够从现有用途显而易见得出或预见，仍然是专利审查中的难点。尤其是对于机体疾病发生发展这一复杂情况来说，一种疾病可以表现多种不同的症状，而不同疾病也可以存在相同的表现症状；对于同一疾病，其不同的发展阶段可能属于不同的疾病分型。已知一种生物标志物与疾病发生阶段具有一定的相关性，是否一定能够预期其含量在疾病的发展以及后期严重程度时一定也会不断增加或降低，从而作为一种诊断疾病严重情况或监测疾病发展的标志物，都是需要结合现有技术整体以及疾病发展机理给予综合考量和判断的。

【案例 5】 肝素结合蛋白用于严重败血症风险的诊断方法

涉案专利涉及用于检测肝素结合蛋白（heparin – binding protein，HBP）在鉴定个体是否处于发展严重败血症危险中的方法和应用，实质审查阶段驳回决定针对的独立权利要求 1 如下：

1. 用于检测肝素结合蛋白（HBP）的试剂在鉴定个体是否处于发展严重败血症的危险中的方法中使用的测试试剂盒的制备中的用途，所述方法包括测量所述个体的 HBP。

驳回决定认为，对比文件 1（WO2005/028512A1，公开日为 2005 年 3 月 31 日）公开了一种能够拮抗肝素结合蛋白（HBP）的抗体用于制备治疗败血症、调节炎症反应的药物，在发生炎症反应时，白细胞能够产生大量的肽如 HBP，所述炎症反应可以是败血症、严重败血症或败血性休克。权利要求 1 与对比文件 1 的区别技术特征在于：对比文件 1 通过抗 HBP 的抗体与 HBP 的拮抗作用来治疗败血症或严重败血症，而权利要求 1 使用这种与败血症或严重败血症的发生有关的蛋白 HBP 作为鉴定个体是否处于发展严重败血症的危险中的标记物，并将检测 HBP 的试剂制备成试剂盒。在对比文件 1 以及现有技术教导下，本领域技术人员容易想到在严重的炎症反应出现的过程中（如从发生炎症反应开始到逐步恶化严重败血症），HBP 会一直伴随，并比正常（不发生炎症）时高；在严重败血症这种严重的炎症反应发生时，HBP 的水平浓度应当是会明显升高的。因此，将这种与败血症或严重败血症的发生有关的蛋白 HBP 作为鉴定个体是否处于发展严重败血症的危险中的标记物，并将特异性结合 HBP 的抗 HBP 抗体作为检测所述 HBP 的试剂对本领域技术人员而言是显而易见的，从测序个体中的 HBP 获得检测结果并将检测用的试剂制备成检测相应疾病的测试试剂盒也属于本领域常规技术手段，权利要求 1 的技术方案不具备创造性。

在复审阶段，复审请求人将权利要求 1 修改为：

1. 用于检测肝素结合蛋白（HBP）的试剂在鉴定个体是否处于发展严重败血症的危险中的方法中使用的测试试剂盒的制备中的用途，所述方法包括测量取自所述个体的血液、血浆或血清的样品中的 HBP。

复审请求人提交了如下 3 篇证据。

证据 A：Narinder Gautam 等，Heparin - binding protein（HBP/CAP37）：A missing link in neutrophil - evoked alteration of bascular permeability，Nature Medicine，2001，7：1123 - 1127。

证据 B：Oliver Soehnlein 等，Neutrophil - Derived Heparin - Binding Protein（HBP/CAP37）Deposited on Endothelium Enhances Monocyte Arrest under Flow Conditions，Journal of Immunology，2005，174：6399 - 6405。

证据 C：Adam Linder 等，Heparin - Binding Protein：An Early Marker of Circulatory Failure in Sepsis，Clinical Infection Disease，2009，49。

复审请求人认为在权利要求 1 中进一步限定了"所述方法包括测量取自所述个体的血液、血浆或血清的样品中的 HBP"，修改后权利要求 1 所要求保护的用途依赖于 HBP 系统性即全身水平的上升，而并非仅在炎症的局部位点的上升。提交的 3 篇证据说明 HBP 的基本功能是以旁分泌方式（即局部地）作用以在炎症部位增加内皮细胞通透性；HBP 不仅被认为是作用于局部，还被发现在局部聚集。因此，现有技术会引导本领域技术人员预期仅在局部的炎症位点的 HBP 水平的上升，而无法预期能够在全身性循环（即在血液、血清或血浆）中检测到 HBP 上升的水平。另外，证实一种生物分子是治疗的潜在靶标，并不意味着所述分子可以被用作诊断标志物或者用作鉴定危险的手段。本领域中经常出现能够作为有用的药物靶标分子的生物分子在患者不显示出浓度改变的情况，而具有诊断或预测价值的分子常常不是有用的药物治疗靶标。对比文件 1 公开的抗 HBP 抗体调节炎性反应的用途并不能自动意味着本领域技术人员会预期 HBP 是有用的标志物，且由于炎症和严重败血症是复杂的、多因子相关疾病，无法直接得出 HBP、炎症水平以及严重败血症之间的关系。对比文件 1 未教导 HBP、炎症水平及严重败血症之间的关系，也未教导 HBP 水平的上升随炎症反应呈线性增加，炎症反应与多种紊乱相关，而 HBP 并不能区分全部这些紊乱，仅从对比文件 1 公开的 HBP 水平上升即足以预期严重败血症的进展发生是不合理的。该申请说明书实施例中的数据显示，HBP 水平仅在严重败血症的情况下上升，不会随着炎症的恶化而呈简单渐进式上升，HBP 的水平是在低血压起始前 12 小时上升，即提前升高，该申请允许在严重败血症被确认之前对其进行预测，这种预测性是非显而易见的。

该案的争议焦点在于：现有技术已知炎症反应（所述炎症反应可以是败血症、严重败血症或败血性休克）发生时，白细胞会产生大量的肽（如 HBP），在此基础上，能否有动机将血液中的 HBP 作为诊断严重败血症的标志物。针对上述争议焦点，复审审查决定①中指出：严重败血症是败血症继续恶化的结果，属于败血症发展的后期阶段，基于权利要求 1 与对比文件 1 的区别技术特征，该申请实际解决的技术问题是提供一种鉴定个体是否处于由败血症发展为严重败血症的危险的测试试剂盒。对此，对比文件 1 仅公开了白细胞在炎症反应中（包括败血症、严重败血症或败血性休克）能够产生 HBP，并未教导或暗示炎症反应的不同发展阶段与 HBP 水平高低之间的关系，也没有教导或暗示败血症的不同发展阶段之间 HBP 水平存在差异。本领域技术人员仅能够推断得到发生炎症反应时，或者患有败血症、严重败血症或败血症休克的个体中，HBP 的水平相对于正常健康人群均是升高的，并不能够推断得到严重败血症患者与败血症患者或者处于炎症反应其他阶段的个体之间体内 HBP 水平是否存在差异。该申请说明书实施例记载的临床试验数据是基于 4 组患者得到的：严重败血症组（第一组）、败血症组（第二组）、感染而没有 SIRS 组（严重炎症反应综合征，SIRS）（第三组）和非感染而具有 SIRS 组（第四组），而患者的分配则是基于出院时的最终诊断。对于经历类似的炎性反应水平（即均符合两种或更多种 SIRS 标准）的第一组、第二组和第四组来说，其 HBP 水平并非类似的。相反，第一组的 HBP 水平和 HBP/WBC 比率显著高于其余 3 组，即仅在严重败血症这一特定病症中会出现 HBP 水平和 HBP/WBC 比率的上升。进一步临床试验数据还显示，在严重败血症组的 20 名患者（许可进入时具有增加的 HBP 水平或 HBP/WBC 比率但是正常的 SBP）中，HBP 水平在收缩压（SBP，其降低是严重败血症的症状之一）达到最低之前 12 小时开始升高，也就是说，HBP 水平或 HBP/WBC 比率在严重败血症症状出现之前即开始升高，表明其能够作为预测严重败血症的诊断指标。综上，严重败血症是败血症恶化的后期阶段，其发生经历炎症反应发展为败血症以及败血症进一步发展为严重败血症的阶段。对比文件 1 并没有教导或暗示败血症的不同发展阶段之间 HBP 水平存在差异，没有给出 HBP 能够作为鉴定个体是否处于发展严重败血症的危险中的标志物的技术启示。因此，权利要求 1 要求保护的技术方案相对于对比文件 1 和常规技术是非显而易见的。

① 国家知识产权局第 86626 号复审决定（发文日：2015 - 04 - 14）。

【案例6】 miR[①]-18a 在诊断或检测高危结直肠腺瘤中的应用

涉案专利涉及微小 RNA 在诊断或检测人受试者中高危结直肠腺瘤（advanced adenomas，AA）的应用。实质审查阶段，驳回决定针对的独立权利要求 1 如下：

1. 从人受试者的一个或更多个生物样本中获得的一个或更多个微小 RNA 的整体表达模式或水平在制备用于诊断或检测人受试者中高危结直肠腺瘤的生物标志物中的应用，其中这些微小 RNA 中的至少一个是 miR-18a；其中当将来自疑似患上高危结直肠腺瘤的受试者的生物样本的所述一个或更多个微小 RNA 的整体表达模式与来自正常受试者生物样本的所述一个或更多个微小 RNA 的整体表达模式相比较时，其中所述正常受试者是未患上高危结直肠腺瘤的健康受试者，miR-18a 的过度表达提示高危结直肠腺瘤，其中所述一个或更多个生物样本选自由血浆样本、血清样本或血液样本构成的组。

驳回决定认为，对比文件 1（Yoshikatsu Koga 等，MicroRNA Expression Profiling of Exfoliated Colonocytes Isolated from Feces for Colorectal Cancer Screening，American Association for Cancer Research，第 3 卷第 11 期，第 1435-1442 页，公开日为 2010 年 10 月 19 日）公开了被视为原癌性的 miR-179 cluster，包括 miR-17，miR-18a，miR-19a，miR-19b，miR-20a 和 miR-92a，这些 miRNA 在结直肠癌（colorectal cancer，CRC）组织中的表达显著高于正常黏膜组织。权利要求 1 与对比文件 1 相比的区别技术特征在于：权利要求 1 将包括 miR-18a 在内的一个或多个 miRNA 用于制备诊断或检测人受试者中高危结直肠腺瘤的试剂，并限定了具体的样本类型。基于该区别特征可以确定，权利要求 1 实际解决的技术问题将 miR-18a 与高危结直肠腺瘤相关联。然而，对比文件 1 已经公开了 miR-18a 等在结肠癌患者中高表达，本领域技术人员容易想到将其作为结直肠癌的生物标志物，而高危结直肠腺瘤是结直肠癌的早期癌前病变，为了提早对结直肠癌的预防和治疗，本领域技术人员容易想到验证在结肠癌中高表达的 miR-18a 以及其他 miRNA 是否能作为癌前病变-高危结直肠腺瘤的标志物。所限定的血浆、血清或血液样本是本领域常见的生物样本类型，本领域技术人员可对其常规选择。对于所检测的样本类型，对比文件 1 引用的参考文献中也公开了现有技术中存在采用血清中的 miRNA 作为癌症标志物的方法，出于检测的便利性，本领域技术人员在知晓 miR-18a 在结直肠癌的组织样品中过表达的情况下，有动机验证血清、血浆或血液样本中 miR-18a 的表达水平如何，进而确定能否用上述样本中的 miR-18a 水平作为诊断标志。综上，高危结直肠腺瘤是本领域公知的结直肠癌的早期癌前病变，属于结直肠癌

---

① miR 为 miRNA 的简称。——编辑注

早期阶段。出于本领域普遍的提早诊断结直肠癌的需求，本领域技术人员有动机验证在结直肠癌患者中高表达的 miRNA 是否在癌前病变阶段就已经高表达进而可作为癌前病变阶段高危结直肠腺瘤的标志物，因此，该申请不具备创造性。

在复审阶段，复审请求人将权利要求 1 修改为：

1. 用于检测受试者生物样本中 miR－18a 的试剂在制备用于诊断高危结直肠腺瘤的试剂盒中的用途，其中 miR－18a 的过度表达提示高危结直肠腺瘤，且其中所述生物样本选自血浆样本、血清样本或血液样本。

复审请求人提交以下 8 篇证据文献和 1 份发明人之一为 Meritxell Gironella 博士的声明文件。

文献 1：Enrique Quintero 等，Colonoscopy versus fecal immunochemical testing in color-ectal－cancer screening，The New England Journal of Medicine，第 697－706 页，2012 年。

文献 2：Graeme P. Young 等，Advances in fecal occult blood tests：the fit revolution，Digestive Diseases and Sciences，第 60 卷，第 609－622 页，2015 年。

文献 3：V Davalos 等，Dynamic epigenetic regulation of the microRNA－200 family mediates epithelial and mesenchymal transitions in human tumorigenesis，Oncogene，第 31 卷，第 2062－2074 页，2012 年。

文献 4：Peter Olson 等，MicroRNA dynamics in the stages of tumorigenesis correlate with hallmark capabilities of cancer，Genes & Develpment，第 23 卷，第 2152－2165 页，2018 年 7 月。

文献 5：William M. Grady 等，Molecular alterations and biomarkers in colorectal cancer，Toxicologic Pathology，第 42 卷第 1 期，第 124－139 页，2014 年 1 月。

文献 6：Bert Vogelstein 等，Genetic alteration during colorectal－tumor development，The New England Journal Of Medicine，第 319 卷第 9 期，第 525－532 页，1998 年 9 月。

文献 7：Reena Shah 等，Biomarkers for early detection of colorectal cancer and polyps：systematic review，Cancer，Epidemiology，Biomarkers & Prevlention，23（9），第 1712－1728 页，2014 年 9 月。

文献 8：Wade S 等，BAT－26 and BAT－40 Instability in Colorectal Adenomas and CarCinomas and Germline Polymorphisms，American Journal of Pathology，第 154 卷第 6 期，第 1637－1641 页，1999 年 6 月。

文献 9：Dr. Meritxell Gironella 的声明文件。

结合上述证据文献和声明文件，复审请求人认为：该申请涉及 miR－18a 对于高危结直肠腺瘤的诊断和检测，该申请通过微阵列技术鉴定了在结直肠癌患者中显示异常表达的超过 100 种 microRNA，在这些众多 microRNA 中，仅发现 6 个 microRNA 在 CRC 患者中显著过表达，而且在这 6 个 microRNA 中，血浆 miR－18a 是唯一一种在两个独立的 AA 患者群体中均显著过表达的 microRNA。该申请证明了血浆 miR – 18a 在 AA 中过表达，可以用作诊断 AA 的标志物。对比文件 1 涉及研究从粪便分离的脱落结肠上皮细胞的 microRNA 表达谱以用于 CRC 筛查但对比文件 1 并未公开 AA 的检测，且对比文件 1 所用的样本是从粪便分离的结肠上皮细胞，未公开在血浆、血清和血液样本中检测 miR – 18a。修改后权利要求 1 与对比文件 1 相比至少具有以下两个区别特征：①权利要求 1 限定了高危结直肠腺瘤；②权利要求 1 限定了使用血浆、血清或血液样本检测 miR – 18a。因此，基于上述区别技术特征，权利要求 1 实际解决的技术问题是确定一种血浆、血清或血液样本中可用于高危结直肠腺瘤诊断的标志物。

复审请求人还指出：使用特定癌症的生物标志物来鉴定相应的癌前病变并非本领域常规技术手段，且特定癌症的生物标志物通常在检测相应的癌前病变方面大多是无效的。与 CRC 患者相比，AA 患者的粪便免疫学实验（FIT）诊断性能低，由于 AA 患者中粪便血红蛋白很少，因此 FIT 在筛选轮次中检测不到一半的 AA（参见文献 1、2）。文献 3~8 也能证明很多早期的分子改变可能在更晚期阶段不再出现，微小 RNA 在肿瘤进展期间显示出不同的表达模式；从粪便中分离的 CRC 细胞中发现 miRNA 增加的事实并不意味着这种 miRNA 也一定在 CRC 患者的血浆中被发现，且现有技术存在很多 CRC 鉴定中有效，但在 AA 鉴定中无效的生物标志物的例子，生物标志物的诊断价值会根据生物样品的类型、疾病的特定特征和生物标志物的生物学特性而改变。综上，癌症发生过程是一个非常动态的复杂过程，miRNA 在肿瘤进展过程中表现出不同的表达模式。具体到结直肠癌而言，有很多实例显示有效的结直肠癌生物标志物在检测其相应的癌前病变方面是无效的，反之亦然。上述多个证据的公开内容整体上印证了在癌症诊断技术领域，本领域技术人员普遍知晓的是一种肿瘤生物标志物的鉴定不必然意味着该标志物也可指示相应的癌前病变，肿瘤生物标志物的鉴定本身无法指引本领域技术人员去验证其是否可以作为相应的癌前病变的标志物，这缺乏成功的预期性。因此，使用血浆、血清或血液样本中的 miR – 18a 来诊断高危结直肠腺瘤相对于对比文件 1 和本领域常规技术手段的结合是非显而易见的。

针对 miR – 18a 能否用于高危结直肠腺瘤诊断这一争议焦点，复审决定①中指出：就所针对的适应证 AA 来说，对比文件 1 通过基因表达谱的分析发现，CRC 患者和健康个体的粪便样本中发现的结肠细胞中 miR – 18a 的水平存在差异，基于上述实验结果，对比文件 1 仅指出可以通过检测 miR – 18a 来筛查 CRC，未提及高危结直肠腺瘤，即对比文件 1 完全未涉及高危结直肠腺瘤中 miR – 18a 的表达水平，本领域技术人员基于对比文件 1 的记载无法得出高危结直肠腺瘤中 miR – 18a 的表达水平高于健康个体，更无法基于此进一步合理预期通过检测 miR – 18a 能够实现诊断高危结直肠腺瘤的目的。虽

---

① 国家知识产权局第 239245 号复审决定（发文日：2020 – 12 – 25）。

然高危结直肠腺瘤有可能进一步发展为 CRC，本领域也将其归为 CRC 的癌前病变，但这种发展只是一种可能性，高危结直肠腺瘤与 CRC 并不属于完全相同的疾病，两者之间存在差异，由对比文件 1 中记载的 miR－18a 水平在 CRC 和健康个体中存在差异并不能直接推断得出 miR－18a 水平在高危结直肠腺瘤和健康个体之间也存在差异。该申请中明确记载，在 CRC 中高表达的 6 个 miRNA 中只有 miR－18a 在两个独立的 AA 中均显著过表达，上述记载也可以作为佐证间接说明难以直接依据 miRNA 在 CRC 中的表达水平来推测其在结直肠腺瘤中的表达水平，两者之间并不存在紧密的关联。其次，虽然对比文件 1 记载了在从结直肠腺瘤发展到结直肠癌的过程中，包含 miR－18a 的 miR－17～92 族在其中发挥作用，具体表现为在该进程中 miR－17～92 族呈现过表达状态。然而，从结直肠腺瘤发展到结直肠癌的过程是一个动态的过程，某个 miRNA 在该动态发展过程中水平逐步升高并最终呈现过表达的状态不代表其最开始的水平就呈过表达状态。虽然本领域技术人员在研究 CRC 的发病病因的过程中，基于早期诊断 CRC 的目的，容易想到从过表达的 miRNA 出发，进一步研究相应 miRNA 在整个疾病发生发展过程中的变化以探究可能的原因以进行早期诊断，且检测 miRNA 水平的具体操作步骤都是本领域已知的常规操作，但检测过程常规不意味着检测结果是确定的，即使本领域技术人员能够想到用常规方法对结直肠腺瘤中的 miR－18a 水平进行检测，也无法合理预期结直肠腺瘤患者血液样本中的 miR－18a 水平很可能高于健康个人，可以作为结直肠腺瘤的检测标记物，现有技术并未给出高危结直肠腺瘤患者血液样本中 miR－18a 水平很可能高于正常的具体依据，即现有技术并未给出血液样本中的 miR－18a 可以作为诊断高危结直肠腺瘤的检测标记物的技术启示。综上认为，权利要求 1 相对于对比文件 1 是非显而易见的。

【案例 7】IL1RL－1 用于辅助诊断患者心血管疾病的方法

涉案专利涉及白介素－1 受体样－1 多肽（interleukin－1 receptor like－1，IL1RL－1）用于辅助诊断患者心血管疾病的方法及应用，授权权利要求共 22 项，其中独立权利要求 1 如下：

1. 特异性地与 SEQ ID NO：2 的多肽结合的抗体或其抗原结合片段在制备用于辅助诊断患者的心血管疾病的试剂中的用途，其中所述心血管疾病选自心力衰竭和心肌梗死。

在实质审查阶段，通知书中引用对比文件 1（US6353334B1，公开日为 2001 年 11 月 27 日）评述了涉及试剂盒产品、药物组合物的权利要求不具备新颖性，以及识别可用于治疗心血管疾病的候选试剂方法权利要求不具备创造性。理由为：对比文件 1 公开了一种基于抗体的试剂盒，其中含有与 103 多肽结合的抗体，以及阳性对照和阴性对照。对比文件 1 还公开了识别影响 103 基因表达水平或其产物活性的化合物的方法，以及利用 103 多肽识别治疗疾病的候选试剂的方法；对比文件 1 还披露了 103 多肽可用于治疗如动脉粥样硬化、心肌缺血/再灌注等心血管疾病，其中 103 多肽（也称 ST1、ST2 或 Fit－1）是 IL1RL－1。因此，上述相关权利要求存在不具备新颖性和创造性的问题。

专利权人将独立权利要求 1 修改为"特异性地与 SEQ ID NO：2 的多肽结合的抗体或其抗原结合片段在制备用于辅助诊断患者的心血管疾病的试剂中的用途，其中所述心血管疾病选自心力衰竭和心肌梗塞"，即前述授权针对的权利要求 1，其他权利要求均基于所示多肽对所述疾病的诊断或检测。

在无效宣告请求阶段，无效宣告请求人提交如下 8 份证据。

证据 1：公开号为 WO01/21641A1 的国际申请公开文本。

证据 2：Carlin S. Long，The Role of Interleukin－1 in the Failing Heart，Heart Failure Reviews，6：81－94，2001 年。

证据 3：D. Hasdai 等，Increased serum concentrations of interleukin－1β in patients with coronary artery disease，Heart，1996，76：24－28。

证据 4：李玉光、马虹主编，《现代心力衰竭学》，汕头大学出版社，2000 年 8 月。

证据 5：蔡海江主编，《动脉粥样硬化基础与临床》，江苏科学技术出版社，1996 年 5 月。

证据 6：杨立新等主编，《心肌梗塞临床手册》，1996 年 7 月，河南医科大学出版社。

证据 7：戴瑞鸿主编，《心肌梗塞》，1987 年 4 月，上海科学技术出版社。

证据 8：蔡海江主编，《动脉粥样硬化与冠心病》，1982 年 11 月，人民卫生出版社。

结合上述证据，无效宣告请求人认为：证据 1 中公开了一种特异性地与 103 基因（即 IL1RL－1，也称为 T1/ST2、ST2 或 Fit－1）产物相结合的试剂在制备预测、诊断、检测患者某些疾病结果药物中的用途，所述疾病包括免疫功能紊乱的疾病（如过敏或哮喘），还包括一些心血管疾病（如动脉粥样硬化和心肌缺血后再灌注损伤）；所公开的 SEQ ID NO：9（103 基因的产物之一）与权利要求 1 中的 SEQ ID NO：2 的相同。权利要求 1 与证据 1 相比的区别技术特征在于：权利要求 1 请求保护一种抗体或其抗原结合片段在制备用于辅助诊断患者的心血管疾病的试剂中的用途，心血管疾病的种类为心肌梗死和心力衰竭。心力衰竭并不是一个独立的疾病，而是心脏病发展的终末阶段，心肌梗死、动脉粥样硬化和心肌缺血/再灌注损伤等常见的心血管疾病发展到终末阶段均可以导致心力衰竭。动脉粥样硬化和心肌缺血后再灌注损伤两种疾病与心肌梗死、心力衰竭之间存在密切关系是本领域公知常识，例如心肌梗死往往多发于冠状动脉粥样狭窄基础上，由于某些诱因致使冠状动脉粥样斑块破裂，容易导致心肌缺血坏死，心肌梗死也非常容易引起心肌缺血后再灌注损伤。证据 2 公开了心力衰竭、心肌功能障碍患者中，IL-1 的含量或表达有所升高，IL-1 是心血管疾病的一种标志或指示物；证据 3 公开了急性心肌梗死患者体 IL-1β 的含量有所升高。另外，本领域公知动脉粥样硬化会产生包括心力衰竭和心肌梗死在内的临床症状（证据 6、8），结合上述内容，在证据 1 公开了 103 基因产物与动脉粥样硬化、心肌缺血后再灌注损伤等心血管疾病相关的基础上，本领域技术人员容易想到制备用于辅助诊断患者的心肌梗死和心力衰竭的试剂中的用途。因此，权利要求 1 相对于证据 1 和公知常识的结合，或者证据 1~2 和公知常识，或者证据 1~3 和公知常识的结合不具备创造性。

针对无效宣告请求，专利权人共提交了如下附件以及反证证据。

附件 1：心衰列表指南，英文复印。

附件 2：Henry J Dargie 等，Diagnosis and management of heart failure，BMJ，第 308 卷，1994 年 1 月。

附件 3：刘艳艳等，白细胞介素-1 在肿瘤靶向治疗策略中的价值，《食品与药品》，第 11 卷第 3 期，2009 年。

附件 4：Guoan Chen 等，Discordant Protein and mRNA Expression in Lung Adenocarcinomas，Molecular & Cellular Proteomics，2001 年 3 月。

附件 5：L E January，The Treatment of Severe Myocardial Infarction，共 1 页。

反证 1：侯应龙主编，《现代心力衰竭诊断治疗学》，人民军医出版社，1997 年 6 月。

反证 2：王亚馥等主编，《遗传学》，高等教育出版社，1999 年 6 月。

反证 3：即附件 4，及其部分中文译文。

反证 4：January L E 等人，1963，The Treatment of Severe Myocardial Infarction，网页打印件。

反证 5：巴普科夫等人，黑河市第一人民医院，在严重心肌梗塞并发症时对消极反向联系基质的破坏，黑龙江医药，第 5 期，第 285 页，1998 年。

结合上述证据，专利权人认为：无效宣告请求人提交的证据 2 和证据 3 涉及的均是"IL-1"并非 ST2（IL1RL-1），二者是不同的蛋白（附件 3），因此不存在与所述证据 1 结合的基础。且证据 1 仅提及 103 基因及其基因产物用于治疗和调节包括但不限于动脉粥样硬化、心肌缺血/再灌注的内容，仅仅教导了其在"治疗和调节"方面的用途，与涉案专利的诊断用途无关。证据 1 中"103 基因及其基因产物"涵盖的范围包括核酸分子、表达产物，而本领域技术人员知晓同一基因的 DNA、RNA 和蛋白质之间的表达水平并不具有关联性（附件 4），可见证据 1 没有教导具体是 103 基因的哪种产物与心力衰竭或心肌梗死诊断之间存在关联。因此，权利要求 1 的技术方案相对于证据 1 不是显而易见的。

针对上述特异性地与 SEQ ID NO：2 所述多肽结合的抗体或其抗原结合片段，是否能够用于辅助诊断选自心力衰竭和心肌梗死的心血管疾病这一争议焦点，无效宣告请求审查决定①中指出：涉案专利权利要求 1 与对比文件 1 相比的区别是：所针对的疾病种类是心肌梗死或心力衰竭。基于上述区别技术特征，权利要求 1 的技术方案实际解决的技术问题是提供了相关多肽的抗体的另一种辅助诊断用途。首先，从证据 1 整体上看，其涉及的是免疫疾病的诊疗，针对的是免疫系统失调/免疫功能紊乱，并不涉及心肌梗死或心力衰竭。证据 1 的整体构思是基于发现了 103 基因仅在 TH2 或 TH2 样细胞中表达，靶向该基因能够调节上述细胞的分化和功能，由于 TH1 或 TH2 型免疫反应的失调或紊乱会导致相应的免疫疾病，因而可利用该基因对与 TH2 或 TH2 样细胞亚群疾病相关的免疫疾病进行诊断、监测、治疗。本领域公知心肌梗死是由于冠状动脉血供急剧减少或中断，使相应的心肌细胞严重而持续缺血所致的心肌细胞缺血性坏死，心力衰竭则是指由于心脏收缩或/和舒张功能障碍，使心脏排血量绝对或相对低于全身组织代谢需要的综合征，二者并非免疫疾病，也没有证据表明其与免疫系统失调/免疫功能紊乱有直接关系。在缺乏技术启示的情况下，本领域技术人员在证据 1 的整体构思下并不会认为上述基因或其产物、调节分子也能够用于心肌梗死或心力衰竭的诊断、辅助诊断、检测。其次，虽然证据 1 中提及了动脉粥样硬化，本领域公知动脉粥样硬化有可能导致心肌梗死或心力衰竭，但仍然属于不同的病理状态或病症，具有不同的诊断标准和评价指标，从动脉粥样硬化发展到心肌梗死或心力衰竭仍然需要经历相对较长和复杂的病理过程，患有动脉粥样硬化并不意味着该患者必然会发展成为心肌梗死或心力衰竭。同样，证据 6~8 记载的技术内容也未能明确体现患有动脉粥样硬化必然会发展成为心肌梗死或心力衰竭。涉案专利权利要求 1 涉及的是辅助诊断心肌梗死或心力衰竭的用途，而辅助诊断通常是指本领域技术人员可借助该指标来确定相关病症的存在与否，意味着需要对相关病症是否存在或发生作出有意义的判断，不仅是对罹患疾病的风险进行泛泛的、模糊的推测。从本领域技术人员的角度来看，即使患者诊断或检测出患有动脉粥样硬化，也仅能表明其因为动脉粥样硬化的存在可能有一定程度的罹患心肌梗死或心力衰竭的风险或盖然性，但在没有相关证据来明确 103 基因与心肌梗死或心力衰竭之间的关联性并进一步基于所述关联性来确定所述盖然性程度的情况下，这种盖然性对于本领域技术人员而言仍然是不清晰、不明确的，仅依据这种不明确的盖然性，本领域技术人员无法对心肌梗死或心力衰竭是否存在或发生作出合理的、有意义的判断。

综上，即便 103 基因能够用于诊断/检测动脉粥样硬化的存在，本领域技术人员据

---

① 国家知识产权局第 43385 号无效宣告请求审查决定（发文日：2020 - 02 - 10）。

此无法获得将其进一步用于心肌梗死或心力衰竭的检测或辅助诊断之中的技术启示。最后,尽管证据1表明了103基因可能与动脉粥样硬化具有一定的相关性,但这并不必然意味着其可用于该疾病的诊断之中。证据1在提及动脉粥样硬化时,其相关部分明确记载"因此,103基因、该基因产物及其衍生物……还可用于治疗和调节肥大细胞相关疾病。此类肥大细胞相关疾病包括但不限于:动脉粥样硬化……",可见,103基因或其基因产物及其衍生物与动脉粥样硬化的相关性是体现在"治疗和调节"方面,并未涉及诊断。治疗,是指缓解或调节与疾病相关的症状,诊断或检测则是指确定相关的疾病是否存在。在通常情况下,二者是两个不同的临床处置过程,所基于的机理并不必然相同。基于证据1中的上述内容,本领域技术人员也不能预期可将103基因或其产物或衍生物应用于动脉粥样硬化的诊断或检测,以及用于心肌梗死或心力衰竭的诊断或检测。因此,无效宣告请求人认为涉案专利权利要求1相对于证据1和本领域公知常识不具备创造性的理由不成立。

从案例5~7关于生物标志物用于疾病诊断发明的创造性审查过程来看,主要的争议点就是对于现有技术中已知的生物标志物及其与某一疾病之间存在的联系,是否足以使本领域技术人员将其用于诊断该疾病并具有取得成功的合理预期。

现有技术往往都会公开同一标志物在相关疾病或者相关疾病通路上的作用或表象(表达增加或降低或存在一定的相关性),而区别技术特征就在于将同一标志物用于另一相关疾病中的诊断。在上述案件的实质审查驳回决定或者无效宣告请求理由中,都是基于生物标志物的相同而直接认定或可以预期其在疾病的发展阶段(如案例5中的败血症到严重败血症、案例6中的高危结直肠腺瘤到结直肠癌),或者相似类型的疾病(如案例7中的动脉粥样硬化与心力衰竭、心肌梗死),同样可以起到作为诊断标志物的作用,从而认为本领域技术人员有动机将生物标志物用于诊断所述疾病并预期其能达到诊断效果,不具备创造性。然而,上述观点通常难以得到复审或无效宣告请求阶段的支持,原因主要在于所涉及的现有技术证据中公开的技术内容对于所述疾病的发生、发展阶段的机理并不明确,标志物与疾病的对应关系也不唯一,本领域技术人员普遍知晓的医药领域中疾病发生发展的复杂性和疾病通路的未可知性,因而即便是同一标志物,其在疾病的发生、发展阶段所起的作用以及通路原理并不明确的情况下,无法直接获得其同样可以作为类似疾病或疾病不同阶段诊断的生物标志物的技术启示和动机。

案例5~7中的争议阶段,争议双方均会涉及使用大量的现有技术发展状况、疾病机理相关的现有技术或公知常识证据文件对自己的观点给予支持,而且正是需要通过对这些大量现有技术中记载的疾病发生、发展和机理通路的技术脉络的了解和分析,才能准确得出其对于其他类似相关疾病的诊断、预测是否具有预期性。因此,对于生物标志物用途的创造性需要对现有技术有全面、完整、深入的了解。即便是对于生物检测技术领域中常用的"血液、血浆或血清"这一检测样本，也不能简单地认为由于其是本领域常规使用的检测样本，就认定其必然属于一种常规选择。因为在生物标志物诊断技术领域，判断该生物标志物在疾病的发生、发展阶段，以及该生物标志物在机体某一部位的存在形式，也有可能构成发明的关键技术点。

综上所述，在涉及生物标志物诊断、检测用途等权利要求的创造性判断过程中，应当紧紧围绕所述物质与相应疾病之间的相关性，判断现有技术是否给出了可将该物质用于诊断、预测或治疗相关疾病的技术启示。如果现有技术中所公开的该物质与相关疾病之间的关系仅仅是一种间接的、不明确的相关性，而根据这种模糊的相关性，本领域技术人员无法利用或借助该物质对该疾病作出合理的、有意义的判定和预测，则不能认为现有技术中给出了相应的技术启示。对于生物标志物这一特殊技术领域来说，还应当注意，评判一个技术特征（例如该生物标志物的选用）是否使得技术方案具备创造性，并非评判本领域技术人员是否有能力选用该技术特征，而是看本领域技术人员是否因引入该技术特征对最终技术方案产生的影响有合理的预期，从而有目的地选用该技术特征。当本领域技术人员结合现有技术的记载无法合理预期引入所述区别技术特征能够成功解决发明实际解决的技术问题时，则不能认为现有技术中存在指导人们有目的地进行试验并将试验结果运用到最接近的现有技术中的可以识别的启示。

值得一提的是，案例 5~7 对于发明所要解决的技术问题以及其能达到的技术效果给予了充分的实验验证和实验数据的记载，有效且翔实的实验数据，才使得其在受到创造性质疑时，能够对其发明所要解决的技术问题和所需保护的技术方案给予有效支撑，从而在创造性争议的复审和无效宣告请求审理过程中均受到了肯定和支持，获得对其发明的有效保护。例如案例 5 中，说明书明确提出所要解决的技术问题就是诊断和预测严重败血症，记载的实施例验证过程中，将所验证的患者分为了四组，即所述临床试验数据是基于严重败血症组（第一组）、败血症组（第二组）、感染而没有 SIRS 组（第三组）和非感染而具有 SIRS 组（第四组）这四组患者得到的，患者的分配是基于出院时的最终诊断。且说明书实施例记载了具体研究方法，包括患者选择标准、实验过程、分析方法以及有说服力的研究结果，说明书所记载的上述内容足以证实 HBP 水平与严重败血症密切相关，使得本领域技术人员确实能够实施通过对 HBP 水平进行检测进一步诊断和预测被怀疑处于发展严重败血症的危险中的个体是否处于发展严重败血症的危险中。同样，案例 6 中明确验证了所述标志物 miR－18a 是唯一一种在两个独立的高危结直肠腺瘤患者群体中均显著过表达的 miRNA，证实了血浆 miR－18a 在高危结直肠腺瘤中过表达，可以用作诊断高危结直肠腺瘤的标志物。由此可见，专利申请文件中对于其所需要验证的标志物与疾病诊断、预测、预后或者监测相关性方面，需要足够的实验数据给予验证和证明，而说明书实施例中详细记载的实验数据，则是发明体现其相对于现有技术具备非显而易见性、不可预期性的有力证据。

（四）关于权利要求是否得到说明书的支持

在申请文件说明书充分公开的基础上，判断所概括的权利要求是否能够得到说明书的支持，也是生物标志物相关专利审查授权、确权过程中的一个难点。一般来说，对于一个有效生物标志物与疾病关联性的研究，是较为专一和特定的，且其过程需要付出大量的研究工作。因此，申请人往往想要能够在其特定研究的基础上，进一步获得相关疾病诊断的更大的保护范围。对"权利要求所概括的保护范围是否恰当"的把握，直接关系到被授予的专利权的保护范围是否准确、专利权人的权利与社会公众的利益能否得以平衡，影响到生物标志物技术发展的促进。如何对技术方案进行上位概括或者特征限定能够保证得到说明书的支持，也是审查实践中需要讨论的一个问题。

《专利法》第26条第4款规定，权利要求应当以说明书为依据，清楚、简要地限定要求专利保护的范围。《专利审查指南》第二部分第二章第3.2.1节指出："权利要求通常由说明书记载的一个或者多个实施方式或实施例概括而成。权利要求的概括应当不超出说明书公开的范围。如果所述技术领域的技术人员能够合理预测说明书给出的实施方式的所有等同替代方式或明显变型方式都具备相同的性能或用途，则应当允许申请人将权利要求的保护范围概括至覆盖其所有的等同替代或明显变型的方式。"对于用上位概念概括或用并列选择方式概括的权利要求，应当审查这种概括是否得到说明书的支持。如果权利要求的概括包含申请人推测的内容，而其效果又难以预先确定和评价，应当认为这种概括超出了说明书公开的范围。如果权利要求的概括使所属技术领域的技术人员有理由怀疑该上位概括或并列概括所包含的一种或多种下位概念或选择方式不能解决发明所要解决的技术问题，并达到相同的技术效果，则应当认为该权利要求没有得到说明书的支持。

【案例8】 一种用于药物不良反应危险率评估的方法

涉案专利涉及一种用于药物不良反应危险率评估的方法。无效宣告请求人指出：授权权利要求1和权利要求6~7得不到说明书支持。具体理由为：权利要求1包括共12种等位基因或等价遗传标记物指示7种药物不良反应的范围，如需支持该范围至少需要$12 \times 7 = 84$组实验数据，而说明书只公开18组数据。同时，提出的证据以及公知性常识能够说明相关药物有更多不良反应，而说明书未公开相关等位基因或其等价遗传标记物具有指示7种药物的其他不良反应的功效，故权利要求1得不到说明书的支持。同样，该专利未给出别嘌呤引起的TEN与HLA-B*5801之间关系的数据，未明确给出别嘌呤引起的斯-约二氏综合征（SJS）、中毒性表皮坏死松解症（TEN）、过敏综合征（HSS）与HLA-B*5801的4种等价遗传标记物之间关系的数据。因此，权利要求6~7也得不到说明书的支持。

上述无效宣告请求理由针对的授权权利要求1和权利要求6~7分别为：

1. HLA-B*1502、HLA-B*5801、HLA-B*4601，或者HLA-B*1502的等价遗传标记物或HLA-B*5801的等价遗传标记物在制备评价患者发生应答于药物的药物不良反应危险的试剂盒中的用途，所述HLA-B*1502、HLA-B*5801、HLA-B*4601，或者HLA-B*1502的等价遗传标记物或HLA-B*5801的等价遗传标记物的存在指示了药物不良反应的危险，其中所述药物选自卡马西平、别嘌醇、苯妥英、柳氮磺吡啶、阿莫西林、布洛芬和酮洛芬，其中所述HLA-B*1502的等价遗传标记物是DRB1*1202、Cw*0801、Cw*0806、A*1101或MICA*019，所述HLA-B*5801的等价遗传标记物是A*3303、Cw*0302、DRB1*0301或MICA*00201。

6. 根据权利要求1的用途，其中HLA-B*5801或其等价遗传标记物的存在指示发生由别嘌醇引起的皮肤性药物不良反应的危险，所述皮肤性药物不良反应是SJS、TEN或HSS。

7. 权利要求6的用途，其中所述HLA-B*5801的存在指示发生由别嘌醇引起的SJS、TEN或HSS的危险。

对于无效宣告请求，专利权人认为：该申请说明书记载了卡马西平、苯妥英、别嘌呤，以及其他药物（例如柳氮磺吡啶、阿莫西林、布洛芬和酮洛芬）的技术方案；说明书实施例3进一步研究HLA-B*5801等位基因与别嘌醇诱发的过敏综合征（HSS）之间的关联性；实施例4中验证HLA-B*1502/5801的等价遗传标记物与药物不良反应之间的相关性；无效宣告请求人提供的证据1，其实验结果也佐证了AW33型以及DR3型均能预测别嘌醇引起药物不良反应中的作用。权利要求1中等位基因或其遗传标记物与药物及不良反应物特定的对应关系，属于整体笼统的限定方式，所限定的药物不属于同一类型，机理有差异，但都是常见的会引起所述不良反应的药物。涉案专利的目的在于整体提示产生药物不良反应的风险，不需要区分具体药物不良反应的类型。因此，涉案专利中所涉及的等位基因与药物不良反应的关联性，在说明书中由翔实的数据或试验结果支持，权利要求1和权利要求6~7能够得到说明书支持。

针对上述争议焦点，无效宣告请求审查决定①中指出：①对于权利要求1，权利要求1要求保护HLA-B*1502、HLA-B*5801、HLA-B*4601，或者HLA-B*1502的等价遗传标记物或HLA-B*5801的等价遗传标记物在制备评价患者发生应答于药物的药物不良反应危险的试剂盒中的用途，其中包括HLA-B*1502、HLA-B*5801、HLA-B*4601 3种等位基因，5种HLA-B*1502的等价遗传标记物，4种HLA-B*5801的等价遗传标记物，卡马西平、别嘌醇、苯妥英、柳氮磺吡啶、阿莫西林、布洛芬和酮洛芬7

---

① 国家知识产权局第57709号无效宣告请求审查决定（发文日：2022-08-11）。

种药物引起的不良反应，没有限定药物不良反应的类型以及等位基因或等位基因的等价遗传标记物与所述药物以及药物不良反应的对应关系，即没有将特定等位基因或等位基因的等价遗传标记物与特定药物诱发的特定不良反应相关联。对于专利权人关于涉案专利的目的仅是整体提示产生药物不良反应风险，从而不需要具体区分药物不良反应类型的观点，合议组认为：首先，根据涉案专利说明书实施例1、2的记载，"如表1所示，HLA-B位置中DNA变化的等位基因（HLA-B*1502）与具有药物诱发的SJS/TEN的患者特别是接受卡马西平（tegretol）的患者是相关的"；"B*1502等位基因没有表现出与tegretol诱发的所有表型相关。如表2所示，在患对于tegretol较温和的皮肤反应（如斑丘疹）的16名患者中没有检测到表位基因。但是，另一种等位基因，HLA-B*4601，与这些较温和的皮肤反应明显相关（16名患者中有10名，或62.5%）"；"在服用别嘌醇的所有17名（100%）SJS/严重ADR患者体内均发现了HLA-B*5801等位基因（表3和表4）"。同时，根据表2记载的卡马西平诱发的皮肤ADR患者的表型/基因型数据，不能看出卡马西平诱发的严重皮肤过敏反应与HLA-B*5801或HLA-B*4601存在相关性，也不能看出卡马西平诱发的较温和皮肤过敏反应与HLA-B*5801或HLA-B*1502存在相关性；而根据表4所记载的别嘌醇诱发的皮肤ADR患者的表型/基因型数据，不能看出别嘌醇诱发的严重皮肤过敏反应与HLA-B*1502或HLA-B*4601存在相关性。由此可见，涉案专利中特定等位基因或等位基因的等价遗传标记物仅与特定药物诱发的特定不良反应具有关联性，等位基因或等位基因的等价遗传标记物与所评价和预测的药物存在一定的对应关系，没有证据表明变更对应关系后仍然能够实现对药物不良反应的预测，权利要求1中并未限定这种对应关系。其次，说明书中虽然提及了部分接受了苯妥英、柳氮磺吡啶、阿莫西林、布洛芬和酮洛芬等药物治疗的患者也出现了某种基因型，但所述患者数量非常有限，例如，有的仅为1名或2名患者，在患者数量非常有限且未进行统计分析的情况下难以确定权利要求所限定的等位基因或等位基因的等价遗传标记物与所述药物之间的关联性。而这些药物与别嘌醇或卡马西平也不属于同类药物，其代谢、作用机理也存在差异，因此，难以基于别嘌醇或卡马西平的实验推导出其他药物与权利要求所限定的等位基因或等位基因的等价遗传标记物之间的关联性。综上认为，权利要求保护的是以并列选择方式（用"或"进行限定）限定的多个等位基因或等位基因的等价遗传标记物的用途，同样，其对于所预测的药物也采用的是选择式限定方式，本领域技术人员结合权利要求1的文字表述和说明书记载的实验数据难以确定其要求保护的是通过对多个等位基因或等位基因的等价遗传标记物进行整体检测来预测针对多种药物的不良反应的试剂盒的用途，本领域技术人员结合说明书的记载难以预期权利要求所限定的等位基因或等位基因的等价遗传标记物均能够解决评价全部7种药物引起的药物不良反应风险的技术问题。因此，权利要求1得不到说明书的支持。

②关于权利要求 6 和 7，经分析，权利要求 6 在权利要求 1 的基础上进一步限定了 HLA－B＊5801 或其等价遗传标记物的存在指示发生由别嘌醇引起的皮肤性药物不良反应 SJS、TEN 或 HSS 的危险，根据权利要求 1 的记载，所述 HLA－B＊5801 的等价遗传标记物是 A＊3303、Cw＊0302、DRB 1＊0301 或 MICA＊00201；权利要求 7 在权利要求 6 的基础上限定 HLA－B＊5801 的存在指示发生由别嘌醇引起的 SJS、TEN 或 HSS 的危险，即为权利要求 6 所包含的一个并列技术方案。可见，权利要求 6 和 7 均将特定等位基因（HLA－B＊5801）或其等价遗传标记物（A＊3303、Cw＊0302、DRB 1＊0301 或 MICA＊00201）与特定药物（别嘌醇）诱发的特定不良反应（SJS、TEN 或 HSS）相关联。

对于 HLA－B＊5801 用于指示发生由别嘌醇引起的皮肤性药物不良反应 SJS、TEN 或 HSS 的危险的技术方案，根据涉案专利说明书记载，"药物不良反应（ADR）是重要临床问题……当较严重的皮肤性 ADR 会危及生命并经常导致死亡，如斯－约二氏综合征（SJS）、中毒性表皮坏死松解症（TEN）和过敏综合征（HSS）"，根据该描述，"严重 ADR 患者"包括 SJS 患者、TEN 患者和 HSS 患者；进一步地，说明书还记载了 SJS 和 TEN "具有相似的表现"，即 SJS 和 TEN 存在难以区分的情形，说明书多处采用了"SJS/TEN 患者"或"SJS/严重 ADR 患者"的表述；再者，说明书记载了"为了实施例 1 和 2 所述的研究，从医院和医学中心总共招募到 112 名 SJS/TEN 患者，在这些患者中，42 人患有卡马西平诱发的 SJS/TEN，17 人患有别嘌醇诱发的严重 ADR"，"在 112 名 SJS/TEN 患者中，42 人接触卡马西平（tegretol），17 人服用别嘌醇"，由此判断，虽然实施例 2 表 4 中所列表型均为 SJS，但其所述"17 名（100%）SJS/严重 ADR 患者"中包含 TEN 患者；实施例 3 明确记载了其研究的 31 名患者中"包括 12 名 SJS、3 名 SJS/TEN、1 名 TEN 和 15 名 HSS 患者"，可见该专利实施例 2 和实施例 3 的患者类型包括 TEN，即涉案专利已经给出别嘌醇引起的 TEN 与 HLA－B＊5801 之间关系的数据。涉案专利说明书实施例 2～3 还记载了"已确定了 HLA－B＊5801 等位基因为发生别嘌醇诱发的 SJS/TEN 的危险因素。在服用别嘌醇的所有 17 名（100%）SJS/严重 ADR 患者体内均发现了 HLA－B＊5801 等位基因（表 3 和表 4），但仅在 18% 普通人体内发现（优势比 155%、灵敏度 100%、特异性 82%、阳性预测值 84.7%、阴性预测值 100%、$Pc = 3.7 \times 10^{-9}$）。因此，HLA－B＊5801 等位基因可单独或与其他遗传标记物一起用于服用别嘌醇个体发生 SJS 的危险率评估""在另一种广泛的研究中，进一步发现 HLA－B＊5801 还与别嘌醇诱发的过敏综合征（HSS）相关联。研究了 31 名患者，包括 12 名 SJS、3 名 SJS/TEN、1 名 TEN 和 15 名 HSS 患者……HLA－B＊5801 等位基因在所有 31 名别嘌醇诱发严重 ADR 患者中存在 31 次（100%），98 名耐受患者中有 16 次（16.3%）（优势比 315、$Pe < 10^{-15}$），93 名正常受试者中有 19 次（20%）（优势比 241、$Pe < 10^{-13}$）。相对于别嘌醇耐受组，存在的该等位基因对于别嘌醇诱发 ADR 具有

100%的阴性预测值，存在的 HLA – B*5801 具有 66%的阳性预测值。因此，HLA – B*5801 是别嘌醇诱发严重 ADR（包括皮肤 ADR）和别嘌醇诱发 DRESS（嗜曙红细胞增多和全身症状的药物反应）的高特异性（84%）和灵敏度（100%）标记物"。对于 HLA – B*5801 的等价遗传标记物的存在指示发生由别嘌醇引起的皮肤性药物不良反应 SJS、TEN 或 HSS 的危险的技术方案，涉案专利说明书记载了"应注意除了特异的 HLA 等位基因本身，连接于各特异等位基因的遗传标记物也可用于预测相应的 ADR。这是因为感兴趣的 HLA 等位基因附近的遗传标记物倾向于与感兴趣的等位基因共分离或显示连锁不均衡。因此，这些标记物（等价遗传标记物）的存在指示了感兴趣的等位基因的存在，其又指示 ADR 危险。如实施例 3 所示，HLA – B*1502 单倍型包括 HLA 标记物如 DRB1*1202、Cw*0801、Cw*0806、A*1101 和 MICA*019。HLA – B*5801 单倍型的 HLA 标记物包括例如 A*3303、Cw*0302、DRB1*0301 和 MICA*00201"；实施例 4 进一步记载了"还测定了与 HLA – B*5801 相关的标记物。受 HLA – B*5801 等位基因纯合的 4 名患者指引，我们分析了混合的 HLA 位的等位基因分布并定义了祖单倍型为 HLA – A*3303、Cw*0302、B*5801 和 DRB1*0301。该祖单倍型存在于 31 名别嘌醇诱发 ADR 患者的 12 人（38.7%）中（表7），但在耐受患者中仅存在 7.1%，在正常受试者中仅存在 9.7%……通过使用 STPR 标记物和测序 MICA 等位基因，我们发现所分析的别嘌醇诱发 ADR 患者携有相同的 B 等位基因（B*5801）、MICA 等位基因（MICA*00201）和 TNF STRP 标记物（TNFd*140）。"在上述记载的基础上，本领域技术人员可以预期 HLA – B*5801 或其等价遗传标记物的存在能够指示发生由别嘌醇引起的皮肤性药物不良反应 SJS、TEN 或 HSS 的危险，权利要求 6 和 7 的技术方案能够得到说明书的支持，符合专利法相关规定。

该案的争议焦点在于，说明书实施例中具体验证的内容是否能够支撑其权利要求所概括的所有技术方案，也就是说，需要判断说明书的整体记载及其可合理预期的内容。尤其在面对这类在一个权利要求中限定多个并列技术方案，其中可能部分技术方案与说明书实施例验证的技术效果一致，而其他的技术方案则属于相应技术特征进行组合后概括而来的情况时，更要仔细、深入地判别所概括得到的技术方案是否也均能对应于说明书验证技术效果的支持。对于该类案件的审查，主要在于对说明书验证内容及其相应数据是否能够与其技术贡献相匹配。从逻辑关系看，《专利法》第26条第4款旨在解决权利要求与说明书之间的关系，说明书记载了发明的技术贡献，而权利要求则概括了一定的保护范围；因此，判断权利要求的保护范围概括是否恰当，其实质是衡量权利要求的保护范围与发明的技术贡献是否相称。若权利要求中体现了发明的技术贡献，则认为权利要求的保护范围与发明的技术贡献相称，权利要求能够得到说明书的支持；反之，权利要求得不到说明书的支持。此判断过程中，最重要也是最易出现偏差的是对"发明的技术贡献"的把握；如果把握不准，则可能导致权利要求的保护范围概括不合理。

案例 8 授权权利要求 1 中实质上涉及了多个并列技术方案，即包括了多个不同的基因或等价遗传标记物应用于多种药物引起的不良反应之间的评价，其之间还会存在任意组合的关系。而且权利要求中没有明确限定药物不良反应的类型，也没有限定等位基因或等位基因的等价遗传标记物与所述药物以及药物不良反应之间的对应关系。在权利要求概括出如此多技术方案的情况下，无效宣告请求人基于说明书实施例实际验证的实验数据不足质疑授权权利要求得不到说明书的支持。根据无效宣告请求审查决定中通过对该申请实验数据的详细分析得出的结论可知，涉案专利说明书确实仅验证了特定的等位基因与特定的药物诱发的不良反应之间的关系，因此权利要求 1 保护的以并列选择方式（用"或"进行限定）限定的多个等位基因或等位基因等价遗传标志物的用途，以及对于所预测的药物同样采用的选择式的限定方式，均存在其技术方案并没有将所验证的特定等位基因或等位基因的等价遗传标记物与特定药物诱发的特定不良反应相关联的缺陷。由于本领域公知的这些药物之间的区别及其引发的不良反应类型的区别，其代谢、作用机理之间存在的差异，本领域技术人员难以通过具体的实验推导、预期权利要求所限定的等位基因或等位基因遗传等价标记物均能够解决评价全部药物引起的各种药物不良反应风险的技术问题，也就是说，根据说明书公开的内容及其提供的教导，结合所述领域的整体技术水平，也不能合理预期、概括得到所述权利要求的技术方案均能够解决发明技术问题的内容，权利要求概括的范围与发明所作出的技术贡献是不相匹配的。值得一提的是，该案在美国的同族申请，授权权利要求的技术方案也均限定了具体的等位基因或等位基因遗传等价标记物与具体药物引起的具体不良反应的相关性，可见，在说明书实施例验证的技术效果能否支持权利要求请求保护的范围，我国的审查标准与他国也是基本一致的。

综上，在判断权利要求能否得到说明书的支持时，应当准确站位本领域技术人员，正确认定"说明书公开的范围"，准确把握"发明的技术贡献"，通过判断"权利要求概括的保护范围与发明的技术贡献是否相称"来得出结论，尽可能地使专利的授权范围与发明人的贡献相适应，以给予专利权人一个稳定、恰当的保护范围。对于专利申请本身而言，也应当在说明书中详细记载其实验验证的技术内容和实验数据，以支撑其专利申请中权利要求能够对说明书的具体实施方式进行合理、适当的上位概括，以获得一个恰当的保护范围。

【案例 9】肝素结合蛋白用于严重败血症风险的诊断方法

同上述案例 5，该案涉及肝素结合蛋白用于严重败血症风险的诊断方法。该专利在复审审查阶段认可了其创造性而驳回决定被撤回后，在实质审查阶段被授权。授权的独立权利要求 1 如下：

1. 用于检测肝素结合蛋白（HBP）的试剂在鉴定个体是否处于发展严重败血症的危险中的方法中使用的测试试剂盒的制备中的用途，所述方法包括测量取自所述个体的血液、血浆或血清的样品中的 HBP，其中用于检测 HBP 的所述试剂是结合 HBP 的抗体或其片段。

但是该专利被授权后，被提出了无效宣告请求，无效宣告请求人认为权利要求 1 ~ 15 得不到说明书的支持，不符合《专利法》第 26 条第 4 款的规定，请求宣告该专利权利要求全部无效，同时提交了如下证据。

证据 1：US6303321B1，授权公告日为 2001 年 10 月 16 日。

证据 2：A Rouhiainen 等，Occurrence of Amphoterin（HMG1）as an Endogenous Protein of Human Platelets that is exported to the Cell Surface upon Platelet Activation，Thromb Haemost，第 84 期，第 1087 - 1094 页，2000 年。

证据 3：US7192917B2，授权公告日为 2007 年 3 月 20 日。

证据 4：US20060241284A1，公开日为 2006 年 10 月 26 日。

证据 5：CA2429343A1，公开日为 2002 年 8 月 1 日。

证据 6：H，Rauvala 等，Heparin - binding proteins HB - GAM（pleiotrophin）and amphoterin in the regulation of cell motility，Matrix Biology，第 19 期，第 377 - 387 页，2000 年。

证据 7：US5851986A，公开日为 1998 年 12 月 22 日。

证据 8：CN1890264A，公开日为 2007 年 1 月 3 日。

证据 9：CN1361173A，公开日为 2002 年 7 月 31 日。

证据 10：于善谦等，《免疫学导论》，高等教育出版社、施普林格出版社，1999 年 7 月第 1 版，第 42 页。

证据 11：US20110236953A1，公开日为 2011 年 9 月 29 日。

证据 12：KR101187256B1，授权公告日为 2012 年 10 月 2 日。

证据 13：CN106456694A，公开日为 2017 年 2 月 22 日。

证据 14：US20170129946A1，公开日为 2017 年 5 月 11 日。

证据 15：Daniel R. Sandoval 等，Proteomics - based screening of the endothelial heparan sulfate interactome reveals that C - type lectin l4a（CLEC14A）is a heparin - binding protein，Journal of Biological Chemistry，第 295 卷第 9 期，第 2804 - 2821 页，2020 年。

结合所提交的证据，无效宣告请求人认为全部权利要求得不到说明书支持的具体理由为：①证据 1 ~ 9、11 ~ 15 表明，在该专利公开前后的几十年间，本领域技术人员始终知晓肝素结合蛋白是众多可与肝素结合的蛋白的统称，例如证据 1 中的 HMG1 在本领域也被视为一种肝素结合蛋白。而该专利仅针对肝素结合蛋白 CAP37（Azurocidin）进行检测分析，且没有证明 CAP37 的鉴定功能与 CAP37 结合肝素的能力相关，因此，本领域技术人员无法预期所有肝素结合蛋白均可以实现与 CAP37 类似的效果。②该专利仅验证了部分符合该专利标准的患者，本领域技术人员无法预期任何个体均可以使用 HBP 鉴定发展严重败血症的危险。该专利实施例显示在最远的 12 小时处的两个患者中仅一个的 HBP 高于 20ng/ml，占 50%，本领域技术人员无法预期最低收缩压前 12 小时以及 12 小时以上的 HBP 含量可以用于鉴定发展严重败血症的危险。③该专利实施例仅证实了使用人 HBP 的小鼠单克隆抗体 2F23A 进行 ELISA 检测来确定 HBP 浓度，本领域技术人员无法预期任何 HBP 抗体均可以与 HBP 发生足以检测其浓度的抗原抗体反应，也无法预期 HBP 抗体的任何片段均可以与 HBP 发生抗原抗体反应，从而确定 HBP 浓度。

针对该无效宣告请求，专利权人提交了修改的权利要求书以及如下反证 1～3。修改后的权利要求 1 为：

1. 用于检测肝素结合蛋白（HBP）的试剂在鉴定个体是否处于发展严重败血症的危险中的方法中使用的测试试剂盒的制备中的用途，其中所述个体被怀疑处于发展严重败血症的危险中，所述方法包括测量取自所述个体的血液、血浆或血清的样品中的HBP，其中用于检测 HBP 的所述试剂是结合 HBP 的抗体。

反证 1：Iversen 等，Structure of HBP, a multifunctional Protein with a serine Proteinase fold，Nature Structural Biology，第 4 卷第 4 期，第 265－268 页，1997 年 4 月。

反证 2：CN1146724A，公开日为 1997 年 4 月 2 日。

反证 3：专利权人利用 NCBI 网站的 blast 的 globalalign（https：//blast. ncbi. nlm. nih. gov/blast. cgi）对证据 1 中的 HMG1 与该专利的 HBP 进行序列比对的网页截图。

专利权人认为：最低收缩压的出现并不意味着临床上诊断为严重败血症，还需要满足存在败血症的要求。说明书清楚记载了"具有临床上怀疑感染的 202 名成年患者被选入……"，表明这些成年患者在选入时并没有被临床上诊断为患有严重败血症。因此，本领域技术人员根据该专利公开的内容可以清楚知晓入选的 202 名患者在入选时没有被临床上认定为患有严重败血症，因此在入选时所检测的 HBP 升高应当是在严重败血症的临床诊断之前，从而该 HBP 升高能够预测严重败血症。该专利选择发烧大于 38℃并且抗生素治疗小于 24 小时作为入选标准是因为这些人更可能处于发展严重败血症的风险且同时患病没有特别严重，这并不意味着研究结果仅仅对这些患者特异。实施例证明了有感染的患者的大多数中，HBP 水平的升高能够鉴定患者处于发展严重败血症的风险中。另外，该专利说明书明确记载了其中所述的"肝素结合蛋白"是指特定的蛋白 Cap37，也被称为 Azurocidin，而不是能结合肝素的一类蛋白；并且反证 1 公开了"肝素结合蛋白（HBP，也称为 Cap37 或 Azurocidin）"，反证 2 记载了 Cap37 与 hHBP 相同。且在口审阶段专利权人认可证据 1 中的 HMG1 也属于肝素结合蛋白，但认为该专利说明书中已经明确记载了肝素结合蛋白 HBP 的指代对象，结合说明书整体可以理解权利要求 1 中的肝素结合蛋白 HBP 为 CAP37。

针对上述争议焦点，无效宣告请求审查决定①中指出：①该专利权利要求 1 中涉及肝素结合蛋白（HBP），其说明书中明确记载了肝素结合蛋白（HBP，也称为 CAP37 或 Azurocidin）是糖基化的、单链、带负电的 37kDa 无活性的丝氨酸蛋白酶同源物，其三维结构是已知的，序列是公开可用的，具体为序列识别号 1。本领域技术人员基于对该专利的整体理解，能够明确权利要求 1 中的肝素结合蛋白（HBP）指代的是特定的 CAP37。专利权人在口头审理当庭的陈述也明确指出权利要求 1 中肝素结合蛋白（HBP）是指说明书中明确界定了序列的具体肝素结合蛋白 CAP37。证据 1~9、11~15 均与 CAP37 不相关，而如上所述，该专利已经通过实验数据证明了检测 CAP37 的试剂能够用于鉴定个体是否处于发展严重败血症的危险中。②实验测试不可能对所有患者均进行测试，测试对象通常都是有限的。该专利中，参与研究的患者的感染是跨许多感染类型的，实施例证明了在有这些感染的大多数患者中，HBP 水平的升高能够鉴定患者是否处于发展严重败血症的风险中。在说明书并未强调患者入选标准具有哪些特殊性，从而使得研究结果仅适用于这些特定患者的基础上，本领域技术人员基于说明书中的实验能够合理推知在其他类似患者中，HBP 水平的高低同样会与严重败血症之间存在紧密联系。③能够结合 HBP 的抗体是现有技术中已知的，通过抗原抗体结合反应来进行抗原浓度的确定也是本领域已知的常规技术，基于此，本领域技术人员根据已知抗体的性能和相应检测方法的具体要求能够选择具有足够结合活性的抗体以满足检测需求。因此，权利要求的范围是所属技术领域的技术人员能够从说明书公开的内容合理概括得出的，其效果可以预期，无效宣告请求人关于全部权利要求不符合《专利法》第 26 条第 4 款规定的理由不能成立。

判断考虑该专利授权权利要求的保护范围是否能够得到其说明书支持的关键是说明书记载验证的技术效果是否足以支撑、证明其发明的技术贡献。正如案例 9 无效宣告请求审查决定中所总结分析的，该专利说明书中对于实验所使用的具体研究方法、所选取患者的选择标准、具体实验过程和分析方法均给予了翔实记载，实验患者选择和分组合理且能够与其针对检测的疾病严重程度和状况相符，且有各种相关数据例如特异性、敏感性、阳性预测值（PPV）、阴性预测值（NPV）、阳性似然比（PLR）和阴性似然比（NLR）以及 ROC 曲线给予支持。无效宣告请求人所提的各种理由仅仅是怀疑部分患者在入选时已经患有严重败血症，认为对于已经有严重败血症的患者，无法再通过 HBP 来"预测"将发生严重败血症。对此，无效宣告请求审查决定中，也针对发明实际能够解决的技术问题以及说明书实施例实验数据能够验证获得的技术效果

---

① 国家知识产权局第 46928 号无效宣告请求审查决定（发文日：2020 - 12 - 08）。

均给予了详细分析：即对于那些可能实际上已经患有严重败血症，但还没有确诊或没有表现出更严重的坏血症症状的患者，其同样可以通过该申请所述指标明确诊断和鉴定风险，避免发展为更严重的败血症，该专利所述方法适用于权利要求所限定的所有"被怀疑处于发展严重败血症的危险中"的个体，部分患者入选时已经患有严重败血症并不影响 HBP 水平高低与严重败血症存在紧密关联的这一结论的认定，因此，即使考虑部分患者入选时已经患有严重败血症，也不能推翻 HBP 水平高低与严重败血症存在紧密关联，进而可以用于诊断和预测严重败血症的事实。

另外，准确认定技术特征的边界进而确定权利要求整体的保护范围，是判断对权利要求的概括是否合理的基础。结合说明书记载和公开的技术内容来认定权利要求的保护范围也在案例 9 的无效宣告请求阶段审理过程中充分体现。具体涉及将权利要求中限定的肝素结合蛋白 HBP 认定为涉案专利说明书中明确记载的 CAP37 蛋白，还是将其认定为所有能够与肝素结合的蛋白。对此，无效宣告请求审查决定将其认定为说明书中明确记载的肝素结合蛋白 HBP，即 CAP37。无效宣告请求审查决定中内部证据优先的原则与我国专利授权确权行政审查中对于权利要求的解释规则是一致的。根据《专利法》第 59 条第 1 款的规定，发明专利权的保护范围以其权利要求的内容为准，说明书及附图可以用于解释权利要求的内容。2020 年，最高人民法院发布了《关于审理专利授权确权行政案件适用法律若干问题的规定（一）》，其中第 2 条规定："人民法院应当以所属技术领域的技术人员在阅读权利要求书、说明书及附图后所理解的通常含义，界定权利要求的用语。权利要求的用语在说明书及附图中有明确定义或者说明的，按照其界定"。依照前款不能界定的，还可以结合所属技术领域的技术人员通常采用的技术词典、技术手册、工具书、教科书、国家或者行业技术标准来界定。据此可见，所属规定强调了内部证据（权利要求书、说明书及附图）优先重要的原则，要根据本领域技术人员阅读权利要求、说明书以及附图后所理解的含义确定权利要求的内容，不能脱离权利要求、说明书及附图对权利要求进行孤立的解读；根据内部证据无法确定权利要求含义的，再依据外部证据例如公知常识性证据确定其含义。而且在解释权利要求时，应当作出符合其发明目的进行具有合理性的解释。

具体到该专利，无效宣告请求人认为授权权利要求中的肝素结合蛋白 HBP 可以理解为是一类能够与肝素结合的蛋白，任何能够与肝素结合的蛋白都应当落入其解释范围内，从而导致权利要求得不到说明书的支持。然而，根据专利申请文件说明书记载的内容以及实施例验证的效果，不论从其发明最初目的还是最终的技术贡献来看，其针对的都是如说明书中所记载的具体的 CAP37 蛋白，通过针对该特定的蛋白进行其与严重败血症之间的关系。且说明书中还明确记载了所述 CAP37 蛋白的糖基化性质、分子量大小、三维结构已知以及序列识别号，专利权人在口头审理当庭的陈述也明确指出权利要求 1 中肝素结合蛋白 HBP 是指说明书中明确界定了序列的具体肝素结合蛋白

CAP37。在此基础上，本领域技术人员基于对该专利的整体理解，能够明确权利要求 1 中的肝素结合蛋白 HBP 指代的是特定的 CAP37。值得注意的是，在不同程序间，对于权利要求的解释规则可能存在一定的差异，如在专利授权程序，专利授权程序的价值导向在于促使专利申请人修改完善申请文件，以更加明确的范围或措词术语来准确界定其保护范围，明晰公共利益和个体利益的边界，提高专利授权质量。由此在专利授权程序中，对于权利要求的解释应适用于最大合理解释原则，以权利要求书为审查重点。但是在专利侵权程序中，需要解决的是判定被诉侵权产品是否落入专利权的保护范围，为了实现专利权人与社会公众的合法权益平衡，使得专利权人获得的保护与其对于社会所做的贡献相匹配，应在专利侵权程序中结合说明书中的限缩性定义对权利要求中的特征进行解释。到了专利确权程序，确权程序设置的目的是重新审视专利授权是否恰当以及纠正不当授权。因而在专利确权程序中，对保护范围的界定不能完全像授权程序中那样以最大合理解释原则处理权利要求中需要解释的内容，也不能像侵权程序中那样大幅度地通过权利要求的解释来调和权利人与社会公众的利益，而是应当介于授权程序与侵权程序之间，以最符合发明目的、最合理的方式进行权利要求的解释。①

三、思考与启示

生物标志物是一种具有可客观检测和评价特性，可作为正常生物学过程、病理过程或治疗干预药理学反应的指示因子。通过对生物标志物的测定，可以了解组织、器官、系统等的功能和/或结构已经发生的变化，或者预测其未来可能发生的变化。可见，对于生物标志物的相关发明来说，其本质上属于一种物质的化学用途发明，生物标志物特定的应用属性，使得其相关专利发明相对于医药领域的其他技术来说具备一定的特殊性。一种新的生物标志物的发现，新的诊断/检测技术的开发或者对已知生物标志物新用途的研究，以及对于已知检测方法技术进一步的创新改进等，都依赖于大量的研究和实验过程。由于生物机体的复杂、疾病发生发展原因和机理通路的不确定，而存在很大的不可预期性。既然是作为诊断疾病的方式，就需要具有一定的临床应用意义。因此，对于生物标志物及其应用的发明申请文件，应当记载和提供对本领域技术人员来说，足以证明发明的技术方案可以解决预期要解决的技术问题或者达到预期的技术效果的实验室试验（包括动物试验）或者临床试验的定性或者定量的实验数据。从技术研究层面来说，对于生物标志物研究开发的目的性十分明确，就是需要将其用

---

① 杜立津. 专利授权阶段的权利要求解释规则［EB/OL］.（2023 – 07 – 13）［2023 – 10 – 31］. http://www.bjzcfy.bjcourt.gov.cn/article/detail/2023/07/id/7403867.shtml.

于对人体健康状况的诊断、疾病的预测、疾病治疗的预后和恢复期的监测等。只有能够有效指向与某一疾病具有直接、准确关系的生物标志物，才能作为有效的疾病诊断生物标志物。因此，该类发明申请文件中往往需要记载较为翔实的背景技术或者相关疾病发生、发展的通路机理知识体系，以及合理可行的研究方法和富有证明力的实验效果数据甚至临床试验效果数据。从专利权利要求的撰写层面来说，则需要很多的技巧性，比如权利要求的主题如何规避不授予专利权客体的问题；如何通过权利要求的撰写准确把握其发明点且概括出适当的保护范围；以及如何在现有技术的基础上，体现出其相对于现有技术整体的贡献之处。

对于生物标志物相关发明创造的审查来说，需要判断说明书对于其所要求保护的技术方案是否公开充分，根据公开换保护原则，充分公开是获得专利权的必要前提。在判断说明书是否充分公开时，除了考虑说明书记载的整体研究方法或者验证过程是否能够实现，关键的是需要判断其所验证的效果与其所需要保护的技术方案是否相符并能够给予有效支撑。这其中包括了四个方面的因素：①研究和实验样本选择的合理性（如筛选样本集和效果验证样本集是否分开、是否能够有效证明筛选获得的标志物在验证过程中的合理相关性）；②还有检测、计算获得的差异性数据和验证性数据是否具有统计学意义（如样本量多少、是否能排除个体差异影响）；③实验数据是否能够达到所述标志物对于疾病诊断的灵敏度和特异性是否能够达到本领域相关标准（各类验证曲线的有效使用）；④有些还需要考虑所使用的验证模型类型，例如在动物模型中验证的差异蛋白，会由于动物和人的机体结构、代谢方式和途径有较大差异。生物标志物相关发明创造是否公开充分需要根据具体案情进行分析，结合现有技术、发明目的及其技术贡献来考虑。以样本数据量多少举例，不同的筛选方法、实验目的、实验要求、所用的统计学方法等均会影响生物标志物筛选过程中样本量的确定，有些筛选方法可能只需要几十个样本即可满足统计学要求，有些则可能上百个样本仍不具有统计学意义。由此，单纯考虑样本量太少而质疑涉及生物标志物主题专利申请的说明书公开不充分是不太合理的。同样，用于表征生物标志物技术效果的验证性数据，其意义在于明确筛选的差异蛋白含量或基因表达水平应当具有一定诊断能力，虽然 ROC/AUC 值是证明其能力的关键数据，但是"公开充分"考量的是本领域技术人员"能够"实施本发明，这是一个基础性要求。例如假设某一发明申请文件中记载的 AUC 值仅有 60%，在统计学意义上这被认为是较差的预测，但数值较低并不意味着不能预测，只是验证效果不是最好。也就是说，单纯的数值高低例如 ROC/AUC 值并不是判断说明书是否充分公开的必要条件，仅由于数据数值高低认为说明书一定公开不充分，也是不够严谨的。因此，在审查实践过程中，必须综合各种因素一同考虑，视具体情况分析说明书中给出的实验数据是否足以使本领域技术人员确信生物标志物与疾病之间的关联性。

对于生物标志物相关发明创造的创造性审查，原则上可适用于专利审查指南中对于化学产品用途发明创造性的判断方法。生物技术发展到现在，大多数的生物标志物都是已知的，且由于对新物质的发现往往费时费力且难度很大，因而对已知的生物标志物进行其对新的疾病诊断、预测用途的开发更具有价值，大多数生物标志物的发明是基于已知的生物标志物而开发其新的疾病诊断或预测的新用途。该类发明有一个特点，就是大部分权利要求中限定的关键技术特征非常少，往往一个技术特征是"生物标志物"，而另一个就是"某种疾病"。对于该类发明在评价其是否具备创造性时，不仅要考虑发明的技术方案本身，而且要考虑发明所属的技术领域、所解决的技术问题和所产生的技术效果，将发明作为一个整体看待。最重要的就是需要判断对本领域的技术人员来说，要求保护的发明相对于现有技术是否显而易见。在创造性的"三步法"判断过程中，对于"某一生物标志物用于制备诊断某疾病试剂盒的用途"，如果该生物标志物是已知的，那么其与最接近现有技术区别技术特征就是诊断某具体疾病的差别。因此，结合申请文件中记载的效果实验数据确定发明实际解决的技术问题后，如何判断要求保护的发明对本领域技术人员来说显而易见，是关键的一个难点。如果现有技术公开了该生物标志物，而其他现有技术中仅是公开了该疾病，那么将该疾病的发生、发展与该生物标志物进行结合的"动机"和"技术启示"的判断，往往都是需要对疾病的通路、原理，生物标志物种类及其一般特性、用途等各方面现有技术的整体结合后，再进行深入分析和全面考虑才能准确得出的。对于生物标志物用途发明的创造性判断，首先应当明确其保护的具体疾病与对比文件中该生物标志物已知可诊断的疾病之间的关联程度，而后基于现有技术整体来判断对于该具体疾病诊断的可预期性有多大，当然还需要结合申请文件中实际所验证的诊断效果情况进行整体判断。也就是说，在判断过程中，不仅需要充分考虑现有技术的整体状况以及说明书的记载，而且需要充分考虑申请人的陈述意见，综合分析后确定该诊断用途是否是显而易见的、能够推知、预测和想到的。如果现有技术整体能够证明两种疾病之间确实存在明显的关联性或者明确属于同一上游通路发展而来的相关疾病，那么可以对使用同一生物标志物诊断该具有明显关联性的疾病的创造性进行质疑。但是如果没有相关证据能够明确疾病之间的关联性，或者所述关联性的确定仅仅是不清晰的、具有或然性的，那么仅凭该不笼统的、不明确的关系，本领域技术人员对于生物标志物在疾病中诊断的用途可能就无法做出合理的、有意义的判断和预测，而不足以获得相关的技术启示。

另外，生物标志物的组合发明也是一种常见的发明类型，该类发明往往除了生物标志物是已知，其对于诊断某种疾病也可能是已知，而该类发明审查的关键就在于本领域技术人员需要判断其是否有动机选择这些特定的生物标志物进行特定组合。对于这类发明的审查，首先要判断申请文件中对于该特定组合能够达到的诊断效果是否基于现有技术整体是预料不到的。如果现有技术能够已知这些生物标志物都与某种疾病的发生相关，那么将这些生物标志物的个别挑选出来作为诊断组合物来使用，往往是容易想到的。因而判断其是否具备创造性的关键，就在于该特定组合对于该疾病诊断是否相对于单个或者其他组合具有更好的诊断效果，或者该组合中的生物标志物在取材或检测准确率上能够更为方便。如果在诊断效果上并没有超出本领域技术人员的合理预期，那么即使是从现有已知的标志物中选出一组特定的组合物，也难以带来实质的技术贡献和产业价值。

总体而言，生物标志物发明的专利审查是一个既"简单"又"复杂"的过程，所谓"简单"，是因为该类发明的发明点和目的性往往很明确，就是建立"生物标志物"与某种"疾病"或者机体某种"症状""表象"之间的联系。而所谓很"复杂"，则是因为这一联系建立的过程，需要经历大量的前期筛选、计算、判断、实验研究和后续的实际样本验证甚至临床试验才能得以证实。而在该类案件的审查过程中，不论说明书是否充分公开、权利要求是否能够得到说明书支持以及是否具备创造性的审查，还是其应用是否属于一种疾病的诊断方法的审查，都是需要基于现有技术已知的疾病发生发展机理，以及申请文件中记载的实验数据实际能够达到的验证程度，进行综合考量和整体分析才能够给予准确判断的，是一个将理论与实践、技术与法律紧密结合的过程。

【专家点评】

生物标志物是一种具备客观检测和评价特性，可作为正常生物学过程、病理过程或治疗干预药理学反应的指示因子，其通常具有物质和计量两种属性。对于生物标志物的发明创造而言，其可以用于疾病的诊断、预测或者预后分析、用药治疗有效性等方面，这由生物标志物的本质特征决定，也是其应用价值的体现。由于生物标志物及应用的发明创造高度依赖效果试验，涉及生物标志物的发明创造在多个实质审查条款适用的审查实践中均存在一定难度。本章通过9个复审或无效案例，探讨了生物标志物的专利保护主题类型、说明书是否公开充分、权利要求是否能够得到说明书支持以及是否具备创造性等方面的争议焦点，旨在为生物标志物的技术研究、专利保护和申请文件撰写提供一些方法思路和参考借鉴。

（点评专家：钟辉）

第 二 章
核酸干扰技术专利保护

    RNA 干扰（RNAi）是在真核生物中，由双链 RNA（dsRNA）诱发同源 mRNA 降解，使得靶基因表达沉默的现象，是一种常见的基因转录后沉默方式。其具有制备便利、操作稳定、应用广泛等诸多优点，成为基因沉默技术中备受研发青睐的技术。2018 年，第一款小干扰 RNA（siRNA）药物 Patisiran 在美国和欧洲获批上市，小分子核酸药物的研发受到更广泛的关注。我国在《"十三五"生物产业发展规划》中也将 RNA 干扰药物列为重点发展项目。siRNA 药物涉及的专利技术包括具体分子，其表达载体、制备工艺以及临床应用等多方面。

一、核酸干扰技术的概念及其发展状况

    双链 RNA 导致沉默的现象最初于 1990 年由 Jorgense 研究小组[①]在研究查尔酮合成酶对花青素合成速度的影响时所发现。1995 年，Guo 和 Kemphues 等意外发现外源导入 Parl 基因的反义 RNA 或正义 RNA，均能引起线虫体内 Parl 基因表达下调。这与传统上认为只有反义 RNA 沉默靶基因的解释相矛盾。直到 1998 年，Fire 和 Mello 等[②]在秀丽隐杆线虫中解释了 RNA 干扰现象背后的原因。他们在研究中发现，正义 RNA 和反义 RNA 的混合物，即 dsRNA，对靶基因的沉默作用大大强于单独注入任意一种单链的 RNA。他们将这种 dsRNA 引起的基因沉默现象称为 RNAi，二人也因此获得了 2006 年诺贝尔生理学或医学奖。2001 年，Tuschl 等人在《自然》杂志上发表文章首次证实哺乳动物中存在 RNAi 机制，并指出长度为 21～25nt 的 siRNA 在哺乳动物细胞的体外试验中能诱导 RNAi，但不启动细胞凋亡或干扰素响应。此后又在越来越多的真核生物中发现了 RNAi 现象。[③] 鉴于 RNAi 在真核生物中广泛存在，且可高效特异性地抑制靶基因，加之操作简易，使用成本低，从而具有较高的应用潜力。

---

① 王世瑶，刘燕鹰，穆荣，等. RNA 干扰技术新进展 [J]. 中国医药生物技术，2009（5）：377 - 380.
② 冯小艳，张树珍，等. RNAi 作用机制及应用研究进展 [J]. 生物技术通报，2017（5）：1 - 8.
③ 孟庆霞，徐宝林. siRNA 分子设计研究进展 [J]. 吉林大学学报（信息科学版），2012（2）：198 - 202.

RNAi 主要是通过两条长度约为 21 个碱基形成部分互补的小 RNA 分子组成 siRNA 来发挥作用的。其中一条与靶标 mRNA 完全互补配对的 siRNA 链被称为引导链，另一条链被称为乘客链。引导链和乘客链之间通常有 19 个碱基互补配对，并在双链 siRNA 两端各形成 2 个碱基的末端悬垂。早先的报道曾认为缺乏 5′端磷酸化的 siRNA 或平端 siRNA 无论在细胞内还是细胞外都无法启动 RNAi[①]，但随着研究发现，平末端的 siRNA 也可诱导靶基因的沉默，这使得 siRNA 的结构设计更加多样化。

为了能在细胞内长期稳定地获得 siRNA，研究人员开发出由细胞内 RNA 聚合酶 Ⅲ 的启动子控制表达载体转录产生短发夹 RNA（shRNA）进而切割产生 siRNA 的方法。shRNA 是一种包含 21～25bp 的互补双链以及顶端单链环将两条互补链连接起来的发夹样分子，其由表达载体转录产生后被运出细胞核，被 Dicer 酶等识别并切去发夹部分的单链环，从而形成成熟双链 siRNA。慢病毒、腺病毒等载体均可作为构建 shRNA 的表达载体，在多种组织和细胞中实现靶基因沉默。

当获得了 siRNA 分子后，siRNA 双链在细胞质中结合核酶复合物 Argonaute 等蛋白质因子结合形成 RNA 诱导沉默复合体（RISC）。[②] 解旋酶将 siRNA 双链解旋为单链，只有一条 siRNA 链被保留，而另一条链被丢失降解。这种链的选择性主要取决于双链 siRNA 5′端碱基配对的热力学稳定性。5′端碱基配对相对不稳定的那条链，通常是引导链，更倾向于被 RISC 保留。进一步，引导链与靶 mRNA 通过碱基互补配对结合，由 RISC 中核酸内切酶 slicer 切割互补配对的靶标 mRNA，从而引起转录后水平的靶基因表达沉默。

对 siRNA 分子靶序列的选择和设计是实现特异性靶基因沉默的前提条件。需要考虑的因素包括靶基因的序列、双链末端的稳定性以及 siRNA 同 RNA 诱导 RISC 的结合能力等。设计合理的 siRNA 能高效沉默靶序列，相关设计规则例如 siRNA 长度为 21～22 bp，GC 含量为 30%～50%，3′端凸出的碱基为 dTdT 或 UU 等。通常情况下，可根据 Tuschl 等的实验方案进行 siRNA 序列设计，其步骤包括寻找"AA"二连序列后的 19 个碱基序列，避开基因 5′端和 3′端的非编码区进行设计。获得序列后，将潜在的序列在基因组数据库中比对，排除与非靶编码序列/EST 同源的序列。还可通过某些 siRNA 在线设计工具方便、快捷地优化设计。但无论采用何种设计手段，最佳的 siRNA 分子还是要通过实验来检验其沉默效率。

siRNA 因自身结构、作用方式的一些瓶颈问题，限制了其开发和应用。[③] 例如靶向同一基因但序列不同的 siRNA 会产生截然不同的沉默效率的现象，沉默效率的不确定

① NYKANEN A，HALEY B，ZAMORE P D. ATP requirements and small interfering RNA structure in the RNA interference pathway [J]. Cell，2001，107（3）：309－321.
② 王伟伟，刘妮，陆沁，等. RNAi 技术的最新研究进展 [J]. 生物技术通报，2017（11）：35－40.
③ 贺婉红，薛嫚，李芳，等. siRNA 药物研究进展 [J]. 中国药学杂志，2018（14）：1145－1151.

性增加了 siRNA 设计与筛选的工作量。此外，siRNA 还存在脱靶效应，即对非靶标基因的沉默。当 siRNA 包含了与 mRNA 的 3′端非翻译区配对的种子序列时，经常产生这种不良的脱靶效应。此外，siRNA 在体内不稳定，容易经肾脏清除或被内源性 RNA 酶降解。这导致 siRNA 递送至靶组织和细胞的过程中存在多重障碍。最后，RNAi 可参与保护细胞免受病毒或细菌等病原体核酸入侵的免疫应答，包括序列独立性和序列依赖性免疫活化，由此可能引发不期望的机体免疫应答。还有研究表明[①]，当以表达载体产生 siRNA 分子时，虽然 U6 启动子比 H1 启动子更有效，但 U6 启动子产生的 shRNA 会导致转染细胞凋亡增强，而采用较弱的 H1 启动子似乎可以减弱这种毒性作用。该研究结果表明，在目标细胞中兼顾 siRNA 的高表达和避免不期望的副反应及毒性存在挑战。

　　为克服 siRNA 分子的上述缺点，使其更好地应用于产业。研究人员尝试以分子修饰的方法来改善其结构稳定性、体内毒性和递送有效性。例如目前研发针对核苷酸分子的碱基、核糖或磷酸进行的化学修饰。[②]

　　对于核苷酸分子碱基的修饰包括使用各种非天然碱基，例如在嘧啶或腺苷上引入溴、碘等原子或甲基等基团，得到 5′－溴尿嘧啶、5′－碘尿嘧啶、N6－甲基腺苷等取代基修饰或是用假尿嘧啶进行替换，从而增加互补碱基之间的氢键作用力来提高其热稳定性。对核苷酸分子的核糖基团修饰中，核糖 2′位的修饰最常见，其广泛被用于保护 siRNA 免受核糖核酸酶切割而提高体内稳定性方面。例如 2′－O－甲基取代、2′－O－甲氧基乙基取代等。前者具有增加 siRNA 稳定性、半衰期和提高 siRNA 对靶 mRNA 亲和力的优点，同时还能降低外源核酸分子带来的免疫原性。[③] 此外，还采用了高电负性氟取代核糖 2′位羟基。从结构上看，氧被 2′－F 取代更符合 RNA 的原始结构，有效稳定了 3′内切核糖的构象，提高了其稳定性。同时，核糖部分的修饰还包括锁核酸（LNA）、解锁核酸（UNA）、乙二醇核酸（GNA）等。[④] 以 LNA 为例，其是一种双环结构，在核糖的 2′和 4′间通过氧亚甲基连接成环。该结构能够降低核糖结构柔韧性，使磷酸盐骨架局部结构的稳定性增强。最后，磷酸基修饰也是一种重要的 siRNA 修饰方式。未经修饰的 siRNA 核苷酸间磷酸二酯键带有负电荷，很容易被核酸酶切割而断裂，因此，研发人员开发了将其上一个氧原子取代为硫原子的硫代磷酸酯（PS）修饰。研究表明，使用 PS 取代 siRNA 分子的磷酸二酯可在体内外保护其免受核糖核酸酶的降解

　　① 郑玉姝，赵朴，刘兴友，等. 介导 RNAi 的病毒载体研究进展 [J]. 中国预防兽医学报，2008（4）：326－328.

　　② 李琛，司笑，李金波，等. 小干扰 RNA 药物的化学修饰及递送系统 [J]. 化学学报，2023（9）：1240－1254.

　　③ SHEN X, COREY D R. Chemistry, mechanism and clinical status of antisense oligonucleotides and duplex RNAs [J]. Nucleic Acids Research, 2018, 46: 1584－1600.

　　④ HU B, ZHONG L P, WENG Y H, et al. Therapeutic siRNA: state of the art [J]. Signal Transduction and Targeted Therapy, 2020, 5: 101.

并增强 siRNA 的体内效力。① 但同时发现，PS 修饰可能导致 siRNA 毒性。因此，调整 PS 在 siRNA 上的修饰比例，以兼顾分子的稳定性和避免毒性是研发人员追求的改进方向。

可见，虽然 RNAi 具有巨大的商业开发潜力，但根据错综复杂的设计原则和千变万化的修饰方法可获得的 siRNA 不计其数，加之 siRNA 分子在体内发挥沉默功能还将受到复杂机体环境的影响，因此，筛选获得对靶标具有优良沉默效果的 siRNA 仍是主要的技术难题。

二、专利保护实践中涉及核酸干扰技术的焦点问题

RNAi 技术的核心部分是直接结合靶基因 mRNA 并诱导其剪切沉默的 siRNA 分子，就类型上而言，属于一种核酸类化合物产品。从申请文件权利要求书撰写的角度，核酸产品可能以其结构组成（如碱基序列、核苷酸结构式）、制备方法（如表达载体、制备引物以及方法步骤）或是功能效果参数（靶基因及沉默效率）等方式予以表征。

对于核酸产品中常见的基因，对于其权利要求的撰写方式、新颖性和创造性的审查，《专利审查指南》第二部分第十章第 9.2.2.1 节规定："对于涉及基因、载体、重组载体、转化体、多肽或蛋白质、融合细胞、单克隆抗体等的发明，说明书应明确记载其结构，如基因的碱基序列，多肽或蛋白质的氨基酸序列等。在无法清楚描述其结构的情况下，应当描述其相应的物理、化学参数，生物学特性和/或制备方法等"；"说明书中应描述制造该产品的方式，除非本领域的技术人员根据原始说明书、权利要求书和附图的记载和现有技术无需该描述就可制备该产品"；"对于涉及基因、载体、重组载体、转化体、多肽或蛋白质、融合细胞、单克隆抗体等的发明，应在说明书中描述其用途和/或效果，明确记载获得所述效果所需的技术手段、条件等。"

第 9.3.1.1 节规定对于基因，在权利要求中可以以下方式进行限定："（1）直接限定其碱基序列。（2）对于结构基因，可限定由所述基因编码的多肽或蛋白质的氨基酸序列。（3）当该基因的碱基序列或其编码的多肽或蛋白质的氨基酸序列记载在序列表或说明书附图中时，可以采用直接参见序列表或附图的方式进行描述。……（4）对于具有某一特定功能，例如其编码的蛋白质具有酶 A 活性的基因，可采用术语'取代、缺失或添加'与功能相结合的方式进行限定。……（5）对于具有某一特定功能，例如其编码的蛋白质具有酶 A 活性的基因，可采用在严格条件下'杂交'，并与功能相结合的方式进行限定。……（6）当无法使用前述五种方式进行描述时，通过限定所

---

① ECKSTEIN F. Phosphorothioates, essential components of therapeutic oligonucleotides [J]. Nucleic Acid Therapeutics, 2014, 24: 374-387.

述基因的功能、理化特性、起源或来源、产生所述基因的方法等描述基因才可能是允许的。"

第9.4.1节和第9.4.2节分别规定："如果某蛋白质本身具有新颖性，则编码该蛋白质的基因的发明也具有新颖性。""如果某结构基因编码的蛋白质与已知的蛋白质相比，具有不同的氨基酸序列，并具有不同类型的或改善的性能，而且现有技术没有给出该序列差异带来上述性能变化的技术启示，则编码该蛋白质的基因发明具有创造性。如果某蛋白质的氨基酸序列是已知的，则编码该蛋白质的基因的发明不具有创造性。如果某蛋白质已知而其氨基酸序列是未知的，那么只要本领域技术人员在该申请提交时可以容易地确定其氨基酸序列，编码该蛋白质的基因发明就不具有创造性。但是，上述两种情形下，如果该基因具有特定的碱基序列，而且与其他编码所述蛋白质的、具有不同碱基序列的基因相比，具有本领域技术人员预料不到的效果，则该基因的发明具有创造性。如果一项发明要求保护的结构基因是一个已知结构基因的可自然获得的突变结构基因，且该要求保护的结构基因与该已知结构基因源于同一物种，也具有相同的性质和功能，则该发明不具备创造性。"

可以看出，《专利审查指南》中对涉及基因主题的专利申请在说明书充分公开、权利要求清楚、得到说明书支持和新颖性/创造性等方面进行了具体规定，siRNA分子与结构基因（即编码功能性蛋白的核酸）均为核酸分子，通常情况下，对siRNA分子的审查参照上述对基因的审查标准执行。然而，siRNA分子又有不同于结构基因的特殊性：从分子大小上，siRNA分子介于化学小分子和生物大分子之间，但在制备方法、递送给药等方面又具有化学小分子的特点；从作用机理上，不同于常见的生物功能基因，siRNA并不是通过转录翻译产生多肽或蛋白再发挥生物功能，而是通过与靶mRNA互补结合而引发其被降解产生沉默作用。因此，审查实践中对涉及siRNA分子专利申请的审查，常需要结合siRNA的特殊性进行综合分析考虑。随着RNAi技术逐步发展和成熟，产业规模日益增加，简单套用结构基因这种生物大分子的审查标准越来越难以满足产业界的需求。

笔者通过对RNAi相关发明专利申请的复审和无效案件所适用的专利法条款进行分类统计，发现该类发明在专利授权和确权程序中存在的争议主要集中于权利要求是否具备创造性、权利要求是否清楚和得到说明书的支持以及说明书是否公开充分（参见图1）。在某些情况下，特别是无效案件中，围绕同一siRNA分子还可能同时存在上述几方面的争议。通过梳理实质审查、复审乃至后续司法判决的各方观点，对以序列结构方式限定的siRNA分子的创造性、权利要求是否清楚和得到说明书支持，以及相应的技术方案在说明书中充分公开的判断予以比较和说明，借以明确此类案件中上述法条的审查标准。

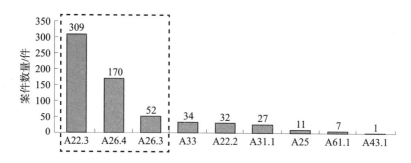

图 1　RNAi 相关申请复审/无效案例适用的法律条款分布

注：A 表示条款，例如 A22.3 表示第 22 条第 3 款。

（一）关于创造性

对 siRNA 分子创造性的考量因素，既可以来源于序列结构差异的显著性，也可以归因于微小序列差异对其功能的难以预期性。比如，随着 RNAi 技术逐渐成熟，siRNA 分子序列设计和修饰的基本原则已属周知，同时还有一些 siRNA 人工辅助设计的软件和备选分子的数据库在互联网上公开，针对序列明确的靶基因设计出一系列序列结构不同的 siRNA 通常不存在技术上的难度。然而，靶向同一基因的 siRNA 分子序列结构存在差异仅是其具备创造性的必要而非充分条件之一。另外，鉴于细胞内复杂的基因沉默过程，为避免被降解，在序列长度仅为 21 ~ 23bp 的分子上添加各种各样的修饰也是本领域常规选择，而即使序列上仅相差一两个碱基，或是序列相同但包含不同修饰方式的两个 siRNA，其产生的靶基因沉默效果也可能存在差异。无视 siRNA 沉默效果程度上的不可预期性，仅通过 siRNA 序列结构来判断其创造性可能存在较大问题。鉴于此，在 siRNA 分子的创造性评判中不仅应关注分子结构上的差异、结构改进的动机，还应考虑这种结构调整对基因沉默效果的影响。

【案例 1】关于作用于同一靶点、序列及修饰不同的 siRNA 的创造性

涉案专利请求保护一种用于抑制细胞中 B 型肝炎病毒（HBV）表达的双链 RNAi 剂。授权的权利要求共 41 项，其权利要求 1 ~ 2 如下：

1. 一种用于抑制细胞中 B 型肝炎病毒表达的双链 RNAi 剂，其中该双链 RNAi 剂包含形成双链区的正义链与反义链，其中该正义链包含 5′ – GUGUGCACUUCGCUUCACA – 3′（SEQ ID NO：39）且所述正义链的长度不超过 21 个核苷酸，且该反义链包含 5′ – UGUGAAGCGAAGUGCACACUU – 3′（SEQ ID NO：40）且所述反义链的长度不超过 23 个核苷酸；其中该正义链实质上所有核苷酸及该反义链实质上所有核苷酸为经修饰的核苷酸，其中该正义链与在 3′ – 末端附接的配体缀合，且其中该配体为一种或多种利

用二价或三价的分支键联体附接的 GalNAc① 衍生物。

2. 如权利要求 1 所述的双链 RNAi 剂，其中该正义链的所有核苷酸及该反义链的所有核苷酸包含修饰。

该案说明书完整记载了权利要求所涉及的 siRNA 分子 AD - 66810 的设计、修饰、筛选、制备和小鼠与黑猩猩实验模型的结果。具体地，实施例提供了靶向 HBV 基因组（GenBank Accession No. NC_003977. 1）上表面抗原（HbSAg）、HBV 聚合酶或 X 基因的 siRNA 的未修饰和修饰后的正义链和反义链，公开了这些 siRNA 的活体外沉默试验效果和活体外代谢稳定性。在 HBV 的 X 基因中筛选了 5 个具体靶向位点（1551 位，1577 位，1580 位，1806 位与 1812 位）的 RNAi 制剂并加以修饰。其中，AD - 66810 是靶向 HBV 基因组 1577 位点的 siRNA。将这些 siRNA 给予 AAV - HBV 小鼠模型，检验其体内抑制 HBV 的效果和肝损伤的副作用情况，并以部分 siRNA 施用于 AAV - HBV 小鼠模型，证实其可降低血清中 HBsAg 含量。最终选择了 2 个 siRNA，即 AD - 65403、AD - 66810 作为用于单方疗法或组合疗法的候选药物。在小鼠模型中，单独或组合施用上述两种 siRNA 均能实现强力且专一减弱血清 HbsAg 的效果。进一步在感染 HDV（对应于人类感染的 HBV）的黑猩猩模型中进行试验，给予 AD - 65403、AD - 66810 或 AD - 65403 与 AD - 66810 的组合，均可持续且专一性减弱血清 HbsAg，缓解 HDV 症状。

在实质审查阶段，对比文件 1（CN103282497A，公开日为 2013 年 9 月 4 日）、对比文件 2（CN104080794A，公开日为 2014 年 10 月 1 日）和对比文件 3（CN103014045A，公开日为 2013 年 4 月 3 日）被用于评述上述权利要求不具备创造性。其中，对比文件 1 公开了用于抑制细胞中 HBV 表达的 siRNA，其正义链为 UCGUGGUGGACUUCUCUCA（SEQ ID NO：1），反义链为 UGAGAGAAGUCCACCACGA（SEQ ID NO：452），经过与 B 型肝炎病毒基因组比对可知，该靶序列位于 B 型肝炎病毒基因组 254～272 位点。对比文件 1 还公开了 siRNA 分子包含修饰，其中正义和/或反义链中存在的任何（例如一个或多个或所有）核苷酸是修饰的核苷酸，或所有核苷酸都是修饰的核苷酸。该申请请求保护的技术方案与对比文件 1 相比的区别在于两者 siRNA 的靶区段不同，且该申请正义链的 3′端偶联了配体。对比文件 3 公开了用于干扰 B 型肝炎病毒表达的双链 RNAi 剂，并具体公开了以 5′ - CCGTGTGCACTTCGCTTCACCTCTG - 3′（SEQ ID NO：23）为靶序列设计 shRNA，经过与 B 型肝炎病毒基因组比对可知，该靶序列位于 B 型肝炎病毒基因组 1575～1599bp 位点。由此可见，对比文件 3 给出了针对 B 型肝炎病毒基因组 1575～1599bp 位点设计 RNAi 剂的技术启示。经序列比对可知，该申请 RNAi 剂的正义链 SEQ ID NO：39 和反义链 SEQ ID NO：40 均为针对 B 型肝炎病毒第 1575～1599bp 位点附近所设计的 siRNA，因此本领域技术人员在对比文件 3 公开的 siRNA 序列基础上，

---

① GalNAc 是指 N - 乙酰半乳糖胺。——编辑注

根据 siRNA 设计原则通过有限的调整容易获得该申请请求保护的序列。此外，对比文件 2 给出了使用 GalNAc 衍生物修饰 siRNA 的教导，同时 GalNAc 缀合物直接缀合递送的 siRNA 是本领域常用的修饰 siRNA 的手段，其可以增加安全性和避免脂质体递送的细胞毒性。本领域技术人员可以选择该配体修饰 siRNA 来提高 siRNA 的性能。因此，权利要求 1 的技术方案不具备《专利法》第 22 条第 3 款规定的创造性。

随后专利权人将权利要求 1 中的技术特征"其中正义链是结合附接在 3′端的配体偶联"修改为"其中正义链与 3′端附接的配体缀合"，并增加"且所述正义链的长度不超过 21 个核苷酸"和"且所述反义链的长度不超过 23 个核苷酸"。同时意见陈述对比文件 1 和对比文件 3 给出的目标序列和可能的修饰类型不能使每一个具有特定序列和在所述序列内的特定位置处的化学修饰的双链 RNA 分子显而易见。对比文件 1 和对比文件 3 的公开内容都没有指向包括权利要求记载的特定技术特征组合的 dsRNA 分子，也没有指向会使本领域技术人员有动机改变对比文件 1 和对比文件 3 描述的化合物，并以必备的合理成功预期获得目前要求保护的分子的基本原理。对比文件中的一般性公开内容也不能提供足够的指引以使得这样的分子亚组显而易见。随后该专利申请获得了授权。

该案在授权后半年即被提出了无效宣告请求。[①] 请求人提交了以下 6 份证据用于说明权利要求不具备创造性。

证据 1：CN103635576A，公开日为 2014 年 3 月 12 日。

证据 2：Nattanan Panjaworayan 等，Effects of HBV Genetic Variability on RNAi Strategies 及其部分中文译文，Hepatitis Research and Treatment，第 2011 卷，公开日为 2011 年 7 月 2 日。

证据 3：WO2014/179627A2 及其部分中文译文，公开日为 2014 年 11 月 6 日。

证据 4：Rosemary Kanasty 等，Delivery materials for siRNA therapeutics 及其部分中文译文，Nature Materials，第 12 卷，公开日为 2013 年 11 月。

证据 5：Angela Reynolds 等，Rational siRNA design for RNA interference 及其部分中文译文，Nature Biotechnology，第 22 卷第 3 期，线上公开日为 2004 年 2 月 1 日。

证据 6：BERND JAGLA 等，Sequence characteristics of functional siRNAs 及其部分中文译文，RNA，第 11 卷第 6 期，公开日期为 2005 年。

证据 1 是发明专利申请，其说明书中公开了一系列抑制乙型肝炎病毒基因表达的双链核糖核酸（dsDNA），并具体公开了靶向乙型肝炎病毒基因的 dsRNA 的核心序列（SEQ ID NO：94/257）及其修饰序列（SEQ ID NO：421/585）。其中修饰序列在 COS7 细胞中 psiCHECK2 报道基因系统中的活性测试结果分别为平均剩余 mRNA 54 ± 4%

---

① 国家知识产权局第 58530 号无效宣告请求审查决定（发文日：2022 – 10 – 10）。

（使用 10nM 的 siRNA）、87±4%（使用 1nM 的 siRNA）。经计算，折合成体外抑制率为 46±4%（使用 10nM 的 siRNA）、13±4%（使用 1nM 的 siRNA）。其还在发明详述部分公开了针对靶向乙型肝炎病毒基因的 dsRNA 序列一系列可选规则，例如包括在仅两条链中的一条上有"突出端"的 dsRNA 分子可以用于并且有优势；最优选地，在 dsRNA 的两条链的 3′ 端发现两个"dT"核苷酸；两个"U"也能在用作 dsRNA 的两条链的 3′ 端的突出端；在互补区域与目标序列不是完全互补的情况下，错配最多容许在反义链的 5′ 端 2~7 个核苷酸之外；最优选的是具有 19 个核苷酸长度的双链结构等。

证据 2 是技术综述文献，其概述了抗 HBV 病毒的 RNAi 的设计思路，其中提到 RNAi 靶位点的某些特征有助于提高 siRNA 效率，例如 3′ 端的 UU 突出端、30%~50% 的 GC 碱基含量、位置 19 的核苷酸优选 A 等。

证据 3 是 PCT 专利申请文件，其公开了一种具有缀合基团的低聚化合物，其中提到包含 GalNAc 簇的缀合物已被用于促进某些化合物被摄取进入肝细胞，特别是肝实质细胞，例如某些含 GalNAc 的缀合物可提高体内肝细胞中双链 siRNA 的活性，通常缀合物连接到 siRNA 正义链的 3′ 端；还提到包括一个或两个 GalNAc 配体的缀合基团可连接到任何反义化合物，包括单链寡核苷酸或双链寡核苷酸（例如 siRNA）；并且公开了具体的缀合反义化合物示例。

证据 4 是技术综述文献，其列举了诸多 siRNA 递送系统的特点和适用范围，包括环糊精聚合物纳米颗粒、脂质纳米颗粒、缀合物递送系统等，其中提到一种三触角 GalNAc-siRNA，siRNA 正义链的 3′ 端连接通过一个三价的键联体附接到 3 个 GalNAc 分子上，目的是将药物或脂质体靶向肝脏；并且公开了具体的三触角 GalNAc-siRNA 示例。

证据 5 是科技论文，其公开了 RNA 干扰中 siRNA 设计的思路和实验分析结论，为了确定 siRNA 功能性的决定要素，综合分析了靶向萤火虫萤光素酶和人亲环素 B mRNA 的 180 个 siRNA，其中根据 siRNA 最低敲除率的数值，将其分为功能性和非功能性两类，所有高于或者等于 80% 敲除率的 siRNA 均被认为是功能性 siRNA，所有低于 50% 敲除率的 siRNA 均被认为是非功能性 siRNA。针对功能性 siRNA 分析了几个标准（如 A19、A3、U10 等）在选择有效 siRNA 中的作用，发现这些标准在单独应用时对提升高效 siRNA 筛选效率"提供了小幅但显著的增长"。

证据 6 是科技论文，其公开了功能性 siRNA 的序列特征研究思路和结论，对 601 种分别靶向 3 种人类内源性基因和 1 种外源性基因的 siRNA 进行分析统计，发现了一些规则，包括正义链第 10 位和第 19 位有一个 A/U、第 1 位有一个 G/C、第 13~19 位之间有超过 3 个 A/U 等；还提到 A/U 在 siRNA 的 3′ 端，尤其是第 19 位富集，从而可以更好地整合到 RISC 复合物中。

无效宣告请求的理由认为：权利要求 1 与证据 1 公开的 SEQ ID NO：421/585 所示

的 siRNA 的区别技术特征在于：①权利要求 1 中未经修饰的正义链 5′端起第 19 位由证据 1 相应位置中的 C 替换为 A，与正义链互补的，权利要求 1 中未经修饰的反义链 5′端起第 1 位为 U；②权利要求 1 与证据 1 反义链的修饰核苷酸数量不同；③权利要求 1 的正义链在 3′端附接配体，该配体为一种或多种利用二价或三价的分支键联体附接的 GalNAc 衍生物。权利要求 1 实际解决的技术问题是提供另一些针对目标序列相同靶位置的经修饰的双链 RNAi 剂。对于区别①，证据 2、5、6 分别公开了反义链可以适度容错以及 siRNA 正义链第 19 位可以是 A，结合证据 1，或者单独证据 1 均可给出技术启示；对于区别②，将反义链所有核苷酸进行修饰是常见的，可从证据 1 中获得技术启示；对于区别③，则可由证据 3、4（分别公开了使用含有 GalNac 的配体附接到反义化合物或 siRNA 正义链的 3′端上）给出技术启示。同时，即使认为权利要求 1 反义链中包含的 UU 也构成区别，证据 1 也已经公开了该区别特征。因此，权利要求 1 不具备创造性，不符合《专利法》第 22 条第 3 款的规定。

此后，无效宣告请求人又补充提交了证据 7~8 用于说明权利要求 1 不具备创造性。其中证据 7 说明了可以专门针对反义链的 5′端进行碱基设计；证据 8 记载 siRNA 导向链的第 1 位和第 18~21 位可以耐受碱基错配。

证据 7：胡颖等，RNA 干扰技术中 SIRNA 设计原则的研究进展，国际遗传学杂志，第 30 卷第 6 期，公开日为 2007 年 12 月 15 日。

证据 8：Tim Kunne 等，Planting the seed：target recognition of short guide RNAs 及其部分中文译文，Trends in Microbiology，第 22 卷第 2 期，公开日为 2014 年 2 月。

对此，专利权人主动修改了权利要求书，将权利要求 2 合并至权利要求 1 中，修改后的权利要求 1 如下：

1. 一种用于抑制细胞中 B 型肝炎病毒（HBV）表达的双链 RNAi 剂，其中该双链 RNAi 剂包含形成双链区的正义链与反义链，其中该正义链包含 5′- GUGUGCACU-UCGCUUCACA – 3′（SEQ ID NO：39）且所述正义链的长度不超过 21 个核苷酸，且该反义链包含 5′- UGUGAAGCGAAGUGCACACUU – 3′（SEQ ID NO：40）且所述反义链的长度不超过 23 个核苷酸，其中该正义链的所有核苷酸及该反义链的所有核苷酸包含修饰，其中该正义链与在 3′- 末端附接的配体缀合，且其中该配体为一种或多种利用二价或三价的分支键联体附接的 GalNAc 衍生物。

专利权人认为修改后的权利要求 1 相对于证据 1 的区别在于：①双链部分的序列不同；②反义链 3′端序列不同；③修饰方式不同；④配体的种类和连接方式在证据 1 中未公开。该申请所实际解决的技术问题至少是提供一种具有强抗 HBV 活性的 RNAi 剂。基于证据 5 的教导，证据 1 的 SEQ ID NO：421 和 SEQ ID NO：585 dsRNA 会被认为是非功能性的，本领域技术人员没有动机选择它们作为改进的起点；证据 2 和证据 5~6 未给出将证据 1 的 siRNA 正义链的 19 位的 C 改造成 A 的技术启示；实际上遵守证据 2、5~6 的教导，本领域技术人员将不会考虑证据 1 中的 421/585 的 siRNA；考虑到错配带来的潜在不利影响，本领域技术人员也不会将证据 1 中序列中 19 位的 C 改造成 A；证据 1 未给出将正义链和反义链序列中核苷酸全部修饰的教导；证据 3 或证据 4 未给出使用配体与正义链的 3′端附接，也未教导利用二价或三价的分支键联体附接的 GalNAc 衍生物；该发明中反义链序列 3′端的 UU 碱基是非显而易见的。因此，权利要求 1 及其从属权利要求均具备创造性。

对于双方争论的权利要求 1 的创造性，无效宣告请求审理合议组认为：将涉案专利权利要求 1 所述正义链、反义链分别与证据 1 公开的相应修饰序列比较，如表 1 所示。

表 1　正义链、反义链与证据 1 公开的相应修饰序列比较

序列	涉案专利权利要求 1	证据 1
正	5′ – GUGUGCACUUCGCUUCACA – 3′	5′ – guGuGcAcuucGcuucAccdTsdT – 3′
反	5′ – UGUGAAGCGAAGUGCACACUU – 3′	5′ – GGUGAAGCGAAGUGcACACdTsdT – 3′

注：其中证据 1 中大写字母代表 RNA 核苷酸，小写字母 "c" "g" "a" "u" 代表 2′O – 甲基修饰的核苷酸，"s" 代表硫代磷酸酯，"dT" 代表脱氧胸苷。

将权利要求 1 的技术方案与证据 1 前述公开的技术方案相比较，区别体现在如下四个方面（其中差异碱基以阴影标识）：①互补双链部分的序列不同。该专利正义链的 19 位碱基为 A、反义链对应位置的碱基为 U；而证据 1 在正义链 19 位的碱基为 C、反义链对应位置的碱基为 G。②反义链 3′端序列不同。该专利反义链的 3′端包含经修饰的 UU，而证据 1 的反义链相应位置的碱基为 dTsdT。③修饰方式不同。该专利权利要求 1 限定反义链中所有的核苷酸为经修饰的核苷酸，而证据 1 中反义链的 21 个核苷酸中只有三个是经修饰的核苷酸。④配体的种类和连接方式不同。该专利限定配体与正义链的 3′端附接且限定配体为一种或多种利用二价或三价的分支键联体附接的 GalNAc 衍生物，而证据 1 中未公开与配体附接，也未公开配体的种类和附接的位置。

该专利说明书公开了权利要求 1 保护范围内的两个 siRNA（AD – 66810 和 AD – 66811）的体外和体内活性数据，结合该申请说明书公开的大量不同修饰方式的 HBV dsRNA 的活性数据，本领域技术人员可以确定权利要求 1 所限定的双链 RNAi 剂能够有效抑制细胞中 HBV 表达。因此，该专利权利要求相对于证据 1 实际解决的技术问题在于提供了一种有效抑制细胞中 B 型肝炎病毒表达的双链 RNAi 剂。

对于无效宣告请求人提出的权利要求不具备创造性的理由，合议组认为：首先，不应把前述四个方面的区别特征割裂来看待，因为前述区别特征涉及序列结构特征的几个不同方面，只有综合考量才能客观分析 siRNA 分子的构效关系。事实上，前述该专利说明书公开了效果实验数据的两个 siRNA 实例（AD – 66810 和 AD – 66811）均具有权利要求 1 中限定的 dsRNA 序列，连接有 GalNAc 配体，并且包含对于所有碱基的修饰，也就是说，该专利实际验证的是同时包含由以上四个方面区别特征所限定的结构特征的 siRNA 分子的效果。

以前述证据 1 公开的靶向乙型肝炎病毒基因的 dsRNA 修饰序列（SEQ ID NO：421/585）作为发明起点，本领域技术人员难以想到在其基础上进行结构改进，以便获得有效抑制细胞中 B 型肝炎病毒表达的双链 RNAi 剂。

原因在于：①证据 1 在说明书中详细公开了为了探索有效抑制 B 型肝炎病毒基因表达的 dsDNA，列举了数百个候选 dsDNA，请求人主张的最接近的现有技术属于其中之一。但是，候选不代表有效，该证据的说明书发明详述部分还记载"在体外试验中，发明的 dsDNA 分子能够，例如在体外抑制至少约 60%，优选至少 70%，最优选至少 80% 的 B 型肝炎病毒的表达"。可见该证明明确界定了 dsDNA 有效抑制 B 型肝炎病毒基因表达的标准是体外抑制率达到至少约 60%，而前述证据 1 公开的 dsRNA 修饰序列（SEQ ID NO：421/585）的体外抑制率只有 $46 \pm 4\%$（使用 10nM 的 siRNA）、$13 \pm 4\%$（使用 1nM 的 siRNA），即并未达到有效抑制 B 型肝炎病毒基因表达的水平。由此，本领域技术人员基于该证据的记载，通常难以想到在该 dsRNA 修饰序列的基础上加以改进以获得有效抑制细胞中 B 型肝炎病毒基因表达的双链 RNAi 剂。

②该专利与最接近的现有技术［即证据 1 公开的 dsRNA 修饰序列（SEQ ID NO：421/585）］相比，在核心序列结构和反义链的修饰方式上均存在差异，而这两者之间又是紧密联系的：该专利第 19 位碱基为 A/U；而证据 1 相应碱基为 C/G，同时该专利还限定反义链中所有的核苷酸为经修饰的核苷酸，而证据 1 中反义链的 21 个核苷酸中只有 3 个是经修饰的核苷酸，也就是说，该反义链（SEQ ID NO：585）是基本没有修饰的。该证据中测定该修饰序列的活性数据的实验，属于一种通过提高体外抑制活性以考察一级序列的活性的方式。例如，证据 4 公开了 siRNA 正义链的所有核苷酸进行甲基化或烯丙基化修饰，留下反义链不进行修饰，所产生的 siRNA 分子基本上能保持 RNAi 的功能，其抑制目标基因表达的活性接近未修饰的 siRNA。另外，仅作为参照，这样的技术常识也是与该专利说明书公开的作为反义链未修饰的 siRNA 分子示例（AD－63938.2）的体外抑制活性最好的实验数据相印证的。可见，依据证据 1 公开的信息可以分析得出，该证据实际上是将与该专利核心序列不同的 dsRNA 序列进行有针对性的少量修饰，以获得较为理想的体外抑制活性水平，其所选择的核心序列和修饰方式都是实现该活性的关键技术手段。由此，本领域技术人员为了获得有效抑制 B 型肝炎病毒基因表达的 siRNA，不容易想到在证据 1 中已经实现体外抑制活性最大化的 dsRNA 修饰序列（SEQ ID NO：421/585）的基础上，改变核心序列的关键碱基并且针对其反义链进行所有核苷酸的修饰，因为通常意义上这样的关键碱基的改构以及起靶序列识别作用的反义链的全面修饰都可能导致其抑制活性的降低。

该案中的现有技术证据均未给出在最接近的现有技术［证据 1 公开的 dsRNA 修饰

序列（SEQ ID NO：421/585）〕的基础上进行核苷酸的替换和修饰，从而获得该专利双链 RNAi 剂的技术启示，具体来说，就 siRNA 的一级序列设计而言，证据 1 中前述除了该专利最接近的现有技术的内容仅是泛泛公开了可选的 siRNA 设计规则，本身既未教导将其用于所记载的特定 dsRNA 修饰序列（SEQ ID NO：421/585），也未明确各种规则的优先适用顺序和方式；证据 2、5～6 公开的是在众多基于靶标序列的可能 siRNA 中进行选择的规律，而非设计 siRNA 序列的明确原则，在将其应用于 siRNA 设计的实践中尚需甄选确认，且该专利最接近的现有技术——dsRNA 修饰序列（SEQ ID NO：421/585）不满足以上证据所列的诸多选择规则，例如其第 19 位核苷酸并非 A、GC% 不符合30%～50%含量范围（参见证据 5）以及第 10 位核苷酸并非 G/C（参见证据 6）等，由此表明本领域技术人员没有动机在最接近的现有技术的基础上参照以上证据的选择规则进行改构修饰；证据 3、4 更未公开相关信息。

另外，作为佐证，证据 7 公开了截至该专利优先权日之前的 2007 年，即已有超过 60 种不同的标准用于设计 siRNA，且没有通用的设计方案可用于常见的疾病；证据 8 证明末端特定碱基的改变不会显著降低 siRNA 活性，以上证据均缺乏针对靶向 B 型肝炎病毒基因的 siRNA 序列设计和改构的明确教导，相反从不同角度显示了 siRNA 设计过程的难度和效果的不确定性。

最后，如前所述，依据该专利说明书公开的信息，可以确定权利要求 1 保护的双链 RNAi 剂能够有效抑制细胞中 B 型肝炎病毒基因表达，这是该专利有针对性和方向性进行大量实验筛选获得的结果，效果是基于现有技术难以预期的。进一步来说，该专利通过一级序列改构、核苷酸修饰以及配体选择等核心技术手段的联合应用，实现了活性与体内稳定性的平衡，使得体内活性持续时间有效延长，例如实例之一 AD－66810 能达到体内 70 天，甚至 140 天的有效抑制活性，这是仅基于 siRNA 活性最长持续时间仅为 48 小时，且没有动物实验数据支持的现有技术（例如证据 1）所难以预期的技术效果。综上，该专利权利要求 1 相对于证据 1 与证据 2～6 的结合均具备创造性，符合《专利法》第 22 条第 3 款的规定。

由上述无效宣告请求审查决定可以看出，通常情况下，对于已知靶序列的 siRNA 分子的改进涉及核酸序列、核酸修饰、配体偶联等多方面，对于涉及序列结构限定的 siRNA 分子的创造性评判，应充分考虑本领域技术人员是否有动机依据现有技术的设计规则，对特定的 siRNA 核酸序列上个别碱基和/或其化学修饰方式进行调整，以及选择偶联配体，而上述这几方面的因素也是相关联的，其整体上对制备的 siRNA 包括基因沉默效果在内的功能活性产生影响。这种判定思路可从该无效宣告请求审查决定的要点中得到体现：尽管 RNAi 技术的基本原理及作为该技术核心的 siRNA 序列的设计规则在现有技术中已有初步的研究成果，但是仅依据基本技术原理难以推知确切的 siRNA 序列；同时 siRNA 序列的设计规则通常来源于大量序列的统计分析结果，其结论宽泛笼统、缺乏针对性，存在诸多例外的情形，序列设计的繁复规则之间还存在互相矛盾和不兼容之处，在产业化实践中需要考虑体内稳定性、转染效率等性能的平衡，尚需设计周密、数据充分的效果实验加以选择验证，才能得到满足要求的 siRNA 用于基因治疗。因此，在评判此类发明创造性的技术启示时，需要重点关注在未得知发明技术方案的前提下，所属领域技术人员仅基于现有技术的教导是否有动机改进现有技术以获得发明的技术方案，而不是在知晓发明的技术方案之后，再去考虑基于现有技术进行这种改进的可能性或可行性。同时，在判断是否有动机将两篇或多篇现有技术结合从而得到发明的技术方案时，应当充分分析所属领域技术人员对于引入区别技术特征以解决发明实际解决的技术问题是否存在合理的成功预期；如果无法预见两者结合后将产生的结果，则通常难以产生有目的结合的动机。

【案例 2】 关于相同基因但不同靶序列的 siRNA 的创造性

该专利申请涉及一种抑制肝细胞癌增殖和促进其凋亡的 siRNA 制剂，其是靶向 GPC－3 基因的 siRNA。该申请所要求保护的独立权利要求 1 如下：

1. 一种双功能 5′－tri－phosphate siGPC－3，其特征是，是含有三磷酸基团的 GPC3 特异性 siRNA，正义链由 5′到 3′的序列为 CCUUGCAGAACUGGCCUAU，其中，5′端修饰有三磷酸基团，反义链由 5′到 3′的序列为 AUAGGCCAGUUCUGCAAGG，反义链的 5′端修饰有三磷酸基团。

该案说明书记载了以 GPC－3 作为肝癌治疗的靶标的双功能 5′－tri－phosphate siGPC－3，兼具基因沉默功能和 RIG－I 激活功能。通过对靶向 GPC－3 的 siRNA 进行设计，并在靶向 GPC－3 的 siRNA 的 5′端修饰三磷酸基团，5′端的三磷酸基团可被胞内天然免疫受体 RIG－I 识别，进而激活下游干扰素信号通路，使得制备的双功能 5′－tri－phosphate siGPC－3 具有基因沉默功能和 RIG－I 激活功能。具体地，说明书记载了靶向 GPC－3 基团设计 siRNA，以特定的模板体外转录合成 siRNA 并纯化，从而获得该申请的 5′－tri－phosphate siGPC－3。经转染 HepG6 肝癌细胞后发现，较化学合成的未经 5′端修饰的 siRNA 相比，5′－tri－phosphate siGPC－3 具有更为显著的沉默效果；并且通过检测 Ki67 基因与其蛋白水平的降低，确认了 HepG6 肝癌细胞增殖能力受到显著抑制，与对照组相比，其凋亡比例也显著增加。进一步研究发现，5′－tri－phosphate－siGPC－3 可诱导 IFN－α、IFN－β 基因 mRNA 水平和蛋白水平增高，而未修饰的 siGPC－3 化学合成组对 IFN－α、IFN－β 的表达并无显著影响。这表明 5′－tri－phosphate siGPC－3 中的三磷酸基团对于 RIG－I 信号通路的活化和干扰素的产生是必须的。说明书还通过小鼠移植肿瘤模型验证了 5′－tri－phosphate siGPC－3 相对于对照组能够在小鼠移植肿瘤模型中发挥抗肿瘤效果并且产生体内抗肿瘤免疫反应。

在实质审查程序中，经过检索，获得两篇与该申请密切相关的现有技术文献。

文献1：阮健，GPC3在肝细胞癌转移及侵袭中的作用及机制研究，中国博士学位论文全文数据库医药卫生科技辑，第3期，E072-59，公开日为2014年3月15日。

文献2：韩秋菊，双功能HBX-3p-siRNA逆转HBV免疫耐受及其分子机制研究，中国博士学位论文全文数据库医药科技卫生辑，第6期，E059-59，公开日为2012年6月15日。

其中，文献1公开了针对GPC-3基因设计的shRNA对肝癌细胞株MHC97-H的生物学行为影响，PCR和Western Blot检测结果显示shRNA能实现72%的抑制率。增殖和迁移能力结果显示，shRNA组的增殖速度慢于未转染组，裸鼠成瘤试验显示shRNA组的肿瘤体积和重量相对于未处理组降低。具体地，文献1还公开了其设计的4对shRNA1~4，其对GPC3核酸的抑制效果分别为72%、40%、28%、17%。

文献2公开了设计靶向HBV的基因组上的HBX基因的5′-tri-phosphate的siRNA。该siRNA既能发挥特异性靶基因沉默作用，又能够通过激活天然免疫相关的细胞通路RIG-I信号通路，改善HBV导致的免疫耐受状态。细胞学和小鼠体内试验均表明，双功能的HBV-siRNA优于单纯只具有沉默作用的HBV-siRNA。而非特异性的5′-tri-phosphate还能引起非序列依赖性的免疫激活作用。

以文献1作为最接近的现有技术，权利要求1与文献1相比的区别在于siRNA所针对的靶基因区域不同，从而相应的沉默序列不同，权利要求1还在siRNA的5′端添加三磷酸基团的修饰。进一步结合该案说明书记载的内容可确定，该申请实际解决的技术问题在于提供一种能通过RIG-I免疫通路，引发肝细胞增殖抑制的靶向GPC-3的siRNA。

据此，可以将权利要求请求保护的序列限定的siRNA分子的创造性判断归结为两个方面，siRNA分子的靶基因区段的选择（序列差异）以及添加基团修饰（5′端添加三磷酸基团）的技术启示与动机。

对于该案的创造性，在案件审查过程中存在两种不同的观点。

一种观点认为：该申请与文献1所沉默的靶基因是相同的，针对同一目的基因选择不同的靶区域并设计出siRNA，为本领域技术人员采用常规操作容易做到的。本领域技术人员可利用各种商业化的计算机辅助软件，模拟并筛选获得大量siRNA分子序列。该申请的siRNA仅是从众多siRNA方案中常规选择的一种。而文献2公开了一种非序列依赖引起免疫应答的siRNA修饰方式。其并不依赖于siRNA的特定序列，而是通过在siRNA分子的5′端含有三磷酸基团来激活RIG-I信号通路，进而产生干扰素来刺激天然的免疫应答。本领域技术人员在文献2公开内容的教导下，能够想到将这种非序列依赖性引起免疫应答的方式应用于GPC3基因的siRNA设计中，以达到增强抑制肝癌的效果。该申请中具有三磷酸修饰基团的siRNA抑制肝癌的效果优于未修饰siRNA是基于现有技术中双功能 siRNA 可以合理预期的。因此，在文献 1、2 相结合的基础上结合本领域的常规操作，获得权利要求 1 请求保护的技术方案对于本领域技术人员而言是显而易见的，权利要求 1 不具备创造性。

另一种观点①则认为：对于该申请 siRNA 分子靶序列的选择应考虑以下情况。首先，当以 Genbank 中记载的 GPC3 基因 KX533474.1 ［Homo sapiens Glypican 3 （GPC3） mRNA，complete cds，公开日期为 2017 年 2 月 18 日］作为参考序列时，其在全长为 2503bp 的范围内能够常规设计产生大量长度约 20bp 的靶向序列。该申请的双功能 5′-tri-phosphate siGPC-3 与文献 1 中公开的 shRNA 所针对的靶序列位置不同。该申请权利要求 1 请求保护的双功能 5′-tri-phosphate siGPC-3 具体靶向的序列 CCTTG-CAGAACTGGCCTAT 位于上述 GPC3 基因参考序列的第 1919～1937bp 片段，而文献 1 中公开的 4 对 shRNA 则分别靶向上述 GPC3 基因参考序列的第 977～997、1042～1062、1082～1102、1336～1355bp 片段。可见该申请双功能 5′-tri-phosphate siGPC-3 与对比文件 1 中 shRNA 的靶序列位置不同。当存在大量可能的靶序列时，文献 1 或 2 均没有给出从 GPC3 全长基因序列中选择获得权利要求 1 中双功能 5′-tri-phosphate siGPC-3 所针对的具体靶序列的教导，进一步的，本领域技术人员也无法获得该申请的 siRNA 正义链和反义链序列。其次，通过比较该申请说明书记载的内容和文献 1 公开的内容可知，该申请中双功能 5′-tri-phosphate siGPC-3 对应的未经三磷酸化修饰的 siGPC-3（siGPC-3）在抑制 GPC-3 蛋白表达、抑制肝癌细胞增殖相关基因 Ki67 的表达、促进肝癌细胞凋亡、降低肿瘤体积等方面也都取得了较好的技术效果，特别是对 GPC3 基因的抑制效果也优于文献 1 所记载的 GPC3 基因抑制效果最好的 GPCS-shRNA1。此外，该申请 siGPC-3 能够将凋亡细胞的比例提高超过 10 个百分点，而文献 1 并未公开过 GPCS-shRNA 具有促细胞凋亡的作用及其提高程度。同时，在文献 1 设计的 shRNA 对 GPC3 核酸的抑制效果差异较大的情况下，本领域技术人员难以预期从 GPC3 基因全长中常规选择靶序列，并使设计出的 siRNA 在 GPC3 核酸抑制率等方面能够优于文献 1 中最好的 GPCS-shRNA1 并具备文献 1 没有公开的促肝癌细胞凋亡的效果。在 siGPC-3 的效果优于最接近现有技术，且 5′端三磷酸化修饰增强 siRNA 沉默作用的机理不明确的情况下，该申请所述双功能 5′-tri-phosphate siGPC-3 中的 5′端三磷酸化修饰不仅能激活肝癌细胞 RIG-I 信号通路，促进体内抗肿瘤免疫应答，而且对 siGPC-3 抑制 GPC-3 基因和蛋白表达、抑制肝癌细胞增殖相关基因表达、促进肝癌细胞凋亡、降低肿瘤体积等方面在效果上也有进一步提高。因此，在该申请中 siGPC-3 对 GPC3 的抑制效果已经优于文献 1 中最好的 GPCS-shRNA1 的情况下，在 siGPC-3 基础上的进一步修饰提高了 GPC3 抑制活性，同时具备促进抗肿瘤免疫应答活性的双功能 5′-tri-

---

① 国家知识产权局第 1304492 号复审决定（发文日：2023-03-24）。

phosphate siGPC－3 的效果超出了本领域技术人员的合理预期。对于该申请添加修饰基团的动机，应考虑文献 2 公开的 siRNA 针对的是外源性的 B 型肝病毒 HBx 基因，其制备的 3p－HBx－siRNA 相对于未修饰的 HBx－siRNA 取得了更好的 HBx 基因沉默效果。根据文献 2 的上述内容，木领域技术人员容易想到当干扰外源性基因时，5′端三磷酸化修饰的 siRNA 比未修饰 siRNA 沉默效果更高；但该申请所针对的是内源性的 GPC3 基因，从而无法显而易见地得出当干扰内源性基因时，添加 5′端三磷酸化修饰的 siRNA 比 shRNA 沉默效果更佳。综上，当本领域技术人员从文献 1 所述针对内源性基因 GPC3 的 shRNA 出发，没有动机将文献 1 中的 shRNA 替换为 5′端三磷酸化修饰的 siRNA，并进一步改变靶向序列，最终获得权利要求 1 所述对 GPC3 基因沉默效果更优的双功能 5′－tri－phosphate siGPC－3。还应注意文献 1 涉及的是 shRNA，而文献 2 是 siRNA，后者并不能给出对 shRNA 替换为 5′端三磷酸化修饰的 siRNA 的启示。此外，细胞抗病毒感染的机制与细胞抗肿瘤的机制也有所不同，即文献 2 中增强 HBV 抑制效果与该申请的增强 siRNA 干扰的目的是不同的。因此，文献 1 和文献 2 之间不具备结合启示。

由上述两种观点可以看出，两者对同一靶点不同序列的 siRNA 分子创造性的分歧主要在于对于某一靶基因而言，具体沉默区段的选择是否能为该分子本身带来创造性，以及即使能够凭借教科书或是借助计算机软件容易地设计出各种 siRNA 序列的发展状况下，选择具有良好沉默效果的 siRNA，并对其相关的生物学功能活性作出验证是否能给该发明带来创造性。

对于以序列、结构限定的 siRNA 分子的创造性，第二种观点与案例 1 中无效宣告请求审理合议组的评判思路是基本一致的，即虽然 siRNA 分子设计和各种方式修饰的原则均属于本领域公知的技术，但是特定靶基因、具体的沉默区段、修饰方式的选择所带来的技术效果是除生物学试验验证外，难以事先评估和预期的。因此，从海量的序列设计获得的 siRNA 分子中筛选出的具有所需沉默效果或是相关生物学功能的 siRNA 分子是此类案件的核心贡献点。

通过比较上述两个案例还应看到，相较于案例 1，案例 2 请求保护的 siRNA 分子与其最接近的现有技术之间的序列差异更大。案例 1 的两个 siRNA 针对的是相同基因靶点且具有部分序列重叠，而案例 2 则是针对同一基因上不同靶点设计的序列完全不同的 siRNA。由案例 1 的裁判思路可推知，即便是针对相同靶点，本领域技术人员在对最接近现有技术的 siRNA 进行序列改进时，仍需要足够的动机和启示，而并非以常规调整就能实现。退一步而言，从现有技术整体上没有教导过具有沉默作用的靶基因区段上，选择出具体的区段作为干扰靶点，且通过制备特定的 siRNA 分子作用于该靶基因片段，取得了优异的靶基因沉默效果，这样的效果并非本领域技术人员可事先预期的。进一步，结合申请文件记载的其他方面的效果，在全面考虑该案创造性的影响因素后，可认定权利要求 1 所述双功能 5′－tri－phosphate siGPC－3 相对于文献 1 和文献 2 的结合是具备创造性的。

（二）关于权利要求是否得到说明书的支持

siRNA 分子属于核酸类物质。从广义上说，基因包含了由各类核苷酸分子以不同碱基序列排布组成的核酸。如前所述，《专利审查指南 2023》规定了对于权利要求请求保护的基因而言，除用序列限定外，还可以通过以下三种方式撰写：①对于具有某一特定功能，例如其编码的蛋白质具有酶 A 活性的基因，可采用术语"取代、缺失或添加"与功能相结合的方式进行限定；②对于具有某一特定功能，例如其编码的蛋白质具有酶 A 活性的基因，可采用在严格条件下"杂交"，并与功能相结合的方式进行限定；③当无法使用前述几种方式进行描述时，通过限定所述基因的功能、理化特性、起源或来源、产生所述基因的方法等描述基因才可能是允许的。可见，以"取代、缺失或添加"或"严格条件下杂交"以及基因的特定功能相结合的方式来限定请求保护的基因是一种可以被接受的权利要求撰写方式。但是，对于属于非结构基因的 siRNA 分子，既不能通过翻译产生蛋白或多肽发挥生物学功能，且通常情况下序列长度仅为 20 多个核苷酸，上述撰写方式能否被接受是值得商榷的。此外，鉴于 siRNA 结构稳定性和靶向递送性等的要求，借助化学修饰以改善其性能是得到本领域普遍共识的改进方向。但是随着技术的发展，对 siRNA 分子进行修饰的方式种类繁多，修饰位置、修饰类型和修饰基团的选取都可能影响最终产品的性能。因此，在平衡公开与保护的前提下，对 siRNA 分子的序列结构及其修饰限定达到何种要求才能够满足得到说明书支持和对于本领域技术人员而言是清楚、明确的，也值得关注。

【案例3】关于同源性、截短等方式限定 siRNA 靶序列的权利要求能否得到说明书支持

该案涉及通过 RNAi 抑制一种或多种昆虫的生物功能来控制害虫侵袭的方法和组合物。该案在实质审查过程中，两次审查意见通知书均指出了权利要求得不到说明书支持的缺陷后发出了驳回决定。驳回决定所针对的权利要求共 28 项，其中独立权利要求 1、13 分别请求保护不同方式限定的 siRNA 分子靶序列以及以包含所述靶序列的 siRNA 抑制害虫的方法。权利要求 1、13 如下：

1. 一种分离的多核苷酸，选自下组：

（a）多核苷酸，其核酸序列如 SEQ ID NO：818 所示；

（b）在 5×SSC，50% 甲酰胺和 42℃下 10 分钟的洗涤条件下与 SEQ ID NO：818 的核酸序列杂交的多核苷酸；

（c）包含与 SEQ ID NO：818 的核酸序列的至少 90% 序列同一性的多核苷酸；

（d）SEQ ID NO：818 的核酸序列的至少 21 个相邻核苷酸的片段，其中鞘翅目植物害虫摄入包含与所述片段互补的至少一条链的双链核糖核苷酸序列，抑制所述害虫的生长；和

（e）上述（a）、（b）、（c）或（d）的序列的完全互补序列。

……

13. 控制鞘翅目害虫侵袭的方法，包括在鞘翅目害虫的食物中提供一种试剂，该试剂包含第一多核苷酸序列，所述多核苷酸序列在害虫摄入后起作用，抑制所述害虫内的生物功能，其中所述多核苷酸序列具有 SEQ ID NO：818 及其互补序列的至少 19~25 个相邻核苷酸。

该申请的说明书记载了提供抑制鞘翅目害虫中靶基因表达的方法。所述方法包括：将稳定化的 dsRNA，包括其修饰形式，例如，siRNA 序列的部分或全部引入鞘翅目昆虫体内细胞或细胞外环境（如中肠）中，其中 dsRNA 进入细胞中，抑制至少一种或多种靶基因的表达，并且，其中该抑制在鞘翅目害虫上施加了有害的作用。所述方法和相关组合物可以用于通过在害虫的食物中提供专利申请描述的一种或多种包含 dsRNA 分子的组合物，在任何害虫宿主、害虫共生体或害虫存在的环境内部或表面上限制或消除鞘翅目害虫的侵袭。具体地，说明书实施例记载了建立玉米根虫 cDNA 文库，将选择用于进一步研究的序列用于构建双链 RNA 分子，掺入西部玉米根虫的食物。获得了产生显著发育迟缓和/或死亡的序列和载体，以及表达为 dsRNA 的序列的相应序列编号。测定了能阻抑玉米根虫发育或导致其死亡的序列，拼接出了 DV49，即 SEQ ID NO：818。其上的 3 个小片段，即 F1（45bp）、F2（50bp）、F3（46bp），当分别以特定浓度即 0.1ppm、0.02ppm、0.01ppm 及 0.005ppm 喂饲给西部玉米根虫（WCR）幼虫时，片段 F1 或 F2 或 F3 的活性（幼虫死亡%）有略高于对照的情况出现，但最高的活性也不到 20%。还提供了 F1 和 F2 串接的 F7，F2 和 F3 串接的 F8，F1、F2 和 F3 串接的 F11。此外，还存在活性为 0，明显低于对照的情况。说明书还验证了对应于 SEQ ID NO：818 第 95~695 位的 SEQ ID NO：182，SEQ ID NO：818 第 95~520 位的 SEQ ID NO：704，含有 SEQ ID NO：818 片段的 SEQ ID NO：820 的 dsRNA 饲喂玉米根虫后，玉米根虫的发育受到阻抑或死亡。而长度为 988bp 的 SEQ ID NO：818 中其他片段是否具有抑制昆虫生长的效果，未在说明书中得到验证。

该案被驳回后提出了复审请求。复审请求的理由主要在于本领域技术人员会合理地理解，相关的但不等同的序列当表达为 dsRNA 时能够显示显著的效力。提供 Elbashir 等人的参考文献（Sayda M. Elbashir 等，RNA interference is mediated by 21 - and 22 - nucleotide RNAs，Genes &Development，第 15 卷，第 188 - 200 页，2001 年）以及其中引用的文献证明了在该申请提交之时，本领域技术人员早已知道至少 21 个核苷酸的片段能够有效减少靶基因表达。

该申请权利要求 1 涉及产生有效力的小 RNA 分子的序列，说明书的记载显示 SEQ ID NO：818 的 Dv49 编码序列的部分（例如 SEQ ID NO：820 所示的片段，其为 SEQ ID NO：818 的全长 Dv49 序列的部分）当表达时引起昆虫的死亡。提交了 Heck 博士的证明描述了实验，其显示当相应于全长 Dv49 序列的各种长度的 dsRNA 序列和来自 Dv49 序列内的多种片段在鞘翅目植物害虫的饮食中提供时，死亡率增加。在鉴定出 Dv49（SEQ ID NO：818）能够用于控制鞘翅目害虫后，就已经充分描述了其任何部分的用途。此外，权利要求并没有涵盖 SEQ ID NO：818 的全部至少 21 个连续核苷酸的片段，而是仅仅涉及"其中鞘翅目植物害虫摄入包含与所述片段互补的至少一条链的双链核糖核苷酸序列，抑制所述害虫的生长"的序列，也就是说，权利要求限于行使所述功能的序列。此外，对于 90% 序列同一性，本领域技术人员从说明书能够理解其属于有效减少靶基因表达的含义以及用途。

在复审程序中，原权利要求 1 中的并列技术方案（b）被删除。经审理，复审决定①支持了关于权利要求得不到说明书支持的审查意见，并进一步认为：本领域公知，dsRNA 诱导的基因沉默存在位置效应，即所述 dsRNA 是否能够有效地抑制靶基因的表达与其所靶向的具体位置有关，相同长度的片段在某些区域可以沉默，在某些区域则无效。外源基因进入细胞核后会首先整合到染色质上，其整合位点与其表达有着密切关系。甲基化水平和转录活性的高低均会影响所述基因沉默的效果。可见，即使特定长度的 siRNA 被证实具有沉默效果，基于靶向的靶基因的序列、位置、甲基化水平等多种因素对沉默效率的影响，本领域技术人员也不能预期与之相关，但序列不同的 siR-NA 一定具有沉默效果。该申请说明书中仅仅公开并验证了分别使用如 SEQ ID NO：822 所示的 F1（45bp，涉及 SEQ ID NO：818 第 230~274 位）、SEQ ID NO：823 所示的 F2（50bp，涉及 SEQ ID NO：818 第 448~497 位）、SEQ ID NO：824 所示的 F3（46bp，涉及 SEQ ID NO：818 第 605~650 位）的小片段进行抗西部玉米根虫实验和致死效力分析的实验数据；或将长度为 70bp 的片段（SEQ ID NO：868）与其他靶基因片段进行串联，或构建包含 601bp（涉及 SEQ ID NO：818 第 94~694 位）和 426bp（涉及 SEQ ID NO：818 第 1~426 位）大片段的 pMON78428：001/003 以及包含 Dv49（其序列如 SEQ ID NO：818 所示）完整片段靶序列的构建体如 pMON98503 并验证在饲喂后显著导致南部玉米根虫或西部玉米根虫发育迟缓。

对于"与 SEQ ID NO：818 的核酸序列的至少 90% 序列同一性的多核苷酸"的技术方案而言，上述同源性限定能够包含近 100 个碱基的变化，该发明并未对经过上述碱基变化的序列进行实验验证，而 dsRNA 是否能够成功沉默靶向基因是与其被降解后形成的单链小 RNA 与目标序列的匹配程度以及靶点序列结构的性质、作用密切相关

---

① 国家知识产权局第 114549 号复审决定（发文日：2016 - 09 - 21）。

的。若该技术方案中碱基变化位于 SEQ ID NO：818 中与基因沉默相关的区域，那么，这种改变的外源基因序列结构可能导致其在转化时整合位点和转录水平的变化，则可能进一步导致其沉默效果的丧失。即在未提供充分的证据表明与选自 SEQ ID NO：818 的核苷酸序列具有 90% 同源性变体能够成功诱导相应的基因沉默的情况下，本领域技术人员不能根据说明书充分公开的内容以及现有技术概括出所有用上述方式限定的核酸分子都具有能够成功诱导基因沉默并进一步导致玉米根虫死亡或发育迟缓的技术效果。此外，"至少 90% 序列同一性"还意味着可以在序列两边添加任意数量和种类的碱基，或意味着还可以是与 SEQ ID NO：818 所示序列具有 95%、98% 等同一性的核苷酸序列，基于相似理由，这样的限定使得碱基的增加或改变导致核苷酸序列的空间结构、特异性及沉默效果发生不可预测的变化。因此，上述技术方案没有以说明书为依据来请求专利保护的范围。该权利要求得不到说明书的支持。

对于"SEQ ID NO：818 的核酸序列的至少 21 个相邻核苷酸的片段，其中鞘翅目植物害虫摄入包含与所述片段互补的至少一条链的双链核糖核苷酸序列，抑制所述害虫的生长"的技术方案而言，对于总长度为 988bp 的 SEQ ID NO：818 所示的核苷酸序列，至少 21 个连续核苷酸的片段或其互补序列的数量众多，而不同的片段基于其靶向位点和长度的不同，其 RNA 干扰能力也存在显著差异，并非任意的连续 21 个核苷酸的片段或其互补序列都具有所述干扰沉默基因表达的功能。因此，在说明书未提供对于 SEQ ID NO：818 所示的核苷酸序列的序列结构活性特征明确指导的基础上，本领域技术人员难以预期其中哪些片段具有基因沉默并抑制玉米根虫生长并导致其死亡的作用。而将数量如此巨大的核苷酸片段进行筛选，包括克隆、转化、表达、活性测定等需要花费大量的劳动。因此，该技术方案概括的范围包括了申请人推测的内容，其效果又难以预先确定，进而得不到说明书的支持。在所述技术方案中概括的多核苷酸均得不到说明书支持的情况下，"其完全互补序列"的技术方案由于没有以说明书为依据来请求专利保护的范围，因此也不符合《专利法》第 26 条第 4 款的规定。

基于前面相同的理由，对于权利要求请求保护的"一种控制鞘翅目害虫侵袭的方法，包括在鞘翅目害虫的食物中提供一种试剂，该试剂包含第一多核苷酸序列，所述多核苷酸序列在害虫摄入后起作用，抑制所述害虫内的生物功能，其中所述多核苷酸序列具有 SEQ ID NO：818 及其互补序列的至少 19~25 个相邻核苷酸"的技术方案，其概括的范围也包括了申请人推测的内容，其效果又难以预先确定，同样存在得不到说明书支持的缺陷。

针对复审请求的意见，上述复审决定还认为：并非任意的与靶基因同源的序列片段都具有有效沉默靶基因的能力。"相关的但不等同的序列当表达为 dsRNA 时能够显示显著的效力"这一结论并没有实验证据予以支持。Elbashir 等人的文献是在果蝇的 RNAi 研究中说明了特定的若干 21~23nt 长度的 dsRNA 可以实现诱导转录后基因沉默的效果，这仅仅是提供了一种可能性，指导本领域技术人员可以在这个长度范围内进行 dsRNA 的设计，而并不能说明任意该长度的连续核苷酸片段都可以达到诱导转录后基因沉默的技术效果。例如，Elbashir 等人的文献也记载了某些 29～36bp 的 dsRNAs 在基因沉默中是无效的。因此，该证据不足以成为该申请权利要求能够得到说明书支持的理由。此外，该申请实施例 5～7 中针对 SEQ ID NO：818 相关片段的实验数据仅涉及包含全长 Dv49 的 pMON98503 以及分别包含 601bp（涉及第 94～694 位）和 426bp（涉及第 1～426 位）大片段的表达载体 pMON78428：001/003。对于如此大的片段，本领域技术人员无法明确其中全部发挥沉默作用的位置，至于说明书实施例给出的包含 Dv49 中 70bp 的串联体，由于其还串联了众多其他基因的片段，本领域技术人员也不能确定该串联体中的 Dv49 片段是否具备实际的沉默作用。即该申请说明书中仅仅给出了 F1（45bp）、F2（50bp）和 F3（46bp）这三个小片段在基因沉默并抑制玉米线虫发育中的实验数据。Heck 博士所提到的实验数据，无法说明其在该申请的申请日（优先权日）之前即得到确认，亦不能作为权利要求中技术方案能够得到说明书支持的证据。况且，该声明中的实验数据也仅仅给出了有限的几个 siRNA 片段的实验数据，且其沉默效应也具有显著差别，某些片段的沉默效应小于10%甚至为0，也进一步说明了在具有如此大片段的范围内选择任意至少 21nt 的小片段其作用的不可预期性。此外，尽管权利要求中对于所述核苷酸片段进行了"涉及其中鞘翅目植物害虫摄入包含与所述片段互补的至少一条链的双链核糖核苷酸序列，抑制所述害虫的生长"的功能限定，然而，基于上述针对权利要求 1 的评述可知，针对如此数量巨大的核苷酸片段进行实验验证和筛选需要花费大量的创造性劳动，因而这种功能性限定并不能使得权利要求得到说明书的支持。此外，对于在一定条件下杂交或具有90%同源性的限定方式，其对于 SEQ ID NO：818 所示的序列来说，意味着近 100 个碱基的变换，这样的变化会产生数量巨大的变体。若其碱基变化位于 SEQ ID NO：818 中与基因沉默相关的区域，即改变的外源基因序列结构导致其整合位点和转录水平的变化，则可能导致其沉默效果的丧失。即在未提供充分的证据表明与选自 SEQ ID NO：818 的核苷酸序列具有90%同源性的变体能够成功诱导相应的基因沉默的情况下，本领域技术人员不能根据说明书充分公开的内容以及现有技术，概括出所有用上述方式限定的核酸分子都具有能够成功诱导基因沉默并进一步导致玉米根虫死亡或发育迟缓的技术效果。

由上述复审决定可以看出，合议组认为以同源性限定或靶序列截短加功能方式限定 siRNA 靶序列的 siRNA 分子的技术方案得不到说明书支持的原因主要在于，同源性限定的片段中包含了非靶基因的序列，而位于结合关键位点的碱基改变可能影响基因沉默功能，导致沉默功能的丧失；此外，由说明书记载的数个靶序列上的短片段也不足以证实从靶序列上任意截取 21nt 左右的片段也能具有同样的功能，筛选具有权利要求所限定功能的分子，需要本领域技术人员付出大量的劳动。上述方式限定的权利要求得不到说明书的支持。

该案专利权人随后向北京知识产权法院提交了上诉请求。其上诉的理由包括根据基因抑制领域的公知常识，权利要求 1 技术方案（b）、（c）、（d）能够得到说明书的支持。在分子生物学领域，当鉴定了某靶基因之后，根据靶基因的序列设计合适的 dsRNA 或小干扰 RNA 来实现基因沉默是本领域的常规技术手段。同时提交了新的证据 9，用以证明部分匹配也会使翻译受到抑制，说明只要靶基因一部分能结合上，就可以破坏靶基因原有的功能。

证据 9：Ben Lehner 等，How to use RNA interference，Briefings in Functional Genomics and Proteomics，第 3 卷第 1 期，第 68 - 83 页原文及中译文，2004 年。

对此，一审法院[①]认为该案的诉争焦点为：涉案申请是否符合《专利法》第 26 条第 4 款的规定。首先，根据查明事实，涉案申请说明书中仅记载了 SEQ ID NO：818 上的 3 个小片段，即 F1（45bp）、F2（50bp）、F3（46bp），当分别以特定浓度即 0.1ppm、0.02ppm、0.01ppm 及 0.005ppm 喂饲给 WCR 幼虫时，片段 F1 或 F2 或 F3 的活性（幼虫死亡百分比）有略高于对照组的情况出现，但最高的活性也不到 20%。此外，还存在活性为 0，明显低于对照组的情况。因此，涉案申请说明书中仅给出了如 SEQ ID NO：822、SEQ ID NO：823、SEQ ID NO：824 所示的 F1（45bp）、F2（50bp）及 F3（46bp）进行抗西部玉米根虫致死效力分析的实验数据，且很难说该实验数据能够体现片段 F1、F2、F3 具有能够实现抑制 WCR 幼虫的技术效果。至于长度为 988bp 的 SEQ ID NO：818 中的其他片段是否具有抑制昆虫生长的效果，亦未在涉案申请说明书中得到有效验证。其次，即使 SEQ ID NO：818 中存在具有抑制昆虫生长效果的片段，技术方案（b）仅是包含与 SEQ ID NO：818 至少具有 90% 同一性的序列。显然，最极端的情况是技术方案（b）包含与 SEQ ID NO：818 具有 10% 非同一性的序列，而这 10% 的序列是不确定的，其中包含近 100 个碱基的变化，亦不能排除包括有效片段或部分包括有效片段的可能性。而一旦包括或部分包括有效片段，则意味着相应区域产生了突变、缺失等情况，最终亦导致无法结合到靶基因上。

证据 9 虽然被用以证明部分匹配也会使翻译受到抑制，说明只要靶基因一部分能结合上，就可以破坏靶基因原有的功能，故技术方案（b）能够成功诱导相应的基因沉默。但是，同样根据证据 9 公开的内容，即使与靶 mRNA 完全互补的 siRNAs 或 shRNAs 导致靶 mRNA 有效沉默的概率也仅有约 50%，siRNA 功效差异的原因是未知的。可以想见当同一性低于 100% 时，其导致靶基因的有效沉默的比例将变得更低。证据 9 中虽然提及了改变设计有效 siRNAs 的能力，但亦说明设计有效 siRNAs 是一个非常复杂的过程，且证据 9 也未显示改变设计有效 siRNAs 的能力导致靶 mRNA 有效沉默的概率

---

① 北京市知识产权法院（2017）京 73 行初 2601 号行政判决书。

获得了何种提升。综上，在未提供充分的证据表明与选自 SEQ ID NO：818 的核苷酸序列具有 90% 同一性变体能够成功诱导相应的基因沉默的情况下，本领域技术人员不能根据说明书充分公开的内容以及现有技术概括出所有用上述方式限定的核酸分子具有能够成功诱导基因沉默并进一步导致玉米根虫死亡或发育迟缓的技术效果。因此，技术方案（b）没有以说明书为依据来请求专利保护的范围，被诉决定关于该权利要求得不到说明书的支持，不符合《专利法》第 26 条第 4 款规定的认定结论正确。

关于权利要求 1 中涉及至少 21 个相邻核苷酸的片段的技术方案（c），首先，如前所述，很难说涉案申请说明书中记载的实验数据能够体现片段 F1、F2、F3 具有能够实现抑制 WCR 幼虫的技术效果。至于长度为 988bp 的 SEQ ID NO：818 中的其他片段是否具有抑制昆虫生长的效果，亦未在涉案申请说明书中得到有效验证。其次，即使 SEQ ID NO：818 中存在具有抑制昆虫生长效果的片段，对于总长度为 988bp 的 SEQ ID NO：818 所示的核苷酸序列来说，至少 21 个相邻核苷酸的片段或其互补序列的数量众多，而不同的片段基于其靶向位点和长度的不同，其 RNA 干扰的能力也存在显著差异，并非任意的至少 21 个相邻核苷酸的片段或其互补序列都具有所述干扰沉默基因表达的功能。即随机截取的至少 21 个相邻核苷酸片段，并不能确定产生基因沉默、抑制昆虫生长的效果，其效果是不可预知的。对于本领域技术人员，技术方案（c）的效果难以预先确定和评价，因此，技术方案（c）没有以说明书为依据来请求专利保护的范围，被诉决定关于该权利要求得不到说明书的支持，不符合《专利法》第 26 条第 4 款规定的认定结论正确。

对于权利要求 1 技术方案（d）来说，在所述技术方案（b）、（c）中概括的多核苷酸均得不到说明书支持的情况下，其完全互补序列亦没有以说明书为依据来请求专利保护的范围，导致权利要求 1 不符合《专利法》第 26 条第 4 款的规定。

从上述一审判决可看出，北京知识产权法院的观点除支持了复审审查决定指出的权利要求不能得到说明书支持的相关理由外，还特别针对新提交的证据 9 所涉及的非完全序列配对的 siRNA 也能发挥沉默效果的证据给出了回应，这包括详细分析了证据本身所反映出的 siRNA 设计复杂、沉默效果难以预估等问题，以此说明权利要求所限定的技术方案不能得到说明书的支持。

随后专利权人进一步向最高人民法院提起上诉。其上诉理由包括：该申请说明书实施例 8 的实验数据已经证明了对 SEQ ID NO：818 的沉默能导致害虫摄食、生长、发育、繁殖和/或感染力停止，最终导致死亡。基因沉默可由靶基因与用于沉默的 dsRNA 之间的序列同源性介导，本领域公知 dsRNA 进行基因沉默的原理：①基因由两条序列完全互补的核苷酸链组成；②具有与某序列高度同一性（例如 90%）的核苷酸序列的互补序列，通常足以与该序列杂交，杂交不需要两条序列的完全互补；③dsRNA 的两条核苷酸序列与靶基因的两条对应核苷酸序列具有高度同一性；④dsRNA 可能与靶基因的两条核苷酸链杂交，从而干扰该序列的正常功能，并进一步干扰生物体的功能，导致抑制害虫的作用。因此，90%序列同一性的多核苷酸通常足以产生基因沉默的作用，本领域技术也有能力确定哪些核苷酸能够产生基因沉默作用，技术方案（b）能够得到说明书的支持。技术方案（c）涉及 SEQ ID NO：818 的核酸序列的至少 21 个相邻核苷酸的片段。siRNA 的基因沉默机理与 dsRNA 类似，也是由序列同源性介导，本领域还公知 21 个核苷酸的小干扰 RNA 足以产生基因沉默作用。因此，本领域技术人员能够根据 SEQ ID NO：818 的序列设计合适的小干扰 RNA 来实现基因沉默，技术方案（c）能够得到说明书的支持。技术方案（d）涉及技术方案（b）或（c）的互补序列，在技术方案（b）和（c）能够得到说明书支持的情况下，技术方案（d）也能够得到说明书的支持。

最高人民法院[①]认为，该案的争议焦点问题是权利要求 1 中技术方案（b）、（c）、（d）能否得到说明书的支持。

随后，判决从 siRNA 在体内发挥基因沉默作用原理的角度论述了涉及同源性限定的技术方案（b）以及涉及截短方式限定的技术方案（c）和与上述序列互补的技术方案（d）得不到说明书支持的理由。其理由如下。

该申请记载了如下内容：通过建立 cDNA 文库，测定了能阻抑玉米根虫发育或导致其死亡的序列，并拼接出了 SEQ ID NO：818，验证了针对 SEQ ID NO：818 的 dsRNA 对玉米根虫发育生长的阻抑效果，其中 F1 对应 SEQ ID NO：818 的第 231～275 位的 45bp，F2 对应 SEQ ID NO：818 的第 449～498 位的 50bp，F3 对应 SEQ ID NO：818 的第 606～651 位的 46bp，F7 是 F1 和 F2 串接的 95bp，F8 是 F2 和 F3 串接的 96bp，F11 是 F1、F2 和 F3 串接的 141bp，经验证，F1、F2、F3、F7、F8、F11 均在一定程度上阻抑玉米根虫发育或导致死亡。该申请还验证了对应 SEQ ID NO：818 第 95～695 位的 SEQ ID NO：182，对应 SEQ ID NO：818 第 95～520 位的 SEQ ID NO：704，含有 SEQ ID NO：818 片段的 SEQ ID NO：820。上述 dsRNA 剂饲喂玉米根虫后，玉米根虫的发育受到阻抑或死亡。

对于（b）方案是否得到说明书支持的问题，根据该申请说明书的记载，该申请可以通过在害虫食物中提供 dsRNA 分子，限制或消除鞘翅目害虫的侵袭，即该申请要解决的技术问题是提供能抑制鞘翅目昆虫特定基因表达的 dsRNA 序列。针对这一技术问题，该申请验证了针对 SEQ ID NO：818 序列的 dsRNA 分子 F1～F3、F7、F8、F11 等具有阻抑玉米根虫发育或导致其死亡的活性。原告据此认为，与 SEQ ID NO：818 具有90%同一性的 dsRNA 通常足以产生基因沉默的作用，本领域技术人员也有能力确定哪些核苷酸能够产生基因沉默作用。

---

① 最高人民法院（2020）最高法知行终 172 号行政裁决书。

当 dsRNA 进入细胞内时，会被核酸酶 RNase Ⅲ 家族中的 Dicer 酶逐步切割成21～23nt 的由正义链、反义链组成的双链小分子 siRNA 片段，被切割后形成的 siRNA 对靶标 mRNA 进行识别并在其他酶的参与下实现靶标 mRNA 的降解，从而导致靶标昆虫宿主的发育阻抑或死亡。在 dsRNA 被切割成 siRNA 时，作为切割工具的 Dicer 酶必须结合 dsRNA 的末端才能发挥作用，一旦这种末端结合被阻断，Dicer 的核酸内切酶作用将大大削弱。siRNA 识别靶序列具有高度特异性，但并不是反义链上所有的碱基都对发挥这种特异性起到相同的作用。由于降解过程首先发生在与 siRNA 相应的中点位置，这些识别位点就显得格外重要，一旦发生错配，就会严重抑制 RNAi 效应。相对而言，3′端的核苷酸序列并不要求与靶 mRNA 完全匹配。此外，在引导 RISC 与靶 mRNA 结合时，3′端第 2 个碱基起了较为重要的作用，因此，该处也不能出现错配现象。

由此可知，dsRNA 是否能成功沉默靶标 mRNA，取决于其进入昆虫体内是否能被 Dicer 酶成功结合，并且切割后的 siRNA 群是否存在能够引起靶基因沉默的 siRNA，以及所述有沉默效果的 siRNA 在 siRNA 群里的占比是否足以引起靶基因的沉默。如果 dsRNA 不能被 Dicer 酶结合，或者切割后产生的 siRNA 群中不存在能够引起靶基因沉默的 siRNA，或者存在有沉默作用的 siRNA，但其占比过低，无法在效应时间内成功沉默靶基因，则认为该 dsRNA 无法沉默靶基因。

该案的技术方案（b）采用了90% 同一性限定，意味有 10% 的不同，约 100 个碱基的不同。针对这些序列设计的 dsRNA，无法确定其是否能与 Dicer 酶结合，进而被降解为 siRNA，以及其形成的 siRNA 群中必然含有能沉默 SEQ ID NO：818 的 siRNA。由于 siRNA 的抑制效果具有位置效应，不清楚切割 dsRNA 产生的 siRNA 靶向位置，无法判断 siRNA 是否必然具有抑制靶基因的效果。原告在一审提交的证据 9 中也显示 "早期观察显示，只有约 50% 的与靶 mRNA 完全互补的 siRNA 或 shRNA 导致靶 mRNA 的有效沉默。数年间，siRNA 功效差异的原因是完全未知的"，证据 9 提到了一些改进方案，但这仍不足以使本领域技术人员预期 siRNA 的沉默效果。因此，在不清楚与 SEQ ID NO：818 有 10% 的不同具体位于哪些位点时，并且该申请仅验证了与靶标完全互补的 F1～F3、F7、F8、F11、SEQ ID NO：704、SEQ ID NO：818 能沉默靶基因的情况下，由于 siRNA 效果的不可预判性，本领域技术人员无法预判与靶标有 90% 同一性的 dsRNA 是否能够被切割产生具有沉默活性的 siRNA。即便能够产生具有沉默靶标基因的 siRNA，但由于 Dicer 酶随机切割 dsRNA 时，本领域技术人员不能明确哪些片段有沉默活性，更不能确定有沉默活性的 siRNA 在切割 dsRNA 产生的众多 siRNA 群里占比会达到多少，其是否能达到起效的浓度。因此，技术方案（b）得不到说明书的支持。

对于技术方案（c）是否得到说明书支持的问题。考虑到 SEQ ID NO：818 中还包含 4 个碱基采用 n 的限定（任意碱基），其连续 21 个碱基序列包含约 1000 个 siRNA 序列。对于本领域技术人员来说，虽然针对已知的靶标设计 siRNA 有着通用的原则，但综合前述切割 dsRNA 产生 siRNA 并沉默靶基因的原理可知，RNAi 的机理在该申请优先权日 2005 年时尚未完全阐明，其与简单的核苷酸序列杂交不同，受到的影响因素远超出核酸杂交机理。本领域技术人员无法预期 SEQ ID NO：818 任意连续 21 段的约 1000 个 siRNA 均有抑制效果，甚至无法预期该靶序列上能合理设计出多少具有抑制效果的 siRNA。虽然现有技术提供了 siRNA 的设计网址、软件，其也仅是综合上述诸多考虑因素进行设计，网址或软件通常不会给出近千余条 siRNA 设计结果，同时网址或软件通常也无法保证设计的每一条 siRNA 均具有沉默效果。siRNA 设计网址、软件等仅能提供参考，所述 siRNA 是否具有沉默活性，仍需通过实验进行具体验证。因此，本领域技术人员无法判断技术方案（c）要求保护的 siRNA 序列是否具有以及哪些序列具有沉默靶标基因的能力，得不到说明书的支持。

对于技术方案（d），由于技术方案（b）和（c）得不到说明书的支持，其互补序列也得不到说明书的支持。

由上述判决可以看出，最高人民法院是从 siRNA 在体内发挥基因沉默作用的分子机理出发，明确了 siRNA 识别的靶序列具有高度特异性，某些位置的错配会影响与 Dicer 酶的结合和引导切割，从而导致无法发挥基因沉默作用。因此，即使结合该申请说明书充分公开的内容、证据 9，以及现有技术对于 RNAi 技术的了解，也不能使得本领域技术人员采用除实验验证的方式外，合理预期出权利要求中以同源性或截短方式限定的大量靶序列所对应的大量 siRNA 中哪些能发挥基因沉默的功能。

上述案例对采用靶序列的衍生序列方式限定的 siRNA 分子的权利要求不能得到说明书支持的情况给予了说明，而对于具体序列限定的 siRNA 分子的化学修饰和偶联配体的概括是否能得到说明书支持则可从下面的案例中得到启发。

【案例 4】 关于偶联配体限定的 siRNA 的权利要求能否得到说明书支持

该案涉及新型降脂药物英克西兰（Inclisiran）的药物专利。该药物是一种靶向 PCSK9 基因的 RNAi 剂，通过抑制 PCSK9 表达，降低患者体内低密度脂蛋白胆固醇水平。该药物在 2020 年获得美国 FDA 的批准。该药物的中国专利要求保护 PCSK9 基因的 RNAi 剂，其使用方法以及治疗患有脂质失调例如高脂血症的受试者的方法。该案授权的独立权利要求 1 请求保护了多个具体序列限定的双链siRNA试剂，权利要求 2 进一步请求保护了试验效果更佳的 siRNA 分子，上述权利要求均未明确所偶联的配体的结构，从属权利要求 3~5 进一步限定了配体的分子式和偶联位置；独立权利要求 12、13 则涉及由权利要求 1 所限定的 siRNA 试剂在体外抑制细胞中 PCSK9 表达和治疗患有由 PCSK9 表达介导的失调的受试者的用途。独立权利要求 1、2、12、13 分别如下。

1. 一种用于抑制细胞中的前蛋白转化酶枯草杆菌蛋白酶 Kexin9（PCSK9）的表达

的双链 RNAi 剂，其中所述双链 RNAi 剂包含：

（a）由核苷酸序列 aCfaAfaAfgCfaAfaacAfgGfuCfuAfgsAfsa（SEQ ID NO：1151）组成的反义链和由核苷酸序列 CfuAfgAfcCfuGfUfUfuUfgCfuUfuUfgUf（SEQ ID NO：600）组成的有义链；

（b）由核苷酸序列 aCfaAfAfAfgCfaAfaacAfgGfuCfuAfgsAfsa（SEQ ID NO：1246）组成的反义链和由核苷酸序列 CfuAfgAfcCfuGfUfUfuUfgCfuuuUfgUf（SEQ ID NO：695）组成的有义链；

（c）由核苷酸序列 aCfaaaAfgCfaAfaacAfgGfuCfuAfgsAfsa（SEQ ID NO：1253）组成的反义链和由核苷酸序列 CfuAfgAfcCfuGfUfUfuUfgCfuUfUfUfgUf（SEQ ID NO：702）组成的有义链；

（d）由核苷酸序列 aCfaAfAfAfgCfaAfaacAfgGfuCfusAfsg（SEQ ID NO：1263）组成的反义链和由核苷酸序列 AfgAfcCfuGfUfUfuUfgCfuuuUfgUf（SEQ ID NO：712）组成的有义链；

（e）由核苷酸序列 aCfaaaAfgCfaAfaacAfgGfuCfusAfsg（SEQ ID NO：1269）组成的反义链和由核苷酸序列 AfgAfcCfuGfUfUfuUfgCfuUfUfUfgUf（SEQ ID NO：718）组成的有义链；

（f）由核苷酸序列 asCfsaAfaAfgCfaAfaacAfgGfuCfuAfgsasa（SEQ ID NO：1369）组成的反义链和由核苷酸序列 CfsusAfgAfcCfuGfUfUfuUfgCfuUfuUfgUf（SEQ ID NO：818）组成的有义链；

（g）由核苷酸序列 asCfsaAfaagCfaAfaacAfgGfucuAfgsasa 组成的反义链和由核苷酸序列 CfsusAfgAfcCfuGfUfUfuUfgcuuuugu 组成的有义链；

（h）由核苷酸序列 asCfsaAfaAfsgCfaAfaacAfgGfuCfsuAfgsasa（SEQ ID NO：1400）组成的反义链和由核苷酸序列 CfsusAfgAfcCfuGfUfUfuUfgCfsuUfsuUfsgsgsUfs（SEQ ID NO：849）组成的有义链；或

（i）由核苷酸序列 asCfsaAfAfAfgCfaAfaAfcAfgGfuCfuagsasa（SEQ ID NO：1387）组成的反义链和由核苷酸序列 csusagacCfuGfuuuugcuuuugu（SEQ ID NO：836）组成的有义链；其中该有义链与至少一个配体缀合；和其中 a、g、c 和 u 分别是 2′-O-甲基（2′-OMe）修饰的 A、G、C 和 U 核苷酸；Af、Gf、Cf 和 Uf 分别是 2′氟修饰的 A、G、C 和 U 核苷酸；且 s 是硫代磷酸酯键。

2. 一种双链 RNAi 剂，其能够抑制细胞中的前蛋白转化酶枯草杆菌蛋白酶 Kexin9（PCSK9）的表达，其中所述双链 RNAi 剂包含：

由核苷酸序列 asCfsaAfAfAfgCfaAfaAfcAfgGfuCfuagsasa（SEQ ID NO：1663）组成的反义链和由核苷酸序列 csusagacCfuGfudTuugcuuuugu（SEQ ID NO：1657）组成的有义链；

其中所述有义链与至少一个配体缀合；和其中 a、g、c 和 u 分别是 2′ – O – 甲基 (2′ – OMe) 修饰的 A、G、C 和 U 核苷酸；Af、Gf、Cf 和 Uf 分别是 2′氟修饰的 A、G、C 和 U 核苷酸；dT 是脱氧胸腺嘧啶核苷酸且 s 是硫代磷酸酯键。

……

12. 一种体外抑制细胞中 PCSK9 表达的方法，该方法包括：

（a）使该细胞与如权利要求 1 – 5 中任一项所述的双链 RNAi 剂或如权利要求 7 – 11 中任一项所述的药物组合物接触；并且

（b）将步骤（a）中产生的细胞维持一段时间，该时间足以获得 PCSK9 基因的 mRNA 转录本的降解，由此抑制该细胞中 PCSK9 基因的表达。

13. 如权利要求 1 – 5 中任一项所述的双链 RNAi 剂或如权利要求 7 – 11 中任一项所述的药物组合物在制备用于治疗患有由 PCSK9 表达介导的失调的受试者的药物中的用途。

该案专利说明书在其实施例 1 中提供了大量修饰和未经修饰的 siRNA 分子，其中权利要求 1（a）~（i）RNAi 剂分别对应于 AD – 53815、AD – 56663、AD – 56658、AD – 56676、AD – 56666、AD – 57928、AD – 59849、AD – 59228、AD – 59223；权利要求 2 请求保护的 RNAi 剂是 AD – 60212。说明书进一步测定了包括 AD – 53815 在内多种 siRNA 分子不同浓度的缀合物在原代食蟹猴肝细胞中自由摄取能力、在人类细胞中转染能力，从中选出 AD – 53815 和 AD – 53806 进一步优化；从 AD – 53815 基础上进一步优化获得了 AD – 56663、AD – 56658、AD – 56676、AD – 56666、AD – 57928；又从 AD – 57928 基础上进一步优化获得了 AD – 59849、AD – 59228、AD – 59223 和 AD – 60212。说明书进一步验证了 AD – 57928 及其优化后上述子代的 siRNA 在非人灵长类动物体内抑制 PCSK9 表达和降低 LDL 胆固醇的能力，以及重复剂量效能和耐受性等。

该案专利在授权后被提出无效宣告请求[①]，并提供证据 1 认为权利要求 1 ~ 19 未得到说明书的支持，不符合《专利法》第 26 条第 4 款的规定。

证据 1：Oleg Khorev 等，Trivalent，Gal/GalNAc – containing ligands designed for the asialoglycoprotein receptor，Bioorganic & Medicinal Chemistry，2008，16：5216 – 5231，公开日为 2008 年 3 月 7 日，及其中文译文。

具体地，无效宣告请求理由包括在形成双链 RNAi 剂时，配体的结构对于该 RNAi 剂在细胞内沉默 PCSK9 基因中有重要作用，不是任意结构的配体与 siRNA 缀合都可以实现有效沉默该基因的效果，即使同样含有 GalNAc 的配体，其结构对受体的亲和力影响很大，糖残基必须处于一定的空间排列才可以在与受体的相互作用中有高的亲和力（参见证据 1）。目前（至该专利申请时）在对核酸药物的研究和商业化中含 Gal/GalNAc

---

① 国家知识产权局第 561449 号无效宣告请求审查决定（发文日：2023 – 09 – 05）。

的配体仅有 GalNac 缀合递送系统进入 I 期临床试验。而该专利不论是体外筛选还是体内筛选中，对所有合成的众多 siRNA，都仅仅使用了在有义链的 3′端缀合 L96 分子这种结构的 RNAi 剂，并没有证明除该结构之外的其他配体与 siRNA 的连接方式，该专利所有的效果筛选和体内抑制实验均基于具体的 RNAi 剂，未提供除 L96 分子之外其他配体与 siRNA 缀合形成的 RNAi 剂可在细胞内沉默 PCSK9 基因并治疗由其表达介导的高胆固醇血症的实验证据；权利要求 1~19 未限定所使用的具体配体，得不到说明书的支持，不符合《专利法》第 26 条第 4 款的规定。

针对上述无效宣告请求，专利权人提交了意见陈述书及以下反证。

反证 1：LEQVIO 美国药品说明书以及中文译文。

反证 2：US8106022B2 以及中文译文。

反证 3：第 58530 号无效宣告请求审查决定书。

反证 4：该专利 PCT 国际公开文本 WO2014/089313A1 的部分内容。

结合上述反证，专利权人认为：该专利权利要求 2 涉及药物英克西兰（Inclisiran，商品名为 LEQVIO）。该专利说明书已经充分公开了该专利权利要求的 RNAi 剂；在确定了 RNAi 剂序列及其核苷酸修饰（权利要求 1~2 技术方案）的情况下，本领域技术人员基于说明书和现有技术知识，在 RNAi 剂序列上根据实际需要缀合合适的配体并不需要过度劳动。首先，该专利说明书详细记载了权利要求 1~2 限定配体的功能、类型以及连接方式。本领域技术人员基于说明书上述记载，知道如何在 RNAi 剂序列缀合合适的配体而不需要过度劳动。其次，该专利说明书中也记载了能够靶向特定受体的优选配体，例如为 GalNAc 以及衍生物。该专利说明书实施例 2~3 还示例性验证了带有 L96 的 RNAi 剂能够自由摄取至细胞。根据以上内容，本领域技术人员知道如何在 RNAi 剂序列上加优选的能够靶向特定受体的配体。最后，在该专利申请日之前发表的文献中报道了大量 siRNA 试剂的配体。例如请求人所提供的证据 1 中，化合物 6 和 7 可以被肝细胞的去唾液酸糖蛋白受体（ASGP－R）选择性摄取。反证 2 为专利权人更早的专利文件，其系统地描述了用于 RNAi 剂的碳水化合物配体，其中详细公开了该专利具体公开和使用的各种 GalNAc 配体的制备和使用，包括该专利实施例中所使用的示例缀合的配体 L96。根据实际情况选择合适的配体以实现 RNAi 剂向细胞的递送完全在本领域技术人员的能力范围内。该专利没有公开带有 L96 之外的缀合的配体的 RNAi 剂实施例并不影响对权利要求的支持。反证 3 也能支持专利权人的上述观点。因此权利要求 2~4 能得到说明书支持。结合反证 2、反证 4，以及反证 1 的佐证，L96 的具体结构是清楚的，L96 并不包括磷酸或硫代磷酸部分，后者来自双链 RNAi 剂中的有义链，因此权利要求 5 是清楚的且能够得到说明书的支持。在权利要求 1~5 能够得到说明书支持的情况下，基于相同的理由，权利要求 6~19 也能得到说明书的支持。

对于双方争议的焦点，即未明确限定偶联配体是否会导致要求保护的 siRNA 分子的技术方案无法得到说明书的支持，无效宣告请求阶段的评述思路在于首选确定了该专利的发明构思以及解决技术问题的主要手段；随后分析了该专利以及现有技术中对于 RNAi 剂上各种偶联配体的教导；最后认定权利要求 1～2 的技术方案能够得到说明书的支持。

具体理由如下。第一，该专利申请说明书记载了"本领域中存在对用于 PCSK9 相关疾病（如高脂血症、高胆固醇血症）的有效治疗的需要"；"在一个方面，本发明提供了 RNAi 剂，例如双链 RNAi 剂，其能够抑制细胞中的前蛋白转化酶枯草杆菌蛋白酶 Kexin9（PCSK9）的表达"。该专利的实施例公开了以下内容：实施例 1 公开了数百种未修饰的 RNAi 剂和数百种修饰的 RNAi 剂，并且有义链均缀合 L96，其对应不同的靶序列以及不同的修饰形式。实施例 2 公开了数百种 RNAi 剂的功效评估，其中包括 AD - 53815。AD - 53815 的体外细胞数据显示 AD - 53815 抑制细胞中 PCSK9 的表达。实施例 3 公开了通过引入进一步的修饰，对两种 RNAi 剂 AD - 53815 和 AD - 53806 进行先导物优化。基于 AD - 53815 的修饰 RNAi 剂的能效筛选包括 RNAi 剂 AD - 56663、AD - 56658、AD - 56676、AD - 56666 和 AD - 57928。实施例 3 包括上述 RNAi 剂的体外细胞数据。数据显示上述 RNAi 剂抑制细胞中 PCSK9 的表达。实施例 7 公开了基于 AD - 57928 作为先导物的 RNAi 剂的优化和包括 AD - 59849、AD - 59228、AD - 59223 和 AD - 60212 这些 RNAi 剂的筛选。实施例 7 包括上述 RNAi 剂的体外细胞数据。数据显示上述 RNAi 剂抑制细胞中 PCSK9 的表达。

由此可见，该专利的发明思路是首先制备大量不同序列、不同修饰形式的 siRNA 序列，并将其均分别与 L96 缀合，作为 RNAi 剂进行试验，从中筛选出抑制效果好的 RNAi 剂，再对筛选得到的 RNAi 剂中的 siRNA 序列进一步进行修饰、优化，然后对优化后的 RNAi 剂继续测试其抑制效果。因此，该发明的目的是提供一种能够抑制 PCSK9 表达的 RNAi 剂，其要解决的主要技术问题在于 RNAi 剂中 siRNA 序列的筛选以及修饰。

第二，对于权利要求限定的配体，首先，该专利说明书具体公开了可供选择的配体。其次，现有技术中已对可以与 RNAi 缀合的配体有所教导。例如，反证 2 是该专利的申请日之前公开的专利，其中公开了："一方面，本发明提供了一种与至少一种碳水化合物配体缀合的 RNAi 试剂，所述配体例如单糖、二糖、三糖、四糖、寡糖、多糖。这些与碳水化合物结合的 RNAi 药物特别针对肝实质细胞。""一方面，本发明的特征在于包含碳水化合物配体的 RNAi 试剂，并且碳水化合物配体的存在可以增加 RNAi 试剂向肝脏的递送"。反证 2 还具体公开了可用于优化 RNAi 剂的一种或多种性质的配体的结构，并在实施例 1～11 公开了多种配体的特定合成方法，以及在实施例 12～22 进一步公开了合成的不同配体与相同或不同的 dsRNAs 的结合以形成 RNAi 剂，以及所获得的 RNAi 剂的抑制作用。

最后，对于证据 1，其中记载了"本研究的最终目的是人类中的肝脏选择性药物递送""Lee 等人使用合成寡糖对兔肝细胞的研究进一步强化了多价配体的结合层次：四触角 > 三触角 ≫ 双触角 ≫ 单触角""此外，使用荧光显微镜和流式细胞术，我们发现在源自人类实质肝细胞（主要肝细胞类型）的 HepG2 细胞上，显示化合物 6 和 7 被 ASG-PR 选择性摄取。""归根结底，我们已经证明化合物 7 具有很高的潜力，可用于将治疗剂（化疗剂、DNA 等）定位递送至肝脏。"

可见，该专利以及现有技术中均教导了可以增加 iRNA 试剂向肝脏递送的多种配体。虽然如请求人所述，上述配体的效果可能存在差别，但本领域技术人员能够基于该专利说明书中的教导，结合该专利最早优先权日之前已知的技术知识并充分考虑本领域公知的相关技术信息，选择合适的配体与权利要求 1~2 中定义的有义链缀合，以形成能够抑制 PCSK9 表达的 RNAi 剂。

第三，权利要求 1（a）~（i）和权利要求 2 的 RNAi 剂具有基本相同的一级序列，但具有不同的修饰，且均已被实施例验证具有能够有效抑制细胞中 PCSK9 的表达。权利要求 1~2 对于 RNAi 剂中有义链和反义链的限定能够得到说明书支持。虽然说明书中仅使用了 L96 作为配体，但本领域技术人员能够理解，该专利实际是以 L96 作为一种示例性的配体，其要解决的主要技术问题是找到抑制效果好的 siRNA 序列及修饰形式，并不意味着该专利要实现发明目的只能使用该配体。事实上，对于配体的选择，本领域技术人员基于本领域已知的上述配体相关的现有技术和该申请记载的有关配体选择的技术内容，也可以选择 L96 以外的其他配体与上述 siRNA 序列缀合，只要该配体具有与 L96 类似的可以增加 iRNA 试剂向肝脏递送的性质即可。

对于无效宣告请求理由所称"RNAi 剂是一个完整分子，不能将其拆分为双链 siRNA 分子和配体两部分，而且各国药监部门也是将其作为小分子进行审批；在 RNAi 机制中，配体是必要结构，siRNA 依赖于配体才能靶向目标细胞，在细胞内启动 RNAi 机制，作用于目标基因"的观点，合议组认为，虽然 siRNA 分子的有义链与接头和配体之间的连接方式是共价化学键键合，但二者存在各自的功能，即配体在分子中起的作用是转运 siRNA 到靶组织细胞内，而 siRNA 的功能是沉默目标基因，因此，二者存在相对的独立性，即存在相互搭配以及替换的可能。在本领域技术人员对于现有技术中的配体具备一定程度了解的基础上，可以预期该专利筛选出的 siRNA 可以缀合示例性的 L96 外的其他合适的配体，也达到类似的效果。另外，虽然目前进入 I 期临床试验以及已经成药的 RNAi 药物分子很有限，但考量权利要求是否得到说明书支持应当以申请日时本领域技术人员结合说明书和现有技术的水平能否作出合理预期为准，而非以达到药品能够得到临床试验批准或成药上市的较高标准要求。

对于无效宣告请求理由提出的"本专利不论是体外筛选还是体内筛选中，对所有合成的众多 siRNA，都仅仅使用了在有义链的 3′端缀合 L96 分子这种结构的 RNAi 剂，并没有证明其他的连接方式"。对此,合议组认为,基于上述类似的理由,由于该专利要解决的技术问题主要在于筛选出抑制活性较好的 siRNA 序列及修饰形式,而说明书也教导了 siRNA 与配体的不同连接方式,本领域技术人员容易选择出合适的连接方式,达到类似的效果。

综上所述,权利要求 1～2 得不到说明书支持的理由不能成立。在此基础上,从属权利要求 3～4 以及权利要求 6～9 得不到说明书支持的理由也不能成立。

无效宣告请求审查决定对于权利要求得到说明书支持和权利要求清楚的判断原则集中体现于其决定要点中:在判断权利要求是否得到说明书的支持时,应当在所属领域技术人员所掌握的普通技术知识的基础上,结合说明书的全部内容予以考虑,而不是仅考虑说明书具体实施方式的内容。对于权利要求中限定了某产品组成部分而非相应的完整产品的技术方案而言,如果相对于现有技术,发明针对该组成部分进行了改进,且所属领域技术人员一方面能够预期该组成部分能够相对独立地实现完整产品的部分功能,另一方面知晓所述组成部分与其他组成部分一起构成完整产品时,所形成的完整产品也能够解决发明所要解决的技术问题,产生相应的技术效果,则应当认可该技术方案能够得到说明书的支持。

此外,该案专利权人提供的证据 3,即前述案例 1 所涉及的无效宣告请求审查决定,也对 siRNA 权利要求中"包含"方式限定的序列、非特定结构的化学修饰、偶联配体是否使得所述技术方案符合《专利法》第 26 条第 4 款关于清楚和得到说明书支持的规定给出了观点。在此一并引入以完善审查实践中可能遇到的各种情形。

【案例 5】关于"包含"限定和非确定性化学修饰限定 siRNA 的权利要求是否清楚和得到说明书的支持

该案专利授权的权利要求 1～3 如下:

1. 一种用于抑制细胞中 B 型肝炎病毒表达的双链 RNAi 剂,其中该双链 RNAi 剂包含形成双链区的正义链与反义链,其中该正义链包含 5′－ GUGUGCACUUCGCUUCACA －3′(SEQ ID NO:39)且所述正义链的长度不超过 21 个核苷酸,且该反义链包含 5′－ UGUGAAGCGAAGUGCACACUU －3′(SEQ ID NO:40)且所述反义链的长度不超过 23 个核苷酸;其中该正义链实质上所有核苷酸及该反义链实质上所有核苷酸为经修饰的核苷酸,其中该正义链与在 3′－末端附接的配体缀合,且其中该配体为一种或多种利用二价或三价的分支键联体附接的 GalNAc 衍生物。

2. 如权利要求 1 所述的双链 RNAi 剂,其中该正义链的所有核苷酸及该反义链的所有核苷酸包含修饰。

3. 如权利要求 1 或 2 所述的双链 RNAi 剂,其中至少一个该经修饰的核苷酸是选自下组，该组由以下各项组成：脱氧－核苷酸、3′－末端脱氧－胸腺嘧啶（dT）核苷酸、2′－O－甲基修饰的核苷酸、2′－氟修饰的核苷酸、2′－脱氧修饰的核苷酸、锁核苷酸、非锁核苷酸、构型限制性核苷酸、限制性乙基核苷酸、无碱基核苷酸、2′－氨基修饰的核苷酸、2′－O－烯丙基修饰的核苷酸、2′－C－烷基－修饰的核苷酸、2′－羟基修饰的核苷酸、2′－甲氧基乙基修饰的核苷酸、2′－O－烷基修饰的核苷酸、吗啉基核苷酸、氨基磷酸酯、包含非天然碱基的核苷酸、四氢吡喃修饰的核苷酸、1，5－脱水己糖醇修饰的核苷酸、环己烯基修饰的核苷酸、包含硫代磷酸酯基的核苷酸、包含甲基膦酸酯基的核苷酸、包含5′－磷酸酯的核苷酸及包含5′－磷酸酯模拟物的核苷酸。

无效宣告请求人提交了12份证据。无效宣告请求的理由在于：第一，权利要求1中"修饰"的限定不清楚。权利要求1中的每一个核苷酸都可以经修饰以任意改变化学结构，且当存在较多非天然碱基时，无法确定该经修饰的序列是否对应于权利要求1中的SEQ ID NO：39/40序列，使得其中采用一级序列进行限定的方式失去意义；权利要求1中"实质上所有核苷酸"的术语和权利要求2中"所有核苷酸"的表述存在矛盾，导致不清楚。第二，权利要求1中"修饰""包含"以及"配体"的限定、权利要求3中有关修饰的并列技术方案得不到说明书的支持。具体地，①权利要求1未限定修饰的具体类型、位点、数量，说明书仅验证了两对仅有一个碱基修饰差异且所有核苷酸均经修饰的siRNA，证据1~5、7~11表明碱基的错配或者各种修饰的不恰当引入可能导致siRNA效果的丧失，证据2、4、7、12表明修饰的位置和数量对于siRNA效果影响较大，证据2~3、5~6表明完全修饰会显著降低siRNA功能，由此本领域技术人员无法确信其他修饰都能达到与所验证序列相同或接近的技术效果。②说明书记载的修饰序列AD－66810和AD－66811仅包含了2′－O－甲基化、2′－氟代和硫代磷酸酯键联基3种修饰类型，本领域技术人员无法确认权利要求2中其他修饰类型、位置、数量可以获得同样的技术效果，其中证据2、3、5、8、10~11表明"包含非天然碱基的核苷酸"得不到说明书支持。③权利要求1采取了"包含"的限定方式，意味着可以在末端增加1~2个额外的核苷酸，本领域技术人员无法确定在两端增加哪些核苷酸可以保留与所验证的修饰序列类似的RNA干扰活性。④权利要求1未限定作为配体的GalNAc衍生物的具体种类，而说明书记载的是"L96"配体，本领域技术人员无法预先确定采用哪些其他分支键联体结构的配体的经修饰双链RNAi剂能达到相近的技术效果。

专利权人随后修改了权利要求，将权利要求2并入权利要求1，将"实质上所有核苷酸"变为"所有核苷酸"，并删除了原权利要求3中的术语"脱氧－核苷酸""2′－O－烷基修饰的核苷酸"以及"包含非天然碱基的核苷酸"。

在口审程序中，请求人仍然认为修改后的权利要求1中的"修饰"以及权利要求2中的"构型限制性核苷酸"与"锁核苷酸"、"2′－羟基修饰"不清楚。随后专利权人进一步删除了权利要求 2 中的术语"2′-羟基修饰""锁核苷酸"和"无碱基核苷酸"。同时专利权人认为：该专利说明书中已对"修饰"进行了充分的描述，现有技术中也有大量相关的技术教导；该专利说明书给出了 AD-66810 和 AD-66811 的实例，并公开了其代表性的 HBV 抑制活性的经典体外实验的 IC_{50} 数据。以上两个实例均具有权利要求 1 中限定的 dsRNA 序列且连接有 GalNAc 配体并包含对于所有碱基的修饰。可见，该发明也通过具体的实例验证了权利要求 1 的技术方案所能够实现的效果。此外，该专利还列举了教导修饰方式的现有技术，本领域技术人员能够预期，具有权利要求 1 中所限定序列的 dsRNA 能够实现至少类似于 AD-66810 和 AD-66811 的体外 siRNA 效应。权利要求所限定的序列中并不存在非天然的碱基，且链长度已将末端碱基限制在很小的范围内，本领域技术人员了解如何选择末端碱基。权利要求 1 中的"包含"并不损害要求保护的 dsRNA 核心序列的完全互补性。本领域技术人员可以根据该发明的教导和现有技术，确定合适的 1 或 2 个加到末端的核苷酸，且该额外 1~2 个核苷酸的种类非常有限。此外，现有技术中已经对于突出区核苷酸数量和性质均有充分的教导。本领域技术人员基于其对于现有技术和本领域常规试验手段的了解使用合适的配体，从而制备该专利 RNAi 剂，权利要求 1~3 能够得到说明书的支持。

对此，无效宣告请求审查决定①的合议组认为：针对权利要求清楚的问题，首先，该专利说明书在发明详述的"Ⅲ.本发明的经修饰 iRNA"部分中具体公开了该专利技术方案中针对 siRNA（例如 dsRNA）的正义链和反义链进行核苷酸修饰的目的、作用和主要类型，明确了经过化学修饰以加强稳定性或其他有利特性的构思，还详细列举了可选的修饰类型以及参照的相应现有技术文献，其中包含对术语"经修饰核苷酸"和"碱基修饰"的常规解释，本领域公知碱基属于核苷酸的单体构件，碱基修饰属于核苷酸修饰的基本方式。基于本领域的常规技术知识和专利申请文件的记载，本领域技术人员能够理解权利要求所述"所有核苷酸包含修饰"这一术语的准确含义。其次，专利权人作出了解释说明，主张权利要求中的正义链和反义链（SEQ ID NO：39/40；SEQ ID NO：41/42 及 SEQ ID NO：1275/1285）中仅含有 A、U、C 和 G 4 种碱基，根据说明书的记载和本领域的公知常识可知，它们代表天然的核苷酸碱基 A、U、C 和 G；同时按照本领域的惯例，当存在非天然碱基时，序列中会以特殊的标记标明，而该专利权利要求所限定的序列中并不包含特殊标记，可见权利要求序列中并不存在非天然的碱基。另外，重新提交的权利要求书中已经删除了"无碱基核苷酸"和"包含非天然碱基的核苷酸"，进一步佐证了所述修饰后的核苷酸不包括非天然碱基。

针对权利要求得不到说明书支持的问题，合议组认为，首先，专利权人已确认权利要求所述"修饰"后的核苷酸不包含非天然的碱基。其次，权利要求 1 保护一种用

---

① 国家知识产权局第 58530 号无效宣告请求审查决定（发文日：2022-10-10）。

于抑制细胞中 B 型肝炎病毒表达的双链 RNAi 剂，并且通过 RNA 双链的特定一级序列结构、其正义链和反义链的所有核苷酸都存在修饰，以及配体的具体连接方式等具体结构特征作了进一步限定，靶标区主要针对 HBV 基因（SEQ ID NO：1）的位置 1581～1599，设计的相应具体起始位点为 1577。与之相对应的，该专利说明书在具体实施方式部分公开了两个 siRNA 双螺旋实例（AD－66810 和 AD－66811）以及相应的体外和体内活性实验数据，两者均具有权利要求 1 中限定的 dsRNA 一级序列且连接有 GalNAc 配体，并包含对于所有核苷酸的修饰。其中，AD－66810 和 AD－66811 体外抑制 HBV 的 IC_{50} 值分别为 0.290nM 和 0.029nM，在 3mg/kg 剂量下小鼠体内的 HBsAg 的降低分别为 1.7Log10 和 1.3Log10，显示了有效的体内和体外抑制活性。

本领域公知，siRNA 的体外沉默效应主要取决于一级序列，且在一级序列的结构确定情况下，具体选择何种修饰基团是本领域技术人员基于现有技术教导可以实现的。基于该专利说明书的教导，本领域技术人员还可明确，与现有技术的教导类似，该发明中 dsRNA 的 RNA 化学修饰的目的是增加体内稳定性或其他有利特性。除此之外，该专利还列举了教导修饰方式的现有技术。基于该专利说明书的教导，本领域技术人员还知晓，该发明中基于特定的一级序列进行的修饰能够维持与核酸靶标化合物的杂交。由此可以合理地确定，对于权利要求 1 已明确限定的一级序列，本领域技术人员能够预期，具有权利要求 1 中所限定序列的 dsRNA 能够实现至少类似于 AD－66810 和 AD－66811 的体外 siRNA 效应。就提高 dsRNA 的体内稳定性这一基本目的而言，证据 8、9、13 公开的技术信息佐证了现有技术中针对 dsRNA 序列的修饰已有较为充分的研究基础，系统介绍了修饰类型、方式以及功能活性的影响，由此本领域技术人员有能力根据需要实际获得具有抑制病毒表达活性的经过修饰的 dsRNA 功能序列；上述证据还显示，本领域中对 dsRNA 的碱基进行修饰是提高体内稳定性的常规技术手段，其具体的修饰方式和引入修饰的方法也是本领域技术人员基于现有技术可以合理确定的。

再次，尽管证据 1～12 从诸多不同方面介绍了核苷酸修饰对于 siRNA 活性的影响，但是这些现有技术文献均属于理论上的泛泛论述，并未针对 HBV 基因，特别是该基因序列（SEQ ID NO：1）的标靶区位置 1581～1599 进行修饰研究，其证明力显著弱于该专利说明书公开了实验数据的效果实验。同时，本领域技术人员为了获得用于抑制细胞中 HBV 表达的 siRNA 分子，自然会考虑选用对于 siRNA 活性影响较小的修饰基团和修饰方式，避免其失活或者活性下降过多。因此，有理由认为，相比于一级序列的选择，本领域技术人员有能力选择出不显著影响活性的常规修饰方式。

基于以上理解，在一级序列的结构确定的前提下，本领域技术人员有能力基于该专利说明书以及现有技术的教导具体选择修饰方式，并且维持与靶 mRNA 的杂交以导致其降解，抑制其表达。由此基于权利要求 1 限定的一级序列能够预期，具有权利要求 1 中所限定序列的修饰 dsRNA 能够有效抑制细胞中 B 型肝炎病毒的表达。基于同样的理由，权利要求 2 以及直接或者间接引用权利要求 1 的其他权利要求中所限定的修饰 dsRNA 亦能够有效抑制细胞中 B 型肝炎病毒的表达。

对于"包含"的限定方式以及"GalNAc 衍生物"的具体类型，无效宣告请求审查决定中认为：第一，本领域公知，RNA 干扰是由 dsRNA 诱发的、同源 mRNA 高效特异性降解的现象。胞质中的核酸内切酶将 dsRNA 切割成多个 siRNA；siRNA 在细胞内 RNA 解旋酶的作用下解链成正义链和反义链，继之由反义 siRNA 与体内一些酶结合形成 RNA 诱导的 RISC。RISC 与外源性基因表达的 mRNA 的同源区进行特异性结合，其中起靶序列识别作用的是 siRNA 反义链；RISC 具有核酸酶的功能，在结合部位切割 mRNA，导致特定基因沉默，切割位点是与 siRNA 中反义链互补结合的两端。被切割后的断裂 mRNA 随即降解，从而诱发细胞针对这些 mRNA 的降解反应。siRNA 不仅能引导 RISC 切割同源单链 mRNA，而且可作为引物与靶 RNA 结合并在 RNA 聚合酶作用下合成更多新的 dsRNA，新合成的 dsRNA 再由 Dicer 酶切割产生大量的次级 siRNA，经过若干次的合成 - 切割循环，RNAi 的作用不断放大，最终将靶 mRNA 完全降解。可见，dsRNA 核心序列与靶 RNA 的序列互补性是实现 mRNA 降解和次级 siRNA 产生的关键，本领域技术人员在理解权利要求 1 和 2 中所述术语"包含"时，也是以不损害 dsRNA 核心序列与靶 RNA 的序列互补性为前提的。此外，该专利说明书还具体公开了"包含序列的链"的含义、相对而言可忍受错配的区域、在正义链或者反义链形成突出端的结构、序列互补的定义及条件等信息，本领域技术人员基于该专利说明书的系统记载，结合常规技术手段加以选择验证，有能力在 dsRNA 核心序列的两端添加 1 ~ 2 个核苷酸，形成突出端等结构，并且维持相应的基本功能活性。

第二，就配体的选择和连接方式而言，该专利说明书公开了配体的引入有助于改善 siRNA 的分布、靶向或寿命，或者调控药物动力学特性，还公开了可选配体的种类、性能、连接方式等信息，其中作为优选的示例，描述了常见的几种通过二价或三价分支键联基接合的 GalNAc 衍生物的结构式及相应的诸多现有技术文献。另外，现有技术中针对 GalNAc 衍生物作为 siRNA 配体的研究亦可提供参考，例如证据 16 列举了现有技术中 siRNA 递送常用的配体类型和功能应用。因此，本领域技术人员基于该专利说明书的系统记载，结合常规技术手段加以选择验证，有能力得到 siRNA 的合适 GalNAc 配体及其连接方式，并且维持 siRNA 相应的基本功能活性。

可以看出，对于该类案件，在判断权利要求是否得到说明书的支持时，应当站在所属领域技术人员的角度上，依据其所掌握的技术知识，充分参考相关的现有技术信息，并结合说明书的全部内容予以考虑，而不应仅限于具体实施方式部分的内容。如果基于本领域的常规技术知识和专利申请文件的记载，所属领域技术人员能够理解权利要求中所记载的技术特征所表达的含义，则所述技术特征不会导致权利要求的保护范围不清楚。

由上述案例4~5关于siRNA权利要求中限定的序列、各种化学修饰和配体而言，是否清楚和能得到说明书支持的判断应考虑以下情况：首先，对于同时以"包含"和片段长度限定siRNA靶序列的权利要求，由于siRNA常包含2个碱基的突出末端，故在已对核心序列明确限定和在说明书中给予相关定义的前提下，可以考虑根据需要对末端两个碱基的悬垂添加或去除的情形，从而对"包含"方式限定的权利要求的清楚和支持问题时进行判断；其次，对于权利要求所限定的各种化学修饰和配体，一方面，在判断权利要求限定的技术方案能够得到说明书支持时，不仅要关注这些特征是否仅在说明书记载了唯一实现方式，更重要的是，要从发明的技术思路出发，判断上述特征是否与发明的发明点密切相关。另一方面，通常情况下，siRNA分子的一级序列对于其靶序列识别和切割是关键的，化学修饰或偶联配体的目的主要在于增益或改善siRNA的特性，因此，当化学修饰或偶联配体并非与发明点密切相关，且其相关的含义和范围已经在说明书中完整记载及其已被现有技术大量公开，从而使得本领域技术人员对其结构、对应功能已经有充分了解的前提下，结合申请文件记载的内容，应允许申请人对这些特征作适度概括。

（三）关于说明书是否充分公开

作为一种核酸类物质，当siRNA分子作为请求保护的对象时，应在说明书记载满足《专利审查指南》所规定的说明书充分公开的三方面要求，即产品确认、制备方法和功能用途的验证。其中对于功能用途的验证，根据《专利审查指南》第二部分第二章第2.1.3节的规定，"说明书中给出了具体的技术方案，但未给出实验证据，而该方案又必须依赖实验结果加以证实才能成立"的情形，应认为此类技术方案通常情况下需要给出实验证据，而非功能效果的泛泛描述，否则也不能满足公开充分的要求。还应指出，对于说明书充分公开的判断是与相关现有技术发展水平相匹配的。因此，在考虑说明书记载的内容基础上，还应关注现有技术公开的情况，从而对技术方案能否实现作出合理判断。

关于RNAi相关技术在说明书中是否充分公开，本章前述案例1的无效理由部分也有涉及，在此引入并予以说明。

【案例6】关于siRNA的技术方案在说明书中充分公开的实验数据要求

结合前述案例1、5的案情，无效宣告请求人主张说明书记载的AD-66810、AD-66811两组RNAi剂的实验结果之间存在矛盾，导致说明书公开不充分。而专利权人认为：由于AD-66810与AD-66811的核苷酸修饰方式不同，在该发明公开的范围内表现出不同的体内活性效果是很正常的。

　　对于该实验数据，无效宣告请求审查决定中①认为：对于权利要求中核苷酸分子化学修饰的并列技术方案，基于权利要求限定的一级序列能够预期，具有权利要求1中所限定序列的修饰dsRNA能够有效抑制细胞中B型肝炎病毒的表达，因此这样的技术方案是能够实现该申请的效果的。该案中，该专利说明书在具体实施方式部分进行了大量的修饰研究，例如，在说明书中列出了数十个HBV基因序列中的第250位起始的未经修饰的正义链序列，列出了相应的经修饰的正义链与反义链序列，进一步公开了这些修饰序列在Dual-Glo萤光素酶试验中的活性结果，活性的数值"以相对于阴性对照组的mRNA残留百分比表示"。由上述活性结果可知，具有不同修饰方式的dsRNA序列在10nM下残留的mRNA均不到1%，其中又以反义链未修饰的AD-63938.2的活性最高。可见，经修饰后的反义链相比于未修饰的反义链，其活性有少量降低，但仍然保持在较高水平。即反义链的修饰会一定程度上降低体外抑制活性，但是因其有助于改善化学稳定性，而适合用作基因表达抑制剂。在此基础上，具体研究了5个靶向位点的RNAi剂的体外抑制HBV活性的IC_{50}值以及体内降低血清中HBsAg含量，其中公开的siRNA双螺旋实例即包括AD-66810和AD-66811，还具体公开了相应的体外和体内活性实验数据，两者对应于同一未经修饰的一级序列，仅各自反义链第1位的修饰方式有所不同，实验数据显示前者具有比后者更低的体外HBV抑制活性，同时具有比后者更高的体内HBsAg降低活性。该专利说明书记载的实验设计方案、操作方法以及具体参数选择均属于本领域的常规实验手段。尽管从理论预期来看，两种活性化合物在体内和体外的相对活性表现通常一致，但是本领域公知，siRNA在体内递送时存在转染效率低、脱靶效应、递送障碍等问题，同时其体内的化学稳定性也因其修饰方式的差异而有所不同，从而直接影响了其在体内表现的活性水平，因此真实的体内和体外活性数据恰恰是需要通过科学实验加以分析验证的。因此，不同siRNA双螺旋实例的体内和体外活性数据的相对大小关系并不必然一致，请求人仅以实验结果与理论预期矛盾为由质疑实验数据真实性的主张不能成立，相应的说明书公开不充分的无效理由也不成立。

　　无效宣告请求审理合议组对于说明书充分公开的实验数据的要求可概括为：生物医药学科属于典型的实验科学，对于说明书实验数据的真实性和证明力，通常需要有针对性地结合所属领域技术常识、整体现有技术状况、说明书记载的实验条件和衡量标准等，在充分考量影响实验数据的各方面因素的情况下进行综合分析评判，说明书实验数据与理论预期存在一定偏差的事实并不必然证明该实验数据完全不可信。如果所属领域技术人员根据申请公开的技术方案可以实现发明技术方案，解决其技术问题，并产生预期的技术效果，则应认为该申请符合《专利法》第26条第3款关于发明充分公开的规定。

---

① 国家知识产权局第58530号无效宣告请求审查决定（发文日：2022-10-10）。

三、思考与启示

RNAi 技术从诞生以来发展了 30 多年，人们已经从最初对实现基因沉默功能所必需的分子结构仅有模糊的认知和不清楚其背后的作用机理，到能够更高效地选择合适的靶基因区段和采用不同类型的基团分子对序列进行修饰，以实现最佳沉默效果。随着该项技术从沉默效率到施用安全性的全面改善，对其产业化规模应用的进程也在加快。除国外已经上市的一批 siRNA 药物外，国内的生物技术公司和制药企业近几年也在积极跟进。例如圣诺医药、苏州瑞博、星曜坤泽、中美瑞康、腾盛博药等，部分 siRNA 药物已经进入临床研究阶段。国内 siRNA 领域首家上市公司圣诺医药的 STP705 有 3 项优先推进的产品管线：一项针对鳞状细胞原位癌（isSCC）的后期临床试验、一项治疗基底细胞癌（BCC）的已完成的 Ⅱ 期临床试验以及一项用于脂肪重塑的 Ⅰ 期临床试验。苏州瑞博 RBD7022 在中国首次进入人体临床试验；其 RBD4988 在中国开展针对 2 型糖尿病患者的两项 Ⅱ 期临床试验也已经完成。除了专注于 RNAi 技术的制药企业，其他制药企业也不断加入 siRNA 药物研发的阵营，例如国内抗体药物研发企业君实生物的首个 siRNA 药物 JS401 于 2023 年 4 月获得临床申请实验批件。由此可知，随着 siRNA 药物的市场化快速推进，考虑到其潜在的巨大商业价值，对该主题专利保护的需求也势必成为相关企业关注的重点。因此，有必要对 siRNA 分子授予专利权的标准作进一步的明晰，以帮助企业在此类专利申请中有的放矢地谋求专利保护。

专利申请授权或驳回后的后续程序涉及的审查难点问题更多，同时对于案件实质审查中遗留的争议点也更为聚焦。为此，从经历过复审或无效宣告请求程序的专利申请中寻找 RNAi 技术领域专利审查中普遍存在的问题，发现涉及《专利法》第 22 条第 3 款规定的创造性、《专利法》第 26 条第 4 款规定的权利要求清楚和得到说明书的支持以及《专利法》第 26 条第 3 款规定的说明书充分公开是 RNAi 相关技术专利审查中常见的难点。通过梳理案件的审理过程、结论以及双方观点，对于 RNAi 技术中最核心的部分，siRNA 分子产品的专利申请所涉及的上述 3 个条款方面的问题，笔者大致可以得出以下四个方面的结论。

（一）关于创造性

《专利审查指南》规定了对于基因产品，如果该基因具有特定的碱基序列，而且与其他编码所述蛋白质的、具有不同碱基序列的基因相比，具有本领域技术人员预料不到的效果，则该基因的发明具备创造性。对于 siRNA 分子而言，其虽然不编码蛋白质，但应具有基因沉默功能。不同碱基序列的 siRNA 分子可能针对不同的靶基因，也可能针对相同的靶基因但不同的靶位置，还可能针对相同靶基因上相同的靶位置进行基因沉默。此外，导致 siRNA 分子结构改变的因素还包括了碱基、核糖和磷酸修饰基团的使用以及偶联物的添加。因此，siRNA 分子结构是多样的，其沉默靶基因功能并不总能与具体的分子结构特征——对应。siRNA 的不同碱基序列、分子长度和分子结构的调整对于其进入生物体细胞后所发挥靶基因结合和引导其被剪切而对沉默效果的影响，难以仅通过结构分析预先判断，因此，对于 siRNA 分子的创造性而言，难以仅凭借所针对的靶基因、碱基序列的结构相似程度进行判断。

具体地，通过本章案例 1 可知，对于两个具有高度相似碱基序列的 siRNA 分子，首先应充分考虑 siRNA 分子整体结构对该分子基因沉默功能的影响，而并非将碱基序列、基团修饰、偶联配体分别作为独立的区别技术特征进行评述，这避免了技术特征割裂导致的"事后诸葛亮"问题，这种做法也与 siRNA 分子在体内发挥基因沉默作用的客观事实相符。其次，在考虑现有技术的启示教导方面，根据《专利审查指南》的规定，在创造性的"三步法"判断过程中，要确定现有技术整体上是否存在某种技术启示，这种启示会使得本领域的技术人员在面对所述技术问题时，有动机改进最接近的现有技术并获得本发明，则发明是显而易见的，不具有突出的实质性特点。反之，则本发明是具有突出的实质性特点的。因此，应关注现有技术是否给出了对最接近现有技术整体上进行改进的明确指引，以及增加对技术手段是否能解决技术问题的合理成功预期的考量。RNAi 技术发展至今，已经产生出多种不同的序列设计和修饰原则，而这些原则并非对于每个靶基因都是适用的，此外，为改进 siRNA 分子在生物体内的沉默性能，还衍生了大量修饰方式，这些不同修饰方式的排列组合又可形成成千上万种具体的方案，即使每种修饰方式单独的作用可能均是本领域已知的，但它们组合施用后彼此之间的干扰或增益效果却是难以估量的。因此，在现有技术未给出对两种 siRNA 分子全部结构差异改进的明确教导的基础上，本领域技术人员实际上并不能针对要解决的技术问题，从海量的可选方案中具体选择出申请的技术方案，这并非一种常规选择。最后，不可或缺的部分是比较本申请说明书所记载的 siRNA 分子的相关技术效果与最接近现有技术所公开的 siRNA 分子的技术效果。siRNA 分子的构效关系并不足以完全反映特定 siRNA 分子的真实沉默效果，如果两个 siRNA 分子序列结构极为接近，当请求保护的 siRNA 分子从沉默效率、施用剂量等参数对比上已可以确定出比最接近的现有技术的 siRNA 分子效果更优，那这样的 siRNA 分子也可被认为产生了预料不到的技术效果。

案例 2 与案例 1 给我们以类似的创造性评价启示。对于相同基因上不同靶位点的 siRNA 分子而言，由于通常情况下靶基因长度会接近几千甚至上万个碱基，即使采用本领域一些已知的 siRNA 分子靶序列筛选规则，其对靶基因的沉默效果也会有巨大差异。进一步地，如果针对已知序列靶基因设计获得的大量候选 siRNA 分子，从中经过实验进一步筛选出沉默效果确切的特定序列结构的 siRNA 分子，那么，仅根据现有技术中针对该靶基因进行干扰的泛泛教导，难以显而易见地得到具有特定序列结构且因所述特定序列结构而对靶基因具体特定程度的沉默效果的siRNA分子。其次，虽然在siRNA分子上添加一些修饰基团可给其带来除基因沉默以外其他的功能/效果，例如激活某些信号通路、引发某些免疫反应等，但是还应考虑这种修饰针对的具体siRNA分子结构、施用的细胞环境、靶向基因等方面的差异。由于siRNA分子可以以不同的形式递送，包括长双链RNA、shRNA、siRNA等，不同结构的分子在细胞内需经历不同方式的处理和转化，且细胞内信号通路的激活具有时空动态性，其激活所必须的细胞环境也相对复杂。siRNA分子的修饰种类众多，每种修饰手段各有利弊（涉及沉默效率、稳定性、生物利用率等）。即使现有技术中明确了某一修饰手段能够改善siRNA分子某方面的性能，但如果现有技术中没有给出改进特定siRNA分子以提高该方面性能的明确教导，则本领域技术人员也不必然能显而易见地将所述修饰应用于该特定的siRNA分子。

综上，对于siRNA分子是否具备创造性的考量可归纳为以下三个方面的结论：①如果siRNA分子针对的靶基因是现有技术未知的，相应的siRNA及其互补序列也是未知的，本领域技术人员无法根据现有技术中的靶基因获得所述siRNA分子。相反，如果siRNA分子针对的靶基因是现有技术已知的，虽然siRNA的设计原则是公知的，也不意味着针对该靶基因的所有特定siRNA分子均是显而易见的。②siRNA分子的一级序列结构、修饰基团和连接配体等结构特征在创造性评价中需要作为一个整体进行考量。如果现有技术没有给出对最接近的现有技术进行上述各个方面进行改进的明确启示，考虑到siRNA修饰方式的多样性、siRNA理论效果与真实效果之间的差异等因素，本领域技术人员不必然有动机对特定序列的siRNA进行特定的修饰。③通常情况下，申请文件会给出通过实验验证请求保护的siRNA分子的基因沉默效果的完整数据，由于本领域技术人员难以从siRNA分子的化学结构组成判断其获得特定沉默效果的难易程度。因此，即使某些siRNA分子的某方面沉默效率从数值上看并未显著优于现有技术的其他siRNA，但是并不能因此而否认其发明的创造性。

（二）关于权利要求是否得到说明书支持

《专利审查指南》规定了权利要求书应当以说明书为依据，是指权利要求应当得到说明书的支持；权利要求所要求保护的技术方案应当是本技术领域技术人员能够从说明书公开或者充分公开的内容中得到或者概括得出的技术方案，并且不得超出说明书公开的范围；如果权利要求的概括包含申请人推测的内容，且其效果又难于预先确定和评价，则应当认为这种概括超出了说明书公开的范围。

对于由碱基序列表征的基因而言，《专利审查指南》同时规定了结构基因可由"缺失、取代或添加"与编码的蛋白功能相结合的方式，或者可采用在严格条件下"杂交"与编码蛋白的功能相结合的方式进行限定。然而，如前所述，siRNA分子不同于常规的结构基因，一方面是因其序列较短（一般为 $21 \sim 23bp$），另一方面是因为其主要通过靶序列互补识别实现目的基因沉默来发挥功能，即能够与靶序列的特异性互补以及引导其被降解是其发挥沉默功能重要的步骤。对这样的小核酸分子而言，准确限定其序列是必不可少的。

具体地，案例 3 主要针对一级序列改变对权利要求能够得到说明书支持的问题提供了参考。其主要涉及采用序列同一性、严格条件下杂交以及从已知有效的长片段上任意截取任意长度小片段的方式限定请求保护的 siRNA 分子的靶序列能否得到说明书支持的问题。这样的权利要求在各个审级出具的决定书中均被认为不能满足权利要求得到说明书支持的要求。因为上述方式限定的 siRNA 分子的靶序列范围内，必然包含了不同于申请文件中经过实验验证的 siRNA 分子靶序列，而鉴于 dsRNA 在昆虫体内发挥沉默作用并非仅通过单一的靶基因结合步骤，其完整包括了胞质中的核酸内切酶将 dsRNA 切割成多个 siRNA；siRNA 在细胞内 RNA 解旋酶的作用下解链成正义链和反义链，继而由反义 siRNA 与体内一些酶结合形成 RNA 诱导的 RISC。RISC 与外源性基因表达的 mRNA 的同源区进行特异性结合，其中起靶序列识别作用的是 siRNA 的反义链；RISC 具有核酸酶的功能，在结合部位切割 mRNA，导致特定基因的沉默，切割位点即是与 siRNA 中反义链互补结合的两端。被切割后的断裂 mRNA 随即降解，从而诱发细胞针对这些 mRNA 的降解反应。siRNA 不仅能引导 RISC 切割同源单链 mRNA，而且可作为引物与靶 RNA 结合并在 RNA 聚合酶作用下合成更多新的 dsRNA，新合成的 dsRNA 再由 Dicer 酶切割产生大量的次级 siRNA，经过若干次的合成 – 切割循环，RNAi 的作用不断放大，最终将靶 mRNA 完全降解等多个步骤。siRNA 结构的任何改变都可能导致上述步骤难以进行。

由此可知，对于 siRNA 分子而言，其靶基因沉默功能的实现既依赖于特定靶基因片段的选择，也依赖于所构建的具体 siRNA 分子的结构。即 siRNA 分子一级核苷酸分子的序列结构直接决定该分子沉默活性的有无。通常情况下，申请文件的说明书实施例部分，仅会给出其通过试验验证具有靶基因沉默活性的特定靶序列和 siRNA 分子的具体序列，而无论是同一性、"缺失、取代或添加"或是严谨条件下杂交，还是从已知片段上截取方式限定序列的权利要求，都包含了与原序列不同的其他衍生序列分子。考虑到前述 siRNA 分子在细胞内需经过复杂的生理过程，本领域技术人员在缺乏试验验证的前提下，难以预先对这些衍生序列分子的功能进行判断。即当权利要求中的 siRNA 分子以上述同一性、"缺失、取代或添加"或是严谨条件下杂交，或是从已知片段上截取方式的限定时，实质上这样的概括包含申请人推测的内容，且其效果又难以预先确定和评价，应当认为这种概括超出了说明书公开的范围。权利要求得不到说明书的支持。

这里还需指出，虽然案例 5 对于以"包含"方式限定的 siRNA 分子能否得到说明书支持的问题，认为 dsRNA 核心序列与靶 RNA 的序列互补性是实现 mRNA 降解和次级 siRNA 产生的关键，本领域技术人员在理解权利要求中术语"包含"时，也是以不损害 dsRNA 核心序列与靶 RNA 的序列互补性为前提的。从表面上看似乎与上述案例 3 的意见相左，但是实质两者并不矛盾。首先，案例 5 的权利要求中除"包含"的限定外，还同时限定了 siRNA 分子两条链的序列以及序列长度，由该限定范围可知，其中仅一条序列存在 2 个核苷酸的延伸，这完全不同于案例 3 未对序列长度和核心沉默片段作任何限定的权利要求的保护范围；其次，本领域已知，常规的 siRNA 分子是具有 3′末端悬垂 dTdT 的，且在正义链末端包含该碱基是常规的，因此，存在添加 2 个核苷酸的合理情形。最后，该案的说明书已经具体公开了"包含序列的链"的含义、相对而言可忍受错配的区域、在正义链或者反义链形成突出端的结构、序列互补的定义及条件等信息，因此合议组认为本领域技术人员基于说明书的记载，结合常规技术手段加以选择验证，能够概括得出在 dsRNA 核心序列的两端添加 1～2 个核苷酸，例如形成突出端的结构，可以维持相应的基本功能活性，从而认可了权利要求能满足得到说明书支持的要求。由此可知，并非选用"包含"或"同源性"、"缺失/取代"等限定方式的差异，而是权利要求实际的保护范围才是决定其要求保护的 siRNA 产品权利要求能否得到说明书支持的关键。

siRNA 分子除包含两条寡核苷酸链外，其核苷酸分子上的碱基、核糖和磷酸都能被修饰，还可以连接某些配体以提高其递送效率。在一级序列确定的前提下，权利要求能否对这些修饰基团适当概况同时满足权利要求得到说明书支持的要求呢？

案例 4 和案例 5 对带有修饰基团和偶联配体的 siRNA 分子的权利要求能否得到说明书支持给出了意见。考虑到 siRNA 的体外沉默效应主要取决于一级序列，而 dsRNA 的 RNA 化学修饰或偶联配体的目的主要是增加体内稳定性或靶向性等其他有利特性，故在未涉及发明点时，根据一级序列结构已经确定的情况下，具体选择何种修饰基团是本领域技术人员基于现有技术可在一定程度上进行的常规选择。

此外，关于偶联配体，案例 4～5 认为该案说明书公开了可选配体的种类、性能、连接方式等信息，其中作为优选的示例，描述了 GalNAc 衍生物的结构式 L69，并且现有技术有多份文献表明在 siRNA 分子末端偶联的配体是已知的。考虑到现有技术已经大量公开了 GalNAc 衍生物作为 siRNA 配体的研究，本领域技术人员基于该专利说明书的记载，结合常规技术手段加以选择验证，有能力得到 siRNA 的合适配体及其连接方式，并且维持 siRNA 相应的基本功能活性。

综上所述，关于 siRNA 分子的权利要求能否得到说明书的支持，可归纳为以下三个方面：①siRNA 分子在细胞内需经过复杂的生理过程才能产生目的靶基因沉默的效果，其一级序列直接影响沉默效果能否实现。因此，通常情况下，需要对构成 siRNA 分子的具体核酸序列或其靶核心序列予以准确限定。常见的同一性、"缺失、取代或添加"、严谨条件下杂交或是片段截取等方式限定的不能确定靶核心序列的 siRNA 分子的权利要求，通常得不到说明书的支持。②siRNA 分子上的化学修饰或是偶联配体，通常是为了改善其稳定性或递送效率，或其他方面的目的而进行的改进，因此，在说明书给出了对这些可选的修饰分子类型、作用功能以及通过试验验证了其中某些修饰分子的功能后，权利要求中可对 siRNA 分子的这些具体修饰分子进行一定程度的上位概况，其可被认为能够得到说明书的支持。

③上述①和②所描述情形的实现，均与说明书充分公开的程度相关。

（三）关于权利要求是否清楚

通常情况下，siRNA 分子主题权利要求所涉及的权利要求清楚问题，可能存在于《专利审查指南》所指出的"每项权利要求所确定的保护范围应当清楚。权利要求的保护范围应当根据其所用词语的含义来理解。一般情况下，权利要求中的用词应当理解为相关技术领域通常具有的含义"。即权利要求中每个技术特征是不是对于本领域技术人员而言是清楚的。

案例 5 中双方对权利要求所限定的特征"所有核苷酸包含修饰"是否清楚存在异议。然而，一方面，本领域公知 siRNA 可以对其组成的核苷酸进行化学修饰，这包括碱基、核糖基和磷酸基上的修饰等。因此，"经修饰核苷酸"和"碱基修饰"对于本领域技术人员来说应该是清楚的；另一方面，该案的说明书也对上述修饰方式进行了详细描述，故结合说明书的内容，本领域技术人员能够确定权利要求的保护范围，从而满足权利要求清楚的要求。

综上，关于 siRNA 分子的权利要求是否清楚的判断，可概况为如果基于本领域的常规技术知识和专利申请文件的记载，所属领域技术人员能够理解权利要求中所记载的技术特征所表达的含义，则所述技术特征不会导致权利要求的保护范围不清楚。

（四）关于说明书是否充分公开

关于说明书充分公开，《专利法》第 26 条第 3 款规定了说明书应当对发明或者实用新型作出清楚、完整的说明，以所属技术领域的技术人员能够实现为准。对于生物领域案件的说明书充分公开的问题而言，最主要的关注点在于后半句的"以所属技术领域的技术人员能够实现为准"。对于这一点，《专利审查指南》也列举了生物领域中常见的一种公开不充分的情形，即说明书中给出了具体的技术方案，但未给出实验证据，而该方案又必须依赖实验结果加以证实才能成立。基于以上规定结合前面对 siRNA 分子的分析可知，siRNA 分子的构效关系不明确，特定序列结构的 siRNA 分子能否产生目的靶基因的沉默活性是必须经生物学实验验证才能知晓的。因此，对于 siRNA 分子的发明专利申请而言，要满足说明书充分公开，则必须在说明书中给出请求保护的

siRNA 分子具有有效基因沉默结果的实验证据。但另一方面，是否有缺陷或瑕疵的实验结果也能满足说明书充分公开中对实验证据的要求呢？这一点可以从案例 6 中得到解答。

案例 6 显示，其说明书的记载体外实验数据表明权利要求所涉及的两个 siRNA 分子 AD – 66811 和 AD – 66810 的体外和体内试验显示出相反的 HBV 抑制活性，即体外试验结果与体内试验结果不一致。对于本领域技术人员而言，尽管超出理论预期，两种活性化合物在体内和体外的相对活性表现通常一致。但是，鉴于 siRNA 在活体细胞内，其化学稳定性或其他方面的特性会因其修饰方式的差异而有所不同，故在体内实验环境较体外实验更为复杂的情况下，这些不同的修饰可能导致 siRNA 分子在体内活性水平出现不同于体外实验的结果，而这也恰恰是 siRNA 分子的发明需要通过科学实验加以分析验证的原因所在。因此，从上述分析看出，siRNA 体内和体外实验结果不一致，从一定程度上而言也不能算作是存在缺陷或瑕疵的实验结果。但如果由于撰写的粗心大意使得某些记载的实验结果不合理时，此时就需要从说明书记载的内容整体上进行分析，即对于说明书实验数据的真实性和证明力，通常需要有针对性地结合所属领域技术常识、整体现有技术状况、说明书记载的实验条件和衡量标准等，在充分考量影响实验数据的各方面因素的情况下进行综合分析评判。在说明书中没有明显的逻辑矛盾或与常规不合理的情况下，还是应认可试验数据的真实性和有效性，确认请求保护的 siRNA 能够满足说明书充分公开的要求。

综上，笔者首先对 RNAi 技术的发展脉络进行了概述，随后对其在体内的作用机理和发展至今衍生出的各种序列设计和基团修饰方式进行了汇总。鉴于《专利审查指南》目前并没有专门针对 siRNA 小分子这一特殊的核酸分子专利性审查的规定，因此对 RNAi 技术发明专利申请中 3 个最具争议性的问题，即 siRNA 分子的权利要求是否具备创造性、是否清楚和能够得到说明书支持以及权利要求的技术方案是否满足说明书充分公开的要求，以典型案例分析的方式进行了讨论。通过复审与无效案件相结合，专利行政裁决与司法判决相结合的方式，从多角度收集并整理了 siRNA 分子在上述 3 个条款适用中各方的观点。最后，根据这些观点总结出了对于 siRNA 分子产品权利要求以《专利法》第 22 条第 3 款、《专利法》第 26 条第 4 款和《专利法》第 26 条第 3 款进行专利申请和审查中应关注的重点和可供参考的标准。

【专家点评】

在逐步厘清了 RNAi 作用机理后，寻找新的有效沉默靶点，添加化学修饰和偶联配体以改善 siRNA 效果成为该领域主要研发方向。本章重点关注核酸类药物 siRNA 分子在审查实践中存在的一些焦点争议问题，通过对 siRNA 专利申请的复审和无效案件主要争议问题进行分类整理，发现 siRNA 产品权利要求的创造性考量、保护范围是否清楚和得到说明书的支持以及是否在说明书中充分公开的争议最为普遍。本章随后借助 6 个案例，围绕上述 3 个专利法条款，分别讨论了相同或不同靶序列的 siRNA 的创造性判断；不同化学修饰、偶联配体对 siRNA 分子创造性的影响；以同源性、截短、包含等方式限定序列的 siRNA 能否得到说明书的支持；非特定类型化学修饰和偶联配体限定是否使得权利要求清楚和得到说明书的支持；以及非符合预期的实验数据是否会导致说明书公开不充分的问题，从而对 siRNA 产品权利要求中最常见的一些争议焦点问题给出了建议。

（点评专家：李子东）

第三章
基因编辑技术专利保护

基因编辑（gene editing）技术是对生物体基因组的特定位点进行修饰，包括 DNA 片段的插入、替换和/或删除的一项基因工程技术。该项技术的原理是利用人工改造的核酸内切酶靶向切割产生 DNA 双链断裂（double strand breaks，DSB），细胞存在两种 DNA 修复机制，包括非同源末端连接（non-homologous end joining，NHEJ）和同源重组修复（homologous directed repair，HDR），并以这两种修复机制来对 DSB 进行修复，从而实现目的基因的靶向修饰。基因编辑技术能够精准修改或修饰动植物、微生物和人的基因组，为农作物定向育种以及人类遗传疾病、传染性疾病或癌症的精准治疗等带来了革命性的机遇。

一、基因编辑技术的分类及发展历程

基因编辑技术的发展历程可以简单地划分成五个阶段。第一阶段为技术萌芽期：20 世纪 70 年代发现细菌，通过基因组编辑来防御噬菌体。第二阶段为技术入门期：1988 年，巨型核酸酶（meganuclease，MN，也称归巢核酸酶）作为基因编辑工具出现，具有划时代的意义，被称为第零代基因编辑技术。第三阶段为初代工具时期：1996 年，锌指核酸酶（zinc finger nuclease，ZFN）技术诞生，被视为第一代基因编辑技术，属于里程碑式的突破。第四阶段为工具升级时期：2011 年，转录激活因子样效应物核酸酶（transcription activator-like effectors nucleases，TALEN）技术被开发并应用，其可被划定为第二代基因编辑技术。第五阶段为基因编辑新时代：2012 年，成簇规律间隔短回文重复（clustered regularly interspaced short palindromic repeats，CRISPR）/Cas（CRISPR-associated）蛋白系统，即 CRISPR/Cas 系统问世。①

巨型核酸酶的特异性很高，但要找到适合特定靶序列的巨型核酸酶的概率极低。ZFN 和 TALEN 技术提高了基因编辑的效率，但是针对不同的基因靶点需要重新设计新

---

① 李琳，朱学明，鲍坚东，等. 基因编辑的"前世今生"[J]. 浙江农业学报，2022（5）：1091-1102.

的序列识别蛋白，操作烦琐，工作量大，技术门槛高。相比之下，CRISPR/Cas 系统具有组成简单、特异性好、切割效率高的优势。该系统是由引导 RNA（guide RNA，gRNA）或单链引导 RNA（single guide RNA，sgRNA）引导的核酸酶复合物，可以通过多个引导序列（也称为指导序列，guide sequence）来同时编辑基因组中的多个靶点。CRISPR/Cas 系统利用 RNA 与 DNA 的结合，而不是蛋白质与 DNA 的结合来指导核酸酶活性。系统本身的组成结构和设计使用都得到了大大的简化，使其应用范围更加广泛。①

　　CRISPR 技术中最具有代表性的是 CRISPR/Cas9 技术及其系统。2012 年，瑞典于默奥大学的 Emmanuelle Charpentier 与美国加州大学的 Jennifer A. Doudna 首次利用 CRISPR/Cas9 系统在体外对特定的 DNA 分子进行靶向切割，显示出在细胞中基因编辑的能力。CRISPR/Cas9 系统包括 Cas9 蛋白、crRNA（CRISPR RNA）和 tracrRNA（trans - activating crRNA，反式激活 crRNA）。crRNA 由引导序列的部分和与 tracrRNA 碱基配对的另一部分组成。crRNA、tracrRNA 和 Cas9 蛋白形成 Cas9 - RNA 三元复合物，引导序列与靶 DNA 分子上的靶序列（也称为间隔序列）互补结合，在靶序列位置通过 DNA 双链断裂切割靶 DNA 分子。crRNA 和 tracrRNA 还可以共价连接形成 sgRNA 分子。可见，Emmanuelle Charpentier 和 Jennifer A. Doudna 两位科学家将细菌中的天然免疫系统转化为一种可简单合成和使用的基因编辑工具，为 CRISPR 基因编辑技术的发展和应用奠定了基本的路线和框架。因此作为该技术的初创者，这两位科学家获得了 2020 年诺贝尔化学奖。②

　　自此之后，基因编辑技术迎来了巨大的发展机遇，在纵向上不断优化工具的编辑效率，在横向上不断拓展技术的应用领域。2013 年，博德研究所（Broad Institute，也称为布罗德研究所）的张锋等人、哈佛大学的 Church 等人成功地将 CRISPR/Cas9 系统运用到真核生物（例如哺乳动物）细胞中，极大地促进了 CRISPR 技术在生命科学研究领域内的推广和应用。③ 除了 Cas9 蛋白，Cas12、Cas13、Cas14 蛋白等其他类型的效应蛋白也陆续被发现。而且 CRISPR 技术还增加了几种新的衍生工具。这些新工具也被冠以有趣的缩略词，例如"照相机"（CAMERA）、"探测器"（DETECTR）和"神探夏洛克"（SHERLOCK）。④

　　正当 CRISPR 技术还在加快开拓深度和广度的同时，以"碱基编辑器"（base edi-

　　① 林锦莹，赵兰，欧阳松应. CRISPR/Cas9：基因编辑的新时代 [J]. 中国细胞生物学学报，2021（3）：647 - 654.

　　② 谷思宇，杨晓梅，贺俊崎，等. CRISPR/Cas9 基因编辑技术：基因剪刀：重写生命密码的工具：2020 年诺贝尔化学奖简介 [J]. 首都医科大学学报，2020（6）：1014 - 1018.

　　③ WANG J Y et al. CRISPR technology：A decade of genome editing is only the beginning [J]. Science，2023，379（6629）：eadd8643.

　　④ 刘迪一，苏菲·费斯尔. 基因编辑十年 [J]. 世界科学，2022（8）：18 - 20.

tor，BE）为代表的第二代 CRISPR 技术随之出现。第二代技术可以精准地将特定的碱基转变为想要的碱基，并且不会引起 DNA 双链的断裂。① 除此之外，以原有的 CRISPR 技术为基础衍生出的其他分支技术也在不断发展。例如，CRISPR 相关转座酶（CRISPR - associated transposase，CAST）系统具有 RNA 引导 DNA 整合的能力，其被部署为靶点可重编程的基因组整合工具。② 可见，CRISPR 技术本身就是一个潜力巨大的宝藏。与之相关的衍生技术、分支技术还会继续被发掘、开发，并不断填充整个 CRISPR 技术工具箱。

一项新技术的出现、兴起、成熟、衰落甚至整个技术生命周期通常都会与专利申请密切相关。通过对基因编辑技术专利申请的分析研究，与 ZFN 和 TALEN 技术相比，CRISPR 技术以科研院校为创新主体，专利申请量排名靠前的专利申请人包括加州大学、博德研究所、麻省理工学院、哈佛大学等。CRISPR 技术的基础专利大部分掌握在这些科研院校的手中，而且这些科研院校的背后都存在自身衍生的技术企业或者通过专利许可关联的医药公司。③

随着 CRISPR 技术的不断发展，CRISPR 专利的争夺战早已如火如荼地展开，其中涉及 CVC 团队和张锋团队。CVC 团队包括 Emmanuelle Charpentier 和 Jennifer A. Doudna 两位诺贝尔奖获得者。两支团队在 CRISPR/Cas9 技术专利权的争夺中，互有胜负。张锋团队获得了在美国的专利权，拥有了在真核细胞中使用 CRISPR/Cas9 系统的专利，但是在欧洲的授权专利被撤销。另一方的 CVC 团队在欧洲的申请被授予了专利权，但在美国的专利诉讼中失败，不再拥有 CRISPR/Cas9 系统在真核细胞中应用的保护范围。④

CRISPR 技术具有可操作性强、结构简单、成本低廉等优势，展现了巨大的研究和应用价值。虽然 CRISPR 技术的发展历史只有短短十余年的时间，但是其发展势头十分迅猛，主要集中在生命科学基础研究、农业与医药领域。同时，该技术还不断与其他类型的技术相融合，例如与基因测序、基因表达分析、疾病模型、药物递送等技术相结合。在可预测的未来中，CRISPR 技术代表了基因编辑技术的热点领域和发展方向。

二、专利保护实践中涉及基因编辑技术的焦点问题

本章以 CRISPR 技术的相关专利案例作为主要研究对象开展详细的分析和解读。

① 张雅玲，王锌和，李构思，等. 新型 DNA 碱基编辑器的研究进展［J］. 华南农业大学学报，2022（6）：1 - 16.
② 周晓杰，杨思琪，张译文，等. CRISPR 相关转座酶及其细菌基因组编辑应用［J］. 生物技术通报，2023（4）：49 - 58.
③ 范月蕾，王冰，于建荣. 国内外 CRISPR - Cas 基因编辑技术主要申请人专利布局分析［J］. 生命科学，2022（10）：1305 - 1316.
④ 朱雅姝，安砾. CRISPR 专利争夺的启示［J］. 清华金融评论，2022（9）：107 - 112.

首先，从专利层面来看，我国的基因编辑技术专利数量虽然已经位于各国前列，在部分领域甚至处于全球领先地位，但是大多数基础技术、源头技术的知识产权依然被国外的创新主体所掌控，尤其是 CRISPR/Cas9 技术等核心专利。我国的创新主体更多地处于技术外围，主要关注这些技术的具体应用层面，[①] 所以对于 CRISPR 技术基础专利的权利要求保护范围的界定需要特别重视。

其次，CRISPR/Cas 系统中的主要组分包括 sgRNA 和 Cas，以 sgRNA、效应蛋白为发明主题的专利申请的占比较大。在专利审查中如何把握其技术贡献，给予恰当的保护范围，如何判断其创造性的高度，使其不过度限制技术发展，也需要仔细斟酌。

最后，对于 CRISPR/Cas 系统出现的新工具和新的转用，由于 CRISPR 技术发展时间相对较短，现有技术相对较少，如何从技术方案的显而易见性与技术效果的可预期性两个角度综合判断创造性，同样需要深入探讨。

（一）关于底盘工具的专利保护范围

CRISPR 技术自 2012 年问世至今已有十余年的时间，其相关基础专利仍然处于权利有效的状态。本章对此类 CRISPR 技术基础专利的保护范围进行解读阐释，通过 3 件第一代 CRISPR 技术的基础专利，详细阐述其专利审查的过程，分析不同的审查观点，讨论专利权利要求的保护边界。

【案例 1】 CRISPR/Cas9 系统基础专利保护范围的确定

该案专利涉及在真核细胞中对 DNA 上的靶序列进行修饰的 CRISPR/Cas9 系统。该案专利经过实质审查后获得授权，之后经历了无效宣告阶段，经审查后被宣告专利权部分无效。

该案在实质审查阶段，请求参与专利审查高速路（PPH）试点项目，以欧洲专利局（EPO）同族授权专利中的权利要求作为待审的权利要求，从而进入快速审查通道。

进入实质审查的权利要求共有 56 项。其中独立权利要求 1~2 的记载如下：

1. 一种非天然存在的或工程化的组合物，该组合物包含：A）一种成簇的规律间隔短回文重复序列（CRISPR）－CRISPR 相关（Cas）（CRISPR－Cas）系统嵌合 RNA（chiRNA）多核苷酸序列，其中该多核苷酸序列包含（a）一种长度在 10~30 个核苷酸之间的指导序列，该指导序列能够杂交到真核细胞中的靶序列上，（b）一种 tracr 配对序列，和（c）一种 tracrRNA 序列；其中（a）、（b）和（c）以 5′到 3′方向排列，

① 钟华，胥美美，苟欢，等. 全球基因编辑技术专利布局与发展态势分析 [J]. 世界科技研究与发展，2022（2）：231－243.

其中在转录时，该 tracr 配对序列杂交到该 tracrRNA 序列上，并且该指导序列引导 CRISPR 复合物与该靶序列的序列特异性结合，其中该 CRISPR 复合物包含与（1）杂交到该靶序列上的指导序列，和（2）杂交到该 tracrRNA 序列上的 tracr 配对序列复合的 Ⅱ 型 Cas9 蛋白质，其中所述 tracrRNA 序列长度为 50 个或更多个核苷酸。

2. 一种成簇的规律间隔短回文重复序列（CRISPR）– CRISPR 相关（Cas）（CRISPR – Cas）载体系统，该载体系统包括一种或多种载体，该一种或多种载体包括 Ⅰ. 一种第一调节元件，该第一调节元件可操作地连接到一种编码权利要求 1 中所述的 CRISPR – Cas 系统嵌合 RNA（chiRNA）多核苷酸序列的核苷酸序列上，以及 Ⅱ. 一种第二调节元件，该第二调节元件可操作地连接到编码 Ⅱ 型 Cas9 蛋白质的核苷酸序列上，该 Ⅱ 型 Cas9 蛋白质包含一个或多个核定位序列，该一个或多个核定位序列具有足够的强度以便在真核细胞的核中驱动该 Ⅱ 型 Cas9 蛋白质以可检测到的量积聚；其中组分 Ⅰ 和 Ⅱ 位于该系统的相同或不同载体上。

授权的权利要求共有 44 项。其中独立权利要求 1 ~ 2 的记载如下：

1. 一种非天然存在的或工程化的组合物，该组合物包含：A）一种成簇的规律间隔短回文重复序列（CRISPR）– CRISPR 相关（Cas）（CRISPR – Cas）系统嵌合 RNA（chiRNA），其中该 chiRNA 包含：（a）一种长度为 10 ~ 30 个核苷酸的指导序列，该指导序列能够杂交到真核细胞中的靶序列上，其中在所述靶序列与所述指导序列的后 12 个核苷酸之间没有错配，（b）一种 tracr 配对序列，和（c）一种 tracrRNA 序列；其中（a）、（b）和（c）以 5′到 3′方向排列，和 B）包含两个或更多个核定位序列的 Ⅱ 型 Cas9 蛋白，或者编码所述 Cas9 蛋白的多核苷酸，其中该 tracr 配对序列杂交到该 tracrRNA 序列上，并且该指导序列引导 CRISPR 复合物与该靶序列的序列特异性结合，其中该 CRISPR 复合物包含与（1）杂交到该靶序列上的指导序列和（2）杂交到该 tracrRNA 序列上的 tracr 配对序列复合的所述 Ⅱ 型 Cas9 蛋白质，其中所述 tracrRNA 序列长度为 50 或更多个核苷酸。

2. 一种成簇的规律间隔短回文重复序列（CRISPR）– CRISPR 相关（Cas）（CRISPR – Cas）载体系统，该载体系统包括一种或多种载体，该一种或多种载体包括：Ⅰ. 一种第一调节元件，该第一调节元件可操作地连接到一种编码 CRISPR – Cas 系统嵌合 RNA（chiRNA）的核苷酸序列上，其中所述 chiRNA 包含：（a）长度为 10 ~ 30 个核苷酸的指导序列，该指导序列能够杂交到真核细胞中的靶序列上，其中在所述靶序列与所述指导序列的后 12 个核苷酸之间没有错配，（b）tracr 配对序列，和（c）tracrRNA 序列；其中（a）、（b）和（c）以 5′到 3′方向排列，以及 Ⅱ. 一种第二调节元件，该第二调节元件可操作地连接到编码 Ⅱ 型 Cas9 蛋白质的核苷酸序列上，该 Ⅱ 型 Cas9 蛋白质包含两个或更多个核定位序列，该两个或更多个核定位序列具有足够的强度以便在真核细胞的核中驱动该 Ⅱ 型 Cas9 蛋白质以可检测到的量积聚；其中组分 Ⅰ 和

Ⅱ位于该系统的相同或不同载体上，其中在转录时，该 tracr 配对序列杂交到该 tracrRNA 序列上，并且该指导序列引导 CRISPR 复合物与该靶序列的序列特异性结合，其中该 CRISPR 复合物包含与（1）杂交到该靶序列上的指导序列和（2）杂交到该 tracrRNA 序列上的 tracr 配对序列复合的所述Ⅱ型 Cas9 蛋白质，其中所述 tracrRNA 序列长度为 50 或更多个核苷酸。

关于说明书公开的内容，概括如下：实施例 1 描述了将 RNA 可编程的核酸酶系统适配成指导真核细胞的细胞核中 CRISPR 复合物的活性的过程。实施例 2 公开了 CRISPR 系统作为基因组工具的可用性并描述其可改进的方面。实施例 3 描述了靶序列的优化方法。实施例 4 验证了不同序列长度的嵌合的 crRNA – tracrRNA 杂交体在人 293FT 细胞中针对不同靶基因的切割效率。图 10、图 16、图 18 显示了具有 70、72 等多个不同序列长度的 tracrRNA 的嵌合指导 RNA 的实验结果。① 说明书第 177 段记载了嵌合 RNA 在所有 3 个 EMX1 基因靶位点处都包含长片段的野生型 tracrRNA［chiRNA（ +67）和 chiRNA（ +85）］介导的 DNA 切割。

实质审查阶段的第一个焦点问题是，在 CRISPR/Cas9 系统的核心结构已经公开的情况下，将其用于真核细胞的基因编辑是否具备创造性？

审查意见认为，对比文件 1（A Programmable Dual – RNA – Guided DNA Endonuclease in Adaptive Bacterial Immunity, Martin Jinek 等，SCIENCE，第 337 卷第 6096 期，第 816 –821 页，公开日为 2012 年 6 月 28 日）公开了："一种组合物，包含 CRISPR/Cas 系统相关的嵌合 RNA，其包含目标识别序列、tracrRNA 和 crRNA。所述目标识别序列指导目的基因的结合，成熟的 crRNA 与 tracrRNA 配对，形成双 RNA 结构，指导 Cas9 在靶基因中断裂 DNA 双链。所述 Cas9 是Ⅱ型系统的标志性蛋白。"（参见对比文件 1 摘要，第 820 页左栏第 1 段，图 1、图 5，补充材料中附图 S7、S8、S11，表 S1）。②

通常，基因工程学研究的最终目的就是如何能够为人类所利用，例如人类疾病的治疗等。因此，基因工程学研究中通常会经历由原核细胞到真核细胞，进而到人类细胞的一系列实验的验证过程。基于此，本领域技术人员根据对比文件 1 提供的能够对来自原核细胞的基因进行定点切割的 CRISPR/Cas9 系统，有动机进行与真核细胞系统相关的研究。此外，对于本领域技术人员来说，使用调节元件对核酸进行表达调控属于公知常识，以及对于将 Cas9 蛋白和 chiRNA 分别在不同载体中表达也属于常规选择。

对于上述审查意见，申请人认为，权利要求实际解决的技术问题是：提供在真核细胞中对于广谱靶标具有高效基因组工程化活性的 CRISPR/Cas9 系统。实施例 4 研究了 tracrRNA 序列长度不同的嵌合 RNA（chiRNA，在单个转录本中包括指导序列、tracr 配对序列和 tracr 序列）对于人 293FT 细胞系中的基因组靶标 EMX1（原型间隔子 ID 1、

---

①②　此处专利提及的图表略，下同。——编辑注

2 和 3）和 PVALB（原型间隔子 ID 4 和 5）的基因组修饰效率。EMX1（empty spiracles homeobox 1）基因和 PVALB（parvalbumin）基因都是具有代表性的人基因组靶标。使用具有各种长度的 chiRNA 靶向 EMX1 基因座中的三个位点和 PVALB 基因座中的两个位点。结合实验结果（附图 10）可以看出，序列长度更长的 tracrRNA，例如 chiRNA（+67）（tracrRNA 长度为 45 个核苷酸）和 chiRNA（+85）（tracrRNA 长度为 63 个核苷酸），相比于 tracrRNA 长度更短的其他 chiRNA 都显示出更高的基因组修饰水平。由此可知，权利要求限定了在真核细胞中具有 tracrRNA 序列长度为 50 或更多个核苷酸的 CRISPR/Cas9 系统，在真核细胞中对于广谱靶标表现出高效的基因组修饰活性。

对比文件 1 采用原核细胞的 CRISPR/Cas9 系统组分在试管中进行体外实验，而不是在细胞中进行体内基因组修饰实验，更不是在真核细胞中进行。可见，对比文件 1 只能证明来源于酿脓链球菌的原核细胞野生型 crRNA：tracrRNA 双链体可以引导 Cas9 蛋白体外切割靶 DNA。对比文件 1 还测试了使用全长成熟（42 个核苷酸）的 crRNA 和缺乏 5′或 3′端序列的多种截短形式的 tracrRNA 构建的 crRNA：tracrRNA：Cas9 蛋白的三元复合物。实验结果表明，野生型 tracrRNA 的第 23~48 位核苷酸（对应于权利要求中的 tracrRNA 长度为 11~36 个核苷酸）是"能够指导 Cas9 切割 DNA 的 tracrRNA 的最小功能区域"。而最小功能区域以外的序列对于 DNA 切割活性没有明显影响，被看作是可以"丢弃"的非必须序列。接着，对比文件 1 测试了两个版本的嵌合 RNA，嵌合体 A（对应于权利要求中的 tracrRNA 长度为 30 个核苷酸）和嵌合体 B（对应于权利要求中的 tracrRNA 长度为 22 个核苷酸），然后选定了嵌合体 A 作为已经优化的且完全适合使用的嵌合 RNA。最后，对比文件 1 在嵌合体 A 的 tracrRNA 基础上，设计了五种不同的嵌合 RNA 指导序列用于靶向编码绿色荧光蛋白（GFP）基因。可见，对比文件 1 基于本领域中普遍的优化原则已经"去除"了确认为对 DNA 切割活性无实质影响的无用序列，确定了原核细胞 crRNA：tracrRNA 双链体的最优化功能区域，并且基于此设计了嵌合 RNA 以模拟原核细胞 crRNA：tracrRNA 双链体。其中仅根据实际的靶 DNA 有必要改变对应的指导序列，而其他 RNA 组分，即 tracr 配对序列和 tracrRNA 序列均被确定为最优化的和固定的。因此，对于特征"tracrRNA 序列长度为 50 个或更多个核苷酸"，对比文件 1 没有给出任何的技术教导。本领域技术人员没有动机将对比文件 1 中嵌合 RNA 的 tracrRNA 在 3′端延长至 50 个或更多个核苷酸。

现有技术中没有披露原核细胞中的 CRISPR/Cas9 系统在真核细胞中可成功起作用的相关技术教导。原核系统与真核系统之间存在大量显著差异，包括基因表达、蛋白质折叠、细胞区室化、染色体结构、细胞核酸酶、温度、细胞内离子浓度、细胞内 pH 和在真核细胞中存在但对于细菌细胞来说并非天然存在的不同类型的生物分子。

综上所述，本领域技术人员从对比文件 1 和本领域公知常识中找不到任何技术启示，没有动机去克服对比文件 1 提供的相反教导而恢复 tracrRNA 中已经确认为无用的序列且删除的部分，更不会想到将 tracrRNA 的 3′端延长至 50 个或更多个核苷酸。同时，本领域技术人员也不会合理预期通过采取这样的改变，可以成功提供在真核细胞中对于广谱靶标具有高效基因组修饰活性的 CRISPR/Cas9 系统。上述意见陈述在实质审查阶段被接受，因而认可权利要求符合《专利法》第 22 条第 3 款规定的创造性。

接着，实质审查阶段的第二个焦点问题是，在具备创造性的前提下，权利要求是否得到说明书的支持。

审查意见指出，根据说明书的记载，通过该申请的 CRISPR – Cas 系统能够引导真核细胞中特定靶位点切割，进而编辑基因。然而说明书证实了当 Cas9 蛋白的 C 端或 N 端存在单拷贝的核定位序列（nuclear localization sequence，NLS）时，不能够实现充分的核定位，当有 2 个 NLS 的 Cas9 蛋白才可以展现核定位（参见说明书第 154 段、图 2B）。说明书还验证了只有当引导序列的后 12 个碱基与靶标完全互补才能引发靶序列切割（参见说明书第 166 段、附图 4）。综上所述，说明书仅验证了在上述特定情况下，该申请的 CRISPR 组合物才能够在真核细胞中进行靶 DNA 切割和基因编辑。不是任意数量的 NLS、任意互补长度的引导序列均能引发真核细胞中的基因切割、编辑。因此，权利要求 1 请求保护的组合物得不到说明书的支持。

同理，权利要求 2 限定的载体系统只是在特定情况下才能在真核细胞中引发基因切割和编辑。虽然进行了功能性限定"核定位序列具有足够的强度以便在真核细胞的核中驱动该Ⅱ型 Cas9 蛋白质以可检测到的量积聚"，但由于 1 个 NLS 不能形成足够的核定位，并且本领域技术人员也无从判断更多个 NLS 是否必然能引导核积聚。该申请将现有技术中原核细胞的 CRISPR/Cas9 系统转用到真核细胞，克服了一定的技术障碍才得以实现。但研究内容作出的贡献不足以支撑权利要求 2 要求保护的全部范围，在对真核细胞进行研究的初期，不能判断除了验证的 2 个 NLS 能成功引导核定位，其他数量的 NLS 是否能成功引导核定位。因此，权利要求 2 得不到说明书的支持。

对于审查意见，申请人提出，虽然说明书证实了 2 个 NLS 在将 Cas9 蛋白靶向人 293FT 细胞的细胞核方面比 1 个 NLS 更有效率，但这并不意味着携带 1 个 NLS 的 Cas9 在真核细胞中不发挥功能。恰恰相反，携带 1 个 NLS 的 Cas9 实际上同样能够在真核细胞中实现基因组编辑（参见 WO2014/093595A1 实施例 14 和表 M）。即便如此，为了加快审查进程，申请人对权利要求 1 ~ 2 进行了修改，进一步限定"包含两个或更多个核定位序列的Ⅱ型 Cas9 蛋白"。

权利要求 1 ~ 2 已经限定了指导序列"能够杂交到真核细胞中的靶序列上"。因此，不能杂交到真核细胞中的靶序列上以实现基因组编辑的指导序列已经被排除在权利要求的保护范围之外。即便如此，为了加快审查进程，申请人对权利要求 1 ~ 2 进行修改，进一步澄清"在所述靶序列与所述指导序列的后 12 个核苷酸之间没有错配"。对此，实质审查阶段接受了修改后的权利要求并作出授权。

在无效宣告请求阶段[①]，无效宣告请求人针对前文所述的 44 项授权的权利要求，提出无效宣告请求。无效宣告请求的理由包括：该专利的全部权利要求 1～44 不能享受 P1（US61/736527）和 P2（US61/748427）的优先权。在此基础上，全部权利要求 1～44 不具备创造性，不符合《专利法》第 22 条第 3 款的规定。权利要求 1～44 得不到说明书的支持，不符合《专利法》第 26 条第 4 款的规定；独立权利要求缺乏必要技术特征，不符合《专利法实施细则》第 20 条第 2 款的规定。请求宣告该专利权利要求 1～44 全部无效。

请求人同时提交了 18 份证据。其中与该案案情密切相关的部分证据如下。

证据 1：EP2771468B1 的欧洲专利局异议决定，以及相关中文译文。

证据 2：EP2771468B1 的欧洲专利局申诉决定，以及相关中文译文。

证据 3：该专利的优先权文件 P1：US61/736527，申请日为 2012 年 12 月 12 日；P2：US61/748427，申请日为 2013 年 1 月 2 日，以及相关中文译文。

证据 5：证据 1 中引用的转让协议 DX1～DX3，以及相关中文译文。

证据 6：RNA - Guided Human Genome Engineering via Cas9，Prashant Mali 等，Science，第 339 卷第 6121 期，第 823 - 826 页，公开日为 2013 年 1 月 3 日，以及相关中文译文。

证据 7：Efficient genome editing in zebrafish using a CRISPR - Cas system，Woong Y. Hwang 等，Nature Biotechnology，第 31 卷，第 227 - 229 页，公开日为 2013 年 1 月 29 日，以及相关中文译文。

证据 8：Multiplex genome engineering using CRISPR/Cas systems，Le Cong 等，Science，第 339 卷第 6121 期，第 819 - 823 页，公开日为 2013 年 1 月 3 日，以及相关中文译文。

证据 9：Nuclear targeting sequences—a consensus?，Colin Dingwall 等，Trends In Biochemical Sciences，第 16 卷第 12 期，第 478 - 481 页，公开日为 1991 年 12 月 31 日，以及相关中文译文。

专利权人针对上述无效宣告请求提交了意见陈述书和 4 份反证。其中与该案案情密切相关的部分反证如下。

反证 2：国家知识产权局发出的办理手续补正通知书。

反证 3：专利权人提交的补正书、优先权转让的证明文件，以及优先权转让协议的中文译文。

---

① 国家知识产权局第 563732 号无效宣告请求审查决定（发文日：2023 - 10 - 20）。

无效宣告请求阶段的第一个焦点问题是，对于在先申请的发明人没有全部转让优先权的情况下，该专利是否满足享有优先权的主体资格？

该案属于通过 PCT 途径进入中国国家阶段的专利申请，申请人为布罗德研究所、麻省理工学院、哈佛大学，发明人为 Zhang Feng、Cong Le、Hsu Patrick 和 Ran Fei。在提交申请时，其要求 US61/736527（即证据 3 中的 P1）、US61/748427（即证据 3 中的 P2）等多件在先申请的优先权。在国际阶段提交了相应的优先权文件的副本，其中 P1 的申请日为 2022 年 12 月 12 日，P2 的申请日为 2013 年 1 月 2 日，这两件被要求优先权的临时申请的发明人均为 Zhang Feng、Cong Le、Habib Naomi、Marraffini Luciano 四人（美国临时申请中只有发明人，没有申请人）。在该 PCT 申请进入中国国家阶段后，初审经核实发现该申请的申请人与 P1、P2 的发明人不一致，于是发出了要求办理手续补正通知书。在收到补正通知书后，申请人提交了转让证明相关文件，其中包括在先申请的发明人 Zhang Feng 将其对 P1 和 P2 的优先权转让给了布罗德研究所和麻省理工学院（转让证明落款日期为 2013 年 12 月 10 日）、Cong Le 将其对 P1 和 P2 的优先权转让给了哈佛大学（转让证明落款日期为 2014 年 6 月 6 日），但是申请人没有提交另外两位在先申请的发明人 Habib Naomi 和 Marrafifni Luciano 签字的转让证明。

无效宣告请求人提出：第一，该专利要求优先权的 P1 和 P2 为美国临时申请，在《专利审查指南》第三部分没有针对在先申请和在后申请存在"多个申请人"且"完全不一致"的情形作出明确具体规定的情况下，基于《专利审查指南》第三部分第 1 章"引言"部分的规定，应当参照《专利审查指南》第一部分第一章第 6.2.1.4 节的规定，对于"国内申请要求外国优先权"和进入国家阶段的 PCT 申请而言，在申请人完全不一致的情况下，均需要全体在先申请人签字或者盖章的优先权转让证明文件。该案属于申请人完全不一致的情况，应当提交由在先申请的全体申请人签字或者盖章的优先权转让证明文件。

第二，即使假定在先申请人（A）+（B）分别将权利转让给（C）+（D）+（E），也不能等同于第 6.2.1.4 节规定的在后申请和在先申请的申请人部分一致的情形，即"申请人之一"的情况，更不能允许"申请人之一"随意转让其他申请人的合法权利。若允许"申请人之一"未经其他申请人同意随意转让、处分其他申请人的专利权利，将会严重损害其他申请人的合法权利和利益。

第三，证据 1、2 表明该专利的同族专利在欧洲因为主体资格不能享受优先权而导致缺乏新颖性和创造性被撤销，在韩国因为优先权主体资格问题而未获得授权。

对此，专利权人提出：第一，虽然《专利审查指南》第一部分在优先权转让证明部分强调了"全部申请人"，但其针对的是国内申请，在第三部分针对进入国家阶段的 PCT 申请的相关规定中，并未出现"全部"二字。这也说明了根据不同情形，具体要求并不一样。

第二，美国专利制度中，临时申请的申请人只能是个人，一般在个人提出申请后会进一步签署转让协议将所有的权利转让给其所在的单位（类似职务发明）。虽然该案属于前后申请人不一致的情形，但实际上，在"申请人 Zhang Feng 将在先临时申请的全部权利转让给布罗德研究所和麻省理工学院"和"申请人 Cong Le 将在先临时申请的全部权利转让给哈佛大学"之后，布罗德研究所、麻省理工学院、哈佛大学就已经成为在先申请的申请人，即在先申请人在转让后相当于已经变更成布罗德研究所、麻省理工学院、哈佛大学、Habib Naomi 和 Marraffini Luciano。此时，在后申请以布罗德研究所、麻省理工学院、哈佛大学的名义提出，属于《专利审查指南》中规定的"在后申请的申请人是在先申请人之一"的情形，应当可以享受优先权。

第三，欧洲、韩国的规定与中国不同，不能由他局最终的审查结果来确定该申请在中国的审查结果。

对于以上双方的不同观点，无效宣告请求审查决定认为：首先，针对国内申请要求外国优先权、本国优先权，以及进入国家阶段的国际申请（即 PCT 申请）要求优先权的主体资格的要求，《专利审查指南》在不同章节进行了单独规定。而且针对不同情形，对于主体资格的要求不完全相同。国内申请要求本国优先权时，对于主体资格的要求相对严格，明确排除了在后申请的申请人是在先申请的申请人之一的情形。而针对进入国家阶段的 PCT 申请，如果在后申请的申请人是通过权利转移而享有优先权时，仅规定证明文件应当由"转让人签字或者盖章"，其中并未强调应由"在先申请的全体申请人"签字或者盖章。

具体到该案，其为进入中国国家阶段的国际申请（即 PCT 申请），因此应适用《专利审查指南》第三部分第一章第 5.2.3.2 节的相关规定。虽然《专利审查指南》第三部分第一章引言部分提到"本章没有说明和规定的，应当参照本指南第一部分第一章、第二章和第五部分的规定"，但如上所述，在该部分第一章第 5.2.3.2 节已经作出上述具体规定的情形下，该案不属于应当参照适用第一部分相关规定的情形。

其次，《专利审查指南》第三部分第一章第 5.2.3.2 节明确列出了应当认为申请人有权要求优先权的三种情形。具体包括："在后申请的申请人与在先申请的申请人为同一人"、"在后申请的申请人是在先申请的申请人之一"和"在后申请的申请人由于在先申请的申请人的转让、赠与或者其他方式形成的权利转移而享有优先权"。对比这三种情形之间的关系，第三种情形侧重于获得权利的"动态过程"的描述，而第一种和第二种情形侧重于对于"静态标准"的把握。因此，第三种情形和第一种、第二种情形并非严格意义上的互相排斥的并列选择关系，而类似过程与结果的关系。当"在后申请的申请人由于在先申请的申请人的转让、赠与或者其他方式形成的权利转移"而满足第一种、第二种情形所罗列的"在后申请的申请人与在先申请的申请人为同一人"或者"在后申请的申请人是在先申请的申请人之一"的静态标准时，应当可以享受优先权。这也是"在后申请的申请人由于在先申请的申请人的转让、赠与或者其他方式形成的权利转移而享有优先权"所指的第三种情形成立的内在要求。

具体到该案，在先申请人之一 Zhang Feng 将在先临时申请的全部权利转让给布罗德研究所和麻省理工学院，Cong Le 将在先临时申请的全部权利转让给哈佛大学。在转让后，可以视为在先申请的申请人实质上已经变成布罗德研究所、麻省理工学院、哈佛大学与另外两位未提交转让证明的在先申请人 Habib Naomi 和 Marraffini Luciano 组合形成的共同申请人形式。此时，该专利的申请人布罗德研究所、麻省理工学院、哈佛大学属于在先申请中上述共同申请人中的一部分，属于上述《专利审查指南》中规定的"在后申请的申请人是在先申请人之一"的第二种情形，因而可以享受优先权。

从优先权的性质来说，"优先权"是指申请人在一个成员国首次提出专利申请后，在一定期限内就相同的主题在其他成员国提出专利申请时，其在后申请在某些方面被视为在首次申请的申请日提出的。换句话说，申请人提出的在后申请与其他人在首次申请的申请日之后、在后申请的申请日之前就相同的主题所提出的申请相比，享有优先地位。这是"优先权"一词的由来。优先权制度是与专利申请的先申请原则、专利地域性等密切相关的一项制度。优先权不具有与申请权类似的财产权性质，本质上仅仅是判断新颖性或创造性时申请人所享有的时间上优先的权利，但其与申请权也存在紧密联系，依赖于申请权，不能脱离申请权单独存在。优先权是由申请权派生出来的一种时间上优先的权利。因此，通常认为其地位和重要性低于申请权。与申请权转让时的受让方的相对唯一性相比，单纯的优先权转让可以同时针对多个不同的受让方进行。如果一项在先申请在有些情况下可以派生出多个涉及不同技术方案的在后申请，将在先申请的优先权转让给一个在后申请人并不影响继续将优先权转让给涉及其他方案的其他在后申请人。如果在先申请仅涉及一个技术方案，针对不同在后申请人所进行的多次优先权转让，即使涉及完全相同的技术方案，这些不同的在后申请人所享受优先权的地位也是相同的。在先的优先权转让并不会直接导致在后的优先权转让无效，只是在实质审查的过程中不同的在后申请人可能需要协商解决重复授权的问题。由此可见，与申请权的转让相比，单独的优先权转让在本质上类似于已授权专利的普通许可，属于一种基于申请权而产生的使用权的授权许可。当在先申请存在多个共同申请人时，其中单个申请人所作出的优先权授权许可并未剥夺其他在先申请人针对其他主体作出类似授权许可的权利。因此，对在先共同申请人中其他申请人的权利影响相对较小。这给予了共同申请人中每个个体相对自由和灵活地享受优先权的操作空间，更有利于专利权的产生和推广运用。

虽然证据1、2所示的欧洲异议决定最终撤销了该专利的欧洲同族专利，而且该专利的韩国同族专利基于类似的理由也未取得授权，但是欧洲和韩国关于优先权的规定与中国并不相同。欧洲和韩国要求在先申请的申请人和在后申请的申请人完全相同才能享受优先权，不相同的话需要提交相应的转让证明材料。欧洲和韩国均没有规定"在先申请的申请人之一"可以在不需要其他共有申请人同意的情况下自行提交申请。

综上所述，请求人提出的进入中国国家阶段的国际申请的转让证明必须要求所有转让人签字或盖章的理由不成立。

无效宣告请求阶段的第二个焦点问题是，对于优先权 P1、P2 中只记载"载体系统"主题的情况下，该专利权利要求 1 的"组合物"主题是否能够享受 P1 和 P2 的优先权？

该专利独立权利要求 1 的主题为"一种非天然存在的或工程化的组合物"；独立权利要求 2 的主题为"一种成簇的规律间隔短回文重复序列（CRISPR）-CRISPR 相关（Cas）（CRISPR-Cas）载体系统"。相比而言，该专利优先权 P1 的独立权利要求 1 的主题为"包含一个或更多载体的载体系统"。优先权 P2 的独立权利要求 1 的记载与优先权 P1 中的一致。

无效宣告请求人提出，首先，优先权文本中并未包含针对"组合物"主题的权利要求或技术方案的相应表述，该技术方案是重新组合出来的新方案。

其次，优先权文件没有明确公开权利要求限定的嵌合 RNA 的多核苷酸序列。例如未记载"含有长度为 10~30 个核苷酸的指导序列、所述指导序列的后 12 个核苷酸没有错配、含有长度为 50 个或更多个核苷酸的 tracrRNA 序列的嵌合 RNA 的组合物"及其技术效果。

最后，优先权文件 P1 或 P2 并未要求指导序列、tracr 配对序列和 tracrRNA 序列以 5′到 3′方向排列，未公开组合物包含两个或更多个核定位序列的 II 型 Cas9 蛋白，或者编码所述 Cas9 蛋白的多核苷酸。

对此，无效宣告请求审查决定认为，首先，P1 公开了："包含一个或多个载体的载体系统。系统包含：（a）第一调节元件，其可操作地连接至 tracr 配对序列和用于在 tracr 配对序列上游插入指导序列的一个或多个插入位点，其中当表达时，指导序列指导 CRISPR 复合物与真核细胞中靶序列的序列特异性结合，其中 CRISPR 复合物包含与以下各项复合的 CRISPR 酶：（1）与靶序列杂交的指导序列，以及（2）与 tracr 序列杂交的 tracr 配对序列；以及（b）第二调节元件，其可操作地连接至编码所述 CRISPR 酶的酶编码序列，所述 CRISPR 酶包含核定位序列；其中组分（a）和（b）位于系统的相同或不同载体上。组分（a）进一步包含在第一调节元件控制下的 tracr 配对序列下游的 tracr 序列。CRISPR 酶包含一个或多个核定位序列，该核定位序列的强度足以驱动所述 CRISPR 酶在真核细胞的细胞核中以可检测到的量积累"（参见 P1 说明书第 4 段）。另外，P1 实施例 1 测试并证明了真核细胞细胞核中的 CRISPR 复合物活性。经过细胞培养和转染等步骤后，将包含 Cas9、RNase III、tracrRNA 和前 crRNA 组分的 CRISPR 组分转染进哺乳动物，以测试其是否可以实现哺乳动物染色体的靶向切割。实验证明除了 RNase III 以外，去除其余三个组分中的任何一个都消除了 CRISPR 系统的基因组切割活性，由此确定了在哺乳动物细胞中有效的 CRISPR 介导的基因组修饰系统。图 2A 示出了将嵌合的 crRNA（包含指导序列）－tracr 杂交体（即嵌合 RNA）与 Cas9 蛋白一起递送至细胞中进行表达。实验结果证实，所述嵌合 RNA 的设计促进了真核细胞中的靶 DNA 切割。实施例 1 还验证了靶向多种基因座的试验结果，结果也证实其对于不同基因座的广泛适用性（参见 P1 说明书第 173 段、第 177 段）。

其次，P1 说明书第 7～8 段、第 64 段公开了"指导序列的长度是 10～30 个核苷酸之间"。P1 说明书第 182 段公开了"在 PAM 的 5′端上游直到 12 个碱基上的单碱基错配实质上消除了由 Cas9 进行的基因组切割，而在离上游位置更远处具有突变的间隔序列保留了对原始原型间隔序列靶标的活性（图 3B）。除了 PAM，Cas9 在间隔序列的最后 12 个碱基内具有单碱基特异性。"由此可见，P1 清楚地记载了指导序列的长度以及其后 12 个碱基之间不能存在错配。P1 说明书第 67 段记载了"tracrRNA 序列的长度为约 50 个或更多个核苷酸"。至于嵌合 RNA 中指导序列、tracr 配对序列和 tracrRNA 序列以 5′至 3′方向排列，P1 说明书第 4 段公开了指导序列位于 tracr 配对序列上游，tracr 序列位于 tracr 配对序列下游。而本领域公知在描述核酸序列时，上游一般指 5′端，下游一般指 3′端。可见，指导序列、tracr 配对序列和 tracrRNA 序列必然以 5′至 3′方向排列。P1 说明书第 4 段记载了"CRISPR 酶是 Cas9 酶，所述 CRISPR 酶包含一个或多个核定位序列"。P1 说明书第 62 段记载了"包含一个或更多个核定位序列，例如两个、三个的 CRISPR 酶"，其实施例也公开了包含两个核定位序列的 Cas9 酶构建体。

P2 记载的内容完全包含了 P1 的内容，即 P1 的上述内容也记载在 P2 中。P2 中也未记载"组合物"这一主题。

由此可见，尽管 P1、P2 明确记载了包含多个载体的"载体系统"，权利要求 2 限定的"载体系统"的具体特征也已经记载在 P1、P2 的上述段落中，但是 P1、P2 均未出现"组合物"这一表述。而本领域公知，"载体"是指能够转运与其连接的另一个核酸的核酸分子。P1 说明书第 46 段、P2 说明书第 51 段都对"载体"进行了定义。相比而言，"组合物"则是由两种或两种以上、按照一定比例组合形成的物质。基于此，虽然运载编码 CRISPR－Cas 系统嵌合 RNA（chiRNA）的核苷酸序列和编码Ⅱ型 Cas9 蛋白质的核苷酸序列的不同载体系统组合可以形成组合物，但是权利要求 1 要求保护的组合物仅限定了其包含的成分，并未限定所述成分存在于载体系统中。因此 P1、P2 中记载的"载体系统"的含义和范围均不同于权利要求 1 限定的由所述两种成分组合形成的"组合物"，两者所涉及的主题并不相同。基于此，权利要求 1 不能享受 P1 和 P2 的优先权。

相比而言，权利要求 2 涉及的"载体系统"主题已经记载在优先权文件中，其限定的技术特征也均记载在 P1 和 P2 中。虽然上述内容记载在 P1、P2 的不同段落中，但是这些内容并非不属于同一技术方案，并非完全不能进行组合。对这些泛泛描述的概括性内容的理解，应当站在本领域技术人员的角度，从整体考虑的角度进行综合判断。该专利的核心在于 CRISPR 技术在真核细胞中的用途或者用于真核细胞的 CRISPR/Cas9 系统。在没有证据表明所述系统中具体组成部分之间存在紧密联系或联动配合对应关系的情况下，应当理解 P1、P2 中围绕上述系统的各组成部分泛泛罗列式的限定都是所述发明核心涵盖的范围。权利要求 2 所记载的内容也仍然围绕这一核心，并未创设出新的发明核心或改变发明的核心。因此，权利要求 2 涉及的"载体系统"与记载在优先权文件 P1 或 P2 中的"载体"属于相同主题，可以享受 P1 和 P2 的优先权。在此基础上，证据 6～8 的公开日期均晚于上述优先权日，因而不能作为评价所述权利要求 2 是否具备创造性的现有技术使用。

无效宣告请求阶段的第三个焦点问题是，在权利要求 1 及其从属权利要求引用权利要求 1 的技术方案相对于 P1 和 P2 的优先权不成立的情况下，以上权利要求是否具备创造性？

无效宣告请求审查决定中指出，在优先权不成立的情况下，依据优先权声明中记载的多项在先申请的优先权信息所确定的最早优先权日应当为 2013 年 1 月 30 日。基于此，证据 6～8 的公开日期都早于上述优先权日从而构成现有技术。

该案中权利要求 1 要求保护一种非天然存在的或工程化的组合物，该组合物包含：A）一种成簇的规律间隔短回文重复序列（CRISPR）– CRISPR 相关（Cas）（CRISPR – Cas）系统嵌合 RNA（chiRNA），和 B）包含两个或更多个核定位序列的 II 型 Cas9 蛋白，或者编码所述 Cas9 蛋白的多核苷酸，并具体限定了上述成分的具体结构。

证据 6 涉及通过 RNA 引导 Cas9 蛋白进行的人类基因组工程，其通过对 II 型 CRISPR 系统进行工程化改造使其与定制的指导 RNA（gRNA）一起在人类细胞中发挥作用。其中图 1A 公开了包含嵌合 RNA 与 Cas9 蛋白的 II 型 CRISPR 系统复合物。该系统包含从 CMV 启动子表达的、人密码子优化的 Cas9 蛋白以及从 U6 启动子表达的 crRNA – tracrRNA 融合转录物（即嵌合 RNA）。该 Cas9 蛋白在 C 端包含 SV40 核定位序列。该 crRNA – tracrRNA 融合转录物从 5′到 3′方向包含与人细胞基因组中的靶序列杂交的指导序列，能够与 tracrRNA 配对（与 tracrRNA 形成发夹结构）的序列，以及长度为 64 个核苷酸的 tracrRNA 序列。其中，指导序列的长度为 20 个碱基（图中的 GNNNNVNNNNNVNNNNNN 序列），且在整个序列上与靶序列之间没有错配。指导序列引导 CRISPR 复合物与靶序列的特异性结合，该 CRISPR 复合物包含与靶序列杂交的指导序列、tracr 配对序列 – tracrRNA 杂交体，和与指导序列/杂交体复合的 II 型 Cas9 蛋白（参见证据 6 中的图 1）。

对此，权利要求 1 与证据 6 的公开内容之间的区别特征仅在于：权利要求 1 的 II 型 Cas9 蛋白包含两个或更多个核定位序列，而证据 6 图 1A 中 II 型 Cas9 蛋白只包含一个核定位序列；另外，证据 6 中并未明确公开将不同的组分组合形成组合物。基于上述区别特征可以确定，权利要求 1 相对于证据 6 实际解决的技术问题是：提供一种方便使用的 Cas9 蛋白更容易细胞核定位的组合物。

然而，将在同一体系中发挥作用的不同物质组合形成组合物是本领域技术人员容易想到的。就核定位序列来说，在重组蛋白中包含一个或两个还是更多个 NLS 以便将蛋白质寻址到细胞核是本领域技术人员的常规选择，即使多个 NLS 的技术效果优于一个 NLS 的技术方案，其技术效果也是可以合理预期的。

此外，证据 8 公开了在重组 Cas9 蛋白中包括两个 NLS 序列能够提高将 Cas9 蛋白靶向至细胞核的效率。如证据 8 第 820 页左栏第 1 段所述："对酿脓链球菌的 Cas9（SpCas9）和 RNase Ⅲ（SpRNase Ⅲ）基因进行密码子优化并附接核定位信号（NLS）以确保哺乳动物细胞中的核区室化。这些构建体在人 293FT 细胞中的表达揭示了两个 NLS 在将 SpCas9 靶向至细胞核方面最有效（图 1A）"。如证据 8 图 1A 及其附图说明中所示，相比于在重组 SpCas9 蛋白的 N 端或 C 端添加一个 NLS 序列的构建体，在重组 SpCas9 蛋白的 N 端和 C 端各添加一个 NLS 序列能够使得 SpCas9 更有效地定位至人 293FT 细胞的细胞核中。可见，证据 8 已经具体公开了使用两个 NLS 所实现的技术效果（参见证据 8 第 820 页左栏第 1 段、图 1A 及其附图说明）。证据 9 公开了："分子中存在核靶向序列增加了核积累的初始速率和最终稳态水平，单个拷贝的最小核靶向序列可以在猿细胞中实现完全的核靶向，但需要两个或三个拷贝的序列才能在小鼠或大鼠细胞中实现有效的核靶向。"（参见证据 9 第 481 页左栏最后 1 段）。因此，在证据 6 的基础上结合证据 8、9，为了实现 Cas9 蛋白更高效的核定位，本领域技术人员可以根据实际需要（例如使用的具体 Cas9 蛋白、具体 NLS 序列，以及具体的细胞类型等）常规选择在 Cas9 蛋白中包含的 NLS 拷贝数，例如使用两个或更多个 NLS 序列，从而获得权利要求 1 的技术方案。因此，权利要求 1 的技术方案相比于证据 6 和证据 8、9 的组合是显而易见的，效果是可以预期的，不具备《专利法》第 22 条第 3 款规定的创造性。

此外，引用权利要求 1 的从属权利要求中的附加技术特征已经被证据 6、8 公开，或者属于本领域技术人员基于 CRISPR 技术所能实现的基因切割功能容易想到的。由此可见，基于与权利要求 1 相似的理由，在权利要求 1 不具备创造性的基础上，其从属权利要求引用权利要求 1 的技术方案也不具备创造性。

基于以上事实和理由，宣告该案权利要求 1 及其从属权利要求引用权利要求 1 的技术方案无效，在权利要求 2 及其从属权利要求引用权利要求 2 的技术方案的基础上维持该专利权有效。

无效宣告请求阶段的第四个焦点问题是，对于"tracr 配对序列、tracrRNA"等特征没有进一步限定具体序列、具体结构的情况下，权利要求是否得到说明书的支持或是否缺少必要技术特征？

无效宣告请求人提出，权利要求 1、2 中的"tracrRNA 序列长度为 50 个或更多个核苷酸"、权利要求 16 和 30 中的"40～120 个核苷酸的 tracrRNA 序列"得不到说明书的支持。此外，权利要求 1～44 也未限定 tracrRNA 中存在野生型 tracrRNA 的特定序列，及其末端是否形成二级结构，也未记载如何设计指导序列、tracrRNA 序列及 tracr 配对序列。即不是任意 tracrRNA 结构均能引发基因切割和编辑。因此其中的功能限定，例如"该 tracr 配对序列杂交到该 tracrRNA 序列上，并且该指导序列引导 CRISPR 复合物与该靶序列的序列特异性结合"等表述得不到说明书的支持。此外，tracrRNA 序列的二级结构和其中包含的野生型序列是 CRISPR－Cas 系统对真核细胞基因组中的靶序列进行有效切割所必须的。因此，未对所述特征进行限定的独立权利要求也缺少必要技术特征。

对此，无效宣告请求审查决定认为，首先，该专利涉及用于控制序列靶向的基因表达的系统、方法和组合物，特别是涉及首次在真核细胞中应用的 CRISPR－Cas 系统。

其次，该专利实施例 1 描述了将 RNA 可编程的核酸酶系统适配成指导真核细胞的细胞核中 CRISPR 复合物的活性的过程。实施例 2 公开了 CRISPR 系统作为基因组工具的可用性并描述其可改进的方面。实施例 3 示例性地描述了靶序列的优化方法。实施例 4 验证了不同序列长度的嵌合的 crRNA－tracrRNA 杂交体。就 tracrRNA 的序列长度和二级结构来说，本领域技术人员公知，CRISPR 天然存在于细菌类原核细胞中，已经在 40 种以上的原核生物中鉴定出 CRISPR 基因座位（参见说明书第 88 段）。来自 CRISPR 座位的序列包括编码 Cas 基因的序列、tracr（反式激活 CRISPR）序列、tracr 配对序列、指导序列和其他序列。图 10、图 16、图 18 显示了具有不同序列长度的 tracrRNA 的嵌合指导 RNA 的结果，其中进行实验的 tracrRNA 可以是 70、72 等多个不同的序列长度。说明书第 177 段记载了嵌合的 RNA 在所有三个 EMX1 靶位点处都包含长片段的野生型 tracrRNA［chiRNA（＋67）和 chiRNA（＋85）］介导的 DNA 切割。其中 chiRNA（＋85）尤其展示出比以分开的转录本形式表达指导序列和 tracr 序列的 crRNA/tracrRNA 杂交体明显更高水平的 DNA 切割。结合说明书的记载可知，tracrRNA 序列是对特定的 Cas9 酶具有反式激活作用的序列。本领域技术人员在设计其具体序列组成时，通常首先会参照 tracrRNA 序列在原核细胞中发挥作用的原始序列和其发挥作用的机理来进行设计。选择所包含的序列是否具有野生型序列以及确定其长度是本领域技术人员基于 CRISPR－Cas 系统发挥作用的原理容易确定的。权利要求未限定其具体序列，并不意味着其序列是任意形式的序列，未限定野生型序列，并不意味着设计的序列必然不包含野生型序列。选择和确定序列是从本领域技术人员的视角，在考虑本领域普通技术知识的基础上进行选择。

最后，该专利图 10、图 16、图 18 显示了具有不同序列长度的 tracrRNA 的嵌合指导 RNA 的结果。说明书第 178 段也详细描述了 tracrRNA 中的二级结构可能带来的影响，以及预测二级结构的算法和相关的软件。其中明确记载了"伴随增加的 tracr 序列长度观察到一致增加的基因组修饰效率……tracrRNA 的 3′端形成的二级结构可以在增强 CRISPR 复合物形成率方面发挥一定作用"。虽然由上述记载可以确定，tracrRNA 的 3′端形成的二级结构会进一步增强基因组的修饰效率，但并没有证据表明未形成二级结构就无法实现基因修饰的目的。

此外，就具体的功能限定来说，只要 tracr 配对序列与 tracrRNA 序列具有足够的互补性，即可实现两条序列之间杂交的相互作用，只要指导序列与靶序列之间具有足够的互补性，即可实现指导序列引导 CRISPR 复合物与靶序列的特异性结合。至于 Cas9 蛋白对核酸序列的修饰，这是 Cas9 蛋白的天然功能，说明书（包括实施例）已经充分证明了具有这种来自原核生物的功能性蛋白在权利要求的技术方案中能够在真核细胞中发挥其功能，实现核酸序列的切割和修饰。

综上，请求人提出的权利要求得不到说明书的支持和缺少必要技术特征的无效理由均不成立。

该案的授权和确权阶段涉及创造性评判、权利要求是否得到说明书的支持、优先权是否成立的程序和实体判断等多个焦点问题，实质审查阶段的创造性探讨的是原核细胞或体外试管试验中有效的 CRISPR/Cas9 基因编辑系统用于真核细胞是否存在技术启示。说明书支持探讨的是在一个全新的技术领域，当基于现有技术难以预期效果时，如何根据说明书具体验证方式和结果判断是否得到说明书支持。无效宣告请求阶段对于优先权成立的程序和实体判断体现了优先权制度立法精神，既利于专利权的产生及其推广运用，同时也基于"相同主题"限制申请人利用优先权制度不当排除现有技术。此外，无效宣告请求阶段在请求人提供新的证据以及厘清技术贡献的基础上，更加完善了对创造性和说明书支持的判断。通过上述焦点问题的解决确定了权利要求的保护范围，权利更加稳定。

【案例2】 当全部组分已经公开时，关于组合系统的创造性考量

该案专利涉及在体外对靶标 DNA 分子的特异性位点进行裂解的 CRISPR/Cas9 系统。该案主要涉及审查过程中两种不同观点的讨论。

进入实质审查的权利要求共有 35 项。其中独立权利要求 25 的记载如下：

25. 可编程 Cas9 – crRNA 复合物，其包含：Cas9 蛋白，crRNA 多核苷酸，其包含 3′区域和 5′区域，其中 3′区域包含 CRISPR 基因座中存在的重复序列，而 5′区域包含 CRISPR 基因座中重复序列下游紧跟的至少 20 个核苷酸的工程改造的间隔子序列，tracrRNA 多核苷酸，其包含 5′和 3′区域，其中 5′区域中至少一部分与 crRNA 的 3′区域互补，其中间隔子序列被工程改造为将 Cas9 – crRNA 复合物导向至具有原型间隔邻

近基序序列的靶标 DNA 分子。

授权的权利要求共有 51 项。其中独立权利要求 21 的记载如下:

21. 可编辑的 Cas9 - crRNA 复合物, 其包含: Cas9 蛋白, 合成的 crRNA 多核苷酸, 其包含 3′区域和 5′区域, 其中 3′区域包含 CRISPR 基因座中存在的重复序列, 而 5′区域包含 CRISPR 基因座中重复序列下游紧跟的至少 20 个核苷酸的工程改造的间隔子序列, 所述被工程改造的间隔子序列被合成为与靶标 DNA 分子互补, 并被插入所述 crRNA, tracrRNA 多核苷酸, 其包含 5′和 3′区域, 其中 5′区域中至少一部分与 crRNA 的 3′区域互补, 其中间隔子序列被工程改造为将 Cas9 - crRNA 复合物导向至所述靶标 DNA 分子, 且所述可编辑的 Cas9 - crRNA 复合物在体外组装。

关于说明书公开的内容, 概括如下: 实施例 1 中分离了嗜热链球菌的 Cas9 - crRNA 复合物, 通过体外 DNA 结合和裂解实验表明其以 PAM 依赖的方式剪切具有与 crRNA 互补的核苷酸序列的合成寡 DNA 和质粒 DNA。实施例 2 ~ 3 描述了在体外组装 Cas9 - crRNA 复合物。实施例 4 公开了一种可交换的间隔子序列盒子, 其可产生携带针对任何所需的 DNA 靶标的 crRNA。实施例 5 描述了使用 Cas9 - crRNA 复合物的克隆步骤。实施例 6 记载了 Cas9 - crRNA 复合物在体外对长 DNA 底物的裂解。实施例 7 证明了在哺乳动物细胞中转染 Cas9/RNA 复合物后发生报告子质粒的基因编辑。实施例 8 验证了用合成的未修饰 tracrRNA 和 crRNA 产生的 Cas9/RNA 复合物在体外具有功能性。

该案的焦点问题是, 对于 CRISPR/Cas9 系统中 Cas9 蛋白、crRNA、tracrRNA 这些组分全部属于现有技术, CRISPR/Cas9 系统复合物本身是否具备创造性?

第一种观点认为, 对比文件 1 (CRISPR RNA maturation by trans - encoded small RNA and host factor RNase Ⅲ, Elitza Deltcheva 等, Nature, 第 471 卷第 7340 期, 第 602 - 607 页, 公开日为 2011 年 3 月 31 日) 公开了: "tracrRNA 能够促进重复/间隔子的 crRNA 成熟, 该过程涉及 Csn1 (即 Cas9) 蛋白、crRNA、tracrRNA, 并且这些元件保护酿脓链球菌免受原噬菌体来源的 DNA 侵害。成熟的 crRNA 具有 19 ~ 22 个碱基的重复序列以及 20 个碱基的间隔子序列。"(参见对比文件 1 摘要、第 602 页右栏第 2 段、图 4、补充图 2)。

从对比文件 1 的 "方法" 部分右栏第 2 ~ 3 段、图 4 可以看出, 质粒是通过体外构建之后导入细菌体内的, 而且 crRNA、tracrRNA 和 Csn1 蛋白是可以一起发挥作用的。对比文件 1 第 604 页右栏最后 1 段公开了: "tracrRNA 介导的 crRNA 成熟能够实现特异性的针对寄生基因组的免疫"。而且, 对比文件 1 已经公开了 Csn1 (即 Cas9) 蛋白、crRNA、tracrRNA 这些元件用于保护酿脓链球菌免受原噬菌体来源的 DNA 侵害。因此, 本领域技术人员结合对比文件 1 能够预期这三种元件应当在一起行使功能, 并且容易想到在体外组装重组 Cas9 - crRNA 和 tracrRNA 复合物。

对比文件 2 (The Streptococcus thermophilus CRISPR/Cas system provides immunity in

Escherichia coli，Rimantas Sapranauskas 等，Nucleic Acids Research，第 39 卷第 21 期，第 9275 – 9282 页，公开日为 2011 年 8 月 3 日）公开了："在 CRISPR 系统中的靶序列需要 proto – spacer（原型间隔子）和 PAM 序列连接，PAM 序列为 TGGTG"。（参见对比文件 2 第 9276 页左栏第 2 段、图 2）。由于对比文件 1 和 2 均为细菌来源的 CRISPR 编辑系统，而且 CRIPSR 系统的本质就是针对外源的 DNA 进行裂解。因此，在对比文件 2 公开了 CRISPR 系统靶向目标序列时需要 PAM 序列的前提下，本领域技术人员在针对特异性靶标进行基因编辑时，容易想到根据靶标位点的 PAM 区来设计 crRNA 间隔子和 PAM 序列，并且将 Cas9、crRNA、tracrRNA 三者组合在一起进行位点特异性裂解反应。

由此可见，权利要求 1 的技术方案相比于对比文件 1、2 和本领域公知常识的组合是显而易见的。因此，权利要求 1 不具备《专利法》第 22 条第 3 款规定的创造性。

第二种观点认为，首先，对比文件 1 没有教导在体外组装得到该发明的复合物，也没有教导使用该复合物以位点特异性的方式切割靶 DNA 分子。①对比文件 1 的图 4 仅公开了 pre – crRNA 如何与 tracrRNA、Csn1（即 Cas9）蛋白和 RNase Ⅲ 共同作用转变为"成熟的 crRNA"（其是反应产物而非反应物）。图中与 tracrRNA 直接结合的是"pre – crRNA（前体 crRNA）"而非"成熟的 crRNA"。对比文件 1 并未教导 tracrRNA 和 Csn1（即 Cas9）蛋白与作为反应产物的"成熟 crRNA"之间发生相互作用。基于对比文件 1 的教导，本领域技术人员难以想到将 Cas9 蛋白、crRNA 和 tracrRNA 三者组合成复合物来发挥位点特异性切割靶 DNA 的作用。②对比文件 1 在"方法"部分提到的构建 pEC85 质粒是用于酿脓链球菌的互补研究（complementation studies），无法得出将 Cas9 蛋白、工程改造的 crRNA 和 tracrRNA 在体外组装成重组 Cas9 – crRNA 复合物并将其用于靶标位点特异性切割的教导或启示。

其次，对比文件 2 无法弥补对比文件 1 在上述教导中的缺陷，未提到 tracrRNA 和 Cas9 – crRNA 复合物，并且关于 PAM 序列的教导也不全面。对比文件 2 第 9280 页左右两栏的跨栏段也提到了"CRISPR/Cas9 系统的多样性意味着有待建立的机理差异"。因此，本领域技术人员无法通过对比文件 1 和 2 的组合以实现该发明。

最后，相比现有技术，该申请证实了 Cas9 蛋白、crRNA 和 tracrRNA 属于靶 DNA 切割复合物中所必须的最少三个元件。此外，该申请还证实了将 crRNA 的 5′间隔子区域改造成与靶 DNA 分子互补从而特异性切割靶 DNA 分子。

综上所述，该发明相比对比文件 1 和 2 的组合具备《专利法》第 22 条第 3 款规定的创造性。

对于以上两种观点，复审决定①中认为，首先，关于体外将 Cas9 蛋白、crRNA 和

---

① 国家知识产权局第 254216 号复审决定（发文日：2021 – 04 – 20）。

tracrRNA 组装成复合物的技术启示，①对比文件 1 的"方法"部分中提到构建质粒 pEC85 插入了 tracrRNA、pre－crRNA、Cas9 蛋白的编码基因，并将其导入酿脓链球菌，是用于酿脓性链球菌中的互补研究，没有组装形成任何成熟 crRNA、tracrRNA、Cas9 蛋白三者的复合物。②对比文件 1 中的图 4 仅公开了 pre－crRNA 如何与 tracrRNA、Cas9 蛋白和 RNase Ⅲ 共同作用转变为成熟 crRNA，且最终生成的 39～42 个核苷酸的成熟 crRNA 脱离了 tracrRNA 和 Cas9 蛋白以单独的形式存在，显然也没有组装形成三者的复合物。③虽然对比文件 1 摘要、第 604 页右栏最后 1 段公开了"tracrRNA 介导的 crRNA 成熟能够实现特异性针对寄生基因组的免疫，所有这些元件对于保护酿脓链球菌免受原噬菌体衍生的 DNA 侵害至关重要"，但是其并未给出上述几个元件以任何复合物的形式发挥任何功能的教导或启示。④对比文件 1 的"方法"部分及图 5 显示以带有 speM 外毒素基因原型间隔子的质粒作为靶标，通过 Δpre－crRNA、ΔtracrRNA、Δrnc 和 ΔCsn1 突变体与野生型菌株相比，得出 tracrRNA、RNase Ⅲ 和 Csn1 蛋白在 CRISPR 介导的酿脓链球菌对溶原性噬菌体的免疫中是必不可少的结论。这只能证明 pre－crRNA、tracrRNA、Csn1（即 Cas9）蛋白等元件参与对外源基因进行编辑降解的过程，但是没有给出关于这些元件具体的作用形式的启示。综上所述，根据对比文件 1 的上述教导或启示，仅能得出 tracrRNA、Cas9 蛋白介导了 crRNA 成熟，本领域技术人员没有动机在体外将 Cas9 蛋白、crRNA 和 tracrRNA 组装得到重组 Cas9－crRNA 复合物，更不会想到将该复合物用于特异性裂解靶 DNA。

其次，关于对 crRNA 进行改造特异性结合靶序列的技术启示，①虽然对比文件 1 第 602 页右栏第 2 段、补充图 2 分析了成熟的 crRNA 有 19～22 个核苷酸的重复序列以及 20 个核苷酸的间隔子序列，但是对比文件 1 没有在体外对 crRNA 进行改造，更没有揭示其结构与靶 DNA 的特殊关系。②虽然对比文件 2 公开了靶标 DNA 需要 PAM 区和原型间隔子（proto－spacer），其中 proto－spacer 与 crRNA 间隔子互补，还通过对靶序列中 PAM 区或 proto－spacer 进行突变来证明其结论（参见对比文件 2 第 9275 段右栏第 2 段、第 9276 页左栏第 2 段、第 9280 页左右两栏的跨栏段、图 2～图 3），但是对比文件 2 没有提供关于对 crRNA 进行工程改造以特异性结合靶序列的任何教导或启示。而且对比文件 2 还记载了："CRISPR/Cas9 系统的多样性意味着有待建立的机理差异。"可见，对比文件 2 未提到 tracrRNA 及其功能，没有任何 tracrRNA、工程改造的 crRNA、Cas9 蛋白需要组装为复合物并用于特异性裂解靶 DNA 的启示。即使本领域技术人员阅读对比文件 2 后，有动机对 crRNA 进行改造，也不会想到在体外将 Cas9 蛋白、crRNA 和 tracrRNA 组装得到重组 Cas9－crRNA 复合物。

综上所述，权利要求 1 相比于对比文件 1、2 和本领域公知常识的组合是非显而易见的，具有突出的实质性特点和显著的进步，具备《专利法》第 22 条第 3 款规定的创造性。

从该案整体来看，CRISPR/Cas9 系统中的 CRISPR 序列、Cas9 蛋白、crRNA、tracrRNA 这些组分全部属于现有技术，那么发明的技术贡献究竟在哪里？该案将 crRNA、tracrRNA 和 Cas9 三者组合形成 Cas9－RNA 实现体外靶向切割功能的最简化的三元复合物，虽然 CRISPR 序列、Cas9 蛋白、crRNA、tracrRNA 中的每一种单独拿出来看均属于现有技术，但是在该申请之前本领域中并没有将 CRISPR/Cas9 系统的技术原理完全搞清楚。原本是细菌中的天然免疫系统，经过人为加工成为一种高效方便的基因编辑工具，这就是该发明的技术贡献。

【案例 3】 当 CRISPR/Cas9 系统设计原理公开时，具体切割方法的创造性考量

该案专利涉及在体外的真核细胞（尤其是人类细胞）中切割靶 DNA 双链的 CRISPR/Cas9 系统。该案主要涉及审查过程中两种不同观点的讨论。

进入实质审查的权利要求共有 82 项。其中独立权利要求 25 的记载如下：

25. 一种在真核细胞或生物体中切割靶 DNA 的组合物，其包含特异于靶 DNA 的向导 RNA 或编码向导 RNA 的 DNA 和 Cas 蛋白质编码核酸或 Cas 蛋白质，其中 Cas 蛋白质编码核酸或 Cas 蛋白质源自链球菌属细菌，其中链球菌属细菌是化脓性链球菌，其中 Cas 蛋白质识别 NGG 三核苷酸。

授权的权利要求共 6 项。其中独立权利要求 1 的记载如下：

1. 一种在体外在人类细胞中在靶核酸序列上引入位点特异性双链断裂的方法，所述方法包括：（i）将编码包含核定位信号的酿脓链球菌 Cas9 蛋白质的核酸引入人类细胞中；（ii）将编码向导 RNA 的核酸引入人类细胞，其中所述向导 RNA 包含 CRISPR RNA（crRNA）的部分与反式激活 crRNA（tracrRNA）的部分，其中所述向导 RNA 与人类细胞中的靶核酸序列杂交，并且其中所述向导 RNA 在 crRNA 部分的 5′末端还包含 2 个附加的鸟嘌呤核苷酸；其中 Cas9 蛋白与所述向导 RNA 在人类细胞中形成 Cas9/RNA 复合物，其中所述 Cas9 蛋白质识别人类细胞中靶核酸序列中的三核苷酸原型间隔区邻近基序（PAM），且其中 Cas9/RNA 复合物在人类细胞中在靶核酸序列上介导双链断裂。

关于说明书公开的内容，概括如下：实施例 1 验证了 Cas9/向导 RNA 复合物在体外对质粒 DNA 的切割活性，在人细胞中对报告分子质粒的切割活性，在人细胞中对内源基因的靶向切割活性。实施例 2 公开了多种不同递送方式的 Cas9/向导 RNA 复合物介导的基因编辑。实施例 3~4 验证了在小鼠中、在植物中 RNA 指导的基因组编辑。实施例 5 描述了使用细胞穿透肽或蛋白质转导结构域转导 Cas9 蛋白。实施例 6 记载了根据向导 RNA 结构控制脱靶突变的实验。实施例 7~8 公开了配对的 Cas9 切口酶及其诱

导的染色体 DNA 剪接。实施例 9 描述了用 CRISPR/Cas 衍生的 RNA 向导核酸内切酶进行基因分型。

该案的焦点问题是，在靶 DNA 中的 PAM 序列已经公开的前提下，将其连接在 crRNA 的 5′端得到 CRISPR/Cas9 系统是否显而易见。

第一种观点认为，对比文件 1（A Programmable Dual – RNA – Guided DNA Endonuclease in Adaptive Bacterial Immunity，Martin Jinek 等，Science，第 337 卷第 6096 期，第 816–821 页，公开日为 2012 年 6 月 28 日）公开了："一种在靶 DNA 上引入位点特异性双链断裂的方法，通过一个单独的嵌合 RNA 来介导酿脓链球菌 Cas9 蛋白特异性识别靶 DNA 中的 PAM 序列并结合，从而对目的 DNA 双链进行切割，使 DNA 双链断裂。所述靶 DNA 为含有 GFP 编码序列的质粒 DNA。所述嵌合 RNA 是将 tracrRNA 与 crRNA 通过连接环结构来嵌合，其与靶 DNA 杂交，并作为向导 RNA 与 Cas9 蛋白形成复合物。"（参见对比文件 1 摘要、第 819 页右栏至第 820 页、图 5、补充材料中图 S15）。虽然对比文件 1 所用的靶 DNA 为含有 GFP 编码序列的质粒 DNA，但是其公开了："在全部 5 个例子中，程序化连接这些嵌合 RNA 的 Cas9 蛋白有效地在正确的靶点切割质粒，其表明嵌合 RNA 的设计是有效的，并且能够靶向任何感兴趣的 DNA 序列。对于该 DNA 序列，除了一个 GG 二核苷酸与其相连外并没有其他要求。"（参见对比文件 1 第 820 页中间栏第 1 段）。可见，对比文件 1 给出了将 Cas9 蛋白和嵌合 RNA 联合应用于任何 DNA 序列中实现位点特异性双链断裂的启示。并且根据对比文件 1 中对靶 DNA 选择上的宽泛要求，即"除了一个 GG 二核苷酸的结构之外并无其他要求"，本领域技术人员据此容易想到将对比文件 1 公开的位点特异性双链断裂方法应用到活细胞包括人类细胞的 DNA 中，并且在 crRNA 部分的 5′端增加 2 个鸟嘌呤（G）核苷酸以设计适合的向导 RNA。同时，本领域公知，核定位信号是在细胞核内发挥功能的蛋白质分子具有一个碱性氨基酸富集的区域，某些 NLS 同时具有核定位和核仁定位的功能（参见《基因打靶核功能基因组学》，杨晓等，军事医学科学出版社，公开日为 2001 年 5 月 31 日，第 154 页和第 157 页）。可见，为了使 Cas9 蛋白识别并结合到真核细胞细胞核中的靶 DNA，本领域技术人员容易想到使用核定位序列将 Cas9 蛋白运输进细胞核内。

因此，在对比文件 1 的基础上结合本领域公知常识得到权利要求 1 请求保护的技术方案是显而易见的。权利要求 1 不具备创造性，不符合《专利法》第 22 条第 3 款的规定。

第二种观点认为，对比文件 1 公开的是在原核细胞和体外无细胞（Cell – free）环境条件下进行的实验，而真核细胞的环境与其完全不同。由于原核细胞和真核细胞在细胞亚结构上的显著差异，本领域技术人员无法预期该专利的技术效果。现有技术中没有公开或教导 CRISPR/Cas9 系统在真核细胞和原核细胞中具有相同的技术原理，同样无法确信本领域技术人员基于 PAM 序列的简单结构容易在真核细胞中找到适合

CRISPR/Cas9 系统的靶位点。CRISPR/Cas9 系统中的向导 RNA 或 Cas9 蛋白可能无法在真核细胞中发挥作用。反观该专利，不仅证实了 Ⅱ 型 CRISPR/Cas9 系统可以用于在真核细胞的靶细胞中引入位点特异性的双链断裂，而且证实了其降低或消除脱靶突变的技术效果。因此，权利要求 1 具备创造性，符合《专利法》第 22 条第 3 款的规定。

对于以上两种观点，复审决定①中认为，对比文件 1 公开了："Cas9 蛋白对目标的识别既要求 crRNA 中的一个种子序列，还要求在目标 DNA 中有一个与 crRNA 结合区相连接的包含 GG 二核苷酸的 PAM 序列。"（参见对比文件 1 第 820 页中间栏第 2 段）。对比文件 1 并没有公开 "crRNA 的 5′端还含有 GG 二寡核苷酸"，其公开的 "包含 GG 二核苷酸的 PAM 序列（即原文中的 a GG dinucleotide – containing PAM sequence）" 是位于目标 DNA 中与 crRNA 结合区相连接的区域，并不是连接在 crRNA 的 5′端。而且对比文件 1 只公开了目标 DNA 中与 crRNA 结合区相连接的区域中含有 GG 二核苷酸的 PAM 序列是 Cas9 蛋白对靶序列识别所必须的，但是并未涉及含有 GG 二核苷酸的 crRNA 序列能够控制脱靶突变。

该案说明书的实施例 6 记载了根据向导 RNA 结构控制脱靶突变的实验，其中第 280 ~ 281 段明确记载了："通过比较 5′ – GGX$_{20}$（或 5′ – GGGX$_{19}$）sgRNA 与 5′ – GX$_{19}$ sgRNA，测试了在 sgRNA 的 5′端添加 2 个鸟嘌呤（G）核苷酸是否可以使 RNA 向导核酸内切酶（RGEN）更加具有特异性。4 个 GX$_{19}$ sgRNA、Cas9 复合物同等有效地在标靶和脱靶位点诱导了插入/删除（Indel），容忍多达 4 个碱基的错配。与之形成鲜明对比的是，GGX$_{20}$ sgRNA 有效区别脱靶位点。当使用 4 个 GGX$_{20}$ sgRNA 时，T7 内切核酸酶 I（T7E1）测定了在 7 个验证的脱靶位点中有 6 个几乎没有检测到 RGEN 诱导的 Indel（图 15）。这些结果表明，通过改变向导 RNA 的稳定性、浓度或二级结构，在 5′端的额外核苷酸可以影响在标靶和脱靶位点的突变频率。" 可见，对比文件 1 没有教导在 crRNA 的 5′端含有 GG 二寡核苷酸以解决该发明要解决的技术问题，从而实现控制脱靶突变的技术效果。

综上所述，权利要求 1 相比对比文件 1 具有突出的实质性特点和显著的进步，具备创造性。

虽然该案与案例 1 存在一定的相似之处，但是其在 CRISPR/Cas9 系统的组成结构上作出了更进一步的改进，能够更好地应用到真核细胞尤其是人类细胞中。在向导 RNA 中 crRNA 部分的 5′端增加 2 个附加的鸟嘌呤（G）核苷酸，能够使 CRISPR/Cas9 系统实现降低或消除脱靶突变的技术效果。该案与案例 2 也存在一定的相似之处，包含 GG 二核苷酸的 PAM 序列属于现有技术，CRISPR/Cas9 系统的组成结构也属于现有技术，但是如何将 PAM 序列的 GG 二核苷酸添加到 CRISPR/Cas9 系统的 crRNA 中，现

---

① 国家知识产权局第 177241 号复审决定（发文日：2019 – 04 – 29）。

有技术中并没有充分的教导或启示。

（二）关于具体应用的创造性

CRISPR/Cas 系统中的必要组分包括 sgRNA 和 Cas 蛋白，其中 sgRNA 的主题通常会涉及 sgRNA、gRNA、crRNA 或引导序列在特定基因中的具体位置或者具体的核苷酸序列。效应蛋白的主题通常会涉及已知的核酸酶的结构修饰、新的核酸酶、不同核酸酶的融合蛋白等。已知的核酸酶的结构修饰包括氨基酸序列中一个或多个氨基酸残基的插入、替换和/或删除，从蛋白中分离的部分片段，蛋白的糖基化、乙酰化、甲基化、磷酸化等。当然，随着 CRISPR 技术的不断发展，更多的衍生技术、分支技术、下一代技术也会不断出现。本章中列举 3 个具有代表性的专利审查案例，案例 4、案例 5 是涉及 sgRNA 发明主题的专利申请，案例 6 是涉及碱基编辑器发明主题的专利申请。

【案例 4】 当 sgRNA 序列部分重叠或相邻时创造性的衡量

该案专利涉及特异性靶向 PD – L1 基因的 sgRNA 及在动物细胞中敲除 PD – L1 基因的应用。该案在实质审查阶段驳回后经历了专利复审阶段。

进入实质审查的权利要求共有 10 项。其中独立权利要求 1 的记载如下：

1. 特异性敲除 PD – L1 基因的 sgRNA，其特征在于，所述 sgRNA 的序列包括 SEQ ID NO.1～12 所示的序列的任意一种或几种；优选地，所述 sgRNA 的序列包括 SEQ ID NO.1～4 所示的序列。

驳回针对的权利要求共有 16 项。其中独立权利要求 1 的记载如下：

1. 特异性敲除 PD – L1 基因的 sgRNA，其特征在于，所述 sgRNA 的序列包括 SEQ ID NO.1～4 所示的序列。

关于说明书公开的内容，概括如下：实施例中设计了 6 对靶向 PD – L1 基因的 sgRNA 序列（包括正义链和反义链），T7E1 酶切检测单一 sgRNA 的切割效率。构建多重 sgRNA 重组质粒并转染过表达 Cas9 的小鼠 4T1 细胞，验证 4T1 细胞中 PD – L1 敲除情况。检测敲除 PD – L1 基因的 4T1 细胞在小鼠中的肺转移情况，在体外、体内增殖能力的影响，在体外细胞迁移能力、凋亡能力的影响。

该案的焦点问题是，sgRNA 针对靶基因上的靶序列有部分重叠或位于靶基因的同一功能区内，是否具备创造性。

审查意见认为，对比文件 1（Stearyl polyethylenimine complexed with plasmids as the core of human serum albumin nanoparticles noncovalently bound to CRISPR/Cas9 plasmids or siRNA for disrupting or silencing PD – L1 expression for immunotherapy，Wei – Jie Cheng 等，International Journal Of Nanomedicine，第 13 卷，第 7079 – 7094 页，公开日为 2018 年 12

月 31 日）公开了："制备 PD－L1 敲除质粒的方法，包括纯化和构建质粒、设计敲除小鼠基因组 PD－L1（CD274）序列的 sgRNA，构建并评估 CRISPR/Cas9 质粒对 PD－L1 基因敲除的功效。在筛选了几种候选物后，选择 sgRNA－A（GTATGGCAGCAACGT-CACGA）和 sgRNA－B（GCTTGCGTTAGTGGTGTACT）。用载有 sgRNA－A 或 sgRNA－B 的 Lipofectamine 3000 转染细胞，通过流式细胞术评估 CT26 细胞中 PD－L1 的表达。结果显示：这两种 sgRNA 都降低 PD－L1 的表达，PD－L1 阴性细胞占比 20%，通过 CRISPR/Cas9 进行的基因编辑代表了 PD－L1 基因的永久性破坏。"（参见对比文件 1 摘要、第 7081 页左右两栏的跨栏段、第 7082 页左栏第 3 段至第 7083 页左栏第 1 段、第 7086 页左栏第 3 段至右栏第 1 段、图 2、第 7091 页右栏最后 1 段）。

该申请中 SEQ ID NO：1 和 2、SEQ ID NO：3 和 4、SEQ ID NO：5 和 6、SEQ ID NO：7 和 8、SEQ ID NO：9 和 10、SEQ ID NO：11 和 12 之间互为互补序列。经序列比对可知，对比文件 1 中 sgRNA－A 序列的起始位置仅在该申请 SEQ ID NO：2 所示序列 "AAGGACTTGTACGTGGTGG" 之后第 2 位，而对比文件 1 中 sgRNA－B 序列 "GCTT-GCGTTAGTGGTGTACT" 与该申请 SEQ ID NO：6 所示序列 "GCTTGCGTTAGTGGTG-TAC" 仅差 1 个碱基没有覆盖。

对比文件 2（靶向 PD－L1 基因的 CRISPR/Cas9 基因敲除质粒的构建，孙冉冉等，郑州大学学报（医学版），第 51 卷第 1 期，第 22－27 页，公开日为 2016 年 1 月 31 日）公开了："靶向 PD－L1 基因的 CRISPR/Cas9 基因敲除质粒的构建方法，靶向 PD－L1 基因的 gRNA 序列的设计和选择方法。根据 CRISPR/Cas9 靶点设计原则，利用 gRNA 在线设计工具（http：//crispr. mit. edu）筛选并进行脱靶效应评估，从中挑选出特异性强的 gRNA。设计的主要原则如下：3′端具有 NGG 碱基序列的 20 个连续的碱基序列，其中 PAM 序列不在 20 个连续的碱基序列范围之内；必须在外显子区域，尽量选择靠前的外显子，造成移码突变的概率较大。"（参见对比文件 2 第 23～24 页第 1.2 节）。

本领域已知小鼠 PD－L1（CD274）的基因序列，全长 3653 个碱基，包括 7 个外显子，1 号外显子的范围是第 1－69 位碱基，2 号外显子的范围是第 70～135 位碱基，3 号外显子的范围是第 136～477 位碱基。可见，对比文件 1 中 sgRNA－A 和 sgRNA－B 的靶点位置都位于该基因中 3 号外显子的范围内，同时也符合对比文件 2 中 "在外显子区域，尽量选择靠前的外显子" 的设计原则。在以上技术教导之下，本领域技术人员利用上述 gRNA 在线设计工具，从该基因靠前的外显子区域，比如 3 号外显子的范围内，选择 3′端具有 NGG 碱基序列的连续 20 个碱基左右的 sgRNA 候选靶点是容易的。因为选择范围有限，符合上述条件的候选 sgRNA 靶点也是有限的，从而获得如该申请 SEQ ID NO：1～2（从第 156 位碱基起始）、SEQ ID NO：3～4（从第 207 位碱基起始）、SEQ ID NO：5～6（从第 233 位碱基起始）、SEQ ID NO：7～8（从第 279 位碱基起始）、SEQ ID NO：9～10（从第 305 位碱基起始）、SEQ ID NO：11～12（从第 346

位碱基起始）的 sgRNA 是容易的。而 sgRNA 的组合应用能够导致更多的切割和突变形式，也是容易想到的。

对此，申请人认为，第一，该申请的 sgRNA 是非显而易见的。由于 CRISPR/Cas9 系统存在脱靶效应，为提高基因编辑效率，减少脱靶情形，需要在 sgRNA 设计中考虑 sgRNA 长度、sgRNA 序列的碱基组成、种子序列与脱靶位点的匹配数、启动子的种类、靶向基因的结合位置等多种因素，还要考虑如此设计的 sgRNA 是否具有活性。虽然对比文件 1 公开了针对 PD－L1 基因的 sgRNA，但是其并没有完全公开该申请的 sgRNA。而不同的 sgRNA 具有不同的切割效率，这是需要进行摸索的。对比文件 2 仅仅披露了 sgRNA 设计的原则，但设计原则的公开并不意味着结果的可预期性，任何 sgRNA 都是根据本领域基本的原则设计的。原则只是保证能最大概率地产生效果，但是并不能保证能产生较好的效果。

第二，该申请的 sgRNA 具有预料不到的效果。该申请中 sgRNA 的敲除效率（75%）远高于对比文件 1 中 sgRNA－A 或 sgRNA－B 的效率（20%），产生了预料不到的技术效果。

复审决定[①]中指出，第一，对比文件 1 公开了用于特异性敲除 PD－L1 基因的 sgRNA－A 和 sgRNA－B，其分别与该申请 SEQ ID NO：2 和 6 所示的 sgRNA 位点接近甚至重叠。而且对比文件 2 给出了设计 sgRNA 的设计原则，即①选择 3′端具有 NGG 碱基序列的 20 个连续的碱基序列，其中 PAM 序列不在 20 个连续的碱基序列范围之内。②必须在外显子区域，尽量选择靠前的外显子，造成移码突变的概率较大。对比文件 2 还公开了通过体外实验，从中筛选出效率较高的 gRNA，以增加成功率和增强敲除效率（参见对比文件 2 第 23－24 页第 1.2 节、第 26 页右栏第 1 段）。本领域已知小鼠 PD－L1（CD274）基因及蛋白编码序列，以及它包括 7 个外显子和这些外显子所涵盖的碱基范围。并且对比文件 1 中所述 sgRNA－A 和 sgRNA－B 的靶点位置均位于该基因 3 号外显子的范围内，也符合"在外显子区域，尽量选择靠前的外显子"的设计原则。本领域技术人员在此基础上有动机从该基因靠前的外显子区域，比如 3 号外显子的范围内（第 136~477 位碱基），选择 3′端具有 NGG 碱基序列的连续 17~20 个碱基的 sgRNA 候选靶点。由于选择范围有限，符合上述条件的候选 sgRNA 靶点也是有限的，因而容易获得如该申请 SEQ ID NO：1－12 所示的 sgRNA，并通过体外实验，从中筛选出切割效率和敲除效率较高的 sgRNA。而如果不需要移码突变，则可以对选择的靶点位置进行适当的调整，根据对比文件 2 公开的设计原则设计 sgRNA，并通过体外实验，从中筛选出切割效率和敲除效率较高的 sgRNA。

第二，该申请所述 sgRNA 的敲除效率为 75%，实质上是将 sgRNA1 和 sgRNA2（即

① 国家知识产权局第 313420 号复审决定（发文日：2022－06－27）。

该申请 SEQ ID NO：1~4 所示的序列）的多重 sgRNA 共同导入细胞获得的 PD-L1 敲除效率。而对比文件 1 测试的是 sgRNA-A 或 sgRNA-B 两者之一在测试细胞中导致的 PD-L1 敲除效率。本领域公知，通过引入多重 gRNA，可实现多重基因的表达调控，具有简单、高效和精确的特点（参见《高级微生物学》，何培新，中国轻工业出版社，公开日为 2017 年 8 月 31 日，第 220 页）。本领域技术人员经过合理分析容易推断得知，靶向相同基因的两个 sgRNA 的组合应用能够降低对该基因的脱靶情况，并导致更多的切割和突变形式，可以获得比单一 sgRNA 更高的敲除效率。在此基础上，本领域技术人员有启示构建针对不同基因的多重 sgRNA 实现对多基因的表达调控，也有动机构建针对同一个基因的不同位点的多重 sgRNA 实现对单个特定基因的敲除。比如构建靶向 PD-L1 基因的多重 sgRNA，并通过体外实验，挑选出互相之间具有协同作用、敲除效率更好的多重 sgRNA。而且现有技术中也不存在针对同一个基因的多重 sgRNA 的敲除效率一定会降低的技术障碍。另外，该申请权利要求 1 涉及的是包括任意 SEQ ID NO：1~4 所示的 sgRNA，任意序列并不能带来该申请说明书中记载的多重 sgRNA 所导致的 75% 敲除效率的技术效果。此外，该申请与对比文件 1 使用的测试细胞种类不同，这也会导致敲除效率存在差异。

综上所述，在对比文件 1 和 2 的教导下，本领域技术人员容易获得如该申请 SEQ ID NO：1~4 所示的 sgRNA。而且如前所述，该申请 SEQ ID NO：1~4 所示的 sgRNA 也没有取得预料不到的显著效果。因此，权利要求 1 相比于对比文件 1 和 2 的组合不具备创造性。

从该案可以看出，如果现有技术公开了使用相同类型的 CRISPR/Cas 技术并编辑相同的靶基因，两者的区别技术特征仅在于各自的 sgRNA 针对靶基因上的靶序列有部分重叠或位于靶基因的同一功能区内。由于在有限的序列范围内设计和调整 sgRNA 序列属于常规技术，获得所述特定序列的 sgRNA 相对于现有技术是显而易见的。进而，如果没有证据表明所述特定序列的 sgRNA 取得的技术效果超出了本领域技术人员合理预期的范围，则所述利用特定序列 sgRNA 通过 CRISPR/Cas 系统编辑靶基因的技术方案通常不具备创造性。

【案例 5】 当 sgRNA 的效果没有充分验证时对创造性的考量

该案专利涉及利用 CRISPR/Cas9 技术沉默 BADH2 基因并培育香稻植株的方法。该案在实质审查阶段被驳回后经历了专利复审阶段。

进入实质审查阶段的权利要求共有 10 项。其中独立权利要求 5 的记载如下：

5. 一种带有 Badh2 基因敲出后的基因序列的香稻的制备方法，其特征在于：利用 CRISPR/Cas 技术，选择与代谢香味相关的基因 Badh2，在其序列中找到可以剪辑的

NGG 目标靶点，根据目标靶点周边的基因序列，设计基因打靶 gRNA 组装序列，构建 gRNA 靶点质粒，通过农杆菌转化法或其他转化法将目标基因转到水稻基因组中；对基因 Badh2 目标靶点进行精确的剪辑，将基因 Badh2 沉默，从而积累 2AP 使稻米产生香味，而不影响其他的基因和功能；再通过自交或杂交将遗传转化到水稻基因组中的基因片段与被剪辑的基因分离，快速得到纯合可以稳定遗传的香稻。

驳回决定针对的权利要求共有 7 项，其中独立权利要求 5 的记载如下：

1. 一种带有 BADH2 基因敲出后的基因序列的香稻的制备方法，其特征在于：包括以下步骤：（1）在 BADH2 基因中找到具有 NGG 特异性结合 crRNA 的 21～23bp 的核苷酸序列，即 gRNA 靶点位置；其序列如 SEQ ID NO：2 至 6、9、12、13 任一所示；（2）根据步骤（1）中的特异性的核苷酸序列进行 gRNA 靶位设计，再利用体外酶切活性检测 SST gRNA 靶点效率；（3）根据步骤（2）中体外切割活性检测结果，选择酶切效率高的靶点，构建 gRNA 质粒；（4）将构建的 gRNA 质粒通过农杆菌转化法或其他转化法转到水稻的基因组中；（5）Cas9 核酸酶在 gRNA 的引导下定向切割该基因序列，造成 DNA 的双链断裂，利用 DSB 的修复机制，实现基因的定点敲除；（6）BADH2 基因被定点敲除后的植株通过自交或受体亲本杂交将转基因的片段与敲除的基因分离得到遗传稳定的香稻。

关于说明书公开的内容，概括如下：实施例中针对 BADH2 基因第 1、2、7 号外显子设计了 12 条 gRNA 序列，检测 Cas9/gRNA 的体外酶切活性。选择活性大于 70% 的部分 gRNA 构建质粒，表达载体在农杆菌中稳定性检测，以及农杆菌介导的水稻遗传转化的具体方法。但是，实施例中没有披露转基因水稻植株中 BADH2 基因敲除的相关实验数据。

该案的焦点问题是，sgRNA 针对靶基因上的靶序列不同，但该申请的实验数据和/或技术效果的验证程度相比现有技术不够充分，发明是否具备创造性。

审查意见认为，对比文件 1（Badh2, Encoding Betaine Aldehyde Dehydrogenase, Inhibits the Biosynthesis of 2 - Acetyl - 1 - Pyrroline, a Major Component in Rice Fragrance, Saihua Chen 等, The Plant Cell, 第 20 卷, 第 1850 - 1861 页, 公开日为 2008 年 7 月 31 日）公开了："2 - 乙酰 - 1 - 吡咯啉（2AP）是水稻香味中一种有效的香味成分。在水稻中，甜菜碱醛脱氢酶（BADH2）的显性等位基因 BADH2 抑制了 2AP 的合成。相反，它的两个隐性等位基因 BADH2 - E2 和 BADH2 - E7 可以诱导 2AP 的形成。表达全长的 BADH2 编码序列的转基因株系中 2AP 水平显著降低。相应的，全长的 BADH2 蛋白（503 个氨基酸）仅出现在非香味转基因水稻品种中。据推测，BADH2 蛋白会催化甜菜碱醛、4 - 氨基丁醛（AB - ald）和 3 - 氨基丙醛的氧化。BADH2 非功能性等位基因的存在导致 AB - ald 积累和 2AP 生物合成增强。这些数据表明，BADH2 通过耗尽 2AP 的前体 AB - ald 来抑制 2AP 生物合成，而 BADH2 非功能性等位基因导致 AB - ald 积累，从而开启 2AP 生物合成途径。"（参见对比文件 1 摘要、第 1858 页左栏第 2 段）。可见，对比文件 1 给出了通过使 BADH2 功能缺失来促进水稻中香味相关物质 2AP 积累的启示。

对比文件 2（Targeted genome modification of crop plants using a CRISPR – Cas system，Qiwei Shan 等，Nature Biotechnology，第 31 卷第 8 期，第 686 – 688 页，公开日为 2013 年 8 月 31 日）公开了："以 CRISPR/Cas9 系统对水稻 BADH2 基因进行编辑的方法。为测试 sgRNA：Cas9 是否能在水稻中诱导基因敲除，用 Cas9 质粒和用于切割 BADH2 基因的 sgRNA 表达质粒转入水稻愈伤组织细胞。将转化的愈伤组织培养成完全植株。在 98 株转基因植物中有 7 株（7.1%）检测到 BADH2 突变。BADH2 基因上的靶序列为：GCAGATCTTGCAGAATCCTTGG，crRNA 的 gRNA 核苷酸序列为：AAACAGGATTCTG-CAAGATCTGC（23bp）。"（参见对比文件 2 第 686 页右栏第 2 – 3 段、图 1、图 4、补充材料中表 1 ~ 表 2、表 4）。可见，对比文件 2 教导了利用 CRISPR/Cas9 技术能够在水稻中成功诱导 BADH2 基因敲除突变。

对比文件 3（A Robust CRISPR/Cas9 System for Convenient，High – Efficiency Multi-plex Genome Editing in Monocot and Dicot Plants，Xingliang Ma 等，Molecular Plant，第 8 卷，第 1274 – 1284 页，公开日为 2015 年 8 月 31 日）公开了："利用植物密码子优化 Cas9 基因，在单子叶植物和双子叶植物中使用 CRISPR/Cas9 系统，方便高效地进行多重基因组编辑。通过同时靶向一个基因家族的多个（最多八个）成员、生物合成途径中的多个基因，或者单个基因中的多个位点，提供了基因突变且功能缺失的 T0 水稻和 T1 拟南芥。该系统为植物遗传改良中进行多基因和基因家族的功能研究提供了一个多功能的工具箱。"（参见对比文件 3 摘要，第 1281 – 1282 页"方法"部分）。可见，对比文件 3 公开了适用于植物遗传改良的 CRISPR/Cas9 系统。

由于对比文件 1 给出了通过使 BADH2 功能缺失来促进香味相关物质 2AP 积累的启示，本领域技术人员有动机敲除 BADH2 基因来制备香稻。对比文件 2 和 3 均公开了用 CRISPR/Cas9 系统对水稻 BADH2 基因进行编辑的方法步骤，并且对比文件 2 教导了利用 sgRNA：Cas9 能够获得 BADH2 基因敲除的转基因水稻植株。因而本领域技术人员容易想到利用 CRISPR/Cas9 技术制备包含 BADH2 基因敲除的教导。

关于技术效果，对比文件 2 公开了靶向 BADH2 基因的 gRNA 能够在水稻体内成功诱导 BADH2 基因突变。而该申请说明书仅公开了所述多条 gRNA 的体外酶切活性，并未对它们的体内活性进行验证，未提供证据表明它们能够在水稻体内有效诱导 BADH2 基因突变，从而获得带有 BADH2 基因敲除的香稻。因而该申请所述 gRNA 例如 SEQ ID NO：2 至 6、9、10、12、13 仅属于本领域技术人员在现有技术的基础上通过常规筛选方法容易获得的，并未使该申请的制备方法产生预料不到的技术效果。

对此，申请人提出：第一，从总的发明构思来看，权利要求 1 与对比文件 1 和 2 的目的不同。该申请中利用 CRISPR/Cas9 技术，根据 BADH2 基因筛选出该基因的靶点位置，构建 gRNA 靶点质粒，通过基因编辑对靶标沉默进而制备香稻。虽然对比文件 1 公开了 BADH2 基因与香味合成有关，但是仅指出 BADH2 显性基因抑制所述香味物质的表达，隐性基因能够诱导该香味物质的表达，其并没有给出通过对 BADH2 基因沉默来制备香稻的技术启示。对比文件 2 并不是特意针对 BADH2 基因用普通稻制备香稻，没有教导该发明所要获得的香稻。

第二，从获得的具体结果来看。该发明首次利用 CRISPR/Cas9 技术将基因 BADH2 沉默，从而积累 2AP 使稻米产生香味，而且不影响其他的基因和功能，进而可以通过自交或杂交将遗传转化 gRNA 靶点质粒中的基因片段与编辑的基因分离，而不影响水稻的其他性状，快速得到纯合且稳定遗传的香稻。对比文件 1～3 均没有给出通过将 BADH2 基因沉默，从而积累 2AP 使稻米产生香味，而且不影响其他基因和功能的教导。对比文件 1 没有明确给出寻找到该申请中靶点序列的启示。对比文件 2 仅是验证 CRISPR/Cas9 技术的可行性，并没有特意针对 BADH2 基因作深入的研究，因而不会获得后续的结果。该申请通过体外测试筛选得到体外酶切活性在 70% 以上的 SEQ ID NO：2 至 6、9、12、13 任一所示序列。由于体外酶切活性如此之高，也就能够预期其在体内的表现。体外酶切活性效果更好也代表着在体内能够发挥更好的作用。不能要求说明书中提供实际得到的香稻品种，根据本领域普通技术知识能够合理预期应该得到认可。虽然在实验中可能存在脱靶的问题，但是可以通过重复实验来获得预期的结果，不能因为某一次实验不成功就否定该发明的可预期性。因此，该申请权利要求 1 具备创造性。

复审决定①中指出：第一，对比文件 1 公开了全长的 BADH2 蛋白存在抑制 2AP 生物合成而使水稻不具有香味，而 BADH2 的非功能性等位基因（无效等位基因/隐性等位基因）能够诱导 2AP 合成。根据上述内容，本领域技术人员可以知晓，对比文件 1 教导了通过使 BADH2 功能缺失来促进水稻中香味相关物质 2AP 合成和积累，从而有动机通过敲除 BADH2 基因来制备香稻。对比文件 2 验证了 98 株转基因植物中有 7 株（7.1%）检测到 BADH2 突变，因而明确教导了通过 CRISPR/Cas9 技术能够在水稻中成功诱导 BADH2 基因敲除突变。对比文件 3 也公开了适用于植物遗传改良的 CRISPR/Cas9 系统。因此，在对比文件 1 的基础上结合对比文件 2 和 3 的技术内容，本领域技术人员有动机且容易做到通过 CRISPR/Cas9 技术敲除 BADH2 基因以制备香稻。

第二，虽然对比文件 2 没有公开敲除 BADH2 基因可以使普通水稻转化为香稻，但是其获得了 BADH2 基因敲除的转基因水稻，因而其实际上可以达到制备香稻的技术效果。相比而言，该申请没有检测和证明利用 CRISPR/Cas9 技术将 BADH2 基因沉默，是

---

① 国家知识产权局第 299038 号复审决定（发文日：2022 - 03 - 28）。

否会影响水稻中其他的基因和功能，也未提供证据表明通过自交或杂交将遗传转化gRNA 靶点质粒中的基因片段与编辑的基因分离，而不影响水稻的其他性状，能够得到纯合的可以稳定遗传的香稻。该申请实施例中所验证的多条 gRNA 体外活性是非细胞水平上的，并未验证其在细胞或植物体内的活性。因此，本领域技术人员难以根据该申请的体外酶切活性来预测 gRNA 在体内必然能够发挥"同样"的作用。而且如果制备的 gRNA 存在脱靶问题，也不是通过简单的重复实验就能够解决的，需要重新设计gRNA 并检测其效果。由于该申请说明书中没有提供证据表明所述多条 gRNA 能够在水稻体内高效率地诱导 BADH2 基因沉默突变，并获得带有 BADH2 基因敲除后的基因序列的香稻。因而该申请的 gRNA 仅属于本领域技术人员在现有技术的基础上通过常规筛选方法容易获得的，且未产生预料不到的技术效果。因此该申请权利要求 1 的制备方法不具备《专利法》第 22 条第 3 款规定的创造性。

从该案来看，现有技术公开了使用相同类型的 CRISPR/Cas 技术并编辑相同的靶基因，两者的区别技术特征在于各自的 sgRNA 针对靶基因上的靶序列不同。而该申请说明书中公开的实验数据和/或技术效果的验证程度相比现有技术不够充分和/或不够显著。那么，由于本领域技术人员能够在现有技术的基础上、在有限的序列范围内通过常规设计方法和筛选方法获得相应的 sgRNA 序列，且由于验证程度不足，难以证明产生了预料不到的技术效果，因此通常认为所述特定序列的 sgRNA 相对于现有技术是显而易见的。可见，以 sgRNA 作为发明点的技术方案，需要更加注重实验技术的验证程度和数据效果的说服力。

【案例 6】 当效应蛋白存在跨物种间的转用时对创造性的考量

该案专利涉及包含人 APOBEC3A 脱氨酶的碱基编辑器在植物细胞中的应用。该案经过实质审查后获得授权。

进入实质审查阶段的权利要求共有 28 项。其中独立权利要求 1、17 的记载如下：

1. 一种碱基编辑系统，其包含以下 i）至 v）中至少一项：i）碱基编辑融合蛋白，和向导 RNA；ii）包含编码碱基编辑融合蛋白的核苷酸序列的表达构建体，和向导 RNA；iii）碱基编辑融合蛋白，和包含编码向导 RNA 的核苷酸序列的表达构建体；iv）包含编码碱基编辑融合蛋白的核苷酸序列的表达构建体，和包含编码向导RNA 的核苷酸序列的表达构建体；v）包含编码碱基编辑融合蛋白的核苷酸序列和编码向导 RNA 的核苷酸序列的表达构建体；其中所述碱基编辑融合蛋白包含核酸酶失活的CRISPR 效应蛋白和 APOBEC3A 脱氨酶，所述向导 RNA 能够将所述碱基编辑融合蛋白靶向细胞基因组中的靶序列，从而所述碱基编辑融合蛋白导致所述靶序列中的一或多个 C 被 T 取代。

17. 一种产生经遗传修饰的植物的方法，包括将权利要求 1 ~ 16 中任一项的系统导入植物，由此所述向导 RNA 将所述碱基编辑融合蛋白靶向所述植物基因组中的靶序列，导致所述靶序列中的一或多个 C 被 T 取代。

授权的权利要求共 27 项。其中独立权利要求 1 的记载如下：

1. 一种产生经遗传修饰的植物的方法，包括将用于对植物细胞基因组中的靶序列进行碱基编辑的系统导入植物，所述系统包含以下 i) 至 v) 中至少一项：i) 碱基编辑融合蛋白，和向导 RNA；ii) 包含编码碱基编辑融合蛋白的核苷酸序列的表达构建体，和向导 RNA；iii) 碱基编辑融合蛋白，和包含编码向导 RNA 的核苷酸序列的表达构建体；iv) 包含编码碱基编辑融合蛋白的核苷酸序列的表达构建体，和包含编码向导 RNA 的核苷酸序列的表达构建体；v) 包含编码碱基编辑融合蛋白的核苷酸序列和编码向导 RNA 的核苷酸序列的表达构建体；其中所述碱基编辑融合蛋白包含核酸酶失活的 CRISPR 效应蛋白和 APOBEC3A 脱氨酶，所述向导 RNA 能够将所述碱基编辑融合蛋白靶向植物细胞基因组中的靶序列，从而所述碱基编辑融合蛋白导致所述靶序列中的一或多个 C 被 T 取代，其中所述核酸酶失活的 CRISPR 效应蛋白是核酸酶失活的 Cas9 或核酸酶失活的 LbCpf1，所述核酸酶失活的 Cas9 由 SEQ ID NO：4 的氨基酸序列组成。

关于说明书公开的内容，概括如下：实施例 1 中构建了碱基编辑器 A3A - PBE 系统，并验证其基因编辑效率。实施例 2 ~ 3 验证了 A3A - PBE 在小麦和水稻细胞中、在四倍体马铃薯中的突变效率和编辑窗口。实施例 4 测试了 A3A - PBE 在内源植物基因内高 GC 位点处的编辑效率。实施例 5 测试了 A3A - PBE 在与 3 种 sgRNA 结合时产生的多样化突变。实施例 6 公开了培育采用 A3A - PBE 碱基编辑的突变植物。实施例 7 验证了 A3A - PBE 碱基编辑的多样化和精确性。实施例 8 中对 A3A - PBE 融合基因作进一步优化。实施例 9 描述了水稻参考基因组序列的计算分析结果。实施例 10 中构建了基于 Cpf1 的 A3A 碱基编辑器。

该案的焦点问题是，将现有技术中的人 A3A 脱氨酶构建成碱基编辑器并应用到植物细胞中，是否具备创造性。

审查意见认为，对比文件 1（A fluorescent reporter for quantification and enrichment of DNA editing by APOBEC - Cas9 or cleavage by Cas9 in living cells，Amber St. Martin 等，Nucleic Acids Research，第 46 卷第 14 期，文章号 e84，第 1 - 10 页，公开日为 2018 年 5 月 9 日）公开了："一种人 APOBEC3A - Cas9n - UGI 碱基编辑复合物与向导 RNA 结合用于高效地进行靶序列中 C 至 T 的碱基编辑。该复合物包含 Cas9n（其属于一种核酸酶失活的 CRISPR 效应蛋白）和 APOBEC3A（A3A）脱氨酶。该 APOBEC3A 脱氨酶通过接头融合至 Cas9n 的 N 端，该复合物还可包含 NLS、UGI、Gam 等序列。所述复合物以构建体的形式 A3A - Cas9n - UGI 与 gRNA 共转染入细胞。"（参见对比文件 1 摘要、第 5 页左栏第 2 段至右栏第 1 段、图 1）。

对比文件 2（WO2018071868A1，公开日为 2018 年 4 月 19 日）公开了："核碱基编辑器的腺相关病毒（AAV），其包含编码核碱基编辑器的核苷酸序列，且所述核苷酸序列进一步包含与启动子可操作地连接的编码 gRNA 的核苷酸。所述核碱基编辑器包含与无催化活性的 Cas9 或 Cas9 切口酶的 N 端融合的胞嘧啶脱氨酶，所述胞嘧啶脱氨酶选自 APOBEC3A（A3A）以及一种包含所述 AAV 的植物细胞。"（参见对比文件 2 权利要求 33~57、说明书第 86 页）。

可见，对比文件 2 给出了将包含核酸酶失活的 CRISPR 效应蛋白和脱氨酶的核碱基编辑器用于靶向植物细胞进行碱基编辑的技术启示。并且对比文件 1 公开了包含 APO-BEC3A 脱氨酶的碱基编辑复合物比之前的碱基编辑器 BE3 更有效，具有更高的碱基编辑效率（参见对比文件 1 摘要、第 8 页左栏第 2 段至右栏第 3 段）。因此，为了实现对植物细胞中靶序列的高效碱基编辑，在对比文件 1 的基础上结合对比文件 2 给出的技术启示，本领域技术人员有动机设计靶向植物细胞的向导 RNA，进而将包含核酸酶失活的 CRISPR 效应蛋白和 APOBEC3A 脱氨酶的融合蛋白靶向植物细胞进行碱基编辑。此外，构建表达相关组分核苷酸序列的表达构建体属于本领域的常规技术。

对此，申请人认为，一方面，许多种类的蛋白包括酶、细胞因子、抗原等，通常具有物种特异性。此类蛋白的功能仅在特定种属的物种中实现，无法预测其能否在其他种属的物种中发挥正常功能。对比文件 1 仅公开了人 A3A 脱氨酶在人 293T 细胞中的应用，该应用途径并未跨越物种种属的限制。A3A 脱氨酶是人源胞苷脱氨酶基因家族中的一员。该家族在人类细胞中的天然功能是参与免疫反应，通过其脱氨基活性对免疫细胞的 DNA 进行 C 到 T 的编辑，以生成新的抗体并抵御病原体，或直接作用于病毒基因组 DNA 以抵御病毒的入侵。胞苷脱氨酶基因家族广泛存在于包括人类在内的脊椎动物中，却并不存在于植物中。植物中既不存在相应的免疫系统，也不存脱氨酶。因此，根据对比文件 1 中公开的人 A3A 脱氨酶仅在人源细胞中的应用，无法直接预测和推断该人脱氨酶 A3A 在植物中的应用效果。

另一方面，由于动物细胞与植物细胞的 DNA 修复方式、基因组结构（植物基因组的 GC 含量、表观遗传修饰水平、同源染色体数量、基因组大小）不同，很多碱基编辑工具在动物细胞和植物细胞中具有完全不同的应用效果。例如 MLH1 - neg 可以明显提升引导编辑（prime editing）在动物细胞中的效率，但在植物中并没有类似的改善效果（参见 Enhanced prime editing systems by manipulating cellular determinants of editing outcomes，Peter J. Chen 等，Cell，第 184 卷，第 5635 - 5652 页，公开日为 2021 年 10 月 14 日）。同样的，针对植物细胞进行优化的引导编辑系统在植物中可以大幅提高编辑效率，却无法在动物细胞中发挥类似的优化作用（参见 An engineered prime editor with enhanced editing efficiency in plants，Yuan Zong 等，Nature Biotechnology，第 40 卷，第 1394 - 1402 页，公开日为 2022 年 3 月 24 日）。另外，将动物中高效的基因编辑工具直接用于植物，其编辑效率是极低或不稳定的。例如将动物来源的引导编辑系统直接应用于水稻细胞时，其编辑效率仅为 0.05% ~ 1.55%（参见 Plant Prime Editors Enable Precise Gene Editing in Rice Cells，Xu Tang 等，Molecular Plant，第 13 卷，第 667 - 670 页，公开日为 2020 年 3 月 25 日）。这种低效率或不稳定的编辑对于遗传转化较困难的物种（尤其是基因组庞大且复杂的小麦）来说几乎是不可接受的。综合以上内容，在基因编辑工具开发过程中应当充分考察该项技术所应用的技术领域，充分考虑本领域技术人员是否有动机对最接近的现有技术进行改进。

对比文件 2 要解决的技术问题是如何消除 Cas9 的大小（ >4kb）对 AAV 在基因治疗中有效递送的限制。其实施例中公开了针对哺乳动物细胞，特别是人细胞、小鼠神经元细胞优化的核碱基编辑器，但没有关于人的脱氨酶或脱氨酶结构域可以用于植物细胞的相关记载。至于对比文件 2 说明书中提及的植物细胞，其仅仅是本领域中常见的宿主细胞的简单列举。

与现有技术相比，该申请的方法解决了现有碱基编辑器对植物基因组中编辑效率偏低的问题（ <0.2%），在植物细胞高 GC 含量的背景下将编辑效率显著提高至 41.2%。因此该申请相对于现有技术取得了预料不到的技术效果。基于以上理由，该专利权利要求具备创造性，符合《专利法》第 22 条第 3 款的规定。

申请人修改申请文本时，在权利要求 1 中进一步限定核酸酶失活的 LbCpf1、核酸酶失活的 Cas9 的具体氨基酸序列的特征。对此，该案审查员接受了修改后的权利要求并作出授权。

该案属于创造性的审查中对转用发明的衡量与判断。转用发明是指将某一技术领域的现有技术转用到其他技术领域中的发明。在进行转用发明的创造性判断时通常需要考虑：转用的技术领域的远近、是否存在相应的技术启示、转用的难易程度、是否需要克服技术上的困难、转用所带来的技术效果等。如果转用是在类似的或者相近的技术领域之间进行的，并且未产生预料不到的技术效果，则这种转用发明不具备创造性。但是，如果这种转用能够产生预料不到的技术效果，或者克服了原技术领域中未曾遇到的困难，则这种转用发明具有突出的实质性特点和显著的进步，具备创造性。

三、思考与启示

当前基因编辑领域中能够代表技术发展方向的是 CRISPR 技术。虽然 CRISPR 技术的发展历史只有十余年的时间，但是与其相关的研究论文、专利申请数量都表现出突飞猛进的增长态势。CRISPR 技术本身更新迭代迅速，从第一代的 CRISPR/Cas9 技术升级到第二代的碱基编辑器技术仅用了 4 年时间。而且与 CRISPR 技术相关的衍生技术、分支技术不断涌现、不断完善。CRISPR 技术与其他种类的生物技术通过"跨界"来结合，在更多"跨领域"的应用中迅速发展。正因为 CRISPR 技术已然代表了基因编辑技术的热点领域和发展方向，所以本章将 CRISPR 技术的相关专利案例作为主要研究对象。如前文所述，对 2 种类型、6 个案例进行了详细的分析和解读。

CRISPR 技术的基础核心专利的专利权人是国外创新主体，我国的创新主体更多地关注外围技术，专注于这些技术的具体应用层面。这就导致我国的创新主体在使用 CRISPR 技术，尤其是 CRISPR/Cas9 系统时，仍然存在潜在的专利侵权风险。本章列举的案例 1～3 都属于第一代 CRISPR/Cas9 技术的基础专利。笔者通过详细阐述案例 1～3 的专利审查过程，分析了不同的审查观点，展示了权利要求保护边界的确定。

案例 1 涉及在真核生物细胞中使用的 CRISPR/Cas9 系统，该发明极大地促进了 CRISPR 技术在生命科学研究领域内的推广和应用。

该案在实质审查阶段，审查意见中引用对比文件 1 评述全部权利要求不具备创造性。对比文件 1 中的 CRISPR/Cas9 系统只能适用于原核细胞和体外无细胞环境中。而该案的 CRISPR/Cas9 系统却能够适用于真核细胞中。这两种 CRISPR/Cas9 系统在组成结构上存在明显的差异，并不是简单地将原核细胞中的 CRISPR/Cas9 系统直接应用到真核细胞中。其中两个显著的区别为：①sgRNA 中 tracrRNA 序列的长度；②Cas9 蛋白中的核定位序列。

对于区别①，该案的 CRISPR/Cas9 系统中 tracrRNA 序列长度为 50 个或更多个核苷酸。对比文件 1 中通过实验发现野生型 tracrRNA 的第 23～48 位核苷酸（对应于该案权利要求中的 tracrRNA 长度为 11～36 个核苷酸）是"能够指导 Cas9 切割 DNA 的 tracrRNA 的最小功能区域"。随后，对比文件 1 测试了两个版本的嵌合 RNA，并选择其中嵌合体 A（对应于该案权利要求中的 tracrRNA 长度为 30 个核苷酸）进行后续的 GFP 基因靶向切割实验。由此可见，对比文件 1 中选择并使用的 tracrRNA 序列长度只是在 50 个核苷酸以内。因此，正是 tracrRNA 序列长度的不同导致 sgRNA 分子结构的不同，进而导致 CRISPR/Cas9 系统组成结构上的不同，从而导致两种 CRISPR/Cas9 系统的功能不同，具体为适用于原核细胞还是适用于真核细胞。

对于区别②，原核细胞与真核细胞在细胞亚结构上最大的差异就是真核细胞含有细胞核，细胞核中包含有基因组 DNA。sgRNA、Cas9 蛋白或其表达载体在通过细胞膜进入细胞内只是第一步，后面还需要进入细胞核内部才能有机会与靶 DNA 接触，从而实现切割反应。对此，该案在 Cas9 蛋白上连接核定位信号（NLS）序列，能够使 Cas9 蛋白在真核细胞内靶向至细胞核，更有效地定位至细胞核中。

此外，对比文件 1 采用长度较短的 tracrRNA 序列仅能在原核细胞和体外无细胞环境中实现基因编辑。基于现有技术积累的整体情况，延长 tracrRNA 序列长度为 50 个核苷酸以上，以及采用 NLS 使 Cas9 蛋白靶向真核细胞的细胞核，能够实现真核细胞中的基因编辑的技术效果是难以预期的。

综合来看，该案为了将原核细胞的 CRISPR/Cas9 系统应用到真核细胞中，不是直接将已知的系统结构应用于新的环境，而是针对真核细胞应用场景的特点对已知的结构进行了改进，作出了相应的技术贡献。

在实质审查中，审查意见包括权利要求得不到说明书的支持，体现在两个方面。一是指导序列与靶序列杂交的后 12 个核苷酸之间没有错配，二是核定位序列的数量为两个以上。在无效宣告请求程序中，请求人提出权利要求得不到说明书的支持。请求理由涉及 tracrRNA 的序列长度，野生型 tracrRNA 的特定序列及其末端形成的二级结构，如何设计指导序列、tracrRNA 序列及 tracr 配对序列等几个方面。

对此，根据现有技术状况和说明书记载的内容和验证的程度，本领域技术人员在设计 tracrRNA 的具体序列组成时，通常会参照其在原核细胞中发挥作用的原始序列和机理来进行设计，具体序列组成根据靶序列确定。对于指导序列、tracr 配对序列，亦是如此。可见，在 CRISPR/Cas9 系统的基本结构已经确定的前提下，RNA 分子的具体序列组成并非对现有技术作出贡献的特征，本领域技术人员知晓如何确定，因此不需要更加严格的限制。但是，对于"指导序列与靶序列杂交的后 12 个核苷酸之间没有错配"，该特征决定了在真核细胞中的靶向功能，属于 CRISPR/Cas9 系统的基本结构，是 CRISPR/Cas9 系统发挥其必要功能的基石，因而有必要在权利要求中限定。此外，该案说明书验证了相比 1 个 NLS，当有 2 个 NLS 的 Cas9 蛋白才可以展现核定位。对于此类关系到能否解决技术问题的技术特征，且根据现有技术和该申请的验证情况无法预先确定或评价当该技术特征不存在或者上位概括时的技术效果，则应当进一步限定，使得权利的保护范围与技术贡献相匹配。

虽然该案在实质审查阶段获得授权，但是基因编辑领域中对于该案及其同族专利的挑战却在继续。如前文所述，该案的欧洲同族专利的专利权已被撤销。撤销的理由是：在先申请 P1 和 P2 的优先权不能成立，专利相比现有技术不具备新颖性、创造性。不仅在欧洲，该案的韩国同族专利也因为类似的理由未取得授权。

在无效宣告请求阶段，请求人采用了与欧洲专利相似的无效策略，同样提出了在先申请 P1 和 P2 的优先权不能成立。但是，由于中国的专利法相关规定与欧洲、韩国的不同，这也就导致了不同的审查结果。欧洲专利法对于优先权的要求是在先申请的"全部"申请人或其继承人，和在后申请的"全部"申请人完全相同或者被包含于在后申请的所有申请人之中，这样才能享受优先权。对比中国关于优先权的规定，对于进入国家阶段的 PCT 申请，当"在后申请的申请人由于在先申请的申请人的转让、赠与或者其他方式形成的权利转移"而满足"在后申请人与在先申请人相同"或者"在后申请的申请人是在先申请的申请人之一"的标准时，均能够认可享受优先权。因此，该案并没有因为申请人的主体资格导致优先权不能成立。但是，其部分权利要求却因为在先申请没有记载相同的主题而导致优先权不能成立。

权利要求 1 及其从属权利要求引用权利要求 1 的技术方案的主题是"组合物"。权利要求 2 及其从属权利要求引用权利要求 2 的技术方案的主题是"载体系统"。优先权文件 P1、P2 明确记载了包含多个载体的"载体系统",但是 P1、P2 均未记载过"组合物"。无效宣告请求审查决定中对于"组合物"的技术含义进行了解读。"组合物"是由两种或两种以上的按照一定比例组合形成的物质。基于此,虽然携带 sgRNA 分子的载体和携带 Cas9 基因的载体可以形成组合物,但是权利要求 1 要求保护的组合物仅限定了其包含的成分,并未限定"所述成分存在于载体系统中"。在这种情况下,权利要求 1 及其从属权利要求引用权利要求 1 的技术方案则不能享受 P1 和 P2 的优先权。相应地,这也导致上述技术方案相对于现有技术(例如证据 6、8 和 9 的组合)是显而易见的,不具备创造性。在经历了无效宣告之后,该专利仍然保留了主题为"载体系统"的权利要求及其相关的技术方案。

案例 2 的争议焦点主要在于衡量 crRNA、tracrRNA 和 Cas9 蛋白三者组装得到的 Cas9 - RNA 三元复合物,以及在体外用于靶标位点的特异性切割相对于现有技术是否是显而易见的。

虽然现有技术已经公开了 CRISPR 序列、Cas9 蛋白、PAM 序列、crRNA、tracrRNA 这些组分,但是 CRISPR/Cas9 系统的必要结构和功能机制并没有被完全研究透彻。在该案的优先权日之前,现有技术并没有完整和明确地披露 tracrRNA 在 CRISPR/Cas9 系统中的实际作用,更没有认识到其属于 CRISPR/Cas9 系统中必不可少的元件。现有技术中只注意到 tracrRNA 参与了 crRNA 前体分子 pre - crRNA 被加工为成熟 crRNA 的过程,并且在这个过程中 tracrRNA 和 crRNA 能够互补配对成双链体,但是其并没有揭示 tracrRNA 在 CRISPR/Cas9 系统中对靶 DNA 进行裂解反应的地位和作用。可见,现有技术中没有给出有关重组 Cas9 - crRNA 复合物的充分教导。相应地,本领域技术人员也不会有动机将 Cas9 蛋白、工程改造的 crRNA 和 tracrRNA 在体外组装成重组 Cas9 - crRNA 复合物。

CRISPR 结构早在 1987 年就被 Nakata 等人发现。直到 2002 年由 Jansen 等人正式命名。2005 年 Mojica 等人提出了 CRISPR 可能参与细菌免疫功能的假说。2007 年 Barrango 等人证明了 CRISPR/Cas 系统是原核生物的一种天然免疫系统,通过切割噬菌体的靶点破坏噬菌体基因,实现免疫功能。[①] 基于以上,重点考虑的是本领域技术人员立足于现有技术的发展状况,能否显而易见地想到 CRISPR/Cas 系统通过切割目标基因靶序列实现体外的基因编辑。

虽然 CRISPR/Cas 系统的切割性质是已知的,但是原核生物免疫和基因编辑属于不

---

① BARRANGOU R. HORVATH P. A decade of discovery: CRISPR functions and applications [J]. Nature Microbiology, 2017 (2): 17092.

同的技术领域。不同技术领域之间的转用，要考虑转用的技术领域的远近，是否存在相应的技术启示，转用的难易程度，是否需要克服技术上的困难，转用所带来的技术效果等。对于该案而言，因技术领域相差较大不存在转用的技术启示，转用需要对CRISPR/Cas系统的"基础"结构进行调整，以及因为缺乏技术启示导致技术效果难以预期。基于上述原因，这种转用是非显而易见的。

案例3与案例1存在相似之处，都是涉及CRISPR/Cas9系统在真核细胞中的应用，而且在专利审查阶段都使用了同一篇对比文件1来评价发明的创造性。对比文件1中的CRISPR/Cas9系统只能适用于原核细胞和体外无细胞环境中。而该案中的CRISPR/Cas9系统在组成结构上作出了明显的改进，使其能够应用到真核细胞尤其是人类细胞中。其中两个显著的区别为：①向导RNA在crRNA部分的5′端还包含2个附加的鸟嘌呤（G）核苷酸，和②Cas9蛋白中的核定位序列。并验证了区别特征所带来的真核细胞中基因编辑的技术效果。

同时，案例3与案例1还存在不同之处，即说明书验证程度的差异。该案说明书中通过设置对比实验的方式验证了向导RNA在crRNA的5′端含有GG二寡核苷酸的结构能够实现降低或消除脱靶突变的技术效果。而脱靶效应是基因编辑领域中长期普遍存在的问题。对比文件1没有教导或启示去改进crRNA的5′端的结构，更不会想到在5′端增加GG二寡核苷酸能够带来控制脱靶突变的技术效果。

除了以上总结的内容之外，在案例1~3的基础上，还能够进一步得到以下几个方面的启示。

第一，专利申请文件的撰写质量要更加扎实过硬。以案例1为例，由于优先权文件中没有记载"组合物"的主题，导致部分权利要求的技术方案不能享受优先权。这一判定导致引发一系列连锁反应。一部分在上述优先权文件申请日之后公开的对比文件构成了现有技术。相应地，这进一步导致上述部分权利要求相对于现有技术不具备创造性。因此，案例1在无效宣告请求阶段被宣告专利权部分无效。回顾整个案情，根源问题可能是优先权文件中缺少部分技术内容，即关于"组合物"的相关记载。由此可见，即使发明本身相比现有技术作出了很大的技术贡献，由于申请文件撰写上的瑕疵也可能导致专利权的巨大损失。

第二，专利申请、审查过程中避免出现程序上的失误。以案例1为例，其优先权文件中的申请人与在后专利申请中的申请人并不完全一致。正是上述申请人前后不一致的问题，最终导致案例1在欧洲的同族专利被撤销。专利撤销的理由是：在先申请的优先权不能成立，专利相比现有技术不具备新颖性、创造性。不仅在欧洲，案例1在韩国的同族专利也因为类似的理由未取得授权。从根源上讲，上述情况属于专利申请程序上的问题，并不是技术方案本身新颖性、创造性的问题。在不同的国家或地区申请专利，就要遵守和符合当地的专利申请规定和要求，避免因为程序上的失误而影响甚至损害到专利权。

第三，关注同族专利申请的保护范围和法律状态。以案例 1 为例，其本身存在百余项同族专利申请。在中国有分案申请，在美国、欧洲也都有很多个授权的同族专利，但是上述专利的授权范围并不完全相同。对于具体的授权专利保护范围还需要针对性的具体分析。如前文所述，案例 1 在欧洲的授权专利 EP2771468B1 已经被撤销。作为基础专利，不论从潜在的专利侵权风险还是未来的经济收益出发，其都会受到来自多方的专利挑战。因此，需要随时关注此类专利的法律状态。

第四，合理利用"加快"专利审查程序。以案例 1 为例，张锋团队在美国的同族专利申请就利用了"适用专利加速审查程序"，在短时间内获得一项授权专利 US8795965B2，相比 CVC 团队在美国的同族专利申请提前了近 4 年时间。案例 1 在中国的专利审查中，参与了 PPH 试点项目，同样缩短了审查周期。提前获得授权，可能给创新主体在未来的商业布局、发展规划带来一定的优势。当然，"加快"审查不是必选项，需要结合行业、技术、自身情况等多方面因素进行综合考量。

第五，不断开展技术创新，避开潜在的专利侵权风险。福泰制药公司因全球首个上市的 CRISPR/Cas9 基因编辑疗法 CASGEVY，已向张锋等人的 Editas Medicine 公司支付了专利许可费用。为了避开潜在的专利侵权风险，科研人员对于 CRISPR 技术从未停止深入研究和更新发展。只有进一步提高创新能力，开发新的基因编辑系统，才可能跳出现有的专利包围圈，在基因编辑领域拥有新的领地。张锋团队开发的 CRISPR/Cpf1 系统、Jennifer A. Doudna 等人研究的 CRISPR/CasX 系统或 CRISPR/CasY 系统，基本上都跳出了原有的 CRISPR/Cas9 系统的基础专利藩篱。

由此可见，这些 CRISPR 技术的基础专利一直都是这个领域中技术创新公司、创新团队头顶上悬着的利剑。为了避开潜在的专利侵权风险，科研人员对于 CRISPR 技术也在不断地深入研究和更新发展。正如前文所述，以"碱基编辑器"为代表的第二代 CRISPR 基因编辑技术在第一代技术出现仅 4 年后就开始崭露头角。这也从一个方面体现了专利制度对技术创新的激励。

对于 CRISPR 技术的应用专利，其改进方向主要包括效应蛋白和 sgRNA 两个方面。但是涉及这两个发明主题的内容还存在比较大的差别。效应蛋白的发明实质上是氨基酸序列的发现、改进或者蛋白质的修饰或融合。其中部分发明可能涉及现有的核酸酶结构上的变化。比如前文所述的 dCas9（dead - Cas9，无切割活性 Cas9）和 nCas9（nick - Cas9，单链缺刻 Cas9），其是对现有的 Cas9 蛋白的氨基酸序列进行突变，使其具备新的功能。还有部分发明可能涉及不同来源、不同类型的核酸酶，比如前文所述的 Cas9、Cas12、Cas13、Cas14 蛋白。sgRNA 的发明实质上是与靶标核酸上的靶序列互补的核苷酸序列，其引导 Cas/RNA 复合物与靶标核酸上的靶序列特异性结合。

从技术层面来看，效应蛋白在 CRISPR/Cas 系统中起着主导性作用。CRISPR 系统分为两大类、六种类型，划分的标准就是按照效应蛋白的不同家族来区分的。① 因为效应蛋白本身的结构与功能基本上决定了 CRISPR/Cas 系统的工具类型。比如 Cas9 蛋白奠定了 CRISPR/Cas9 系统，dCas9 与胞苷脱氨酶构建了胞嘧啶碱基编辑器（CBE），Cas12a、Cas13a 蛋白分别是"DETECTR""SHERLOCK"工具中的关键组分等。

与效应蛋白相比，sgRNA 高度依赖于 CRISPR/Cas 系统本身，很难脱离 CRISPR/Cas 系统而单独发挥自身与靶序列杂交的功能。此处可以类比 PCR 引物，引物本身就高度依赖于 PCR 技术，很难离开 PCR 这个平台而单独发挥作用。基于以上理由，效应蛋白和 sgRNA 在 CRISPR/Cas 系统中发挥的作用存在明显差异。因此，对于涉及效应蛋白和 sgRNA 两种不同发明主题的创造性把握和衡量尺度上也会有所不同。

通过前文中对案例 4～6 的详细分析，可以总结出一些专利审查思路，为我国的创新主体申请此类 CRISPR 技术的应用专利提供一定的参考与借鉴。

对于利用特定序列的 sgRNA 通过 CRISPR/Cas 系统编辑靶基因的专利申请，审查中可以考虑以下两种情形。

一种情形涉及利用特定序列的 sgRNA 通过 CRISPR/Cas 系统编辑靶基因的技术方案。如果现有技术公开了使用相同类型的 CRISPR/Cas 技术并编辑相同的靶基因，两者的区别技术特征仅在于各自的 sgRNA 针对靶基因上的靶序列有部分重叠或位于靶基因的同一功能区内。由于本领域技术人员能够在有限的序列范围内常规设计和调整 sgRNA 序列，因此通常认为所述特定序列的 sgRNA 相对于现有技术是显而易见的。进而，如果没有证据表明所述特定序列的 sgRNA 取得的技术效果超出了本领域技术人员合理预期的范围，则所述利用特定序列 sgRNA 通过 CRISPR/Cas 系统编辑靶基因的技术方案通常不具备创造性。

案例 4 的发明点在于靶向 PD-L1 基因的 sgRNA。对比文件 1 中特异性敲除 PD-L1 基因的 sgRNA-A 和 sgRNA-B，分别与该申请 SEQ ID NO：2 和 6 所示 sgRNA 对应的靶序列非常接近或重叠，而且靶序列都处于 PD-L1 基因 3 号外显子范围内。对比文件 2 公开了针对 PD-L1 基因 2 号和 3 号外显子设计 sgRNA 的具体实例，给出了 sgRNA 的设计原则。本领域中还包括设计 sgRNA 的在线工具等常见的技术手段。综合以上教导或启示，本领域技术人员有动机从 PD-L1 基因 3 号外显子区域内，选择 3′端具有 NGG 碱基序列的连续 17～20 个碱基的候选 sgRNA 靶序列。由于靶向相同的功能区段、选择的范围有限，符合上述条件的候选 sgRNA 靶序列数量同样有限，本领域技术人员通过体外实验能够选择出切割效率和敲除效率较高的 sgRNA，因而容易获得权利要求 1 中请求保护的 sgRNA。

---

① KOONIN E V, MAKAROVA K S, ZHANG F. Diversity, classification and evolution of CRISPR-Cas systems [J]. Current Opinion in Microbiology, 2017, 37: 67-78.

该案的技术效果是将 sgRNA1 和 sgRNA2 的多重 sgRNA 共同导入细胞获得的 PD－L1 敲除效率。而对比文件 1 的技术效果是 sgRNA－A 或 sgRNA－B 两者之一在测试细胞中导致的 PD－L1 敲除效率。本领域公知靶向相同基因的多个 sgRNA 的组合应用能够降低对该基因的脱靶情况，并导致更多的切割和突变形式，可以获得比单一 sgRNA 更高的敲除效率。在此基础上，本领域技术人员能够合理预期针对同一个基因的不同位点的多重 sgRNA 比仅使用一种 sgRNA 的敲除效率更高。此外，该申请与对比文件 1 使用的测试细胞种类不同，这也会导致敲除效率存在差异，不能通过简单对比敲除效率的数值高低来确认该申请相对于现有技术取得了预料不到的技术效果。

另一种情形是，对于利用特定序列的 sgRNA 通过 CRISPR/Cas 系统编辑靶基因的技术方案，如果现有技术公开了使用相同类型的 CRISPR/Cas 技术并编辑相同的靶基因，两者的区别特征在于各自的 sgRNA 针对靶基因上的靶序列不同。但是，该申请说明书中公开的实验数据和/或技术效果的验证程度相比现有技术不够充分和/或不够显著。那么，由于本领域技术人员能够在现有技术的基础上、在有限的序列范围内通过常规设计方法和筛选方法获得相应的 sgRNA 序列，而且由于说明书验证程度不足，难以证明产生了预料不到的技术效果，因此通常认为所述特定序列的 sgRNA 相对于现有技术是显而易见的。

案例 5 涉及制备香稻的方法，主要利用 CRISPR/Cas9 技术敲除 BADH2 基因。在技术效果方面，该申请实施例中只验证了多条 gRNA 的体外酶切活性，并未验证其在水稻中的体内活性。

对于该申请中缺乏细胞或水稻体内活性实验和验证数据的情况，可能会存在疑问，即缺乏相关数据，说明书是否充分公开？审查实践中，在判断说明书是否公开充分时，对于实验数据的要求，需要结合说明书记载的内容和现有技术综合考量。如果本领域技术人员依据现有技术能够预测在申请日之前该方案能够实现，即使说明书没有记载实验数据，也认为其技术方案是公开充分的。所述能够实现，即本领域技术人员按照说明书记载的内容，就能够实现技术方案，解决其技术问题，并且产生预期的技术效果。如果无法依据现有技术预测发明的技术效果，而说明书中又未记载任何实验数据或记载的实验数据不具有证明力，致使本领域技术人员无法确认所述技术效果能够实现，则说明书公开不充分。

该申请说明书公开是否充分的问题，即细胞或水稻体内活性数据对于所述 gRNA 引导酶切功能的确认是否是必不可少的问题。结合现有技术来看，CRISPR/Cas9 技术在基因编辑育种、植物新品种的研究与应用中已经越来越广泛。通过基因编辑的技术手段将已知基因的序列缺失部分片段或插入其他的基因片段，导致原有基因的功能缺失、沉默或产生新的功能，这些一般性的技术原理已经属于现有技术或本领域公知的。在此基础上，结合该申请说明书已经公开的体外实验数据，所述 gRNA 具有体外酶切活性，本领域技术人员依据现有技术能够预期其在水稻体内存在切割活性。就技术效果而言，简单来讲，说明书公开充分衡量发明的侧重点是"有"或"无"；而创造性衡量发明的侧重点是"优"或"劣"。

尽管该申请说明书能够满足充分公开的要求，但是这并不意味着权利要求符合创造性的相关规定。该申请说明书没有公开在细胞或水稻体内敲除 BADH2 基因的相关验证数据，也就无法提供所述 gRNA 在体内的切割活性、BADH2 基因的敲除效率、水稻的转化效率、稳定遗传效果等直接证据。因此，本领域技术人员难以根据该申请中体外酶切活性的实验效果来预测体内能够发挥何种程度的作用。此外，对比文件 2 公开了利用 CRISPR/Cas9 技术在水稻中诱导敲除 BADH2 基因，并且成功制备得到了转基因水稻植株。通过该申请与对比文件 2 的比较可知，两者都是利用 CRISPR/Cas9 技术，都是在转基因水稻领域中的具体应用，都是敲除 BADH2 基因。因此通过常规设计或有限的试验能够获得 gRNA 的结构就是显而易见的。同时比较技术效果，一项发明只得到了体外数据，另一项发明已经得到了转基因植物。由此可见，在对比文件 2 的基础上，本领域技术人员容易预期到制备转基因香稻的技术效果。因此该申请相对于对比文件并未产生更优或者预料不到的技术效果。

以"碱基编辑器"为代表的第二代 CRISPR 基因编辑技术的相关专利申请在近年来数量增长明显加快。与"碱基编辑器"相关的主题更倾向于涉及"融合蛋白"的发明。由于融合蛋白是将不同功能片段重新组合而成的产品，这些功能片段的亲本蛋白往往是现有技术已知的。在融合蛋白发明创造性审查中，在现有技术的教导下，主要考虑本领域技术人员是否"有动机"将现有的功能片段以特定方式融合获得新的融合蛋白。

在判断是否"有动机"时，要考虑以下方面：首先，要全面准确掌握技术事实，这些技术事实包括本申请的技术方案和验证情况、对比文件公开和实践证明的内容、现有技术的整体情况等。其次，在全面准确掌握了技术事实的情况下，如果现有技术给出了某些功能片段有可能用于制备融合蛋白的教导，还需要进一步考虑获得发明的技术方案是否存在"合理的成功预期"。如果存在"合理的成功预期"，这种预期使本领域技术人员"有动机"改进最接近的现有技术，从而获得要求保护的发明，则发明是显而易见的。反之，如果缺乏"合理的成功预期"，则现有技术的教导仅仅视为一种泛泛教导，并不能为本领域技术人员提供具体的指引。因此，本领域技术人员将不会产生"动机"获得发明，此时如果发明取得了有益的技术效果，则该发明是非显而易见的。

案例 6 涉及包含人 APOBEC3A（A3A）脱氨酶的碱基编辑器在植物细胞中的应用。所述碱基编辑器 APOBEC3A - Cas9n - UGI 复合物包含 Cas9n 和人 APOBEC3A 脱氨酶。人 A3A 脱氨酶在人类细胞中的天然功能是参与免疫反应，而且胞苷脱氨酶基因家族广泛存在于包括人类在内的脊椎动物中。相比而言，植物中不存在动物体内中那样的免疫系统，更不包含或表达上述胞苷脱氨酶基因家族。可见，该案的主要发明点就在于将人 A3A 脱氨酶转用到植物中，跨越物种之间的壁垒进行碱基编辑。

对此，对比文件 1 仅公开了人 A3A 脱氨酶在人 293T 细胞中的应用。对比文件 2 仅公开了适用于哺乳动物细胞的核碱基编辑器。对比文件 1 和 2 都没有公开和验证人 A3A 脱氨酶在植物细胞中应用的具体实例。虽然对比文件 2 提及了植物细胞，但只是作为宿主细胞的简单泛泛地列举，并没有相关的验证数据。本领域技术人员难以从中获得具有合理的成功预期的技术启示。可见，对比文件 1 和 2 都没有给出将人 A3A 脱氨酶转用到植物中的技术启示。

对于技术效果方面，该案的碱基编辑器在转化效率方面比对照组提高约 12 倍，具有更宽的编辑窗口。该申请的方法在植物细胞高 GC 背景下将编辑效率提高至 41.2%，解决了现有碱基编辑器对植物基因组中包含大量 $5'-GC-3'$ 序列编辑效率较偏低的问题（<0.2%）。综合来看，该案的技术方案取得了预料不到的技术效果。

【专家点评】

十余年来，CRISPR 技术的发明、升级、拓展，推动了一个新领域的蓬勃发展。在产生大量的专利申请的同时，也给专利审查实践带来了新的挑战。如何判断基础专利的创造性，保护范围与技术贡献的匹配，在应用层面如何区分不同主题的技术贡献把握创造性的尺度等，本章通过 6 个典型案例进行了详细的分析和解读。案例 1~3 属于 CRISPR 技术的基础性专利。案例 1 涉及在真核细胞中适用的 CRISPR/Cas9 系统的基础专利，从创造性、说明书支持、优先权成立的程序和实体角度展示了专利保护范围如何确定。案例 2 涉及 Cas9 - crRNA 复合物，案例 3 涉及人类细胞中切割靶基因的方法，当 Cas9 - crRNA 复合物的各组分和 CRISPR/Cas9 系统的原理和设计方法都属于现有技术，如何评价发明的创造性。案例 4~6 属于 CRISPR 技术的应用型专利。案例 4 中 sgRNA 序列与现有技术部分重叠或相邻，案例 5 中 sgRNA 的效果没有相对现有技术更为充分的验证，案例 6 中碱基编辑器的跨物种间的转用，3 个案例均涉及发明的创造性如何把握。希望这些研究能够为我国创新主体在基因编辑技术的研发和应用，专利申请和运用的过程中，提供一定的借鉴与帮助。

（点评专家：黄磊）

第 四 章
病毒载体技术专利保护

基因治疗是一种新兴的医疗技术，旨在通过修复或替换缺陷基因来治疗遗传性疾病。基因治疗需要将特定基因安全、有效地导入宿主细胞，实现基因的表达。病毒经过长期进化，可以高效转染宿主细胞，因此多种病毒被开发成病毒载体，成为基因治疗的重要工具。为了降低病毒载体的致病性并提高其转基因效率，科学家们对其进行了一系列的改造，包括删除病毒基因、改变包装信号等。为了确保治疗基因的有效表达以及安全性，病毒载体通常需要进行定向递送，例如通过靶向特定组织或细胞进行递送。病毒载体作为基因治疗已经取得了显著的进展，然而，病毒载体在使用过程中仍然存在很多的问题和一定的风险，如体内预先存在的免疫反应和插入突变等。因此，科学家们正在努力开发更加安全、有效的病毒载体，以推动基因治疗的进一步发展。

一、病毒载体的类型和技术发展状况

基因重组技术的发展使病毒载体尤其是复制缺陷型病毒载体的使用成为可能。病毒经过改造删除其基因组中的致病基因，保留其携带基因进入宿主细胞的功能，成为复制缺陷型病毒。目前常用的病毒载体有：腺病毒（adenovirus）、腺相关病毒（adeno – associated virus，AAV）、慢病毒（lentivirus）、痘病毒（poxvirus）、杆状病毒（baculovirus）、单纯疱疹病毒（herpes simplex virus）等。其中，腺病毒载体、腺相关病毒载体和慢病毒载体是 3 种临床常用的病毒载体（见表 1）。

表 1　病毒载体类型

病毒载体类型	腺病毒	腺相关病毒	慢病毒（HIV – 1）
基因组	双链 DNA	单链 DNA	单链 RNA
基因组大小	36kb 左右	4.7kb 左右	9.7kb 左右
包装容量	26~45kb	4.7kb	9~10kb

（一）慢病毒载体

慢病毒（lentivirus）是一组潜伏期较长的逆转录病毒，并且可以整合到分裂和非分裂细胞中。病毒基因组在分裂过程中传递给子细胞，使其成为最有效的基因传递载体之一。大多数慢病毒载体基于人类免疫缺陷病毒（HIV），而慢病毒具有很高的突变和重组率，因此 HIV 在载体制造过程中通过重组产生自我复制的可能性是一个严重的安全问题。为了降低这种可能性，可以将必须基因分别构建到不同的质粒中，并且删除 4 个病毒辅助基因（vif、vpr、vpu 和 nef），需要经过多个重组事件才能够重建具有复制能力的慢病毒。

目前已经开发了四代慢病毒载体。慢病毒载体相对于 AdV 和 AAV 病毒载体的优点是不产生免疫原性蛋白，并可以提供长期稳定的基因表达的能力，上述特点有利于其在儿童和青少年中应用。[①]

（二）腺病毒载体

腺病毒是一种无包膜的双链 DNA 病毒，直径 70～90nm，基因组长约 36kb，具有核衣壳，呈规则的 20 面体结构。目前已知的人体腺病毒血清型有 51 种，可以与各种细胞表面蛋白结合。作为第一个用于基因治疗的工具，腺病毒的基因组信息明确，遗传稳定，转基因容量大，且易于大规模生产。迄今为止，已有超过 450 个方案被批准用于临床试验。基因治疗中应用最多的是人 5 型腺病毒（Ad5）。[②] Ad5 在人类中血清阳性率为 40%～60%，我国人群的感染率更高，导致了 Ad5 的使用受到限制。目前为止，已经开发了三代腺病毒载体，第一代腺病毒载体仍是常用的腺病毒载体。第一代腺病毒载体基因组只去除了 E1 和 E3 基因，大大降低病毒复制可能的同时增加了载体容量，使其只能在表达 E1 基因的细胞中进行包装和复制，包装出毒率和滴度都比较高。但由于保留了大部分病毒基因，导致其免疫原性高。[③]目前，腺病毒载体广泛应用于肿瘤治疗和疫苗载体，例如新型冠状病毒疫苗。

（三）腺相关病毒载体（adeno – associated virus，AAV）

AAV 是单链 DNA 病毒，基因组长度约为 4.8kb，包含三种结构蛋白，即 VP1、VP2 和 VP3，需要与辅助腺病毒或辅助疱疹病毒共同感染实现高效感染。AAV 目前还没有与任何已知的人类疾病相关联。由于 AAV 独特的生物学特性，其成为基因治疗领域的首选载体，例如低免疫原性、高转导效率。载体构建需要删除 Rep、Cap 编码基

①③　LI X D，LE Y，ZHANG ZH G，et al. Viral Vector – Based Gene Therapy ［J］. International Journal of Molecular Sciences，2023，24：7736.

②　宋向明. 肿瘤基因治疗的病毒载体研究进展 ［J］. 医学综述，2014（6）：1006 – 1009

因，仅仅保留两端的 ITR 及其相邻的 45 个核苷酸序列包装生产重组 AAV 载体，因此载体非常安全。[①] AAV 能够靶向特定的组织和细胞类型，从而提高基因治疗的准确性和有效性。大部分 AAV 以非整合状态存在，在脑、肌肉和视网膜等组织中稳定表达的时间可以超过一年。[②] AAV 的特异位点整合于人类 19 号染色体的 S1 位点上，从而避免随机整合导致细胞突变的危险。[③] 同时 AAV 载体具有较好的热稳定性和抗酸、碱以及抗有机溶剂处理的特点，便于储存。虽然 AAV 作为载体在基因治疗领域有着广阔的应用前景，已经有 200 多种不同的分子工程设计和天然存在的 AAV 变体[④]，但制约其发展的问题在于大规模制备技术以及基因组包装限度不能满足所有基因药物开发的需要。

二、专利保护实践中涉及病毒载体的焦点问题

目前常用的病毒载体还存在很多制约其应用的问题，例如安全性、包装能力、包装效率、大规模生产等。有关病毒载体的改进型发明专利申请数量众多，在审查中也面临各种各样的疑难问题。根据病毒载体的研发热点，本章从以下四个方面讨论病毒载体专利申请中存在的创造性、公开不充分以及单一性问题。

第一，选择发明创造性评判标准的把握。病毒载体的血清型和物种来源非常广泛，专利申请主题涉及不同血清型或不同物种来源的特定载体用于特定疾病、患者、组织。这类申请相当一部分涉及选择发明的评判标准。

第二，特定技术特征的限定作用。作为用于治疗的药物，医药用途权利要求是常见的撰写方式，在用途权利要求中限定的给药途径、给药对象、给药时间以及给药剂量对于权利要求是否有限定作用，以及在评判新颖性和创造性时如何考量上述特征对于制药过程的影响。

第三，说明书公开程度以及证明力的标准把握。医药领域的效果可预见性比较低，需要记载相关实施例从而满足充分公开的要求，说明书记载的内容和现有技术公开的内容对于专利申请充分公开的作用，以及如何把握实质公开的标准。

第四，多条序列单一性的判断。生物领域专利申请相对于其他领域还会涉及生物序列，包括核苷酸序列或氨基酸序列，申请文件中通常包括不止一条生物序列，各个序列之间的特定技术特征的判断也是审查中的难点。

---

① 吴正红，祁小东. 药剂学 [M]. 北京：中国医药科技出版社，2020.
② 宋运贤，王秀利. 基因工程 [M]. 2 版. 武汉：华中科技大学，2022.
③ 王振发，王烈，卫立辛. 基因治疗病毒载体的研究进展 [J]. 医学综述，2007 (7)：490－492.
④ 孙美艳，李淼. 运用 CRISPR－Cas 系统靶向突变型 KRAS 肿瘤的新策略及研究进展 [M]. 长春：吉林大学出版社，2021.

（一）关于结构改造的创造性判断

在病毒载体领域，降低免疫原性、提高转导效率、提高目的基因的表达量以及安全性等是研发人员的普遍诉求。通过基因编辑技术进行改造，用于提高其靶向性、感染效率和稳定性是本领域技术人员的常规技术操作。例如对病毒载体衣壳蛋白进行突变以提高病毒载体的靶向性和转导效率；优化插入序列和启动子提高基因表达效率和特异性等。病毒载体领域的专利申请多为改进型发明，技术方案创造性评价标准是专利保护实践中的难点。

【案例1】从现有病毒载体中选择

涉案专利申请的权利要求1请求保护"编码HIF1-α的重组腺相关病毒（AAV）载体在制备用于治疗哺乳动物中的肌萎缩性侧索硬化症（ALS）的药物中的用途，所述药物被注射入患有ALS的哺乳动物的脊髓内，其中所述腺相关病毒载体包括AAV7衣壳和AAV2的反向末端重复序列（AAV2/7），或者包括AAV8衣壳和AAV2的反向末端重复序列（AAV2/8）"。

涉案专利申请记载了如下的实验效果数据。

实施例1：分别在肌肉或脊髓注射了AAV2/1、AAV2/2、AAV2/5、AAV2/6、AAV2/7和AAV2/8，结果显示：通过脊髓注射或通过肌内注射递送到脊髓的AAV载体基因组的数目。在用脊髓注射AAV2/7和AAV2/8处理的小鼠脊髓中发现了更多的载体基因组。

实施例2：在脑的丘脑区域用编码HIF1α NFκB的AAV载体注射小鼠。评估2种血清型：1）AAV2/1-HIF1α NFκB和2）AAV2-HIF1α NFκB，用AAV载体转导后，HIF1α具有调节脑中靶基因的基因表达水平的能力。

实施例3：使用脊髓内注射施用AAV2/8-HIF1α NFκB，来确定本策略对运动神经元存活、疾病发病和小鼠存活的影响。结果显示脊髓内施用AAV2/8-HiF1α NFκB后，观察到ALS小鼠存活的统计学显著（$p=0.033$）的增长（对照小鼠存活133天而实验动物存活139天）。

在实质审查阶段，审查员引用对比文件1（US2005202450A1，公开日为2005年9月15日）评述了该申请权利要求1不具备创造性。对比文件1公开了一种能够治疗有肌萎缩性侧索硬化症的患者的AAV基因递送载体，并没有具体公开采用AAV的血清型，因此权利要求1与对比文件1的区别在于权利要求1限定了具体选用的血清型AAV2/7或AAV2/8。同时权利要求1限定的是注射入脊髓内的药物，而对比文件1公开的是肌肉注射剂。对于上述两个区别，审查员引入了对比文件2（Novel adeno-associated viruses from rhesus monkeys as vectors for human gene therapy，Guang – Ping Gao 等，PNAS，第 99 卷第 18 期，第 11854 – 11859 页，公开日为 2002 年 9 月 3 日）评述了权利要求 1 选择的载体类型。对比文件 2 提供了采用 AAV2/7 或 AAV2/8 重组 AAV 载体作为基因递送载体的技术启示。针对不同的注射部位，审查员认为权利要求 1 请求保护制备注射入脊髓内的药物的用途，虽然与肌肉注射剂的施用部位不同，但与肌肉注射剂在组成上无法区分。因此，权利要求 1 不具备创造性。从属权利要求 2 将载体的递送位置限定为脊髓的多个位点，该附加技术特征被认为属于药物的使用特征，其对制备药物的用途不具备限定作用，因此也不具备创造性。

申请人不服驳回决定，提出复审请求，并对权利要求书进行了修改，修改后的权利要求 1 请求保护 "编码 HIF1 – α 的重组腺相关病毒（AAV）载体在制备用于治疗哺乳动物中的肌萎缩性侧索硬化症（ALS）的药物中的用途，所述药物被注射入患有 ALS 的哺乳动物的脊髓内，其中所述腺相关病毒载体包括 AAV8 衣壳和 AAV2 的反向末端重复序列（AAV2/8）"。

复审请求人认为：①对比文件 2 完全没有提及脊髓递送，也没有提到任何 AAV 血清型在脊髓注射中的效果。该申请发现 AAV 对于脊髓递送是安全且有效的，并且进一步发现 AAV2/7 和 AAV2/8 在脊髓递送中比其他血清型更有效。进一步确认了 AAV2/8 在递送和表达 HIF1 – α 方面表现卓越。在该申请之前，本领域技术人员对于某种基因（具体为 HIF1 – α）是否能够通过 AAV2/7 和 AAV2/8 进行脊髓递送缺乏合理的成功预期。②用于脊髓递送的注射用组合物不同于其他注射用的制剂，没有人会将其他种类的注射剂，例如静脉注射剂、肌肉注射剂，施用到脊髓中。同时主张，提供的现有技术明确阐述了：本领域技脊髓递送需要注射剂具有非常特殊的性质，因而与用于递送至其他组织的注射剂相比也需要非常不同的组成。在这一背景知识的前提下，可以认识到将注射液肌内注射还是脊髓注射并不是由使用者或施用者来决定的，因为它们需要完全不同的组合物和制剂来进行这两种注射。另外，除非生产者非常确信某种药物用于脊髓递送是安全且有效的，否则他绝不会将药物生产配制成用于这种特殊注射方式的药物。如上所述，在该申请之前，本领域技术人员根本不知道 AAV 对于脊髓注射是安全有效的，更不清楚 AAV2/7 和 AAV2/8 在脊髓递送中的卓越性质。因此，给药途径/递送途径应当被考虑在内，因为这是生产/制药过程中必须考虑的因素，也决定了要求保护的药物的不同组成。

复审决定①中指出：①对比文件 1 公开了包含 HIF1 – α 的编码序列的载体能够用于治疗患有 ALS 的患者，载体可选择 AAV 重组载体。而对比文件 2 公开了 AAV2/7、AAV2/8 载体在肝脏中相对于其他已知 AAV 载体如 AAV2/1、AAV2/2、AAV2/5 具有

---

① 国家知识产权局第 1F324389 号复审决定（发文日：2022 – 09 – 29）。

更高的表达和转移效率。尽管对比文件 2 提示 AAV2/8 的效率依赖于组织类型，在肌肉中也具有中等表达水平，但这只是表达高低的差异，本领域技术人员并未获得该载体不能用于脊髓表达的相反教导。同时对比文件 2 还公开了 AAV7 和 AAV8 载体相较于其他 AAV 血清型载体具有更低的人类预存免疫性而具有保留更多病毒载体的优势。且本领域人员公知对于神经性药物脊髓内注射是本领域的常用技术手段，同时在脊髓内原位注射不需要病毒载体的跨组织转运或传递，因而其在脊髓内存留的载体数目比肌肉注射方式的多，是本领域技术人员能够预期的技术效果。对比文件 2 还给出了 AAV2/7、AAV2/8 载体作为递送载体在人体中被中和抗体中和的量相比于其他 AAV 载体要少的技术启示。因而，无论使用肌肉注射还是脊髓注射 AAV2/7、AAV2/8 载体相对于其他 AAV 载体存留更多量的载体也是本领域技术人员可以合理预期的。该申请实施例 3 实验组和对照组选择的载体都是 AAV2/8，各组之间的区别在于递送的目的基因不同，因此并不能证明选择 AAV2/8 载体在脊髓递送药物方面展现了相对于其他载体而言预料不到的技术效果。对于脊髓递送路径带来的药物组合物配置剂成分、浓度、pH 等方面的影响，本领域技术人员基于常规技术能够制备脊髓内注射剂，且该申请权利要求并未限定脊髓内注射剂的具体组成，因而脊髓注射剂这一技术特征并不能给技术方案带来创造性。

可以看出，该案争议焦点在于，对比文件 1 仅提及可以使用 AAV，完全没有提到 AAV2/8 亚型，对比文件 2 仅仅教导 AAV2/8 在肌内和肝递送中的效率。所有对比文件都没有教导或甚至提示 AAV2/8 在递送至脊髓时会展现卓越的特性，在此基础上，选择包含 AAV8 衣壳和 AAV2 的反向末端重复序列（AAV2/8）的 AAV，并将其注射入脊髓内是否显而易见。

（二）关于用药特征对创造性的影响

由于病毒载体广泛用于基因治疗和疫苗，相关发明专利申请经常采用制药用途型权利要求（即瑞士型权利要求）的撰写方式保护病毒载体的医学用途（或指征），例如"在制药中的应用""在制备治疗某病的药物中的应用"等方式。而药物使用特征是否对权利要求有限定作用，并且如何把握判断相关权利要求的创造性的标准也是审查中的难点。

【案例 2】关于给药对象的选择

涉案专利申请的权利要求 1 请求保护"一种包含有效量的重组腺相关病毒 rAAV 载体的组合物在制备用于预防、抑制或治疗有需要的人类的与中枢神经系统的溶酶体储积疾病有关的一种或多种神经系统症状的药物中的用途，所述 rAAV 载体包含编码 α -

L－艾杜糖醛酸酶或艾杜糖醛酸－2－硫酸酯酶的开放阅读框架，其中所述组合物鞘内投予至人类，其中所述 rAAV 是 rAAV9 或 rAAVrh10。"

在实质审查阶段，审查员引用对比文件 12（AAV Vector－Mediated Iduronidase Gene Delivery in a Murine Model of Mucopolysaccharidosis Type I：Comparing Different Routes of Delivery to the CNS，Lalitha Belur 等，Abstracts for the ASGCT 16th Annual Meeting，2013 年 5 月 15～18 日，公开日为 2013 年 4 月 19 日）评述了该申请的创造性。对比文件 12 公开了通过不同投递途径将 AAV－α－L－艾杜糖醛酸酶直接注入中枢神经系统，从而使 AAV 介导的 α－L－艾杜糖醛酸酶基因转至成年小鼠进行相关疾病治疗的技术方案。涉案专利申请与对比文件 12 的区别在于使用的对象不同，该申请是投予至人类，用于预防、抑制或治疗人类的中枢神经系统的溶酶体储积疾病，而对比文件 12 是投予至小鼠。同时对比文件 12 没有公开使用的载体是 rAAVrh10，以及另一种编码基因艾杜糖醛酸－2－硫酸酯酶。审查员认为对比文件 12 公开的小鼠实验研究可作为治疗人类 I 型黏多糖病的动物模型，小鼠是常用的模拟人类疾病的实验动物，因此实验对象的选择是容易想到的。对于载体血清型的选择 rAAV9 和 rAAVrh10 均是常用腺相关病毒载体，因此权利要求 1 不具备创造性。

申请人不服驳回决定，提出复审请求，并对权利要求书进行了修改，将原权利要求 1、23、24 中的"中枢神经系统的溶酶体储积疾病"修改为"I 型黏多糖病"，删除了"艾杜糖醛酸－2－硫酸酯酶""rAAVrh10"的并列技术特征选择。修改后的权利要求 1 请求保护"一种包含有效量的重组腺相关病毒 rAAV 载体的组合物在制备用于预防、抑制或治疗有需要的人类的与 I 型黏多糖病有关的一种或多种神经系统症状的药物中的用途，所述 rAAV 载体包含编码 α－L－艾杜糖醛酸酶的开放阅读框架，其中所述组合物鞘内投予至人类，其中所述 rAAV 是 rAAV9"。

复审请求人认为：①用于限制制药用途权利要求的特征包括药物的剂型和组成，该申请权利要求中明确记载了"所述组合物鞘内投予至人类"，这种对投予方式的限定应当被认为对制药用途具有限定作用。而这种投予方式在引用的对比文件 12 或公知常识中都没有公开或暗示，因此是非显而易见的。②对比文件 12 公开的内容是预言性的，实际上没有阐述存在一种实际有效的途径，或是某种途径比其他途径更有效，因此不会破坏该申请的创造性。公知常识证据中也并没有给出具体的鞘内投予的具体指导。③该申请之前，对于 I 型黏多糖病治疗都是静脉注射，这种方法导致酶不能穿过血脑屏障，因此不可能增强 I 型黏多糖病患者的认知发展、语言技能和/或运动技能。提供了一篇现有技术证明一名 I 型黏多糖病患者鞘内投予 RGX－111，显示了令人惊讶的结果，即全身性的生物标记物尿总 CAG 的降低。此外，CsF 生物标志物硫酸乙酸肝素也有所减少，患者的认知发展、语言技能和运动技能也有所改善。因此该申请的权利要求具备创造性。

复审决定①指出：首先，对比文件 12 已经明确公开了将携带编码 α-L-艾杜糖醛酸酶基因的 rAAV9（rAAV9-IDUA）通过鞘内投予、脑室投予、鼻内输注或血管输注等不同途径投予至 I 型黏多糖病（MPSI）模型的小鼠，并指出上述研究能够为治疗人类 I 型多糖病提供评估。由此可见，对比文件 12 已经给出了可以通过鞘内注射，将 rAAV9-IDUA 治疗人类 MPSI 的明确教导。同时认为小鼠作为常用的模拟人类疾病的实验动物被广泛应用在药物治疗研究中，而且现在已经有多种动物模型都用于对溶酶体贮积症，本领域公知小鼠模型在黏多糖病基因治疗效果验证中的作用，在此基础上将小鼠的治疗方法用于人的技术方案是显而易见的，而根据人类治疗的具体情况，通过常规实验即能确定药物的用量、递送方式等具体用药方式，因此该申请不具备创造性。

【案例3】 关于多次给药的施用方式

涉案专利申请的权利要求 1 请求保护"药物组合物，其在治疗患有年龄相关的黄斑变性（AMD）的人受试者中的脉络膜新血管化中使用，所述人受试者已经接受了一个或多个剂量的第一血管内皮生长因子（VEGF）抑制剂，所述药物组合物包含重组腺伴随病毒，其中所述重组病毒含有包含可操作地连接至启动子序列的编码 VEGF 抑制剂蛋白的序列的核酸，其中所述启动子序列和所述编码 VEGF 抑制剂的序列由超过 300 个碱基对的序列分开，其中所述药物组合物的单位剂量包含 $1 \times 10^8 \sim 1 \times 10^{13}$ 的载体基因组，并且施用至所述人受试者的眼部且当在施用后约 365 天测量时向所述人受试者提供升高的 VEGF 抑制剂蛋白的表达，并且其中所述人受试者在接受所述药物组合物的单位剂量后约 180 天至约 365 天的时间期间不接受使用第二 VEGF 抑制剂的援救治疗，且其中所述第一和第二 VEGF 抑制剂彼此之间和与所述 VEGF 抑制剂蛋白可以相同或不同"。

在实质审查阶段，审查员引用对比文件 1（US2002194630A1，公开日为 2002 年 12 月 19 日）评述了该申请不具备创造性。对比文件 1 公开了一种用于治疗和预防多种眼部疾病的组合物，其包括如 rAV 或 rAAV 的重组病毒，表达可溶性 FLT-1，VEGF 抗剂用于治疗、预防或抑制眼部的新的血管疾病，基因载体可用于视网膜下注射，转基因可操作地连接到例如 CMV 启动子的异源启动子或诱导型启动子。该申请与对比文件 1 的区别（所述启动子序列和所述编码 VEGF 抑制剂的序列由大于 300 个碱基对的序列分开）属于本领域常规技术选择，同时本领域技术人员根据患者具体情况可以自行调整用药剂量和周期。因此该申请不具备创造性。

---

① 国家知识产权局第 1F298908 号复审决定（发文日：2020-01-24）。

申请人不服驳回决定，提出复审请求，并对权利要求书进行了修改，修改后的权利要求1"包含血管内皮生长因子（VEGF）抑制剂和重组腺伴随病毒（rAAV）的组合，其用于治疗患有湿性年龄相关的黄斑变性（湿性AMD）的人受试者的湿性AMD，其中所述VEGF制剂选自抗VEGF抗体和可溶性VEGF受体或其融合蛋白或片段，其中所述AAV含有包含编码VEGF抑制剂蛋白的序列的核酸，所述VEGF抑制剂蛋白包含人sFLT-1的域2，所述序列可操作地连接至启动子序列，其中所述启动子序列和所述编码VEGF抑制剂的序列由超过300个碱基对的序列分开，所述人受试者在以单位剂量的1×10^{10}至3×10^{13}个rAAV的载体基因组施用到所述人受试者眼部之前的1~30天，已经接受过一次或多次玻璃体内剂量的所述VEGF抑制剂"。

复审请求人认为，修改后的权利要求1提供了一种组合疗法，该组合疗法基于最初施用VEGF抑制剂并且随后将编码人sFLT1的域2的rAAV以1×10^{10}~3×10^{13}个载体基因组的剂量施用到眼部。该申请实施例12记载了向有湿性年龄相关的黄斑变性的人患者眼部注射了编码抗VEGF蛋白的rAAV之后经过6~8周的爬升期表达的抗VEGF蛋白的水平升高到药学有效水平，在该期间的疾病进展是不可逆的，现有技术并未披露该爬升期。并且根据观察，VEGF抑制剂蛋白不需要细胞的摄取、转录和翻译即可发挥即时抑制作用，因而该申请的组合疗法取得了预料不到的、有益的技术效果，即避免了在湿性AMD患者中在该申请优先权日之前未知的延长的爬升期的不可避免的疾病进展结果。由于已知重复眼内注射会产生积累性风险：玻璃体内施用路径可能增加严重并发症如感染性眼内炎和视网膜脱落的风险，对此重复施用提高了累积性风险，基因治疗方法的整体要旨是减少或消除对重复眼内注射的需要，以及特别考虑到眼部作为封闭区室的独特的解剖学特征，在其中两次注射可能由于移位/冲洗而产生机械干扰，如果在AAV（bv）sFLT-1的视网膜下施用之前不到24小时施用第一剂玻璃内注射，那么其可能在视网膜下注射过程期间被冲洗出玻璃体外，从而导致治疗性的抗VEGF剂浓度降低和疾病进展，本领域技术人员没有动机分阶段多次眼部注射，并且本领域存在相反的教导。

复审决定[①]指出，抗体、蛋白类药物和基因载体类药物各有其特点，抗体、蛋白类药物起效快但维持时间较短，基因载体药物作用时间长但表达需要一定时间，将其联用是本领域的常规选择，并且本领域技术人员能够通过常规试验确定其效果，现有技术中并不存在不能组合使用的相反教导。权利要求1~12的主题是包含血管内皮生长因子抑制剂和重组腺伴随病毒的组合，权利要求13~24的主题是血管内皮生长因子抑制剂和重组腺伴随病毒在制备用于治疗患有湿性年龄相关的黄斑变性（湿性AMD）的人受试者的湿性AMD的药物中的用途。其中"所述人受试者在以单位剂量的1×10^{10}

① 国家知识产权局第1F272527号复审决定（发文日：2022-03-02）。

至 3×10^{13} 个 rAAV 的载体基因组施用到所述人受试者眼部之前的 $1 \sim 30$ 天，已经接受过一次或多次玻璃体内剂量的所述 VEGF 抑制剂"（即复审请求人声称的分阶段多次眼部注射），不构成影响药物组合物成分或适应证范围的技术特征，对权利要求所要保护的技术方案并不产生实质影响。另外，在治疗疾病过程中是否多次注射以及采用何种注射间隔是医生的选择，且本领域技术人员也能够根据实际情况进行选择，并不存在一定不能多次注射的相反教导，其也不构成影响药物组合物成分和适应证范围的技术特征。因此，该申请不具备创造性。

案例 $1 \sim 3$ 均涉及药物使用有关的特征，包括给药途径、给药对象、给药剂量和给药时间。复审请求人均认为上述药物使用有关的特征对于权利要求是有限定作用的，并且取得了预料不到的技术效果，具备创造性，但都没有得到复审和无效审理部的支持，最终被驳回了复审请求。

（三）关于说明书是否充分公开

对发明要保护的技术内容进行充分公开是专利申请人取得专利权的前提。对技术内容的充分公开能够方便公众学习和利用，避免重复研究和资源的浪费，提高新技术的研究起点，促进科技发展。专利法的立法目的之一是推动发明创造的应用，提高创新能力，促进科学技术进步和经济社会发展。专利制度的核心在于"以公开换取保护"，实现专利权人与社会公众利益的合理平衡，既鼓励发明创造，又避免专利权人垄断。因此《专利法》第 26 条第 3 款规定了说明书必须"充分公开"，《专利审查指南》则对该条款进一步细化。但该条款不可能对所有领域、所有情形都作出逐一的规定。同时由于生物医药领域的特殊性，如可预见性低，因此对实验证据要求比较严格，需要翔实的实验数据对技术效果加以证实，提供真实可信的实验数据也是申请人的基本义务。因此为促进医药行业健康发展，鼓励自主创新，该条款的适用需要更加谨慎。

【案例 4】 形式上未记载相应的功能实施例

涉案专利申请的权利要求 1 请求保护"一种腺伴随病毒（AAV）载体，其包含 AAVrh. 64 衣壳，所述 AAVrh. 64 衣壳具有 SEQ ID NO：99 或 SEQ ID NO：233 所示的序列，其中所述 AAV 还包含具有 AAV 末端反向重复和操作性连接于调节序列的异源基因的小基因，所述调节序列引导所述异源基因在宿主细胞中表达"。

涉案专利申请实施例数据如下。

实施例 1：灵长类 AAV 序列的计算分析

对来源于 86 个非人灵长类组织的 cap 克隆进行测序。

实施例 2：新的人 AAV 的血清学分析

分析了所有毗连序列的 AAV 衣壳病毒蛋白（vp1）开放阅读框 ORF。获得新的人进化支在血清学上不同于其他已知的血清型，因此称为进化支 F（以 AAV9 表示）。用 AAV 血清型 1~9 基因组拷贝与佐剂对动物免疫获得的多克隆抗体来评价两种 AAV 之间的血清学关系，结果表明 AAVhu.14 具有不同的血清学特性并且与产生自任何已知 AAV 血清型的抗血清无明显的交叉反应性。AAVhu.14 独特的衣壳结构也证实了其血清学特殊性，其衣壳结构与所有其他在该研究中比较的 AAV 血清型共用低于 85% 的氨基酸序列。

实施例 3：灵长类 AAV 作为基因传送载体的评价

通过产生假型载体研究了 AAV 的生物向性，该载体中表达 GFP 或分泌的报道基因 α-1 抗胰蛋白酶（A1AT）的重组 AAV2 基因组用来源于各种克隆和用于比较的每种灵长类 AAV 进化支的一个代表性成员的衣壳来包装。例如，AAV1 的数据用于代表进化支 A，然后 AAV2 代表进化支 B、Rh.34 代表 AAV4、AAV7 代表进化支 D、AAV8 代表进化支 E、AAVhu.14 代表进化支 F。AAV5、AAVch.5 和 AAVrh.8 作为单独的 AAV 基因型进行比较。基于 GFP 转导评价了载体的转导效率以及体内在肝、肌肉或肺中的转导效率。

体外：表达增强型绿色荧光蛋白（EGFP）的载体用于检测其在细胞中的体外转导效率并用于研究它们的血清学特性。用具有 AAV1、2、5、7、8 和 6 以及其他新 AAV（Ch.5、Rh.34、Cy5、rh.20、Rh.8 和 AAV9）的衣壳假型 AAV 载体。

体内：人 AAV 克隆 28.4/hu.14（现在命名为 AAV9）转导肝的效率类似于 AAV8，转导肺的效率比 AAV5 好两个对数，转导肌肉的效率优于 AAV1，而其他两个人克隆 24.5 和 16.12（hu.12 和 hu.13）在所有 3 种靶组织中的性能勉强合格。克隆 N721.8（AAVrh.43）在所有的 3 种组织中也表现出高性能。

为进一步分析 AAV9 和 rh43 相比于肝（AAV8）、肺（AAV5）和肌肉（AAV1）候补标记的基因传送效率，进行了剂量应答实验。两种新的载体在肌肉中表现出至少比 AAV1 高 10 倍的基因传送（效率），在肝中的效率类似于 AAV8 而在肺中比 AAV5 高 2 个对数。3 个新的 AAV，两个来自恒河猴（rh.10 和 43），一个来自人（hou.14 或 AAV9）。该 3 个 AAV 与它们的候补标记在鼠的肝、肺和肌肉中的相对基因传送效率的直接比较表明这些 AAV 很适用于基因传送。

实施例 4：用于治疗囊性纤维化气道疾病的 AAV 2/9 载体

包装于 AAV9 衣壳中的 AAV2 基因组（AAV2/9）在各种气道模型系统中与 AAV2/5 比较，AAV2/9 可有效地转导鼠肺的气道和生长于 ALI 中的良好分化的人气道上皮细胞。

实施例 5：AAV1（2/1）和 AAV9（2/9）直接注射入成年大鼠心脏的比较

结果显示成年大鼠心脏中观察到 AAV2/9 载体表达明显高于 AAV2/1。AAV2/9 在新生小鼠心脏中也显示出更好的基因传送效率。

实施例 6：用于 B 型血友病基因治疗的 AAV2/9 载体

AAV2/9 载体显示是用于 B 型血友病的肝和肌肉定向基因治疗中比传统的 AAV 来源更有效且更低免疫原性载体。用于 B 型血友病肌肉定向基因治疗的新 AAV 血清型 2/9 载体的优点是更有效且安全的载体而不引发任何明显的抗 FIX 抗体形成。

实施例 7：本发明的新 Rh. 43 载体

比较属于进化支 E（通过系统发生分析）的新 AAVrh. 43 载体与 AAV8 和新 AAV9 在门静脉内输注入小鼠肝脏后的 hA1AT 水平。在小鼠肝脏定向基因传送中比较了假型 AAVrh. 43、AAV2/8 和 AAV2/9 载体。假型 AAV 载体介导的核靶向 LacZ 基因传送至小鼠肝脏和肌肉。比较了本发明新的基于 AAV9 和 AAVrh. 43 的载体与基于 AAV1 和 AAV2 的载体。证实 AAVrh. 43 载体的基因传送效率接近 AAV9，但高于 AAV1 至少 5 倍。

基于 AAVrh. 43 的 A1AT 表达载体与 AAV5 在小鼠肺定向基因传送中的比较，数据显示该新的载体在小鼠模型中比 AAV5 至少更有效 100 倍。

实施例 8：用于肝脏和肺定向基因传送的新的基于人 AAV 的载体

AAVhu. 47 属于 AAV2 家族（进化支 B）并且分离自人骨髓样品。AAVhu. 37 和 AAVhu. 41 分别来自人睾九组织和人骨髓样品。在系统发生学上，它们均属于 AAV8 进化支（进化支 E）。注射的动物的血清 A1AT 分析表明，AAV hu. 41 和 AAV hu. 47 在 3 种测试的组织中表现不佳。然而，得自 AAVhu. 37 的载体的基因传送能力类似于 AAV8 在肝脏和 AAV9 在肺中的。

图 2A – 2AE 对比了本发明的 AAV vp1 衣壳蛋白的氨基酸序列，其中包括 rh. 64 [SEQ ID NO：99]。说明书中也提到了修饰的 rh. 64 ［SEQ ID NO：233］，且公开了 rh. 64 属于进化支 E。

在实质审查阶段，审查员以该申请的说明书不符合《专利法》第 26 条第 3 款的规定为由驳回了该申请，其理由是：该申请说明书中详细记载了 AAV 的系统发生相关序列的"超家族"，并在实施例中验证了基于 AAVrh. 43、AAVhu. 37、AAVhu. 41、AAVhu. 47 的腺伴随病毒载体的功能，虽然申请人将 AAVhu. 37、AAVhu. 41、AAVhu. 47 与 AAVrh. 64 均定义为申请人命名的 AAV8 进化支中，但是基于 AAVhu. 37、AAVhu. 41、AAVhu. 47 的腺伴随病毒载体的功能得到了验证，并不意味着基于 AAVrh. 64 的腺伴随病毒载体的功能也得到了验证，说明书中并没有记载上述实验数据，因此不符合《专利法》第 26 条第 3 款的规定。

申请人不服驳回决定，提出复审请求，并修改了权利要求 1 "一种腺伴随病毒（AAV）载体，其包含 AAVrh. 64 衣壳，所述 AAVrh. 64 衣壳由 vp1 蛋白、vp2 蛋白和 vp3 蛋白构成，所述 vp1 蛋白具有 SEQ ID NO：99 或 SEQ ID NO：233 所示的序列，其中所述 AAV 还包含具有 AAV 末端反向重复和操作性连接于调节序列的异源基因的小基因，所述调节序列引导所述异源基因在宿主细胞中表达"。

复审请求人认为该申请说明书就权利要求 1 要求保护的载体的制备、鉴定、使用方法和效果作出了充分清楚和完整的说明，达到了本领域技术人员能够再现本发明的要求。①根据实施例 1 所述，AAVrh. 64 衣壳序列 SEQ ID NO：99 或 SEQ ID NO：233 是用 cap 克隆技术自天然存在的 AAVrh. 64 及其变体分离所得。cap 克隆是专门用于分离衣壳蛋白的技术。②腺病毒载体包装外源核酸的功能取决于衣壳蛋白，它们能够将侧接 AAV ITR 序列的外源核酸加载到衣壳蛋白核酸序列中。权利要求 1 已经明确限定的要素足够本领域技术人员采用现有技术制造出能够携带异源核酸进行转染的功能性 AAV 载体。③基于功能性衣壳蛋白构建重组 AAV 载体早已是本领域的常规现有技术。该申请说明书用多个分枝的新衣壳序列证明了这一策略的可行性，换用 rh. 64 衣壳序列和该申请中的其他衣壳序列是本领域技术人员显而易见且容易做到的，这些衣壳序列分离自天然功能性 AAV 毒株，其 AAV 载体功能也是可以预见的。④Vandenberghe 等的论文验证了上述观点，且这一论文虽然公开于该申请的申请日之后，但本领域技术人员一看便知所用的技术和工具皆为该申请之前的现有技术。综上，该申请的说明书已经作出了足够清楚和完整的说明，符合《专利法》第 26 条第 3 款的规定。

复审决定①认为：虽然驳回决定和前置意见认为，血清型 AAVhu. 37、AAVhu. 41、AAVhu. 47 的功能得到了验证，并不意味着 AAVrh. 64 的功能也得到了验证。但合议组认为：首先，关于 AAV 血清型、衣壳蛋白序列，现有技术已经具备广泛且被认可的生物信息库和相关信息工具可以使用。且该申请通过信息工具分析了衣壳蛋白 VP1，确定了 AAV 的进化分支，能够将 SEQ ID NO：99 和 SEQ ID NO：233 认定为衣壳序列，具有衣壳蛋白的功能性和实用性。实施例 1 记载了灵长类 AAV 序列的计算分析方法；实施例 2 记载了新的人 AAV 的血清学分析方法，附图 2～3 进一步显示了 AAVrh. 64 衣壳序列与诸多已知 AAV 衣壳序列和结构域的比对，同时说明书中还提供了该申请相同方法得到的新衣壳序列 AAVrh. 43、AAVhu. 37、AAVhu. 41 和 AAVhu. 47 的实验结果。由上述内容可知，本领域技术人员根据现有技术和说明书中记载的内容可以合理预见该申请所述的 AAVrh. 64 的腺伴随病毒载体具有和已知 AAV 类似的基因转移的功能。其次，虽然不同的衣壳蛋白会对 AAV 载体得率、基因转移效率等产生一定影响，但是这并不足以证明该申请 AAVrh. 64 的腺伴随病毒载体一定不具备基因转移的能力。事实上，本领域技术人员完全能够利用已知的构建重组 AAV 的技术构建出具有 SEQ ID NO：99 或 SEQ ID NO：233 所示衣壳蛋白序列的 AAV 重组载体。因此该申请说明书已经充分公开，符合《专利法》第 26 条第 3 款的规定。

---

① 国家知识产权局第 1F164532 号复审决定（发文日：2015 – 04 – 20）。

该案争议焦点在于，该申请实施例中并没有明确公开 AAVrh. 64 的腺伴随病毒载体的功能，构建具有 SEQ ID NO：99 或 SEQ ID NO：233 所示衣壳蛋白序列的 AAVrh. 64 载体是否具有基因转移的能力，该申请是否满足公开充分的要求。

（四）关于生物序列的单一性

对于生物序列的单一性，《专利法》、《专利法实施细则》以及《专利审查指南》都没有针对这一抽象概念进行具体的规定和解释。然而恰恰不同序列之间的特定技术特征的判断是审查的难点，也是申请人争论的焦点，对生物序列单一性的判断标准存在不同的理解，因此审查员在审查实践中缺乏判断单一性的操作标准，容易导致在评判专利申请的单一性时产生不同结论。尽可能地统一审查标准，也是审查工作迫切的需要。

【案例5】不同血清型的病毒载体序列之间特定技术特征的认定

涉案专利申请请求保护一种 AAV 载体，具体权利要求 1～4 如下所示。

1. 一种腺相关病毒（AAV）载体，所述载体包含 VP1 衣壳蛋白，所述 VP1 衣壳蛋白包含如下一个或多个赖氨酸替换：在 AAV1 VP1 衣壳蛋白的位点 61，K61R；位点 84，K84R；位点 137，K137R；位点 143，K143R；位点 161，K161R；位点 459，K459R；位点 533，K533R；或位点 707，K707R，所述载体还包含小基因，所述小基因包含 AAV 反向末端重复和能操作连接到调控序列的异源核酸序列，所述调控序列引导在宿主细胞中由所述异源核酸序列对产物的表达，所述赖氨酸替换对于抑制所述衣壳蛋白的泛素化是有效的，由此相较于所包含的 AAV1 VP1 衣壳蛋白不具有一个或多个赖氨酸替换的 AAV 载体增加所述 AAV 载体向靶细胞中的转导。

2. 一种腺相关病毒（AAV）载体，所述载体包含 VP1 衣壳蛋白，所述 VP1 衣壳蛋白包含如下一个或多个赖氨酸替换：在 AAV2 VP1 衣壳蛋白的位点 39，K39R；位点 137，K137R；位点 143，K143R；位点 161，K161R；位点 490，K490R；位点 527，K527R；或位点 532，K532R，所述载体还包含小基因，所述小基因包含 AAV 反向末端重复和能操作连接到调控序列的异源核酸序列，所述调控序列引导在宿主细胞中由所述异源核酸序列对产物的表达，所述赖氨酸替换对于抑制所述衣壳蛋白的泛素化是有效的，由此相较于所包含的 AAV2 VP1 衣壳蛋白不具有一个或多个赖氨酸替换的 AAV 载体增加所述 AAV 载体向靶细胞中的转导。

3. 一种腺相关病毒（AAV）载体，所述载体包含 VP1 衣壳蛋白，所述衣壳蛋白具有在 AAV8 VP1 衣壳蛋白的位点 137，K137R；位点 259，K259R；位点 333，K333R；位点 530，K530R；位点 552，K552R；位点 569，K569R；位点 668，K668R 中的一或多个赖氨酸替换，所述载体还包含小基因，所述小基因包含 AAV 反向末端重复和能操作连接到调控序列的异源核酸序列，所述调控序列引导在宿主细胞中由所述异源核酸序列对产物的表达，所述赖氨酸替换对于抑制所述衣壳蛋白的泛素化是有效的，由此相较于所包含的 AAV8 VP1 衣壳蛋白不具有一个或多个赖氨酸替换的 AAV 载体增加所述 AAV 载体向靶细胞中的转导。

4. 一种腺相关病毒（AAV）载体，所述载体包含 VP1 衣壳蛋白，所述衣壳蛋白具有在 AAV – rh74 VP1 衣壳蛋白的位点 26，K26R；位点 38，K38R；位点 51，K51R；位点 61，K61R；位点 77，K77R；位点 137，K137R；位点 169，K169R；位点 195，K195R；位点 202，K202R；位点 259，K259R；位点 333，K333R；位点 530，K530R；位点 547，K547R；位点 552，K552R；位点 569，K569R；位点 709，K709R 中的一或多个赖氨酸替换，所述载体还包含小基因，所述小基因包含 AAV 反向末端重复和能操作连接到调控序列的异源核酸序列，所述调控序列引导在宿主细胞中由所述异源核酸序列对产物的表达，所述赖氨酸替换对于抑制所述衣壳蛋白的泛素化是有效的，由此相较于所包含的 AAV – rh74 VP1 衣壳蛋白不具有一个或多个赖氨酸替换的 AAV 载体增加所述 AAV 载体向靶细胞中的转导。

在实质审查阶段，审查员引用对比文件 1（US2009197338A1，公开日为 2009 年 8 月 6 日）评述了权利要求 1 的创造性，对比文件 1 公开了在亲代 AAV 衣壳中进行突变可以提高包装产量、转导效率等。该申请与对比文件 1 的区别在于：对比文件 1 并未公开该申请所示的 AAV1 载体的 VP1 衣壳蛋白具体变异位点，权利要求 1 还对该 AAV 载体进行了功能性限定。审查员认为 AAV 具有多种亚型（血清型），如 AAV1、AAV2、AAV8 等，AAV 是良好的基因递送载体，具有安全性好、稳定性强，效率高等特点，在对比文件 1 公开内容的基础上，为了 AAV 载体的转导效率，本领域技术人员容易想到对 AAV 载体（例如 AAV1 载体）的 VP1 衣壳蛋白进行其他位点的氨基酸替换，而获得类似的氨基酸替换位点也属于本领域常规技术选择，而对于"所述赖氨酸替换对于抑制所述衣壳蛋白的泛素化是有效的，由此相较于所包含的 AAV1 VP1 衣壳蛋白不具有一个或多个赖氨酸替换的 AAV 载体增加所述 AAV 载体向靶细胞中的转导"属于机理性限定，其并不对产品权利要求的组成和结构产生影响。同时，该申请说明书中也未验证 AAV1 VP1 中的任何赖氨酸替换位点具有如何实际提升载体转导效率的实验数据。因此权利要求 1 不具备创造性。

针对权利要求 2～4 请求保护腺相关病毒载体，其共同的技术特征是"所述载体包含 VP1 衣壳蛋白，所述衣壳蛋白具有在 AAV VP1 衣壳蛋白包含一或多个赖氨酸替换，所述载体还包含小基因，所述小基因包含 AAV 反向末端重复和能操作连接到调控序列的异源核酸序列，所述调控序列引导在宿主细胞中由所述异源核酸序列对产物的表达，所述赖氨酸替换对于抑制所述衣壳蛋白的泛素化是有效的，由此相较于所包含的 AAV

VP1 衣壳蛋白不具有一个或多个赖氨酸替换的 AAV 载体增加所述 AAV 载体向靶细胞中的转导"。然而上述共同技术特征不属于对现有技术作出贡献的特定技术特征,因此,权利要求 2~4 各技术方案之间不具备单一性。

申请人不服驳回决定,提出了复审请求并未修改权利要求书。复审请求人认为对比文件 1~4 均没有在 AAV 衣壳蛋白的那个氨基酸残基被泛素化方面提供任何教导,更不用说替换哪一个氨基残基来提高细胞的转导效率。该申请不涉及对比文件 1 提到的 AAV6 VP1 蛋白。对比文件 1 并没有披露 AAV6 VP1 蛋白的低 531 位赖氨酸被泛素化,也没有披露替换 531 位赖氨酸残基提高了细胞的转导效率。该申请的说明书以及附图,尤其是附图 4 及其相关内容的说明等均给出了转导效率提高的数据。因此在权利要求 1~4 具备创造性的基础上,单一性的问题将不复存在。

合议组在复审通知书中指出权利要求 1 中针对涉及 K61R、K84R、K143R 和 K161R 替换的并列技术方案不具备创造性。权利要求 2~4 请求保护多个具有特定突变的腺相关病毒载体,其共同的技术特征是"所述载体包含 VP1 衣壳蛋白,所述衣壳蛋白具有在 AAV VP1 衣壳蛋白包含一或多个赖氨酸到精氨酸的替换,所述载体还包含小基因,所述小基因包含 AAV 反向末端重复和能操作连接到调控序列的异源核酸序列,所述调控序列引导在宿主细胞中由所述异源核酸序列对产物的表达,所述赖氨酸替换对于抑制所述衣壳蛋白的泛素化是有效的,由此相较于所包含的 AAV VP1 衣壳蛋白不具有一个或多个赖氨酸替换的 AAV 载体增加所述 AAV 载体向靶细胞中的转导"。然而,对于权利要求 2 中涉及 K39R、K143R、K161R、K490R 的技术方案,权利要求 3 中涉及 K552R 的技术方案,以及权利要求 4 的技术方案,说明书中并未记载其技术效果实验数据(对于权利要求 4 的技术方案,说明书记载的相关实验数据均涉及多个突变组合的 AAV,无法证明权利要求 4 的技术方案的技术效果),因而无法证明其具有提高病毒转导效率的功能。结合对权利要求 1 的评述可知,上述共同技术特征不属于对现有技术作出贡献的特定技术特征,因此权利要求 2~4 不具备单一性。

复审请求人收到复审通知书后修改了权利要求书,修改后的权利要求书删除了原权利要求 1 中涉及的 K61R、K84R、K143R、K161R 的技术方案,删除了权利要求 2 中涉及的 K39R、K143R、K161R、K490R 的技术方案,删除了权利要求 3 中涉及的 K137R、K259R、K333R、K530R、K552R 的技术方案,权利要求 4 中的相应并列技术方案也作了相应的修改。

基于修改的权利要求,复审决定认为对比文件 1 没有公开 VP1 衣壳蛋白的具体变异位点和突变类型,以及功能性限定。虽然对比文件 1 列举了多个能够提高 AAV 病毒载体转导效率的不同血清型 AAV 病毒的衣壳蛋白的多个单氨基酸突变位点,但无法预期该申请记载的将谷氨酸换为精氨酸也能提高转导效率,且无法预期在众多突变位点中选择赖氨酸突变优于其他氨基酸。同样,对比文件 1 也没有公开 AAV1、AAV2、

AAV8 或 AAV Rh74 VP1 衣壳蛋白中涉及的特定位点发生赖氨酸到精氨酸的取代能够提高 AAV 病毒载体转导效率的启示。且上述这些突变载体均具有提高 AAV 病毒载体的转导效率的技术效果，因此权利要求 1 具备创造性。权利要求 2~4 也删除了无法证明其具有提高病毒转导效率的功能的并列技术方案，要求保护的全部 AAV 载体均具有创造性（即对现有技术作出贡献），因而，权利要求 2~4 的"所述载体包含 VP1 衣壳蛋白，所述衣壳蛋白具有在 AAV VP1 衣壳蛋白包含一或多个赖氨酸到精氨酸的替换"这一共同技术特征由于没有对现有技术作出贡献而不能作为特定技术特征的理由不再成立。因此，权利要求 2~4 具备单一性。①

【案例 6】 生物序列中的结构单元可否作为特定技术特征

涉案专利申请涉及突变的人或猿猴慢病毒 ENV 蛋白。驳回决定中单一性条款所针对的独立权利要求 9~14 和 29 分别如下。

9. 权利要求 1 至 8 中任一项的药物组合物，其中所述分离的突变的人或猿猴慢病毒 ENV 蛋白或所述分离的突变的人或猿猴慢病毒 ENV 蛋白的所述片段包含下列氨基酸序列之一：

SEQ ID NO：13、SEQ ID NO：42、SEQ ID NO：71，

SEQ ID NO：9 至 12，

SEQ ID NO：14 至 41，

SEQ ID NO：43 至 70，和

SEQ ID NO：72 至 95。

10. 权利要求 1 至 8 中任一项的药物组合物，其中所述分离的突变的人或猿猴慢病毒 ENV 蛋白或所述分离的突变的人或猿猴慢病毒 ENV 蛋白的所述片段包含下列氨基酸序列之一：

SEQ ID NO：13、SEQ ID NO：42、SEQ ID NO：71，

SEQ ID NO：9、11、15 至 21、23 至 29、31 至 38、40、44 至 50、52 至 58、60 至 67、69、73 至 79、81 至 87、89 至 95。

11. 权利要求 1 至 8 中任一项的药物组合物，其中所述分离的突变的人或猿猴慢病毒 ENV 蛋白或所述分离的突变的人或猿猴慢病毒 ENV 蛋白的所述片段包含下列氨基酸序列之一：SEQ ID NO：96 至 211。

12. 权利要求 1 至 8 中任一项的药物组合物，其中所述分离的突变的人或猿猴慢病毒 ENV 蛋白或所述分离的突变的人或猿猴慢病毒 ENV 蛋白的所述片段包含下列氨基酸

---

① 国家知识产权局第 1F252715 号复审决定（发文日：2020 - 07 - 15）。

序列之一：SEQ ID NO：96、98、100、102 至 108、110 至 116、118 至 125、127、129、131 至 137、139 至 145、147 至 154、156、158、160 至 166、168 至 174、176 至 183、185、187、189 至 195、197 至 203、205 至 211。

13. 权利要求 1 至 8 中任一项的药物组合物，其中所述分离的突变的人或猿猴慢病毒 ENV 蛋白由下列氨基酸序列之一组成：SEQ ID NO：212 至 269。

14. 权利要求 1 至 8 中任一项的药物组合物，其中所述分离的突变的人或猿猴慢病毒 ENV 蛋白由下列氨基酸序列之一组成：SEQ ID NO：212、214、216、218 至 224、226 至 232、234 至 241、243、245、247 至 253、255 至 261、263 至 269。

……

29. 权利要求 1 至 15 中任一项的药物组合物，其中所述突变的蛋白由 SEQ ID NO：271 至 SEQ ID NO：283 组成的组中的氨基酸序列之一组成。

在实质审查阶段，审查员认为权利要求 9～14、29 请求保护由不同分离的突变的人或猿猴慢病毒 ENV 蛋白组成的药物组合物，所述人或猿猴慢病毒 ENV 蛋白具备不同的序列或结构，这些蛋白的共同技术特征是"不具有免疫抑制活性的突变的人或猿猴慢病毒 ENV 蛋白"，但该共同技术特征已被对比文件 1（WO2010022740A2，公开日为 2010 年 3 月 4 日）公开。这些技术方案之间缺少使它们在技术上相互关联的相同或者相应的特定技术特征，不属于一个总的发明构思，因此不具备单一性。

申请人不服驳回决定，提出复审请求时认为：对比文件 1 没有意识到免疫抑制结构域 SEQ ID NO：416 内 Xa 和 Xb，即第 41 位和/或第 42 位氨基酸残基对于包膜蛋白保持其免疫抑制活性是至关重要的，甚至对比文件 1 也没有表明其公开的突变 G19R 能够在体内抑制 HIV-1 包膜蛋白的免疫抑制。因此，在人或猿猴慢病毒包膜蛋白免疫抑制结构域 SEQ ID NO：416 内的第 41 位和/或第 42 位氨基酸残基（即 Xa 和 Xb）处具有突变构成了该发明的特定技术特征，权利要求 9～14 和 29 中的各技术方案均具有该技术特征。因此，这些权利要求之间具备单一性。

在前置程序中，审查员进一步认为该申请说明书中仅仅证明了对于 HIV-1 ENV 蛋白特定的 115 个氨基酸片段进行 Y41R、Y41G、Y41L、Y41A、Y41F、L42R 的单突变可以降低或消除其免疫抑制活性，所述 HIV-1 ENV 蛋白进行上述突变能保持其天然三维结构，对 SIV55 进行 L42R 单突变可以降低其免疫抑制活性。并且，本领域技术人员已知，蛋白质的一级氨基酸结构决定了其空间三维结构，进一步决定了其生物活性，其任何一个氨基酸的改变都有可能影响其生物活性，且生物医药领域属于实验学科，其技术效果需要实验数据加以证实才能成立。依据该申请说明书公开的内容和现有技术，本领域技术人员无法合理预期权利要求 1 中限定的所有突变的人或猿猴慢病毒 ENV 蛋白或者其抗原性片段的共同特征在于其功能"突变导致 ENV 蛋白的免疫抑制活性丧失"，而不在于具体结构，免疫抑制活性的丧失与突变的具体位点并无直接关系。该共同技术特征"突变导致 ENV 蛋白的免疫抑制活性丧失"已被对比文件 1 公开。所以，这些 ENV 蛋白之间缺少使它们在技术上相互关联的相同或者相应的特定技术特征，不属于一个总的发明构思，不具备单一性。

合议组发出复审通知书指出，该申请说明书中仅仅证明了对于 HIV - 1 ENV 蛋白特定的 115 个氨基酸片段进行 Y41R、Y41G、Y41L、Y41A、Y41F、L42R 的单突变可以降低或消除其免疫抑制活性，所述 HIV - 1 ENV 蛋白进行上述突变能保持其天然三维结构，对 SIV55 进行 L42R 单突变可以降低其免疫抑制活性。本领域技术人员无法合理预期权利要求 1 中限定的所有突变的人或猿猴慢病毒 ENV 蛋白或者其抗原性片段均具有降低或丧失的免疫抑制活性，并保持其原有三维结构。因此，权利要求 1～56 得不到说明书的支持，不符合《专利法》第 26 条第 4 款的规定。

复审请求人针对复审通知书修改了权利要求 1～3。

1. 一种药物组合物，其包含与药学上可接受的载体结合的、作为活性物质的下列物质：不具有免疫抑制活性或者其免疫抑制活性与相应的野生型未突变 HIV ENV 蛋白相比降低的分离的突变的 HIV ENV 蛋白的抗原性片段，其中所述抗原性片段选自下组中：图 3 中所示的 HIV115 Y41R、HIV115 Y41A、HIV115 Y41F、HIV115 Y41G、HIV115 Y41L、HIV115 L42R、HIV115 Y41R K72A 和 HIV115 Y41R K72G。

2. 权利要求 1 的药物组合物，其中所述抗原性片段选自下组之中：图 3 中所示的 HIV115 Y41R、HIV115 Y41A、HIV115 Y41F、HIV115 Y41G、HIV115 Y41L 或 HIV115 L42R。

3. 权利要求 1 的药物组合物，其中所述抗原性片段由 SEQ ID NO：271 或 SEQ ID NO：272 所示的氨基酸序列组成。

复审决定①中指出，最后一次提交的权利要求 1 中请求保护以图 3 中所示的 HIV115 Y41R、HIV115 Y41A、HIV115 Y41F、HIV115 Y41G、HIV115 Y41L、HIV115 L42R、HIV115 Y41R K72A 或 HIV115 Y41R K72G 为活性物质的药物组合物。权利要求 1 包含的多个并列技术方案具有的相同或相应的技术特征为"不具有免疫抑制活性或者具有降低的免疫抑制活性的在第 41 位或第 42 位（相对于 SEQ ID NO：416 的 Xa 或 Xb）有突变的 HIV115 抗原性片段"。对比文件 1 中并未公开上述技术特征，也没有给出在 HIV - 1 第 41 位或第 42 位（相对于 SEQ ID NO：416 的 Xa 或 Xb）进行突变可以降低免疫抑制活性或者使免疫抑制活性丧失的启示。因此该申请具备单一性。

三、思考与启示

本章通过上述 6 个案例的分析讨论，尝试探讨了"选择发明"的创造性评判标准、

① 国家知识产权局第 1F244381 号复审决定（发文日：2019 - 06 - 14）。

药物使用特征在创造性评价中的考量、如何把握说明书充分公开的实质公开的标准、生物序列之间的特定技术特征的判断标准等相关的病毒载体中的审查难点。

（一）"选择发明"的创造性评判标准

案例1的焦点在于现有技术是否给出了在众多 AAV 的血清型中选择使用 AAV2/8 载体将 HIF1 – α 递送到脊髓的技术启示，以及对于 AAV2/8 直接注射到脊髓内是否有技术启示。

我国《专利审查指南》第二部分第四章第4.3节明确规定了选择发明的定义：指从现有技术中公开的宽范围中，有目的地选出现有技术中未提到的窄范围或个体的发明。在进行选择发明创造性的判断时，选择所带来的预料不到的技术效果是考虑的主要因素。如果发明仅是从一些已知的可能性中进行选择，或者发明仅仅是从一些具有相同可能性的技术方案中选出一种，而选出的方案未能取得预料不到的技术效果，则该发明不具备创造性。如果选择使得发明取得了预料不到的技术效果，则该发明具有突出的实质性特点和显著的进步，具备创造性。

尽管预料不到的技术效果是选择发明具备创造性的主要考量因素，但仍需要采用"三步法"判断创造性，同时还应注重对技术方案进行"整体考量"。应以本领域技术人员为主体，全面、整体理解权利要求以及涉及的每一项现有技术的技术方案，并在"区别技术特征"、"实际解决的技术问题"以及"技术启示"的具体判断过程中，坚持对权利要求和现有技术的技术方案进行整体考量。当现有技术中公开了若干病毒载体的血清型，或公开了对病毒载体进行改造的若干突变位点等，即最接近的现有技术中公开了上述可能。然而候选不代表应选，本领域技术人员在完整理解和把握现有技术的技术方案以及分析在若干种候选的基础上，在判定发明是否符合创造性的标准时，还需综合考量选择其中的一种或几种，所取得的技术效果是否是可以合理预期的，或是选择是否取得了预料不到的技术效果等，即需要审查员站位本领域技术人员，充分了解本领域现有技术以及发明的核心构思的基础上，才能作出准确、公平的判断。

该案中，对比文件1已经公开了 AAV 病毒载体携带相同的目的基因 HIF – 1α 可以肌肉注射使用，在此基础上，本领域技术人员在对比文件2的启示下，是否有动机选择 AAV2/7 和 AAV2/8，并将其直接注入脊髓内使用成为创造性判断的重要考量因素。对比文件2公开了 AAV2/7、AAV2/8 载体在肝脏中相对于其他已知 AAV 载体如 AAV2/1、AAV2/2、AAV2/5 具有更高的表达和转移效率，且还公开了 AAV7 和 AAV8 载体相较于其他 AAV 血清型载体具有更低的人类预存免疫原性而具有保留更多病毒载体的优势。因此在面临多个 AAV 血清型的选择时，本领域技术人员有动机选用 AAV7 和 AAV8，因为人体中存在针对这两种血清型的抗体相对于其他血清型少，因此注射到人体中时，被抗体中和的病毒载体少，即可以留存的病毒载体多，这与涉案专利申请实施例 1 中的结论相同：即 AAV2/7 和 AAV2/8 相对于其他血清型的 AAV 载体，无论在脊髓还是肌肉中均高于其他血清型，该实施例的效果是可以合理预期的。与此同时，直接注射到脊髓内以及通过注射肌肉后递送到脊髓内，对于脊髓中剩余病毒载体的量而言，基于本领域的常规技术知识，病毒载体经过跨组织转运或传递后，检测单一组织"脊髓"中的病毒载体，不可避免地会有损失或者有更多的病毒载体被递送到除了"脊髓"以外的其他组织中，因此通过肌肉注射后，脊髓剩余病毒载体量相对于直接注射到脊髓中的病毒载体量要少的技术效果也是本领域技术人员可以合理预期的。

同时涉案专利申请的实施例 2 仅记载了 AAV2/1 和 AAV2 携带目的基因可以实现相应的功能，并没有与血清型 AAV2/8 功能的比较数据。与此同时，实施例 3 也仅仅验证了 AAV2/8 – HIF1α、NF – κB 的功能，并没有和其他血清型比较，即采用相同的注射方式是否存在功能差异的实施例，无法证实该申请在众多的血清型载体中选择 AAV2/8 具有预料不到的技术效果。该申请实施例中所呈现的实验数据均是本领域技术人员根据现有技术可以合理预期，因此该申请的实验数据并没有提供有说服力的证据证实该申请取得了预料不到的技术效果，最终驳回了复审请求。

通过案例 1 的审查过程可以看出，对于选择发明，现有技术公开的内容通常具有较强的技术启示，如专利审查指南中所指出的，其核心内容就是从现有的宽范围中选择未提到的窄范围或者个体的发明，技术方案的核心构思是与现有技术相一致的。因此在对选择性发明进行创造性判断时，首先基于对现有技术的充分了解，在存在明显技术启示的情况下，着重考虑发明的预料不到的技术效果。而发明的预料不到的技术效果是以发明的实施例以及对比实验结果为基础，通过实验结果充分证实该发明的最终选择所获得的技术效果并非本领域技术人员通过合理推断即可获得的，而是超出了本领域技术人员的合理预期，取得了预料不到的技术效果。在现有技术公开内容的基础上，本领域技术人员能够通过结合本领域的普通技术知识以及合理推断能够获得技术效果不能作为预料不到的技术效果。如案例 1 选择的病毒载体 AAV2/8，是基于所选择的病毒类型的已知效果进行了应用，能够实现的效果是本领域技术人员能够合理预期的，实施例的证据也不能证实该选择取得了预料不到的技术效果。因此，回顾该案件的整个审查过程，也给发明申请人提供了参考：在现有技术启示很强的技术方案撰写过程中，需要做到说明书充分公开，并且对现有技术充分了解的情况下，合理地设计实施例和对比例，才能为主张创造性提供足够的证据支撑。

（二）药物使用特征在创造性评价中的考量

病毒载体作为基因治疗的重要工具，发明申请中通常会包含保护病毒载体医学用途的权利要求，其撰写方式中往往会包含药物的使用特征。案例 1~3 中分别涉及了给药途径、给药对象、给药剂量和给药时间的特征。上述药物使用特征是否对权利要求有限定作用是审查过程中的主要争议内容。

《专利审查指南》第二部分第十章第5.4节规定，对于涉及化学产品的医药用途发明，其新颖性审查应考虑以下方面：①新用途与原已知用途是否实质上不同，仅仅表述形式不同而实质上属于相同用途的发明不具备新颖性。②新用途是否被原已知用途的作用机理、药理作用所直接揭示，与原作用机理或者药理作用直接等同的用途不具有新颖性。③新用途是否属于原已知用途的上位概念，已知下位用途可以破坏上位用途的新颖性。④给药对象、给药方式、途径、用量及时间间隔等与使用有关的特征是否对制药过程具有限定作用，仅仅体现在用药过程中的区别特征不能使该用途具有新颖性。

《专利审查指南》第二部分第十章第6.2节规定，化学产品用途发明的创造性：①新产品用途发明的创造性。对于新的化学产品，如果该用途不能从结构或者组成相似的已知产品预见到，可认为这种新产品的用途发明有创造性。②已知产品用途发明的创造性。对于已知产品的用途发明，如果该新用途不能从产品本身的结构、组成、分子量、已知的物理化学性质以及该产品的现有用途显而易见地得出或者预见到，而是利用了产品新发现的性质，并且产生了预料不到的技术效果，可认为这种已知产品的用途发明有创造性。

从《专利审查指南》中的上述规定可知涉及给药特征的发明具备创造性的条件为：给药对象、给药方式、途径、用量及时间间隔等与使用有关的特征需要对制药过程具有限定作用，而不是仅仅体现在用药过程中，同时不能从产品本身的结构、组成、分子量、已知的物理化学性质以及该产品的现有用途显而易见地可以得出或者预见到。

案例1中的争议焦点涉及给药途径（注射脊髓内）是否具备创造性。对比文件1仅公开了肌肉注射，对比文件2公开了相同的载体在肌内和肝递送中的效率，对比文件均没有涉及脊髓内给药。案例2中对比文件已经明确公开了可以通过鞘内注射。通常给药途径对制药用途有限定作用，给药途径的不同通常会影响药物的制剂组成，用药部位及给药途径不同可以影响药物在体内的吸收、分布、代谢及排泄过程，从而产生不同的吸收速度、起效时间、达峰时间和作用持续时间。

一种药物可以有多种剂型，剂型选择不当就难以发挥药物最佳治疗效果，给药途径和剂型的确定在药物制剂的开发研究、工业生产以及临床应用中有重要作用。针对不同的药物，合理设计给药途径和剂型，才能够最大限度发挥疗效，降低临床不良反应。[①] 因此不同给药方式的药物剂型是不同的。不同的剂型有着不同的物理状态，包括水溶性、脂溶性与解离度、溶出速率、稳定性等。因此不同剂型的药物制剂的组分会有所不同。

---

① 孟胜男. 药剂学［M］. 2版. 北京：中国医药科技出版社，2021.

本领域技术人员应当知晓不同药物剂型的适用途径以及不同剂型所需要的物理状态以及相应的组分等一般要求。在充分了解现有技术的基础上，分析对比文件是否有结合启示。通过案例1~3的分析讨论，在判断给药对象、给药方式、途径、用量及时间间隔等与使用有关的特征是否对药物剂型产生影响，从而影响制药过程时，如果答案肯定，则上述使用特征对制药用途权利要求具有限定作用，则在考虑创造性时，需要将上述使用特征考虑在内，分析不同的使用特征给药物制剂带来的不同，然后结合公知常识分析产品本身的结构、组成、分子量、已知的物理化学性质以及该产品的现有用途是否是显而易见地得出或者预见的，从而能更准确地把握使用特征是否能使药物用途权利要求具备创造性。

由于人体有血脑屏障，药物经过口服或静脉给予时，一般很难进入脑脊液使之达到有效浓度[1]，鞘内注射给药是通过腰穿将药物直接注入蛛网膜下腔，从而使药物弥散在脑脊液中，并很快达到有效的血药浓度。因此作用于中枢神经系统或治疗颅内疾病的药物，通过鞘内注射给药，用于提高药物浓度并可以维持一定的有效浓度，是一种较好的给药途径。

注射剂主要由主药、溶剂和附加剂（包括pH调节剂、抗氧化剂、络合剂、增溶剂、渗透压调节剂、抑菌剂、助悬剂、局麻剂等）组成。由于神经组织敏感，脊髓液循环较慢，鞘内注射液与脊髓液必须等渗，pH应控制在5.0~8.0[2]，不得加抑菌剂；而肌肉注射剂作为注射剂，pH要求与血液（pH 7.4）相等或接近，一般控制在4~9的范围内，渗透压也为等渗，对多剂量、无菌操作法及过滤灭菌法生产的注射剂可加入适当的抑菌剂。[3]

案例1中虽然对比文件均没有公开用于脊髓内注射药物，然而基于上述本领域的常规技术知识，合议组认为肌萎缩性侧索硬化症是一种上、下运动神经元损伤导致的疾病，因此治疗神经系统的药物通过脊髓内给药是一种比较公认的有效提高药物浓度、提高生物利用度的一种给药途径，因此本领域技术人员在对比文件公开了包含HIF1-α的AAV载体肌肉注射有治疗效果的前提下，结合本领域技术人员的常规技术知识，有动机选择脊髓内注射递送药物，其效果也是可以合理预期的。同时涉案专利申请中并没有记载脊髓内注射剂的具体组成成分，即可以理解为其采用现有技术已知的脊髓内注射剂型，因而脊髓注射剂这一技术特征并不能给技术方案带来创造性。案例2中同样是中枢神经系统的溶酶体储积疾病有关的神经系统症状的药物，不仅对比文件公开了将rAAV9-IDUA通过鞘内投予、脑室投予等不同途径投予至模型小鼠，基于上述相同的公知常识，也有动机将用于治疗中枢神经系统的药物优先选择鞘内注射。

① 武淑兰. 现代血液病诊疗手册［M］. 北京：北京医科大学、中国协和医科大学联合出版社，1998.
② 孟胜男. 药剂学［M］. 2版. 北京：中国医药科技出版社，2021.
③ 陆彬. 药剂学［M］. 北京：中国医药科技出版社，2003.

案例 2 还涉及了给药对象的不同，对比文件仅公开了给药对象是小鼠，而案例 2 请求保护的权利要求给药对象是人类。复审请求人认为这种对投予方式的限定应当被认为对制药用途具有限定作用，对比文件公开的内容是预言性的，因此不会破坏该申请的创造性。合议组认为对比文件公开了小鼠中的研究能够为治疗人类 I 型多糖病提供评估，虽然对比文件没有公开具体的实验结果，但是小鼠作为常用的模拟人类疾病的实验动物，广泛地应用在药物治疗研究中，因此将小鼠的治疗方法用于人是常规的技术研发流程，其技术方案的获得是显而易见的，因此，对比文件缺乏人体实验数据并不能成为阻止本领域人员获得该申请技术方案的障碍。

对于给药对象的限定作用，笔者认为新药研发过程中候选药物在进入临床试验阶段之前，必须对其急性、慢性、发育和生殖毒性以及致癌性进行全面评估，以确保药物在施用于人体后的有效性和安全性。[①] 由于实验动物通常与人类拥有相似的分子靶标和代谢途径，因此被用于候选药物的临床前研究，通过不同的动物模型和实验方法，评价药物的药理作用，研究其作用机制，观察其毒性作用。因此使用动物模型来评价药物疗效也是本领域技术人员的常规技术手段。虽然动物实验的结果有很大几率在人体中无法重复，但由于动物试验不存在人体试验所受的种种限制和社会道德舆论，可反复进行在人体无法进行的伤害性试验。采用动物模型作为人类疾病的"缩影"，按要求随时收集各种样品，乃至处死动物收集标本，这在临床上是很难做到的[②]，因此动物实验是用于筛选候选药物必不可少的环节。正确制作或选择一个合理的动物模型，可以增加临床前药效学研究的真实性、可信性，提高药效学研究成功率和研究设计水平及科学性。因此将动物实验证实有效的候选药物进一步用于人类，是本领域技术人员在已知的现有技术的基础上可以显而易见获得的技术方案，并不需要克服技术壁垒。虽然有可能在动物实验中和人体试验中药物制剂的组成有不同，但本领域技术人员可以根据人类本身的特点和要求，通过常规实验以及调整即能获得可以用于人类的安全的药物制剂类型。因此将已知在动物模型中有治疗效果的候选药物进一步用于治疗人类疾病，请求保护的相应的技术方案是不具备创造性的。

案例 3 涉及药物的施用方式，包括单位剂量和施用时间，合议组认为"所述人受试者在以单位剂量的 1×10^{10} 至 3×10^{13} 个 rAAV 的载体基因组施用到所述人受试者眼部之前的 1 到 30 天，已经接受过一次或多次玻璃体内剂量的所述 VEGF 抑制剂"的限定，即复审请求人声称的分阶段多次眼部注射，其不构成影响药物组合物成分或适应证范围的技术特征，对权利要求所要保护的技术方案并不产生实质影响。另外，在治疗疾病过程中是否多次注射以及采用何种注射间隔是医生的选择，其也不构成影响药物组

---

① 刘友平. 实验室管理与安全 [M]. 北京：中国医药科技出版社，2014.
② 向楠. 中药临床药理学 [M]. 北京：中国医药科技出版社，2010.

合物成分和适应证范围的技术特征。

因此在判断给药对象、给药方式、途径、用量及时间间隔等与使用有关的特征是否对药物剂型产生影响，从而影响制药过程时，如果答案肯定，则上述使用特征对制药用途权利要求具有限定作用，则在考虑创造性时，需要将上述使用特征考虑在内，分析不同的使用特征给药物制剂带来的不同，然后结合公知常识分析产品本身的结构、组成、分子量、已知的物理化学性质以及该产品的现有用途是否是显而易见地得出或者预见到的，从而能更准确地把握使用特征是否能使药物用途权利要求具备创造性。

（三）说明书充分公开需考虑现有技术

生物领域可预见性低，但由于研究周期长、不确定性大、投资高等因素，申请人有时没有明确的实验结论时、方案较多时仅部分技术方案给出实验数据时，或者申请人为了保护商业机密，不愿意公开最优的技术方案时，都可能在撰写过程中存在说明书公开不充分的问题。然而还有一些发明申请，在实施例中没有记载相关的实施例，但仍满足公开充分的要求。例如案例 4 说明书公开的实施例中并没有明确公开 AAVrh. 64 的腺伴随病毒载体的功能，构建具有 SEQ ID NO：99 或 SEQ ID NO：233 所示衣壳蛋白序列的 AAVrh. 64 载体是否具有基因转移的能力，本领域技术人员可否预期 AAVrh. 64 的功能可以基于申请公开的内容进行合理推断。

该专利的实施例中记载了不同进化分支的代表 AAV 的实施例。说明书中也记载了 AAVrh. 64 属于进化支 E 以及 AAVrh. 64 与其他不同进化支的序列比对结果。本领域技术人员结合信息披露程度以及现有技术状况可以预期不同进化分支，以及进化分支内的不同 AAV 应都具有转导所述异源基因在宿主细胞中表达的功能。因此在没有相反证据的情况下，应当认可说明书中给出的功能数据，从而认可发明满足充分公开的要求。

通常而言，判断化合物公开充分的实验结果数据既可以是定量数据也可以是定性数据。而如果说明书中未提供用途和/或使用效果的定性或定量实验数据，但是通过理论分析或者根据现有技术，以说明书的记载为基础可以预测请求保护的化合物必然具有所述的用途和效果，则可以认为化合物的用途和/或使用效果已经充分公开。因此审查过程中不仅要看说明书中是否记载了相应的实验数据，如果没有实验数据，则还需判断"是否能够基于说明书原始记载和现有技术、理论分析合理预期实验结果"，也就是说，在说明书中未提供用途和/或使用效果的定性或定量实验数据时，应建立在充分检索的基础上，充分把握发明实质，进行合理举证说明，对所述请求保护化合物的用途或效果是否属于"可以预期"的问题承担初步的举证责任。

初步的举证责任完善可以避免只注重形式上的公开不充分，在审查中更能够注重发明实质，根据申请人所提供实验证据和现有技术判断是否公开充分，并不仅仅因为原说明书中没有记载相关生物材料的实施例而简单地认为公开不充分。

从 1985 年我国专利法颁布实施中规定药品列入"不授予专利权"的主题范围之内，1993 年版《专利审查指南》规定"提出了具体的技术方案，但未给出实验证据，而该方案必须依赖实验结果加以证实才能成立的"属于"不具备实用性"的情况，继而 2001 年版《专利审查指南》又将该部分内容从实用性规制的范畴调整到公开充分的范畴内。采用的标准逐渐与世界主要国家和地区趋于一致。2006 年版《专利审查指南》增加了如下内容："例如，对于已知化合物的新用途发明，通常情况下，需要在说明书中给出实验证据来证实其所述的用途以及效果，否则将无法达到能够实现的要求。"但对于新化合物的发明，是否也强制要求提供实验数据，并没有特别具体的规定。

生物医药领域的公开充分的政策演进过程，也是我国对于该领域的审查标准日趋明确、严格规范的过程。现行的审查标准对活性试验数据的要求，合理地体现专利制度"公开换保护"的基本原则。尽管活性试验的生物大分子并不必然是最终的临床上有用的分子，然而相对于申请人的贡献和公众利益的平衡，该要求相对更为合理。

如果没有记载或公开效果数据，或随着生物信息学的发展，仅通过计算机模拟获得的某种结构或生物序列，并预测了其效果即可获得专利权，大量这种专利会对其他竞争对手制造障碍，增加了成本，不利于促进整个社会的医药研发。因此，合理有效的充分公开的要求可以遏制恶意专利申请和专利权的过度滥用，有利于完善生物医药专利制度，通过对各方利益的平衡，避免垄断恶意竞争，推动药物研发的正常运行。

（四）生物序列单一性问题

案例 5 和案例 6 涉及不同的氨基酸序列（没有明显的共同结构）含有特定结构（特定位置突变）是否满足单一性的问题，我国《专利审查指南》中对马库什权利要求的单一性基本原则做了规定，并未涉及生物序列单一性判断的基本原则。该如何认定特定技术特征，更好地诠释单一性的立法本意，是本领域的审查难点。

《专利法》有关单一性的规定是指一件发明或者实用新型专利申请应当限于一项发明或者实用新型，属于一个总的发明构思的两项以上发明或者实用新型，可以作为一件申请提出。也就是说，如果一件申请包括几项发明或者实用新型，则只有在所有这几项发明或者实用新型之间有一个总的发明构思使之相互关联的情况下才被允许。但缺乏单一性不影响专利的有效性，因此缺乏单一性不应当作为专利无效的理由。这是专利申请的单一性要求。而专利申请应当符合单一性要求的主要原因是：①经济上的原因。为了防止申请人只支付一件专利的费用而获得几项不同发明或者实用新型专利的保护。②技术上的原因。为了便于专利申请的分类、检索和审查。

《专利法实施细则》第 39 条规定，可以作为一件专利申请提出的属于一个总的发明构思的两项以上的发明或者实用新型，应当在技术上相互关联，包含一个或者多个相同或者相应的特定技术特征，其中特定技术特征是指每一项发明或者实用新型作为整体，对现有技术作出贡献的技术特征。上述条款定义了一种判断一件申请中要求保护两项以上的发明是否属于一个总的发明构思的方法。也就是说，属于一个总的发明构思的两项以上的发明在技术上必须相互关联，这种相互关联是以相同或者相应的特定技术特征体现在权利要求中的。上述条款还对特定技术特征作了定义，特定技术特征是专门为评定专利申请单一性而提出的一个概念，应当把它理解为体现发明对现有技术作出贡献的技术特征，也就是使发明相对于现有技术具有新颖性和创造性的技术特征，并且应当从每一项要求保护的发明的整体上考虑后加以确定的。因此，《专利法》第31条第1款所称的"属于一个总的发明构思"是指具有相同或者相应的特定技术特征。然而，由于特定技术特征是体现发明对现有技术作出贡献的技术特征，是相对于现有技术而言的，只有在考虑了现有技术之后才能确定，因此，不少申请的单一性问题常常要在检索之后才能作出判断（《专利审查指南》第二部分第六章）。因此《专利法实施细则》对"属于一个总的发明构思"作出了更为细致的解释，即应当在"技术上相关联"，包含"相同或相应的特定技术特征"，其中"特定技术特征"是指每一项发明或者实用新型作为整体考虑，"对现有技术作出贡献"的技术特征。该条款是判断单一性问题的基本依据。换句话说，确定多项发明是否属于一个总的发明构思，就是判断它们之间是否含有一个或多个相同或相应的"特定技术特征"。因此，正确理解"特定技术特征"的概念就成为单一性判断中的关键。

发明的单一性，这是大多数实施专利制度的国家以及国际专利合作组织所公认的一个准则。可以避免申请人将在技术上互不关联的多项发明作为一件专利申请提出。因为：①如果允许在一件申请中包含多项不相关的发明，实际上就是允许申请人在仅缴纳一份费用的情况下同时申请多项发明并全部要求审查，这对于其他申请人和专利局的审查员是不公平的，尤其是该申请被授权后，申请人只缴纳一份年费就取得了多项发明的专利权保护，这显然不合理；②如果要求一个审查员对包含互不关联的多项发明的专利申请进行审查，势必会在其阅读申请文件、理解发明内容、进行有效检索等审查环节上产生障碍，从而降低审查效率、延长审查程序；将多项技术内容密切相关的发明作为一件申请提出，既可简化申请程序、节约费用，又有利于技术相关的专利资料的收集与检索，同时避免了多个审查员进行重复性劳动，加快了审查进程，这无疑对审查工作是有利的。

《欧洲专利公约》（European Patent Convention，EPC）第82条涉及有关单一性的要求，其原则是一件申请应当只包含一项发明，如果一件申请包含了一项以上的发明，则这些发明必须属于一个总的发明构思。该规定与我国专利法规定相同。欧洲专利局在单一性的判断方面，突出特点是区分了"在前"判断和"在后"判断，具有可操作性。《欧洲专利局审查指南》也明确规定：涵盖由不同序列定义的不同替代核酸或蛋白质的权利要求同样被视为代表马库什分组，并根据上述原则进行分析。

《欧洲专利局审查指南》规定："当马库什分组是针对化合物的替代品时，它们应被视为具有相似性质，其中：①所有备选方案都具有共同的属性或活动；②存在一个共同的结构，即一个重要的结构元件由所有替代品共享，或者所有替代品都属于本发明所涉及的本领域中公认的一类化合物。"

因此，通过替代品的共同属性或活动参考上述①和②定义的共同结构，为马库什分组提供了共同点。

如果化合物具有占据其结构大部分的共同化学结构，或者，如果化合物的共同点只有其结构的一小部分，鉴于现有技术公开的内容，该结构或部分对现有技术作出了技术贡献，则"所有替代品共享的重要结构元素"构成了结构上独特的部分。结构元件可以是单个组件，也可以是连接在一起的单个组件的组合。

一个重要的结构元素不需要在绝对意义上是新颖的（即新颖本身）。相反，术语"显著"是指，就共同性质或活性而言，化学结构中必须有一个共同部分，该部分将要求保护的化合物与具有相同性质或活性的任何已知化合物区分开来。换言之，重要的结构要素定义了要求保护的发明作为一个整体，对现有技术所作的技术贡献。

如果本领域期望该类成员在要求保护的发明的背景下以相同的方式行事，即每个成员可以相互替代，并期望实现相同的预期结果，则该替代品属于"公认的化合物类别"。但是，如果可以证明至少一个马库什替代品不是新颖的，则必须重新考虑发明的单一性。特别是，如果马库什权利要求所涵盖的至少一种化合物的结构是已知的，以及所考虑的性质或技术效果，则表明其余化合物（替代品）缺乏统一性。

这是因为马库什替代品不包含相同的（共同结构）或相应的（相同的特性或技术效果）的"特殊"技术特征（《欧洲专利局审查指南》第五章第3.2.5节）。

《欧洲专利公约实施细则》第44条第1款定义了有关判断一件申请中要求保护的一组发明是否满足发明单一性要求的方法，即只有在这些发明中包含一个或多个相同或相应的特定技术特征，使得这些发明在技术上相互关联时，才具有单一性。"特定技术特征"是指将每项发明作为一个整体考虑，那些对现有技术作出贡献的技术特征。欧洲专利局的有关单一性的规定与我国相似，在审查生物序列单一性问题时，同样可以参考马库什权利要求的单一性基本原则。

我国《专利审查指南》第二部分第十章第8节中有关化学发明的单一性，其中马库什权利要求的单一性基本原则：如果一项申请在一个权利要求中限定多个并列的可选择要素，则构成"马库什"权利要求。马库什权利要求同样应当符合《专利法》第31条第1款及《专利法实施细则》第39条关于单一性的规定。如果一项马库什权利要求中的可选择要素具有相类似的性质，则应当认为这些可选择要素在技术上相互关联，具有相同或相应的特定技术特征，该权利要求可被认为符合单一性的要求。这种可选择要素称为马库什要素。当马库什要素是化合物时，如果满足下列标准，应当认为它们具有类似的性质，该马库什权利要求具有单一性：①所有可选择化合物具有共同的性能或作用；②所有可选择化合物具有共同的结构，该共同结构能够构成它与现有技术的区别特征，并对通式化合物的共同性能或作用是必不可少的；③在不能有共同结构的情况下，所有的可选择要素应属于该发明所属领域中公认的同一化合物类别。

"公认的同一化合物类别"是指根据本领域的知识可以预期到该类的成员对于要求保护的发明来说其表现是相同的一类化合物。也就是说，每个成员都可以互相替代，而且可以预期所要达到的效果是相同的。

从我国马库什权利要求的单一性的审查标准可知，各个生物序列之间需要具有共同的结构，且该共同结构能够构成它与现有技术的区别特征，并对生物序列的共同性能或作用是必不可少的。这是最基本的原则，根据该原则，判断生物序列的单一性可以遵循以下原则（该原则是在有实施例支持的基础上）。

第一，明显不具备单一性。

对于完全没有共同结构特征的生物序列，或者说无法针对一个共有的结构进行检索，而只能对每个生物序列分别进行检索的生物序列，即使这些序列的功能是相同的，也属于明显不具备单一性的情况。

第二，不明显具备单一性。

要判断一系列具有相同结构的生物序列之间是否具有单一性，除了它们必须有共同的性能和作用之外，还应该看它们具有的相同结构的生物序列是否是"特定技术特征"，而生物序列的"特定技术特征"应该是其生物序列中固定不变，并且给生物序列带来新颖性和创造性的部分。因此如果该生物序列具备新颖性和创造性，则在此序列基础上进行的突变或衍生序列，由于该系列序列具有的相同序列本身是全新的序列，即对现有技术作出贡献的特定技术特征，则在此序列基础上的突变序列或者衍生序列具备单一性。

然而对于一系列生物序列，如果具有相同结构的生物序列已是现有技术，而且现有技术中也有相应的启示突变该序列的一些位点，用于提高其某些特性，例如提高活性、降低毒性、改变物理性质等。则上述共同的序列结构并不是对现有技术作出贡献的特定技术特征，该系列的突变序列不具备单一性。

上述判断方式是根据专利法和专利审查指南的规定来判断生物序列是否具备单一性的基本判断原则。即生物序列参考的马库什权利要求单一性的判断仍然需要遵循专利法以及专利法实施细则所述的单一性的审查原则，二者只是特殊与一般的关系。

《欧洲专利局审查指南》对共同结构作了更具体的限制：该共同结构能够构成它与现有技术的区别特征，并对一系列生物序列的共同性能或作用是必不可少的。

然而同时我国《专利审查指南》第二部分第七章第9.2节规定：如果缺乏单一性

的两项或者多项独立权利要求的技术方案都属于该审查员负责审查的技术领域，且它们涉及的检索领域非常接近或者在很大程度上重叠，则审查员可以在不增加太多工作量的情况下同时完成对它们检索，这样，在撰写审查意见通知书时，既可以指出缺乏单一性的缺陷，又可以对这些独立权利要求作出评价，减少一次审查意见通知书，从而加速审查进程。如果通过检索发现申请中的一项或者几项独立权利要求不具备新颖性或者创造性，那么申请人在收到审查意见通知书之后，就可以删去这样的权利要求，而且不会再对它或者它们提出分案申请，从而避免了一些不必要的工作。此外，通过这样的检索还有可能找到进一步证明申请的主题缺乏单一性的对比文件。

如果一件申请中的两项或者多项相互并列的独立权利要求，在发明构思上非常接近，而且其中没有一项独立权利要求需要在其他的技术领域中进行检索，则可以对申请的全部主题进行检索，因为这不会增加太多工作量。

《专利审查指南》第二部分第八章第4.4节规定：有时申请的主题之间虽然缺乏单一性，特别是因独立权利要求不具备新颖性或创造性而导致其相互并列的从属权利要求之间缺乏单一性，但是它们所对应的检索领域非常接近，或者在很大程度上是重叠的，在这种情况下，审查员最好一并检索和审查这些权利要求，在审查意见通知书中指出这些权利要求不符合专利法及其实施细则的其他规定的缺陷，同时指出申请缺乏单一性的缺陷，以利于节约审查程序。

从《专利审查指南》的上述规定可以看出，虽然单一性条款的主要目的是保证审批程序的效率，以及避免申请人不承担本应属于其他申请案件序列缴纳的费用，例如很多发明申请中涉及几百条生物序列，对于审查员来说需要花费大量的时间和精力，不利于审批的效率。如果单一性条款的适用过于严厉，则会影响在单一程序中处理相互关联的各种实质性内容的总原则。因此，不应将相互关联的内容不必要地分开。应当始终抱着公平对待申请人的观点来执行发明单一性的规定。在相同的检索领域，技术方案基本重叠时，不显著增加检索工作量的情况下，通过检索能够确定对现有技术作出贡献的共同特征，可以考虑不提出缺乏单一性的审查意见，不建议采用窄的、呆板的或程式化的标准来评价单一性。即《专利审查指南》第二部分第七章第9.2节和第八章4.4节的规定则是根据有利于申请人的原则来检索的。

案例5~6均不是明显不具备单一性的生物序列，对于特定技术特征的判定确实存在一定困难。案例5中权利要求1~4分别保护4种不同的AAV血清型的VP1衣壳蛋白中不同的位点的赖氨酸替换的单个或者组合突变的并列技术方案。如果严格按照马库什权利要求的单一性的审查标准，上述4个权利要求之间并没有相同的生物序列结构实现其相同的功能（提高AAV载体向靶细胞中的转导效率）。然而上述权利要求均是针对AAV载体，属于病毒载体领域，即涉及的检索领域一致，并且其涉及的是相同的突变方式，工作量增加有限的情况下进行全面检索有利于节约审查程序，提高了审批效率，并有利于申请人。因此合议组认定共同的特征为"所述载体包含 VP1 衣壳蛋白，所述衣壳蛋白具有在 AAV VP1 衣壳蛋白包含一或多个赖氨酸到精氨酸的替换"，同时依据现有技术的公开情况，判断这一共同技术特征由于没有对现有技术作出贡献而不能作为特定技术特征的这个理由不再成立。因此合议组认定各个权利要求之间具备单一性，符合《专利法》第 31 条第 1 款的规定。

案例 6 中，权利要求 9～14、29 中包含了上百条分离的突变的人或猿猴慢病毒 ENV 蛋白或所述 ENV 蛋白片段，从前述权利要求可知，是通过对人或猿猴慢病毒 ENV 蛋白中的跨膜（TM）亚基的突变，从而使突变后的人或猿猴慢病毒 ENV 蛋白比野生型具有降低的免疫抑制活性或者缺乏免疫抑制活性。在复审请求书中，复审请求人认为由于权利要求中包含的所有序列中，含有的免疫抑制结构域 SEQ ID NO：416 内 Xa 和 Xb 即第 41 位和/或第 42 位氨基酸残基对于包膜蛋白保持其免疫抑制活性是至关重要的，且对比文件 1 也没有公开上述特征。因此，在人或猿猴慢病毒包膜蛋白免疫抑制结构域 SEQ ID NO：416 内的第 41 位和/或第 42 位氨基酸残基（即 Xa 和 Xb）处具有突变构成了该发明的特定技术特征，因此，这些权利要求之间具备单一性。在前置审查意见书中，前审认为该申请说明书中仅证明了 HIV 中 Y41R、Y41G、Y41L、Y41A、Y41F、L42R 的单突变以及 SIV55 进行 L42R 单突变可以降低或消除其免疫抑制活性，且认为由于蛋白质的一级氨基酸结构决定了其空间三维结构，进一步决定了其生物活性，其任何一个氨基酸的改变都有可能影响其生物活性，因此不认可复审请求人认定共同特征"突变导致 ENV 蛋白的免疫抑制活性丧失"，且该特征已经被对比文件 1 所公开，因此这些 ENV 蛋白之间缺少使它们在技术上相互关联的相同或者相应的特定技术特征，不具备单一性。复审阶段，结合前置意见以及复审请求人的意见陈述，认为现有技术没有公开该申请已经验证的可以降低或消除其免疫抑制活性突变位点，该申请在满足了说明书支持的基础上，各个权利要求之间即满足了单一性的要求，因此复审通知书中仅评述了权利要求 1～56 得不到说明书支持，不符合《专利法》第 26 条第 4 款的规定。复审请求人在答复复审通知书时删除了得不到说明书支持的技术方案。合议组认为权利要求 1 包含的多个并列技术方案具有的相同或相应的技术特征为"不具有免疫抑制活性或者具有降低的免疫抑制活性的在第 41 位或第 42 位（相对于 SEQ ID NO：416 的 Xa 或 Xb）有突变的 HIV115 抗原性片段"。对比文件 1 中并未公开上述技术特征，也没有给出在 HIV-1 第 41 位或第 42 位（相对于 SEQ ID NO：416 的 Xa 或 Xb）进行突变可以降低免疫抑制活性或者使免疫抑制活性丧失的启示。因此，所述并列技术方案在技术上相互关联，包含相同或者相应的特定技术特征，属于一个总的发明构思，具备单一性。

因此，发明申请的各个生物序列如果具有共同的属性（例如功能），且生物序列之间有一个"重要的结构单元"，但该结构单元只是序列的一小部分，所有的替代品（例如突变）共享的"重要结构单元"构成序列上独特的部分。经过检索现有技术，可以确定该结构是构成所有生物序列与现有技术的区别特征，并且该结构对生物序列共同的属性是必不可少的。该"重要的结构单元"可以是单个组件，也可以是具有关联的单个组件的组合，可以作为要求保护的发明的一个整体的结构来判断。

即在相同的技术领域且在工作量增加有限的前提下，通常基于检索结果确定特定技术特征，该特定技术特征的判定思路可以参考当从所述生物序列中去除所述共同结构的一部分时，其是否仍然具备其特定的共同性能或作用。

生物序列的单一性审查通过遵循马库什权利要求单一性的标准，判定思路也相对比较明确和客观，易于在不同的审查机构之间统一标准。"共同结构"是否能够构成对现有技术作出贡献的特定技术特征时，虽然可能更加贴近单一性审查中"特定技术特征"的本意，但是需要掺入较多复杂且不确定的因素。当几组生物序列之间的与共同结构相关联的共同功能并未被现有技术公开时，则可以将其作为特定技术特征予以考虑。避免生物序列单一性的评判成为马库什化合物单一性审查方式的机械套用，争取在生物序列单一性的审查过程中更加贴近《专利法》第31条第1款的立法本意。

专利的审查，并不是一个孤立的法律适用问题，专利法体系内各个法条是相互影响以及关联的[①]，在审查过程中兼顾效率和公平的原则，选取更为合理、更能提高审查效率的条款，最终可以达到相同的目的。具体案件应当评述单一性、创造性还是不支持，可以综合考虑案件的实际情况，例如说明书实施例公开情况，权利要求撰写概括的范围等各个方面，选择更为有效的审查策略。可以提高沟通效率，减少无效通知书以及无效意见答复的情况出现。

【专家点评】

本章通过对病毒载体审查过程中的选择发明的创造性、用药特征在创造性中的考量、说明书充分公开的程度以及生物序列单一性的相关问题进行了初步探讨。对选择性发明进行创造性判断时，着重考虑发明的预料不到的技术效果。发明申请的说明书应记载合理的实施例和对比例实验数据，才能为主张创造性提供足够的支撑。在判断用药特征对药物用途权利要求是否有限定作用时，需分析用药特征对于制药过程是否影响，对于有限定作用的技术特征，在评述创造性时需要考虑在内。说明书公开是否充分应当以本申请说明书的记载为基础，并结合现有技术公开的内容，如果本领域技术人员可以合理预测请求保护技术方案的用途和效果，则可以认为说明书满足充分公开的要求。关于生物序列单一性的判断，当现有技术并未公开生物序列之间的共同结

---

① 王大鹏，魏保志. 宽泛权利要求的合理权利边界：从生物技术领域视角谈专利权的扩张与限制 [J]. 知识产权，2013（2）：75-82.

构以及相关联的共同功能时，可以将其作为特定技术特征予以考虑，避免生物序列单一性的评判成为马库什化合物单一性审查方式的机械套用。希望对以上相关案例的解读能为读者提供参考。

（点评专家：曹扣）

第 五 章
核酸药物递送技术专利保护

核酸药物是由各种具有不同功能的寡聚核糖核苷酸（RNA）或者寡聚脱氧核糖核苷酸（DNA）制成的药物，具有特异性针对致病基因的特点。人类基因组中仅有1%的序列能够编码蛋白质，而蛋白质中仅有10%～14%具有小分子活性结合位点，这些蛋白被认为可以用于传统化学药和例如抗体类生物药的可成药靶点。对于数量庞大的不可成药靶点，开发核酸药物是其中的一项重要策略。

未经修饰的核酸分子进入体内，很快会被核酸酶分解，或者不能跨越屏障被靶细胞摄取，无法发挥治疗作用。核酸药物通常需要经过化学修饰并借助适宜的递送载体才能够逃避核酸酶降解，达到预定的靶组织或靶器官，发挥相应的治疗作用。因此，对于递送系统的选择与改造是核酸药物开发必不可少的一个环节，也是近年来生物领域发明专利申请的重点技术主题之一。

一、核酸药物递送技术的分类和发展状况

根据核酸分子的大小，可以将核酸药物分为大分子核酸和小分子核酸两大类。大分子核酸主要包括 mRNA、质粒 DNA 等，小分子核酸主要包括 siRNA、miRNA、反义寡核苷酸（ASO）、CpG 脱氧寡核苷酸、基因编辑中所用的 sgRNA 等。

由于机体内的核酸酶降解作用，因此未经修饰的核酸通常在达到治疗靶器官或组织之前就被核酸酶降解了。由于寡核苷酸带负电，被细胞摄取的效率通常较低，因此需要较高的给药剂量和反复给药，这都严重限制了核酸药物的临床应用。如何避免被快速降解并精准作用于靶标发挥疗效是所有核酸药物研发和产业化发展普遍面临的主要问题。为了提高体内稳定性，可以对核酸分子进行修饰，克服寡核苷酸带负电荷的问题，提高核酸的细胞摄取率。同时，大多数核酸药物需要依靠与之相匹配的递送系统，才能满足治疗的需求。

理想的递送体系需要满足以下四个条件：①理想的细胞摄取效率，递送载体应当能够克服递送屏障，将核酸分子有效地递送至胞内使其发挥药效的亚细胞器场所。比

如 siRNA、miRNA、mRNA 需要递送至细胞质，这就要求入胞后的载药颗粒经过非降解性"内吞体 – 高尔基体 – 内质网"的转运途径，在细胞质中释放核酸分子①；而质粒 DNA、CRISPR – Cas 则需要递送至细胞核，所以还需要进一步增强进入细胞核的效率。②低毒性，具有良好的生物相容性，不影响核酸自身活性。③易于制备和装载核酸。④在达到靶点之前充分保护核酸分子免受核酸酶降解。此外，还有一些递送体系能够实现特异性的靶向递送，比如添加选择性器官靶向分子。

递送载体主要包括病毒载体和非病毒载体两大类。病毒载体利用病毒衣壳作为核酸药物的递送载体，主要包括逆转录病毒、慢病毒、腺病毒等。病毒载体能够克服细胞摄取的障碍，高效输送核酸至靶细胞（主要是肝细胞）。运用病毒载体的主要挑战在于安全性和非特异性。在已经上市或进入临床试验的核酸药物中，应用最广泛的病毒载体是 AAV。② 非病毒载体主要涉及有机与无机纳米材料，如脂质体纳米颗粒、聚合物纳米颗粒、纳米金、纳米硅、量子点、磁性纳米颗粒、碳纳米管等。非病毒载体的主要优势是免疫原性较低、装载容量较高、大规模生产的潜力大。与病毒载体相比，非病毒载体的主要问题在于转染效率较低。脂质体纳米颗粒和聚合物纳米颗粒是相对发展成熟、运用广泛的有机非病毒载体，在小分子核酸（如 ASO、siRNA）和大分子核酸（质粒 DNA）递送中都非常常见，比如阳离子脂质载体（DOTAP – cholesterol、GAP – DMORIE – DPyPE 和 GL67A – DOPE – DMPE – PEG 等）、阳离子聚合物［PEG – PEI – cholesterol、pDMAEMA、聚（β – 氨基酯）等］。与脂质体纳米颗粒和聚合物纳米颗粒相比，自组装 DNA 纳米结构是一种比较新颖的核酸药物递送系统，具有更强的抗核酸酶降解能力，还可以通过化学修饰进一步提高稳定性，适合用于 CpG ODN、siRNA、sgRNA 等治疗性寡核苷酸的递送。

还有一类较为新兴的递送系统，因具有递送的靶向性而越来越受到人们的关注，包括核酸适配体（如 AS1411、NOX – A12、GL21. T 等）、选择性配体与 siRNA 的共价偶联物（如动力多价偶联体）以及 GalNAc 类共价偶联物等。

可见，为了解决核酸药物研发和产业化发展中面临如何避免核酸被快速降解并精准作用于靶标发挥疗效的共性问题，必须考虑核酸药物与递送系统之间的适配性，这也是当前主要的技术改进点。

二、专利保护实践中涉及递送技术创造性评判的焦点问题

本章重点关注涉及递送系统自身结构或组成的改造，以及关于核酸药物与递送系

① 中国生物物理学会. 2018—2019 纳米生物学学科发展报告［M］. 北京：中国科学技术出版社，2020.
② KULKARNI J A, WITZIGMANN D, THOMSON S D, et al. The current landscape of nucleic acid therapeutics［J］. Nature Nanotechnology, 2021, 16（6）：630 – 643.

统之间的适配及由此带来的递送方式、递送效果的改变的情形。其中，关于递送系统自身结构或组成的改造，具体涉及以下三种情况的创造性判断：①当递送系统组分相同时，组分含量或配比的具体选择；②递送系统中已知功能组分的省略；③递送系统中相同或相似功能组分的替换。

关于核酸药物与递送系统之间的适配及由此带来的递送方式、递送效果的改变，具体涉及以下三种情况的创造性判断：①递送载体在不同类型核酸药物之间的转用；②已知递送载体与已知核酸药物的组合；③相同结构递送载体递送方式的改变对递送效果的影响。

以下将结合具体案例，从上述六个方面分别进行讨论。

（一）关于组分含量或配比的具体选择

随着核酸药物递送技术的不断发展，有一部分递送载体已被研究得相对成熟。比如脂质体纳米颗粒，其由磷脂、阳离子脂质、胆固醇等脂质分散于水相中所形成的封闭囊泡结构已经为本领域技术人员熟知，当作为核酸药物递送载体时，依据不同药物的亲水、亲油性质被分别包封于脂质体封闭囊泡的水相或磷脂双分子层中。对于这类整体构造和制备工艺都相对成熟的递送载体，相同组分用量或者不同组分之间配比的选择性发明是重要的技术改进点。

对于组分相同，但各组分用量或组分间配比存在区别的发明创造，判断用量或配比调整之后的技术方案是否显而易见，一方面依赖于所述组分是否存在常规调整的范围，这一数值范围与权利要求限定的范围相近程度是否在本领域技术人员常规优化的范围内；另一方面取决于专利申请对于组分用量或配比调整所造成技术效果差异的程度，即用量或配比的选择是否为发明带来了相对于现有技术预料不到的技术效果。

【案例1】关于用量数值范围的选择

涉案专利独立权利要求1如下：

1. 一种核酸-脂质颗粒，包含：

（a）核酸；

（b）阳离子脂质，其占所述颗粒中存在的总脂质的50mol%~65mol%；

（c）非-阳离子脂质，其包括磷脂和胆固醇或其衍生物的混合物，其中所述磷脂占所述颗粒中存在的总脂质的3mol%~15mol%，和所述胆固醇或其衍生物占所述颗粒中存在的总脂质的30mol%~40mol%；和

（d）抑制颗粒聚集的缀合脂质，其占所述颗粒中存在的总脂质的0.5mol%~2mol%。

对比文件1（US20060008910A1，公开日为2006年1月12日）公开了一种核酸-

脂质颗粒,包含 siRNA(即核酸);阳离子脂质 DLinDMA、DLenDMA,占所述颗粒中存在的总脂质的 2% ~ 60%;非阳离子脂质,占所述颗粒中存在的总脂质的 40% ~ 60%,包括磷脂和胆固醇或其衍生物的混合物,所述胆固醇或其衍生物占所述颗粒中存在的总脂质的约 48%;和 PEG – 脂质缀合物(即抑制颗粒聚集的缀合脂质),占所述颗粒中存在的总脂质的 1% ~ 20%,且存在于稳定核酸 – 脂质颗粒(SNALP)或稳定质粒 – 脂质颗粒(SPLP)中的脂质含量为摩尔百分比。

驳回决定认为,对比文件 1 公开了 2% ~ 60% 的阳离子脂质范围,实质上公开了 60% 的阳离子脂质这一点值,其落在该申请 50mol% ~ 65mol% 的阳离子脂质范围之内。因此,权利要求 1 的技术方案与对比文件 1 相比,区别技术特征在于:具体限定了磷脂在总脂质中的比例,胆固醇或其衍生物在总脂质中的比例与对比文件 1 不同。然而,磷脂的含量以及胆固醇或其衍生物的含量均是本领域技术人员的常规选择,且说明书中未记载任何与之相应的预料不到的技术效果,因此,权利要求 1 不具备创造性。

复审决定[①]指出,在权利要求 1 请求保护的核酸 – 脂质颗粒中,阳离子脂质占总脂质的 50mol% ~ 65mol%,胆固醇占总脂质的 30mol% ~ 40mol%;而对比文件 1 公开的核酸 – 脂质颗粒中,阳离子脂质占所述颗粒中存在的总脂质的摩尔百分比为 2mol% ~ 60mol%,胆固醇占总脂质的约 48mol%。由此可见,与对比文件 1 相比,权利要求 1 颗粒中阳离子脂质的比例较高,而胆固醇的比例较低。

该申请实施例中比较了装载有 siRNA 的两种 SNALP 颗粒,即 1∶57 SNALP 制剂和 2∶30 SNALP 制剂的沉默效果。其中,1∶57 SNALP 制剂含有 PEG – C – DMA(缀合脂质)、DLinDMA(阳离子脂质)、DPPC(磷脂)和胆固醇的摩尔百分比为 1.5∶57.1∶7∶34.3,落入权利要求 1 范围内;2∶30 SNALP 制剂含有 PEG – C – DMA、DLinDMA、DSPC(磷脂)和胆固醇的摩尔百分比为 2∶30∶20∶48,落入对比文件 1 范围内,并且是对比文件 1 示例中具有最高阳离子脂质比例的颗粒,虽然对比文件 1 公开的颗粒中阳离子脂质比例上限达到 60mol%,但没有提供相关试验数据证明其效果,经测试的颗粒中阳离子脂质比例最高为 30mol%。测试结果显示,1∶57 SNALP 制剂的沉默效果远高于 2∶30 SNALP 制剂,并且前者的用量仅是后者的 1/10。因此,1∶57 SNALP 制剂相对于对比文件 1 公开的颗粒取得了预料不到的技术效果。该申请另一实施例还比较了各组分比例不同的 13 组颗粒的沉默效果,其中 10 组颗粒均含有缀合脂质、阳离子脂质、磷脂和胆固醇或其衍生物 4 种组分。根据阳离子脂质和胆固醇所占比例的不同,上述 10 组颗粒可以分为三类:第一类含有较高比例的阳离子脂质和较低比例的胆固醇,第二类含有中等比例的阳离子脂质和中等比例的胆固醇,第三类含有较低比例的阳离子脂质和较高比例的胆固醇。测试结果显示,第一类颗粒的沉默效果最好,第三

---

① 国家知识产权局专利复审委员会第 75194 号复审决定(发文日:2014 – 10 – 28)。

类颗粒的沉默效果最差，第二类颗粒的沉默效果居中。由此可知，随着颗粒中阳离子脂质的比例升高、胆固醇的比例降低，颗粒的沉默效果具有升高的趋势。因此，在权利要求1请求保护的范围内，即使当阳离子脂质比例取最低值50mol%、胆固醇比例取最高值40mol%时，其阳离子脂质比例仍高于对比文件1列示的2∶30 SNALP制剂、胆固醇比例仍低于对比文件1列示的2∶30 SNALP制剂，因而根据该申请公开的内容，本领域技术人员能够预期其仍然能够取得相较对比文件1公开颗粒更好的沉默效果，因此具有预料不到的技术效果。

总体而言，复审决定中认为，该申请权利要求1的颗粒中胆固醇比例不同于对比文件1，权利要求1的颗粒中阳离子脂质比例虽然与对比文件1公开的相应数值范围存在部分重叠，但相当于在对比文件1公开的宽范围中，有目的地选择现有技术未提及的窄范围，并且，取得了预料不到的技术效果。因此，权利要求1具备创造性。值得一提的是，该专利的美国同族专利对核酸-脂质颗粒的组分及其配比进行了全面的保护，在经过多轮无效诉讼后，其专利保护仍旧稳固。同族专利的权利要求1保护"一种核酸-脂质粒子，其包含：（a）核酸；（b）阳离子脂质，其占颗粒中存在的总脂质的约50mol%至约65mol%；（c）非阳离子脂质，其包含磷脂和胆固醇或其衍生物的混合物，其中所述磷脂占所述颗粒中存在的总脂质的约4mol%至约10mol%，并且所述胆固醇或其衍生物占所述颗粒中存在的总脂质的约30mol%至约40mol%；以及（d）抑制颗粒聚集的缀合脂质，其占所述颗粒中存在的总脂质的约0.5mol%至约2mol%"。

在美国的无效宣告请求程序中，无效宣告请求人提交了证据1（WO2005007196A2，公开日为2005年1月27日）。主要理由是证据1作为现有技术已经公开了核酸-脂质颗粒，所述核酸-脂质颗粒包含：siRNA；阳离子脂质；非阳离子脂质；和抑制颗粒聚集的缀合脂质。其中，阳离子脂质典型地包括在所述颗粒中存在总脂质的约2%至约60%，优选地在所述颗粒中存在的总脂质的约5%至约45%；非阳离子脂质典型地包括在所述颗粒中存在的总脂质的约5%至约90%，优选地包括在所述颗粒中总脂质的约20%至约85%；缀合物典型地包括在所述颗粒中总脂质的约1%至约20%，优选地包括在所述颗粒中总脂质的约4%至约15%；所述核酸-脂质颗粒还包括胆固醇，所述胆固醇典型地包括在所述颗粒中存在的总脂质的约10%至约60%，优选地包括在所述颗粒中总脂质的约20%至约45%。同族专利与证据1的主要区别在于：证据1没有公开非阳离子脂质中的磷脂占所述颗粒中存在的总脂质的约4mol%至约10mol%。但是，基于证据1本领域技术人员可以通过常规优化获得磷脂范围。

美国专利审判与上诉委员会（Patent Trial and Appeal Board，PTAB）的判决[①]中指出，当要求保护的组合物的范围与现有技术公开范围相重叠时，通常存在显而易见性

---

① 美国专利审判与上诉委员会第 IPR2019-00554 号无效宣告请求审查决定（发文日：2020-07-23）。

的初步证据，并且这种重叠导致了显而易见性的推定。但是，当出现 4 种情形时这一推定将被推翻：第一，如果工艺参数的改进产生了一种新的、不可预期的结果，这种结果是在种类上而不仅仅是在程度上与现有技术的结果产生了不同，那么这种改进就可以获得专利权；第二，专利权人可以通过表明现有技术偏离了要求保护的范围来反驳显而易见的推定；第三，一个参数的改变能被授权，如果该参数未被意识到是一种"结果效应变量"；第四，非常宽泛范围的公开将不会带来常规优化的动机。因此，当现有技术没有明确公开权利要求限定的数值范围时，不能仅以"发明保护的范围与现有技术中公开的范围重叠"为由认为该发明是显而易见的推定，也不能将举证责任转移给专利权人。

在案件的具体分析中，PTAB 从"可预期性"和"显而易见性"两方面论述了专利有效的理由。

对于"可预期性"，证据 1 公开的非阳离子脂质 5%～90% 含量范围显著宽于权利要求 1 限定的磷脂含量范围 4%～10%。证据 1 还涉及更优选的非阳离子脂质含量范围，比如 20%～85%，其并不与权利要求 1 限定的磷脂范围重叠。无效宣告请求人主张，磷脂含量对于要求保护的发明而言不是"关键的"，因此较宽的现有技术范围可能预期较窄的要求保护的范围。但同时，无效宣告请求人也意识到磷脂过多将会抑制有效载荷与内体接触时的释放。即使根据关于其他组分的公开推算出磷脂的范围，其也明显宽于该专利权利要求指定的范围。因此，本领域技术人员将无法预期当磷脂含量在证据 1 公开的整个 5%～90% 范围内调整时，要求保护的核酸－脂质颗粒都将以相同的方式发挥作用。在无效宣告请求人不能提出明确的理由支持证据 1 的范围大于该专利的数值范围差异是无关紧要的情况下，不能简单认为该专利限定的磷脂窄范围所带来的技术效果是可预期的。

在"显而易见性"方面，PTAB 强调，虽然无效宣告请求人还认为调整颗粒中各种脂质组分的含量是本领域"常规优化"，但是在无效宣告请求人所引用的证据中没有发现任何证据能够表明在现有技术中将核酸－脂质颗粒中的磷脂含量作为"结果效应变量"。"结果效应变量"分析的背后思想是，如果现有技术中没有证据表明该特定参数影响结果，本领域普通技术人员并不总是有动机去优化某一种参数。因此，在没有证据表明现有技术已经公开该特定参数影响结果的情况下，本领域技术人员将不会有动机优化磷脂的范围。基于此，PTAB 维持了专利的有效性。

与该美国专利的命运不同，同系列的另两件美国专利在经历无效挑战后分别被宣告部分无效①和全部无效②。被宣告无效的权利要求涉及"一种核酸－脂质颗粒，包

---

① 美国专利审判与上诉委员会第 IPR2018－00739 号无效宣告请求审查决定（发文日：2019－09－11）。
② 美国专利审判与上诉委员会第 IPR2018－00680 号无效宣告请求审查决定（发文日：2019－09－10）。

括：（a）核酸；（b）阳离子脂质，其包含存在于颗粒中的总脂质的 50mol% 至 85mol%；（c）非阳离子脂质，其包含存在于颗粒中的总脂质的 13mol% 至 49.5mol%；以及（d）抑制颗粒聚集的缀合脂质，所述缀合脂质包含存在于所述颗粒中的总脂质的 0.5mol% ~2mol%。"与被维持有效的权利要求相比，被宣告无效的权利要求没有限定核酸 – 脂质颗粒中包含的非阳离子脂质磷脂的组分含量。无效宣告请求审查决定中指出，现有技术公开了一种具体的核酸 – 脂质颗粒组合物 L054，其包含 50% 阳离子脂质、48% 非阳离子脂质和 2% 缀合脂质。可见，L054 包含权利要求限定的所有组分，且含量均落入数值范围，所以 L054 已经落入了专利要求的范围。尽管后续的从属权利要求进一步限定了各组分的更窄范围，但 PTAB 仍然认为这是在现有技术证据基础上可以预期的。相反，对于限定了磷脂含量的从属权利要求，PTAB 则认为现有证据未公开对磷脂含量的选择及其在核酸 – 脂质颗粒中所起的作用，因此维持了这部分技术方案的有效性。

专利权人对 PTAB 宣告其两专利部分无效或全部无效的决定不服，在美国联邦巡回上诉法院（United States Court of Appeals for the Federal Circuit，CAFC）提起上诉。最终，CAFC 对该两件专利的审理结果完全认同 PTAB 的观点。①

众所周知，选择发明是化学领域中常见的一种发明类型，在进行选择发明创造性的判断时，选择所带来的预料不到的技术效果是考虑的主要因素。在审查实践中，经常遇到通过数值范围限定组分含量的专利申请，当专利申请与最接近现有技术的主要区别在于某一相同组分的具体用量范围的选择时，数值范围的选择是否为发明带来了预料不到的技术效果是创造性争议的焦点。

该案的审理过程反映出对于化学组分用量/比例数值范围的选择发明，在创造性评判时的不同观点。虽然实质审查阶段和复审阶段涉及同样的最接近现有技术，即对比文件 1，但是对于阳离子脂质、磷脂、胆固醇或其衍生物在所述颗粒中总脂质的占比数值范围的选择是否为专利申请带来的创造性，实质审查阶段和复审阶段得出了不同的结论。驳回决定认为，在最接近现有技术已经公开组分相同的核酸 – 脂质颗粒的基础上，磷脂和胆固醇的含量均为本领域常规技术选择。同时，对比文件 1 公开了阳离子脂质占比 60% 这一端点值，因而也必然能够达到与该申请相同的技术效果。然而，复审决定通过对专利申请文件的全面分析，特别是对阳离子脂质、胆固醇比例高低所产生的沉默效果进行了分析，进而发现在权利要求 1 数值范围内选择的含有较高比例阳离子脂质和较低比例胆固醇的核酸 – 脂质颗粒具有更好的沉默效果，而落入对比文件 1 数值范围内的含有较低比例阳离子脂质和较高比例胆固醇的核酸 – 脂质颗粒具有显著

---

① 联邦巡回上诉法院第 2020 – 1183 号判决（发文日：2023 – 04 – 11）；联邦巡回上诉法院第 2020 – 1184、2020 – 1186 号判决（发文日：2021 – 12 – 01）。

更差的沉默效果，在后者用量为前者用量 10 倍的情况其效果差别依然明显。因此，该申请相当于从对比文件 1 公开的宽范围内有目的地选择现有技术未提及的窄范围，该选择对于本领域技术人员而言是非显而易见的，且获得了预料不到的技术效果，因而发明具备创造性。

美国同族专利的无效宣告请求过程，也给了我们在数值范围选择发明创造性判断中的一些启示。PTAB 认为当权利要求限定的数值范围与现有技术公开的数值范围存在交叉或重叠的时候，通常会得出显而易见的推定，但是这种推定在某些情形下是能够被推翻的。比如在该案中，现有技术中不存在证据表明核酸－脂质颗粒中的磷脂含量是"结果效应变量"，则本领域技术人员没有动机从现有技术公开的宽范围中选择专利权利要求限定的窄范围，也无法预期窄范围所能达到的技术效果。

对于数值范围的选择，"动机与启示"和"预料不到的技术效果"是相互印证的。对于这类发明的创造性，单从常规的启示判断不易得出结论，通常需要结合申请文件记载的技术效果来确认现有技术是否给出选择数值范围的启示。因此，对此类发明的审查的核心在于对技术效果的考察。

（二）关于已知功能组分的省略

在药物制剂领域，非活性辅料的应用是非常广泛的，比如缓冲剂用于调节 pH，增稠剂调节流动性，无机盐调节渗透压等。在核酸药物递送载体的制备过程中，往往也需要添加一些现有技术已经明确功能的常规辅料。虽然这些辅料不直接发挥治疗作用，但是对于递送载体的载药性、稳定性、给药途径等方面均会产生影响。

有一类发明，它们与现有技术的主要区别在于已知功能辅料的省略。要素省略发明是化学领域中常见的一种发明类型，对于要素省略发明的创造性审查，要素省略后技术方案所能达到的技术效果是考察的重点。通常来说，如果发明省去一项或多项要素后其功能也相应地消失，则该发明不具备创造性；如果发明与现有技术相比，发明省去一项或多项要素后，仍然保持原有的全部功能，或者带来预料不到的技术效果，则该发明具备创造性。

【案例 2】关于辅料的省略

涉案专利权利要求 1 请求保护"用于治疗真菌感染的制剂，所述制剂包含：在稳定的悬浮液中含有胆固醇的两性霉素 B，其中所使用的悬浮液是生理盐水，并且其中将所述两性霉素 B 超声处理以将颗粒转化为更小的和更少层的直径为 20～200nm 的纳米脂质体"。

在说明书实施例中，记载了一种在生理盐水中含有胆固醇的不含任何其他膜稳定剂的纳米脂质体两性霉素 B 制剂，其从生产日期开始稳定至少 24 个月。在针对酵母和霉菌的实验中，在盐水中含有胆固醇的纳米脂质体两性霉素 B 的体外活性是常规两性霉素 B 的数倍。相对于葡萄糖悬浮液，在盐水中的纳米脂质体两性霉素 B 具有相对低的肾毒性。

对比文件 1（Pilot Study of Amphotericin B Entrapped in Sonicated Liposomes in Cancer Patients with Fungal Infections，SCULIER J－P. et al. European Journal of Cancer and Clinical Oncology，第 24 卷第 3 期，第 527－528 页，公开日为 1988 年 12 月 31 日）公开了一种治疗癌症患者真菌感染的两性霉素 B 纳米脂质体，该脂质体所用原料包括两性霉素 B、蛋黄卵磷脂、胆固醇、硬脂胺，由上述原料制得的干燥薄膜悬浮在每 ml 含 150mM NaCl 和 50mM Tris 缓冲液的氯化钠溶液（pH 7.4）中，经过换算可知该悬浮液中的氯化钠百分比浓度约为 0.88%。通过超声处理获得所需大小的脂质体，脂质体的大多数囊泡的直径为约 60nm。

审查意见通知书中指出，权利要求 1 与对比文件 1 的区别在于：进一步限定氯化钠溶液为生理盐水。对于该区别技术特征，由于生理盐水为临床上常用的渗透压与人体血浆相等的氯化钠溶液，以其作为对比文件 1 中的氯化钠溶液对本领域技术人员来说是容易想到的，因此，权利要求不具备创造性。

申请人认为，审查意见中认定的区别技术特征不妥，该申请与对比文件 1 之间的区别还在于两者的脂质体配方不同：对比文件 1 的脂质体含有硬脂胺，带正电荷；该申请的脂质体不含硬脂胺，是中性的。此外，对比文件 1 使用 Tris 缓冲生理盐水（TBS，含有 NaCl、KCl、Tris）为悬浮液，而该申请用生理盐水为悬浮液；两者成分有所区别，其悬浮性质也可能会有所不同。现有技术已教导两性霉素 B 制剂具有在盐水中沉淀的特性，而该申请的磷脂－胆固醇两性霉素 B 纳米脂质体在没有任何膜稳定性的情况下在盐水中却能稳定 2 年，无沉淀。因此，本领域技术人员无法预期用生理盐水能使该申请制剂达到上述稳定悬液的效果。

对此，驳回决定中认为，权利要求 1 为开放式权利要求，并不排斥其他组分的存在，因此权利要求 1 与对比文件 1 的区别仅在于：进一步限定氯化钠溶液为生理盐水。同时，对比文件 1 教导了两性霉素 B 纳米脂质体不具有剂量限制性肾毒性，也能达到稳定性较好的技术效果。申请人没有证据表明该申请制剂稳定性的获得仅仅是通过生理盐水这一溶媒的选择而达到的，而不是通过特定的制剂结构和组成达到的。由于生理盐水为临床上常用的渗透压与人体血浆相等的氯化钠溶液，本领域技术人员有动机选用生理盐水替代对比文件 1 中的含 Tris 缓冲液的氯化钠溶液。

复审请求人提出复审请求。复审决定①中指出，根据公知常识可知，用于人的生理

---

① 国家知识产权局专利复审委员会第 112445 号复审决定（发文日：2016－06－30）。

盐水为约 0.9% 的氯化钠溶液，其 pH 约为 7。由此可知，权利要求 1 与对比文件 1 的内容相比，区别仅在于：所用的悬浮液的氯化钠浓度略微提高、减去了作为缓冲剂的 Tris、pH 略有降低。基于上述区别，所要解决的技术问题在于：提供一种不同的用于两性霉素 B 纳米脂质体的悬浮液。对比文件 1 已经公开了所述两性霉素 B 脂质体的悬浮液是用于静脉注射给药。而本领域公知，人体血液的 pH 经常维持在 7.35 ~ 7.45，由于血液本身具有缓冲系统，能对外来不同的 pH 液体加以缓冲，使其达到正常水平。在实际中，非在不得已的情况下，不能随意添加缓冲剂，药液进入人体后，仍有赖于体液进行酸碱平衡（参见：《注射剂生产工艺及检测》，聂兆之主编，中国医药科技出版社，1994 年 6 月，第 1 版，第 23 - 25 页）。因此，本领域技术人员有动机减去对比文件 1 中作为缓冲剂的 Tris，只使用生理盐水作为悬浮液。并且与对比文件 1 相比，两种悬浮液中氯化钠的含量非常接近，可以预期生理盐水中的氯离子、钠离子浓度与对比文件 1 相比如此略微的改变并不会影响两性霉素 B 脂质体的稳定性，也不会引起肾毒性方面的明显差异；两种悬浮液的 pH 也非常接近，所以能够预期两性霉素 B 脂质体在权利要求 1 所述中性的生理盐水中是稳定的。因此，在对比文件 1 的基础上，根据公知常识的教导，本领域技术人员有动机将两性霉素 B 脂质体悬浮在生理盐水中，并能预期该悬浮液是稳定的。

"不含硬脂胺的脂质体"仅限于该申请实施例记载的技术方案及其技术效果，而权利要求 1 为开放式权利要求，因此所要求的保护的技术方案中既包括含有硬脂胺的脂质体的技术方案，也包括不含硬脂胺的脂质体的技术方案，上述"不含硬脂胺的脂质体"不能作为权利要求 1 与对比文件 1 的区别。虽然现有技术教导两性霉素 B 在盐水中易形成沉淀，但这是常规两性霉素 B 直接与悬浮液接触的情形，对比文件 1 与该申请两性霉素 B 制剂采用脂质体包封，制剂中的两性霉素 B 并不与悬浮液直接接触。在对比文件 1 已经给出通过制备脂质体防止两性霉素 B 接触盐水形成沉淀的启示下，该申请通过制备两性霉素 B 的脂质体而取得制剂稳定性的效果是显而易见的。对于治疗效果更好、肾毒性更低的技术效果仅限于该申请实施例记载的技术方案，上述方案是"不含硬脂胺的脂质体"，并具有特定的成分配比，然而该申请权利要求是开放式权利要求，并没有对"是否含有硬脂胺"以及特定的成分配比进行限定，可见该申请实施例记载的技术方案不能等同于权利要求要保护的技术方案，且说明书的内容对权利要求的保护范围不构成限定作用。因此，复审决定维持了实质审查阶段作出的驳回决定。

复审请求人（以下简称"原告"）对国家知识产权局（以下简称"被告"）上述复审决定不服，继而向北京知识产权法院（以下简称"一审法院"）提起上诉。

在诉讼过程中，原告明确表示被诉决定遗漏了该申请权利要求 1 与对比文件 1 相比的区别技术特征（2），即该申请的制剂中不包括任何其他的膜稳定剂，例如不包含硬脂胺。

对此，一审判决①中指出，权利要求保护的范围以权利要求记载的内容为准。尽管原告引用说明书中的部分文字描述说明该申请脂质体制剂不含膜稳定剂硬脂胺，但该文字部分不是对发明所涉及的所有脂质体的定义和解释，更不是针对权利要求 1 中脂质体的定义。磷脂和胆固醇是形成脂质体囊层常规的辅料，本领域技术人员提及脂质体时，常直接简称为质体，常指的是，磷脂和胆固醇形成脂质体囊层，由此仅能知道该发明脂质体与常规脂质体类似，也使用了磷脂和胆固醇，无法看出该发明的脂质体仅含磷脂/胆固醇，不含其他脂质体常见添加剂，更判断不出脂质体制剂排除特定一种制备脂质体的常见辅料膜稳定剂硬脂胺。权利要求 1 采用开放式描述脂质体的组成，没有明确排除使用膜稳定剂，因此权利要求 1 的保护范围包含了使用膜稳定剂的技术方案。原告的这一主张缺乏事实依据，法院不予支持。法院认定的区别特征与复审决定完全一致。

此外，对于悬浮液中缓冲剂 Tris 组分的省略，判决中指出，本领域公知，两性霉素 B 在盐水中形成沉淀的原因在于：两性霉素 B 在盐水中被电解质盐析，导致溶解度下降，进而发生沉淀。对比文件 1 使用的 "氯化钠溶液和 Tris 溶液的混合悬浮液" 也是一种电解质溶液，且电解质浓度与生理盐水类似，没有沉淀产生。本领域技术人员看到对比文件 1 后，会得到技术信息，脂质体的形成使两性霉素 B 与电解质溶液不直接接触，避免了盐析作用的发生，不会产生沉淀，这符合本领域公知的两性霉素 B 在盐水中沉淀的机理。本领域技术人员公知，静脉注射给药不能随意添加缓冲剂，对比文件 1 指出给患者静脉滴注两性霉素 B 脂质体，本领域技术人员必然会发现其使用的 "Tris 溶液" 并不适于静脉滴注，但对比文件 1 作为研究性文献而不是一个成熟的临床使用药品的记载，其使用的悬浮液本身含有大量 NaCl 盐水电解质，本领域技术人员可以想到两性霉素 B 可用于类似电解质溶液，特别是适于静脉注射使用的生理盐水，因而容易想到在对比文件 1 基础上去除 "Tris 溶液" 中的 Tris 成分，以满足临床使用需求。对比文件 1 使用的氯化钠和 Tris 缓冲液混合液，无论是 pH，还是氯化钠浓度都与权利要求 1 使用接近。因此本领域技术人员在对比文件 1 公开的两性霉素 B 脂质体制剂的悬浮液——氯化钠溶液和 Tris 缓冲液混合液的基础上，为了更安全、更适宜临床大规模使用，使用常规静脉注射使用的生理盐水作为悬浮液是显而易见的。这些不同并未给该发明带来预料不到的技术效果。因此，判决指出权利要求 1 不具备创造性。

在复审程序过程中，申请人还向国家知识产权局专利局提交了分案申请。经实质审查，该分案申请获得了授权。授权的权利要求 1 保护 "用于治疗真菌感染的制剂，包含：纳米脂质体两性霉素 B，其中含有胆固醇的纳米脂质体悬浮在生理盐水中并且不含任何其他膜稳定剂，其中所述脂质与两性霉素 B 的重量比率为 45∶1 且纳米脂质体颗

---

① 北京知识产权法院（2017）京 73 行初 3126 号行政判决。

粒的直径为 20～200nm。"该权利要求以"不含任何其他膜稳定剂"的限定，排除了母案权利要求中涉及"包括膜稳定剂硬脂胺"的技术方案。同时，该授权权利要求还以"脂质与两性霉素 B 的重量比率为 45：1"限定了纳米脂质体两性霉素 B 制剂中特定的成分配比。

涉案专利在美国、欧洲、日本和韩国提交的同族申请，也均获得了授权。在美国、欧洲和韩国授权专利中，独立权利要求 1 均以"由……组成"封闭式限定纳米脂质体两性霉素 B 的组分，也均限定了"脂质与两性霉素 B 的重量比率为 45：1"的特定成分配比。

可见，无论是我国分案申请授权权利要求中的排除式限定，还是美国、欧洲和韩国授权权利要求中的封闭式限定，均显著区别于原始申请权利要求中的开放式限定。排除式限定排除了特定成分"其他膜稳定剂"；封闭式限定则将组分仅限定在声明的成分中，进而排除了未声明的其他任何成分。因而，排除式限定和封闭式限定，均将原权利要求中涉及"包含膜稳定剂硬脂胺"的技术方案排除在外，进而使"不含其他膜稳定剂"成为该申请与最接近现有技术之间的区别技术特征。

要素省略发明是化学领域中常见的一种发明类型，对于要素省略发明的创造性审查，要素省略后技术方案所能达到的技术效果仍是考察的重点。根据《专利审查指南》第二部分第四章第 4.6.3 节规定，如果发明省去一项或者多项要素后其功能也相应地消失，则该发明不具备创造性；如果发明与现有技术相比，发明省去一项或者多项要素后，仍然保持原有的全部功能，或者带来预料不到的技术效果，则具有突出的实质性特点和显著的进步，该发明具备创造性。

就该案而言，申请中具有授权前景的技术方案，也就是在说明书实施例中记载的在生理盐水中含有胆固醇的不含任何其他膜稳定剂的纳米脂质体两性霉素 B 制剂，其中脂质与两性霉素 B 的重量比率为 45：1；该制剂具有较好的稳定性、生物活性和较低的肾毒性。该技术方案也是最终被各国专利审查机构认可具备创造性并获得授权。

该技术方案与最接近的现有技术相比，省略了两种组分：膜稳定剂硬脂胺和悬浮液中的 Tris 缓冲剂。这两种组分在纳米脂质体两性霉素 B 制剂中均属于已知功能的辅料成分，本领域现有技术已对两者的功能或用途有较为明确的认知。硬脂胺在脂质体制备中常用作膜稳定剂，减少脂质体在存储期间发生的粒径变化。Tris 缓冲剂则在各种制剂中起到稳定 pH 的作用。

对于 Tris 缓冲剂的省略，母案驳回决定、复审决定以及一审判决均认为省略对比文件 1 纳米脂质体两性霉素 B 制剂中 Tirs 缓冲剂组分，或者说以生理盐水替换含 Tris 缓冲剂的氯化钠溶液，是本领域技术人员基于本领域公知常识容易想到的。理由在于：首先，本领域公知在静脉注射给药中不应随意添加缓冲剂成分，药液进入人体后，仍有赖于体液进行酸碱平衡；因此当本领域技术人员看到对比文件 1 的静脉注射给药时，势必能够意识到 Tris 缓冲剂不适于临床上的静脉注射给药，从而为了更安全、更适宜临床大规模使用，本领域技术人员将有动机省略对比文件 1 悬浮液中的 Tris 缓冲剂组分，选择常规静脉注射使用的生理盐水也是显而易见的。其次，对比文件 1 中悬浮液的 Na^+ 浓度、Cl^- 浓度、pH 均与该申请的生理盐水相似，基于纳米脂质体制剂中两性霉素 B 不再与盐水直接接触，从而避免盐析沉淀的机理，本领域技术人员能够合理预期省略 Tirs 缓冲剂后纳米脂质体两性霉素 B 仍能维持不发生沉淀的稳定状态；基于对比文件 1 公开的治疗效果数据，能够合理预期省略 Tris 缓冲剂后的制剂仍能维持抗菌生物活性和较低肾毒性。因此，从有省略动机和省略后所能达到的技术效果可预期两方面分析，Tris 缓冲剂的省略均不能为该申请带来突出的实质性特点和显著的进步。

相反，对于硬脂胺的省略，该申请说明书已经记载了不含膜稳定剂硬脂胺的脂质体制剂在 24 个月后仍然维持稳定的效果实验数据。可见，省略已知膜稳定功能的辅料硬脂胺之后，其令脂质体稳定的效果并未随之消失。因此，硬脂胺的省略为该申请带来了预料不到的技术效果。

在该案的审查过程中，还能够看出权利要求的撰写方式对于专利申请的命运起到至关重要的作用。虽然硬脂胺的省略已经给申请带来了预料不到的技术效果，但是该案的母案申请在实质审查、复审和司法诉讼中均被认为不具备创造性。这是因为母案自始至终都采用"包含"开放式限定要求保护的制剂组合物，这就意味着在开放式权利要求中并未排除仍然包含"膜稳定剂硬脂胺"的技术方案，从而不能体现要求保护的技术方案与最接近现有技术之间的第二个区别技术特征，即"不包含其他膜稳定剂（如硬脂胺）"，从而也就无法体现该发明相对于现有技术获得预料不到技术效果的技术贡献。当分案申请以排除式限定制剂中"不含任何其他膜稳定剂"之后，专利则获得了授权。他国同族专利的授权权利要求也以"由……组成"的封闭式限定获得了授权。我国分案专利与他国同族授权专利相比，排除式限定具有较封闭式限定更宽的保护范围，这也是在考虑该发明对现有技术作出的创造性技术贡献点后，划定的更为合理的保护范围。同时，该案也提醒广大创新者，在撰写专利申请的权利要求时，不应仅从获得更大保护范围的角度出发，而一味采用开放式限定撰写。当要素省略是关键发明点时，排除式限定、封闭式限定才能使权利要求请求保护的技术方案与现有技术产生实质性的差别。恰当的撰写方式能够帮助创新者获得更加合理、稳定的专利保护。

（三）关于相同或相似功能组分的替换

除相同组分的用量或配比选择，以及已知功能的辅料省略之外，还有一类涉及递送系统本身结构改造的发明，其重点是对于递送系统中相同或相似功能的组分作进一步的选择，比如从一类具有同一作用的聚合物中选择一种具体的聚合物，或者针对某一具体化合物存在的多种立体异构体进行具体选择。对于这类发明创造性的判断，应当遵循选择发明创造性判断的一般标准，选择所带来的预料不到的技术效果是考虑的主要因素。

如果发明仅是从现有技术公开的一类聚合物中具体选择了一种，而又没有证明这样的具体选择能够对递送载体的特定效果产生关键性的影响，或者发明所证明的效果已经是现有技术公开的，那么这样的具体选择就不能为发明带来创造性。如果现有技术只是描述了聚合物的选择可能对于递送载体的某些特性产生影响，或者立体异构体的选择可能对递送效果是重要的，而没有给出选择某一种特定聚合物或者某一种特定异构体将改善递送载体特定效果的具体启示并且发明恰恰又证明了上述选择为递送载体带来了特定的技术效果，比如改善的药代动力学特征、更高的储存稳定性、更高的基因沉默效率等，这种特定的技术效果又是基于现有技术不能预期的，那么就应当认为对该组分的具体选择为发明带来了创造性。

【案例3】 关于特定立体异构体的选择

该案专利权利要求 1 如下：

1. 一种脂质体，其包含非阳离子脂质、基于胆固醇的脂质、PEG 修饰的脂质，和一种或多种式 I 的化学实体，所述化学实体中的每一者是式 I 的化合物：

其药学上可接受的盐

其特征在于所述脂质体中大于式 I 的化学实体的总量的 90% 的是式 I.a.i 的化学实体：

说明书记载式Ⅰ化合物是一种阳离子脂质，包含式Ⅰ的立体化学富集的脂质的组合物在体内递送 mRNA 和产生编码蛋白质方面是高度有效的并具有意想不到的低毒性。与相同脂质的立体化学非富集或立体化学富集程度较低的组合物相比，当用于 mRNA 递送时，式Ⅰ化合物的立体化学富集的组合物具有意外低的毒性，例如通过显著较低的丙氨酸氨基转移酶（ALT）和天冬氨酸氨基转移酶（AST）表达水平表明。说明书还示例性地记载了多种式Ⅰ的立体化学实体，如式Ⅰ.a、Ⅰ.b.1、Ⅰ.b.2、Ⅰ.c、Ⅰ.d、Ⅰ.e、Ⅰ.f、Ⅰ.g或Ⅰ.h 的化学实体，其中式Ⅰ.a 的化学实体又包括式Ⅰ.a.i、Ⅰ.a.ii、Ⅰ.a.iii、Ⅰ.a.iv、Ⅰ.a.v、Ⅰ.a.vi、Ⅰ.a.vii、Ⅰ.a.viii、Ⅰ.a.ix、Ⅰ.a.x，式Ⅰ.b.1 的化学实体又包括式Ⅰ.b.1.i、Ⅰ.b.1.ii、Ⅰ.b.1.iii、Ⅰ.b.1.iv、Ⅰ.b.1.v、Ⅰ.b.1.vi，式Ⅰ.b.2 的化学实体又包括式Ⅰ.b.2.i、Ⅰ.b.2.ii、Ⅰ.b.2.iii、Ⅰ.b.2.iv、Ⅰ.b.2.v、Ⅰ.b.2.vi。

在实施例中，该申请具体记载了式Ⅰ化合物外消旋混合物和式Ⅰ.a.i（即 R4 – SR – cKK – E12）、Ⅰ.a.ii（即 S4 – SR – cKK – E12）、Ⅰ.b.1.i（即 R4 – SS – cKK – E12）、Ⅰ.b.1.ii（即 S4 – SS – cKK – E12）、Ⅰ.b.2.i（即 R4 – RR – cKK – E12）、Ⅰ.b.2.ii（即 S4 – RR – cKK – E12）立体异构体和化学合成方法及鉴定方法，以上述式Ⅰ化合物外消旋混合物或者各立体异构体为阳离子脂质，结合 DOPE、胆固醇和 DMG – PEG 制备加载 mRNA 的脂质体纳米颗粒，静脉内递送加载 mRNA 的纳米颗粒至小鼠体内。结果显示，与外消旋混合物相比，由结构 R4 – SR – cKK – E12（即式Ⅰ.a.i 立体异构体）制备的脂质体纳米颗粒在维持 mRNA 有效表达的同时，具有显著更低的丙氨酸氨基转移酶和天冬氨酸氨基转移酶表达水平。

对比文件 1（US2013158021A1，公开日为 2013 年 6 月 20 日）公开了一种用于将多核苷酸 DNA 或 RNA 递送至生物细胞的组合物，该组合物包含 APPL 或其盐，以及赋形剂，还进一步包含胆固醇、PEG 化的脂质、磷脂［包括二硬脂酰基磷脂酰胆碱（DSPC）、二棕榈酰基磷脂酰胆碱（DPPC），以及二油酰基 – sn – 甘油基 – 3 – 磷酸胆碱（DOPC）等］，可以是脂质体颗粒；其中 APPL 可以选自：

即该申请式 I 化合物。

实质审查意见通知书中指出，权利要求 1 与对比文件 1 的区别特征主要在于：对比文件 1 没有公开 ckk－E12 中的立体异构体的存在量高于 ckk－E12 外消旋体化合物，且没有公开具体立体异构体的量。权利要求 1 实际解决的技术问题是提供一种包含立体异构的用于递送 mRNA 的组合物。对于该区别特征，对比文件 1 还公开了化合物可以包含一个或多个手性中心，并且因此可以以不同的同分异构体形式存在，例如对映异构体和/或非对映异构体，例如在所描述的化合物可以呈单独的对映异构体、非对映异构体或几何异构体的形式，或可以呈立体异构体的混合物形式，包括外消旋混合物和富含一种或多种立体异构体的混合物，可以通过本领域技术人员已知的方法，包括手性高压液相色谱和手性盐的形式和结晶从混合物中分离异构体，或可以通过不对称合成来制备优选的异构体，可见对比文件 1 明确公开了组合物中的化合物可以为富含一种或多种立体异构体的混合物；并且对比文件 2（Differential efficacy of DOTAP enanti-omers for siRNA delivery in vitro，Megan Cavanaugh Terp 等，International Journal of Phar-maceutics，第 430 卷，第 328－334 页；公开日为 2012 年 4 月 15 日）公开了研究 DOTAP 在转染活性中的立体异构体的偏好，不同的立体异构体提供了不同的活性，同时公开了脂质手性在以脂质为基础的 siRNA 递送系统中具有重要作用。因此在对比文件 1 给出了可以选择富含一种或多种立体异构体的混合物，对比文件 2 给出了在 RNA 递送领域，阳离子脂质不同立体异构体活性具有差异的技术启示下，本领域技术人员有动机对 CKK－E12 的化合物进行手性拆分，并且对其不同的立体异构体进行活性测试，选择得到更佳的立体异构体，获得相应的组合物，其所能取得的技术效果是可以预期的，并且该申请并未记载何种预料不到的技术效果。因此，权利要求 1 不具备创造性。

申请人提出，本领域技术人员没有动机根据对比文件 2 修饰对比文件 1 中的化合物以获得该申请请求保护的技术方案，式 I.a.i 有多种非对映异构体，本领域技术人员没有动机确定富含哪一个具体的异构体，并将其富集到 90% 以上。该申请平均表达水平数值的对比证明该申请相对对比文件取得了预料不到的技术效果。

对此，驳回决定中指出，在对比文件 1 给出了可以选择富含一种或多种立体异构体的混合物，对比文件 2 给出了在 RNA 递送领域，阳离子脂质不同立体异构体活性具有差异的技术启示下，本领域技术人员有动机对 CKK－E12 的化合物进行手性拆分，并且对其不同的立体异构体进行活性测试，选择得到更佳的立体异构体，获得相应的组合物，其所能取得的技术效果是可以预期的。

该案关于创造性评判的争议焦点在于：对比文件 2 公开的"脂质手性在以脂质为基础的 siRNA 递送系统中具有重要作用"是否足以启示对比文件 1 所公开式 I 化合物的特定立体异构体 I.a.i 的选择。

对于上述争议焦点，复审决定①中指出，从该申请实施例记载的 mRNA 外源蛋白表达水平和毒性研究数据来看，外消旋混合物的平均 ALT（U/L）、平均 AST（U/L）和平均 ASS1（总蛋白 ng/mg）分别为 368、546、866，而 R4 - SR - cKK - E12（即式Ⅰ.a.i 手性异构体）的对应值为 116、136、1026，且二者均是在 8 或 10 个数值点的平均值，虽然从不同小鼠获得的蛋白质表达的各个数据点通常有很大的差异，然而，上述多个数值点的平均值足以证明：富含立体异构体 R4 - RS/SR（例如式Ⅰ.a.i，即 R4 - SR - cKK - E12）的脂质体纳米颗粒提供了显著更高的靶蛋白表达，并且肝酶表达显著降低。因此，该申请权利要求 1 实际解决的技术问题是提供一种靶蛋白表达更高且肝酶表达降低的富含立体异构体化合物的用于递送 mRNA 的脂质体。

对于上述区别，式Ⅰ化合物有 6 个立体中心，共有包括式Ⅰ.a.i 等 64 种可能的式Ⅰ的非对映异构体。虽然对比文件 1 公开了含式Ⅰ化合物的组合物用于将多核苷酸 DNA 或 RNA 递送至生物细胞，并且给出了组合物中的化合物可以为富含一种或多种立体异构体的混合物的技术启示，然而，对比文件 1 并没有给出可以富含何种具体的立体异构体的实例，也没有给出任何立体异构体的结构、合成、活性测试等数据，从 64 种可能的式Ⅰ的非对映异构体中选择特定的立体异构体进行富集，并达到 90% 或以上特定的立体异构体，对其进行制备并筛选出高效低毒的活性化合物，需要付出创造性的劳动。虽然对比文件 2 指出，不同的立体异构体提供了不同的活性，脂质手性在以脂质为基础的 siRNA 递送系统中具有重要作用，然而，对比文件 2 同样没有给出富集 90% 以上何种特定的立体异构体能取得高效低毒活性的具体启示。可见，对比文件 1 并没有给出可以富含何种具体立体异构体的技术启示，对比文件 2 同样没有给出富集 90% 以上何种特定的立体异构体结合到对比文件 1 中能够解决该申请要解决技术问题的启示，且该申请实施例的效果数据也验证其能解决所要解决的技术问题。因此，在对比文件 1 的基础上结合对比文件 2 得到权利要求 1 要求保护的技术方案对于本领域技术人员来说不是显而易见的，且根据该申请说明书的记载，权利要求 1 所请求保护的技术方案具有提高靶蛋白表达且降低肝酶表达的有益技术效果，权利要求 1 符合《专利法》第 22 条第 3 款关于创造性的规定。

另外，从美国、欧洲、日本、韩国的同族专利审查情况来看，各国专利审查机构也均认可了特定立体异构体式Ⅰ.a.i 的选择作出了创造性的贡献。

在化学领域专利审查中经常遇到相同或相似功能组分具体选择的发明，化学立体异构体的选择是其中的一类。化学异构体其本质仍是一种化合物，因而涉及化学异构体及其用途的发明的创造性审查仍然应当遵循化合物及其用途创造性审查的一般逻辑。根据《专利审查指南》第二部分第十章第 6.1 ~ 6.2 节的规定，化合物及其用途创造性

---

① 国家知识产权局专利复审委员会第 298854 号复审决定（发文日：2022 - 03 - 17）。

的审查通常要从以下两方面考虑：要求保护的化合物在结构上与已知化合物是否接近，以及要求保护的化合物是否具有预料不到的用途或者效果。具体而言，如果要求保护的化合物结构上与已知化合物不接近、有新颖性，并有一定用途或者效果，则可以认为其具有创造性；结构上与已知化合物接近的化合物，必须有预料不到的用途或者效果；两种化合物结构上是否接近，与所在的领域有关；不能简单地仅以结构接近为由否定一种化合物的创造性，还需要进一步考察它的用途或效果是否可以预期；若一项技术方案的效果是已知的必然趋势所导致的，则该技术方案没有创造性。在判断化学产品的用途发明是否具备创造性时，对于新的化学产品，如果该用途不能从结构或者组成相似的已知产品预见，可认为这种新产品的用途发明具有创造性；对于已知产品的用途发明，如果该新用途不能从产品本身的结构、组成、分子量、已知的物理化学性质以及该产品的现有用途显而易见地得出或者预见，而是利用了产品新发现的性质，并且产生了预料不到的技术效果，可认为这种已知产品的用途发明具有创造性。

具体到该案，权利要求1要求保护一种脂质体，其与最接近现有技术之间的主要区别在于：脂质体中式 I.a.i 的化学异构体占式 I 化合物总量的90%以上。式 I 化合物作为阳离子脂质在制备脂质体并用于核酸药物递送的用途已被对比文件1公开，同时，对比文件1也公开了式 I 化合物包含一个或多个手性中心，并且可以以不同同分异构体形式存在。那么，该权利要求请求保护的技术方案是否具备创造性，主要考量点在于本领域技术人员是否有动机从式 I 化合物的众多异构体中有目的地选择化学异构体式 I.a.i 以构建核酸递送脂质体，这种目的是指靶蛋白表达更高且肝酶表达降低；更进一步地，当脂质体中阳离子脂质体具体选择异构体式 I.a.i 时，其所达到的技术效果能否基于现有技术合理预期。如果现有技术已经缺乏选择特定异构体以达到特定目的的明确动机，则不应当再要求发明达到预料不到的技术效果。

在该案中，驳回决定认定发明不具备创造性的主要理由在于，对比文件2研究了另一种阳离子脂质 DOTAP 在转染活性中的立体异构体的偏好性，进而给出了脂质手性在以脂质为基础的核酸递送系统中具有重要作用的技术启示。然而，对比文件2仅提供了一种不具有明确指向性的泛泛教导，并没有提供将特定异构体 I.a.i 用于核酸递送脂质体以实现靶蛋白高表达且肝酶表达降低的特定教导。对比文件1也没有公开或者暗示富含式 I.a.i 立体异构体的脂质体将获得更高水平的靶蛋白表达和更低水平的肝酶表达。所以，在以对比文件1、2为证据的前提下，本领域技术人员是否能够有足够的动机从式 I 化合物64种异构体中有目的地选择式 I.a.i 以提高靶蛋白表达和降低肝毒性（即降低肝酶表达），这是缺乏推断依据的，也没有足够证据表明这种选择属于本领域的公知常识。因此，在该申请原始说明书已经记载和验证了富含立体异构体式 I.a.i 的脂质体纳米颗粒提供显著更高的靶蛋白表达和显著降低的肝酶表达的情况下，应当认可发明具有突出的实质性特点和显著的进步，因而具备创造性。该案提示，当现有技术仅存在不具有明确指向性的泛泛教导时，不宜将这种泛泛教导简单视为本领域技术人员改进现有技术以解决特定技术问题的特定教导，进而出现低估发明创造性的情况。

此外，该案最终在多个国家获得授权，一方面取决于现有技术未给出明确的技术教导，另一方面取决于该申请本身提供了足以支撑解决其技术问题的实验效果数据。假若原始申请文件未记载富含立体异构体 R4 – RS/SR 的脂质体纳米颗粒获得更高靶蛋白表达、降低肝酶表达的实验数据，则也不能依据说明书或申请人断言的技术效果来确定实际解决的技术问题，该申请也将不能获得授权。

（四）关于不同类型核酸药物之间的转用

在药物递送领域的专利审查实践中，递送载体在不同活性药物成分之间的转用，是一种常见的发明类型。对于转用发明，创造性的判断通常需要考虑：转用的技术领域的远近、是否存在相应的技术启示、转用的难易程度、是否需要克服技术上的困难、转用所带来的技术效果等。当发明具体涉及递送载体在核酸药物之间的转用时，通常还需要考虑不同类型的核酸药物对于递送载体的具体要求所带来的转用难度，以及转用后对核酸药物递送效果的影响是否能够合理预期等。具体而言，转用难易程度可能表现在递送载体所递送的核酸药物本身结构差异大小，例如长核酸 cDNA、mRNA 与寡核苷酸 miRNA、ASO 之间的差异等；也可能表现在转用时是否还需要针对特定的核酸药物进行递送载体结构或组成的改造，如果递送载体不能直接转用于新的核酸药物，还需要对递送载体自身的结构或组成进行进一步的改造以使其适应于新核酸药物的递送，则也在一定程度上说明了转用存在一定的难度。转用后对核酸药物递送效果的影响则可能表现在多个方面，包括但不限于核酸药物的细胞摄取率、生物相容性（毒性）、对核酸自身活性的影响等方面的技术效果。如果转用后某一方面的递送效果超出了本领域技术人员的合理预期，则应当认为递送载体在不同核酸药物之间的转用产生了预料不到的技术效果，因此具备创造性。

【案例4】关于脂质体在不同类型寡核苷酸药物间的转用

涉案专利权利要求 1 如下：

1. 一种 siRNA 转运用组合物，其特征在于，含有 siRNA 和 siRNA 转运用载体组合物，所述 siRNA 转运用载体组合物含有（A）二酰基磷脂酰胆碱、（B）选自胆固醇及其衍生物中的至少一种及（C）脂肪族伯胺，其中成分（A）：成分（B）：成分（C）的摩尔比为 6~9：1~4：1。

说明书实施例 4~6 记载了一种具体的 siRNA 转运用组合物，由 DSPC（或 DPPC

或 DMPC)、胆固醇和硬脂胺以摩尔比 7∶3∶1 制备为阳离子性脂质体形态的核酸转运用载体组合物，再将核酸转运用载体组合物与 siRNA 溶液相混合形成脂质体复合物形式的核酸转运用组合物。在实施例 1 ~ 3 中，以常规市售载体 Lipofectamine 2000™（Invitrogen 公司制）转运 siRNA 作为对照，该发明的核酸转运用组合物在转染 2 小时后 siRNA 向细胞内导入较显著，具有速效性优异的有利特征；并显示出明显降低的干扰素诱导的副作用。

对比文件 1（JP 特开平 11 - 292795A，公开日为 1999 年 10 月 26 日）公开了一种可有效预防或治疗 HIV 感染的含有寡核苷酸的 HIV 辅因子抑制剂，该寡核苷酸含有与 CXCR4 基因或 CCR5 基因的碱基序列互补的碱基序列，其中 HIV 辅因子抑制剂的存在形态是寡核苷酸和脂质体的混合物或复合物、脂质体形态的寡核苷酸包埋体或胶囊化物等，并且其中的脂质体载体可使用市售的脂质体，例如由 L - α - 二棕榈酰磷脂酰胆碱（属于该申请中成分 A 的下位概念）、胆固醇（属于该申请中成分 B 的下位概念）和硬脂胺（属于该申请中成分 C 的下位概念）以 52∶40∶8 比例的混合物形成的脂质体。经比例换算，对比文件 1 脂质体中 A、B、C 组分的比例含量与该申请略有差别。

驳回决定指出，权利要求 1 与对比文件 1 的区别技术特征为：权利要求 1 中具体限定核苷酸为 siRNA，以及成分（A）∶成分（B）∶成分（C）的摩尔比为 6 ~ 9∶1 ~ 4∶1。基于上述区别技术特征，权利要求 1 实际解决的技术问题是：将 siRNA 转运至细胞内。然而，对比文件 1 已经公开了转运核苷酸的脂质体，而 siRNA 也是一种核苷酸，因此，本领域技术人员容易选用对比文件 1 公开的脂质体转运 siRNA，至于成分（A）∶成分（B）∶成分（C）的摩尔比，对比文件 1 已经公开了 L - α - 二棕榈酰磷脂酰胆碱、胆固醇、硬脂胺三者的比例为 52∶40∶8，为了制备脂质体，本领域技术人员在对比文件 1 公开的数值范围的基础上，容易选择得到成分（A）∶成分（B）∶成分（C）的摩尔比。

对于技术效果，由于 siRNA 的毒性以及特有副作用正是 siRNA 没有采用载体转运所引起的，当采用载体转运后，其毒性以及特定副作用就会减少或抑制。基于此，驳回决定指出权利要求 1 不具备创造性。

在提出复审请求时，复审请求人未提交修改文件。对于该案在实质审查程序中的争议焦点，复审决定①指出，对比文件 1 仅公开了可通过市售获得的 L - α - 二棕榈酰磷脂酰胆碱 - 胆固醇 - 硬脂胺（52∶40∶8）载体组合物可用于转运对比文件 1 公开的寡核苷酸，对于该载体组合物适合转运哪些核苷酸类成分并无进一步的说明和教导，也未教导采用该载体组合物转运不同核苷酸成分时应进行成分用量调整。同时，本领域技术人员公知，核酸类物质作为基因疗法的活性成分，是通过载体将其转运至细胞

---

① 国家知识产权局专利复审委员会第 72422 号复审决定（发文日：2014 - 09 - 02）。

内发挥效用而使用的；而现有技术中用于转运核酸类物质的载体种类非常多，例如对比文件1为了转运特定的寡核苷酸，给出了大量关于载体的选项，那么，本领域技术人员在面临给 siRNA 选择合适的转运载体这一技术问题时，其选择的基础将是现有技术中的众多载体；现有技术中缺乏更具体的关于 siRNA 适用于哪些载体的教导，本领域技术人员可以尝试将现有技术的任意载体用于转运 siRNA。但显然，该申请说明书实施例3证实：常规载体 Lipofectamine 2000™（Invitrogen 公司制）转运 siRNA 时产生增强 siRNA 的副作用的效果，也就是说，并不是现有技术中的任意载体都适合转运 siRNA。因此，从现有技术的众多载体中选择适合 siRNA 的转运载体不能视为简单、常规的技术选择，权利要求1与对比文件1的区别特征使得权利要求1的技术方案相较于现有技术具备突出的实质性特点。

与此同时，该申请说明书中，实施例1记载了细胞安全性的评价试验，结果显示实施例4～6的 siRNA 转运用组合物具有低细胞毒性、高安全性的特点；实施例2记载了 siRNA 转运效率的评价试验，结果显示，与市售的常用于基因运载体的 Lipofectamine 2000™（Invitrogen 公司制）相比，该发明的实施例4～6的 siRNA 转运用组合物能高效地将 siRNA 导入细胞内，具有速效性优越的有益效果；实施例3记载了干扰素诱导（副作用）抑制的评价试验，结果显示，与市售的常用于基因运载体的 Lipofectamine 2000™（Invitrogen 公司制）以及不添加转运载体的组合物相比，该发明的实施例4～6的 siRNA 转运用组合物均显示出明显低的干扰素诱导，同时，常规载体 Lipofectamine 2000™（Invitrogen 公司制）转运 siRNA 时反而出现副作用增强的情况，说明"siRNA 的毒性，以及特有的副作用正是由于 siRNA 没有采用载体转运所引起的，当结合到载体后，其毒性以及特定的副作用就会减少或抑制"的结论也是缺乏依据的。

基于上述理由，复审决定指出权利要求1的技术方案具有突出的实质性和显著的进步，因而具备创造性。最终，该案在中国、美国、欧洲、日本和韩国的同族专利均获得了专利授权。

递送载体在不同活性药物成分之间的转用，是药物递送领域专利审查实践中的一种常见发明类型。当发明具体涉及"递送载体"在"治疗性核酸"之间的转用时，通常需要重点考虑转用的难度，以及转用后所带来的技术效果。在该案中，对比文件1中递送载体承载的活性成分"该寡核苷酸含有与 CXCR4 基因或 CCR5 基因的碱基序列互补的碱基序列"实质上是一种反义寡核苷酸，与该申请载体承载的活性成分 siRNA 类型不同。同时，权利要求1请求保护的技术方案中构成脂质体的3种成分与最接近现有技术对比文件1中构成脂质体的3种成分相同，并且，经换算两者的摩尔比例也非常接近。因此，该发明实质上是基于相同组分的脂质体载体在不同类型寡核苷酸药物间的转用。

在实质审查和复审程序中，驳回决定和复审决定认定的区别技术特征基本一致，即权利要求 1 中具体限定承载的核苷酸为 siRNA，不同于对比文件 1 公开的寡核苷酸，以及权利要求 1 限定的成分（A）：成分（B）：成分（C）的摩尔比为 6~9：1~4：1，不同于对比文件 1 公开的 52：40：8。基于上述区别技术特征，权利要求 1 实际解决的技术问题是：选择合适的转运用载体将 siRNA 转运至细胞内。

然而，驳回决定和复审决定对于该案创造性的判断具有不同的观点。驳回决定指出在对比文件 1 已经公开了比例接近的脂质体用于转运寡核苷酸的基础上，调整构成脂质体载体的 3 种成分的比例，并将其用于 siRNA 转运，是本领域技术人员经常规选择即可实现的。复审决定则指出，虽然对比文件 1 公开了市售常规载体可以用于转运寡核苷酸，但并未教导该市售常规载体适用于转运何种寡核苷酸，或者该市售载体在转运不同寡核苷酸成分时应当进行成分用量的调整。当转运对象为 siRNA 时，现有技术未给出应当选择何种具体载体的特定教导，与此同时，该申请实施例 3 也已经证实了对比文件 1 中的市售常规载体并不适用于 siRNA 的转运，因为其作为载体时会发生增强的 siRNA 副作用，即干扰素诱导。因此，从现有技术公开的众多载体中选择适合 siRNA 的转运载体不应视为常规技术选择。

两种观点的关键差别就在于：是否考虑了转用的难度，以及转用所带来的技术效果。该申请实施例证实了并非任何脂质体载体均适用于 siRNA 递送，例如市售常规载体 Lipofectamine 2000™（Invitrogen 公司制）转运 siRNA 会产生提高的干扰素诱导（副作用）。这在一定程度上已经证明了脂质体载体从反义寡核苷酸至 siRNA 的转用存在一定困难。另外，从技术效果考虑，较市售载体和裸 siRNA 而言，在权利要求限定成分含量比例范围内的脂质体在 siRNA 时转染 2 小时后 siRNA 表达水平显著上升且干扰素诱导水平显著下降，这即表明特定比例范围内的脂质体转运载体与 siRNA 相适配，在递送效率和低毒性方面取得了更优异的技术效果。在对比文件 1 仅泛泛教导可用市售常规脂质体载体转运寡核苷酸，并列举大量可选择载体的情况下，不能将上述转用视为一种简单、常规的选择，进而低估了发明的创造性。

【案例 5】关于外泌体在小分子药物与寡核苷酸之间的转用

该案专利权利要求 1 如下：

1. 一种肝脏疾病药物，其特征在于，有效成分为载药外泌体，所述载药外泌体由用于治疗肝脏疾病的药物导入到外泌体中获得，外泌体来源于 O 型血红细胞，所述肝脏疾病药物的使用方式为静脉注射，所述肝脏疾病为急性肝损伤，所述药物为 miR – 155 – ASO。

说明书记载了一种电转载入 miR – 155 – ASO 的红细胞外泌体（RBC – Exo/miR – 155 – ASO）在急性肝损伤小鼠模型中的治疗效果，向急性肝损伤小鼠模型尾静脉注射载入 miR – 155 – ASO 的红细胞外泌体，给药 4 天后取血检测 TNF – α、IL – 1β、IL – 6 等炎性指标，以及 ALT 和 AST 的肝功能指标，并对肝脏组织进行 HE 染色观察病理变化。结果显示，载入 miR – 155 – ASO 的红细胞外泌体（RBC – Exo/miR – 155 – ASOs）较同等计量的游离 miR – 155 – ASO（SA/miR – 155 – ASOs），可以降低急性肝损伤的炎性因子水平，未影响肝功能指标，同时，可以改善急性肝损伤的病理变化，具体表现为炎性细胞浸润减少、肝细胞坏死减少、肝淤血减轻。

此外，说明书还记载了分别电转化加载阿霉素或索菲拉尼的红细胞外泌体给药转移性肝癌小鼠模型，结果显示，与游离的阿霉素或索菲拉尼相比，加载阿霉素或索菲拉尼的红细胞外泌体降低小鼠的肿瘤大小，改善肿瘤新生血管的形成。

作为最接近的现有技术，对比文件 2（A doxorubicin delivery platform using engineered natural membrane vesicle exosomes for targeted tumor therapy，Yanhua Tian 等，Biomaterials，2014 年，第 35 卷，第 2083 – 2390 页，公开日为 2013 年 12 月 15 日）公开了采用融合蛋白修饰膜囊泡外泌体递送阿霉素实现肿瘤靶向，并具体公开了以下技术方案：采用电导技术将 DOX 载入小鼠未成熟树突细胞的外泌体，其包载效率可达 20%；Blank – EXOS – DOX 对于 HepG2 细胞具有一定的抑制作用，其中，Blank – EXOS 为粒径大小 97nm 的未经转染的细胞外泌体，Blank – EXOS – DOX 是由相同剂量的 DOX 载入空白外泌体中获得；小鼠分别给予（i）PBS 作为空白对照组；（ii）融合蛋白改进的外泌体 iRGD – Exos；（iii）未改进的外泌体包载 DOX 的 Blank – EXOS – DOX；（iv）融合蛋白改进的外泌体包载 DOX 的 iRGD – EXOS – DOX；和（v）游离 Dox，隔天给予 6 个注射剂，每三天测量一次肿瘤体积。上述技术方案中，DOX 即为阿霉素，载药外泌体 Blank – EXOS – DOX 即由治疗肝脏疾病的药物阿霉素通过电转入小鼠未成熟树突细胞的外泌体中获得，给药方式为注射。

驳回决定指出，权利要求 1 请求保护一种肝脏疾病药物，其为产品型权利要求，使用方式是医生根据肝脏疾病病因、治疗原则等进行的常规选择，属于肝脏疾病药物使用过程中的技术特征，其对肝脏疾病药物的组成不产生影响。因此，权利要求 1 请求保护的技术方案与对比文件 2 公开的技术方案相比，区别技术特征在于：权利要求 1 限定了外泌体的来源是 O 型血红细胞，而非小鼠未成熟树突状细胞，权利要求 1 限定了药物是 miR – 155 – ASO，相应治疗的肝脏疾病为急性肝损伤。基于此，权利要求 1 实际解决的技术问题是提供一种在肝脏趋势化、提高肝脏相关疾病疗效的载药外泌体。

对于外泌体的来源，对比文件 3（Efficient RNA drug delivery using red blood cell extracellular vesicles，Waqas Muhammad Usman 等，Nature Communications，第 9 卷，文章编号 2359，第 1 – 15 页，公开日为 2018 年 6 月 15 日）公开了利用 O 型血红细胞外泌体来递送 RNA 药物，该外源外泌体没有细胞毒性、无基因水平转移风险，不管是异体移植肿瘤的乳腺癌小鼠抑或是 NSG 免疫缺陷小鼠，其全身给予红细胞外泌体后均具有肝脏富集的趋势。在此基础上，本领域技术人员有动机根据肿瘤部分、治疗效果和药物类型等（例如肝疾病治疗用 microRNA）常规选择红细胞来源的外泌体替代对比文件 2 中的小鼠未成熟树突状细胞外泌体，同时根据药物吸收速率和起效时间等常规选择注射方式，例如静脉注射，以获得一种在肝脏趋势化、提高肝脏相关疾病疗效的载药外泌体。对于肝脏疾病以及药物种类的选择，公知常识证据 1（《中国内科年鉴 2012》，梅长林，第二军医大学出版社，第 26 – 27 页，公开日期为 2013 年 2 月）公开随着微小 RNA 表达谱的变化，炎性反应相关 miR – 146a 和 miR – 155 明显上调，认为可能在急性肝功能衰竭的免疫发病机制中发挥重要作用。在此基础上，本领域技术人员根据实际需要、治疗效果常规选择包裹于 O 型血红细胞外泌体中的 microRNA 以及肝脏疾病种类，例如选择 miR – 155 或其衍生物 miR – 155 – ASO 治疗急性肝损伤。综上所述，在对比文件 2 基础上结合对比文件 3 和本领域公知常识获得权利要求 1 请求保护的技术方案对于本领域技术人员而言是显而易见的。因此，权利要求 1 不具备创造性。

复审请求人在复审程序中进一步陈述，该申请提供一种不需要作任何修饰就具有肝脏趋化性且可治疗急性肝损伤的外泌体药物，而对比文件 2 仅研究融合蛋白修饰囊泡膜外泌体。对比文件 2 公开的外泌体来源、包载药物以及疾病种类均与该申请不同，来源不同细胞的外泌体无论大小、表面 marker、携带的内容物必然都存在差别，上述种种差异也必然决定了外泌体的器官靶向性以及治疗疾病的种类和治疗效果。本领域技术人员不能从对比文件 2 中显而易见地得知该申请中来源于 O 型红细胞的外泌体具有肝脏趋势化，更不能得知其可以与肝脏细胞进行信息交流。对比文件 3 使用红细胞胞外囊泡高效递送 RNA 药物，但其采用了腹部注射的方式，而该申请采用静脉注射的方式，药物更快进入体循环。即便对比文件 3 公开红细胞外泌体可以聚集在肝脏，也不能说明红细胞外泌体可以与肝脏细胞进行融合，从而完成内含物的递送。该申请发现外泌体不需要任何修饰就具有肝脏趋化性，用红细胞来源的外泌体，不仅解决了外泌体产量的问题，其红细胞不含 DNA 和 RNA，比其他细胞来源的外泌体更加安全，通过靶向给药，提高了治疗肝脏疾病的疗效，降低了药物毒副作用，取得了预料不到的技术效果。

复审决定[①]基本认同驳回决定的创造性评述思路，对于复审请求人提出的意见，特别是技术效果，复审决定给出了更为翔实的论述。对于外泌体来源，对比文件 2 公开为了提供低免疫原性和低毒性的靶向给药载体，考察了 iRGD – Exos（即融合蛋白修饰的膜囊泡外泌体）和空白 Eoxs（即未修饰膜囊泡外泌体）通过静脉注射将 Dox 递送至体内肿瘤组织的能力，结果表明 2 小时后，空白 Exos 在肝脏中检测到最强荧光，肝脏是主要的靶向器官，其与 iRGD – Exos 靶向至肿瘤细胞的结果一致。可见，对比文件 2

---

① 国家知识产权局专利复审委员会第 321214 号复审决定（发文日：2022 – 07 – 27）。

也教导了空白 Exos 不需要作任何修饰就具有肝脏趋化性。同时，对比文件 3 公开来源于人类 O 型红细胞在血库中易找到且不含 DNA 而成为理想的囊泡来源，并给出来源于 O 型红细胞的外泌体具有高效递送 RNA 药物的能力，腹腔注射红细胞外泌体后具有肝脏富集的趋势的技术启示。在上述技术方案中，来源于 O 型红细胞的外泌体即为该申请未经修饰即具有肝脏靶向趋化性的外泌体，本领域技术人员在对比文件 3 公开上述 O 型红细胞外泌体可高效递送 RNA 药物的指引下，更容易想到选择利用 O 型红细胞外泌体来递送肝脏疾病的 RNA 药物。

对于药物和肝脏疾病，该申请记载了所述肝脏疾病为急性肝损伤或肝癌，所述药物为 miR-155-ASO、阿霉素或索拉菲尼，对比文件 2 也涉及了药物阿霉素用于治疗肿瘤，当对比文件 2 教导了空白 Exos 可以靶向于肝脏后，本领域技术人员有动机选择具体疾病及其他肝脏疾病治疗药物。当针对急性肝损伤时，本领域技术人员根据实际需求、治疗效果常规选择包裹于 O 型血红细胞外泌体中的 microRNA 以及肝脏疾病种类，例如选择公知常识证据 1 启示的 miR-155-ASO（ASO，即反义寡核苷酸是常规降低 mRNA 表达的药物）治疗急性肝损伤。

对于技术效果，对比文件 3 公开了由于吸收效率低和细胞毒性高，目前可编辑的 RNA 药物疗法大多数不适用于临床；某些化学修饰的 ASO 和 siRNA 可用于肝脏和中枢神经系统临床试验，但其归因于使用的运载工具；RBCEV（即红细胞囊泡外泌体）介导的 RNA 药物递送导致高效的 microRNA 敲低和基因敲除，以及不管是异体移植肿瘤的乳腺癌小鼠抑或是 NSG 免疫缺陷小鼠注射 RBCEV 后均表现出肝脏富集程度最高，可见，对比文件 3 公开了单独的 RNA 药物吸收率低，临床上利用运载工具可将 siRNA 集中于肝脏，并给出 RBCEV 介导高效递送 RNA 药物并呈现肝脏靶向富集的技术启示。因此，该申请注射游离 miR-155-ASO 治疗效果不显著，而采用 O 型红细胞来源的外泌体包裹 miR-155-ASO 后通过高效地运送和肝脏富集而发挥显著肝脏治疗作用的效果是可以被本领域技术人员合理预期的。

该案涉及将外泌体作为核酸治疗药物靶向递送载体的发明。本领域公知，外泌体是一类由多种细胞分泌的携带胞质组分的纳米级别的膜性小泡，其能以膜融合的方式将内含的核酸、蛋白质或者小分子物质传递给其他细胞，从而作为细胞之间相互交流的桥梁。同时，这种天然分泌的膜泡载体还具有良好的生物相容性、高生物渗透性和低免疫原性、低毒性的优势，能够抵御体内早期的转化和清除作用，穿过质膜。因此，科学家们将外泌体作为外源活性成分的载体，逐步构建出一类基于外泌体的活性药物递送系统。不同细胞来源的外泌体携带的胞质组分不同，进而具有不同的生物活性和趋向性。一些特定来源的外泌体本身就具有一定的治疗功能，还有些特定来源的外泌体不需要表面靶向物（如整联蛋白）的修饰即可呈现一定的组织或器官或细胞趋向性。

基于外泌体的活性药物递送系统，其构成载药组合物的主要结构包括外泌体的脂质双层囊泡外壳结构和活性药物的内核。当请求保护的技术方案与最接近现有技术的上述两部分主要结构均存在不同时，特别是活性药物的内核在分子量、化学组成、药物活性等方面均存在较大差别时，将外泌体负载的活性药物转换为其他类型的治疗剂，或从现有技术中种类或数量众多的外泌体类型和治疗活性药物中选择特定细胞来源的外泌体和具体药物并将其组合，是否是显而易见的，其技术效果是否为本领域技术人员能够合理预期的，这是此类发明能否获得授权的重要考察点。

在该案中，权利要求 1 涉及外泌体递送寡核苷酸的技术方案，最接近现有技术对比文件 2 公开了外泌体递送抗癌小分子药物阿霉素 DOX 抑制 HepG2 细胞的技术方案。权利要求 1 与对比文件 2 之间的主要区别在于两者的外泌体来源和所荷载的药物不同。递送载体外泌体在小分子药物与寡核苷酸之间的转换，以及外泌体具体来源的选择，能否具备创造性，在审查实践中可能存在两种观点。

观点一认为，虽然该申请将最接近现有技术中用于递送小分子药物阿霉素的外泌体转用于寡核苷酸的递送，但其利用的仍是细胞外泌体的广泛载药特性。各种细胞天然分泌的外泌体本身就能够容纳和携带不同分子量大小的胞质组分并将其传递给其他细胞，这些胞质组分既包括大分子的核酸、蛋白质，也包括小分子的代谢产物等。更重要的是，对比文件 3 已经明确公开了 O 型红细胞外泌体能够高效递送 RNA 药物，且不经修饰就具有向肝脏富集的靶向趋化性。同时，O 型红细胞外泌体能够从血库中获得且不含 DNA，因此是递送 RNA 药物的理想载体。本领域技术人员在对比文件 3 公开内容的指引下，容易想到选择利用 O 型红细胞外泌体来递送 RNA 药物，特别是肝脏疾病的 RNA 药物。同时，根据本领域公知常识，miR – 155 – ASO 能够作为急性肝损伤的治疗药物。因此，为了构建一种在肝脏趋势化、提高肝脏相关疾病治疗效果的载药外泌体，本领域技术人员有动机将 O 型红细胞外泌体与 miR – 155 – ASO 相结合，进而获得该申请技术方案是显而易见的。此外，该申请所证明的 O 型红细胞外泌体包裹 miR – 155 – ASO 的急性肝损伤治疗效果优于游离 miR – 155 – ASO，也是基于对比文件 3 能够预期的。因此，该申请不具备创造性。

观点二认为，对比文件 3 虽然公开了 O 型红细胞外泌体能够递送 RNA 药物，且具有肝脏富集的特性，公知常识显示 miR – 155 – ASO 具有急性肝损伤治疗作用，但是 miR – 155 – ASO 与对比文件 2 递送的阿霉素存在实质差异，本领域技术人员仍没有动机从数量和种类众多的哺乳动物细胞外泌体中优选出 O 型红细胞外泌体与特定的治疗活性药物 miR – 155 – ASO 相组合。该申请所证明的 O 型红细胞外泌体包裹 miR – 155 – ASO 的急性肝损伤治疗效果也是难以预期的。

对于上述两种观点，应当从外泌体递送阿霉素与 miR – 155 – ASO 之间的转用难度和转用后的技术效果两方面考虑。如观点一所述，外泌体递送小分子、核酸或者蛋白质均是利用了自身的广泛载药属性。在不存在反证的情况下，各种细胞天然分泌的外泌体通常均具有这种广泛载药属性。虽然从表面上看，该申请外泌体递送的寡核苷酸与对比文件2递送的阿霉素化学结构差异很大，但对比文件3已经明确公开了O型红细胞外泌体，即该申请具体使用的外泌体是高效递送RNA药物的载体。这使得本领域技术人员没有理由怀疑外泌体不能作为寡核苷酸药物miR-155-ASO的递送载体。仔细阅读该申请说明书，还会发现，除miR-155-ASO，该申请还以红细胞外泌体为载体递送了小分子药物阿霉素（与对比文件2相同的活性内核）或索菲拉尼，这也佐证了红细胞外泌体具有广泛的载药能力。因此，综合上述信息来看，将外泌体用于寡核苷酸以及针对急性肝损伤选择特定来源的外泌体和寡核苷酸药物，即具有肝脏趋化性的O型红细胞外泌体和miR-155-ASO，并未带来转用和选择的难度。

再从技术效果考量，该申请仅以裸miR-155-ASO为对比例，证实O型红细胞外泌体包裹的miR-155-ASO在治疗急性肝损伤方面更有效。但是，正如对比文件3公开的那样，单独的RNA药物（即裸RNA）吸收率低，通常无法达到临床应用的要求。这一方面是由于未经修饰或包裹的裸核酸在体内容易被核酸酶降解，在达到作用位置之前已被消耗殆尽；另一方面是由于寡核苷酸带负电荷，因此其细胞摄取率较低。也就是说，基于本领域对于裸RNA药物疗效欠佳的已有认知，本领域技术人员能够合理预期经外泌体包装的RNA药物相较于裸RNA会具有更好的治疗效果。因此，该申请仅证明外泌体包裹的寡核苷酸疗效优于裸寡核苷酸，并不属于本领域预料不到的技术效果。

综合考虑转用的难度和转用后所实现的技术效果，驳回决定和复审决定均得出该申请不具备创造性的结论是合理的。

案例4与案例5都涉及递送载体在不同类型核酸药物之间的转用，判断转用发明是否具备创造性通常需要考虑转用的技术领域的远近、是否存在相应的技术启示、转用的难易程度、是否需要克服技术上的困难、转用所带来的技术效果等。

对于案例4，与最接近的现有技术比较，发明将脂质体递送寡核苷酸ASO转用为脂质体递送siRNA。从转用的难易程度和技术效果两方面考虑，虽然ASO与siRNA在核酸类型上均属于寡核苷酸，但该申请证实了市售的常规脂质体载体并不适于siRNA的递送，为了使脂质体适用于siRNA的递送进行脂质体载体本身结构/组成的调整，并且试验数据验证了特定比例范围配比的脂质体颗粒在递送siRNA时能够实现减少副作用——干扰素诱导的技术效果。

对于案例5，与最近的现有技术相比，发明将外泌体递送小分子抗癌药物阿霉素转用为递送急性肝损伤治疗核酸miR-155-ASO。从表面上看，外泌体递送的药物活性成分与适应证都存在差别，递送的对象从小分子化药转换为生物核酸分子。然而，现有技术已明确公开外泌体适用于核酸递送，特别是该发明涉及的O型红细胞外泌体适用于RNA药物的高效递送。同时，为了递送miR-155-ASO，该发明并未对O型红细胞外泌体的自身结构进行改造，仍是利用了天然的O型红细胞外泌体的广泛载药性和肝脏趋化性。综合上述因素，将外泌体转用于寡核苷酸药物的递送不存在困难。对于技术效果，该发明也仅仅证明了外泌体包裹后的核酸药物比裸核酸具有更高的治疗效果，如前所述，这并不属于本领域技术人员难以预料的技术效果。

综合上述两个案例，发明申请文件中记载的实验效果数据对于递送载体转用类发明的创造性的判断具有重要的意义。实验效果数据不仅直接反映了递送载体的转用是否带来预料不到的技术效果，还在一定程度上能够佐证递送载体转用的难易程度。在判断转用难度的时候，经常会借助该发明记载的实验效果数据，或者综合该发明和现有技术的实验效果数据来确定转用是否存在难度。如果实验效果数据证明，转用只是利用了递送载体的一般广泛的载药性质且没有为了适应于新药物的递送而对递送载体自身的结构或组成进行改造，则通常很难认为转用对本领域技术人员来说需要花费创造性的劳动。除非有证据表明递送载体转用于新的核酸药物并非仅依靠了其普适的载药性质，比如新的载体还使得核酸药物获得了更高的细胞摄取率、更低的副作用等技术效果，而这些技术效果又是本领域现有技术并未公开或暗示的。由此看来，转用的难易程度和技术效果的可预期性两者的判断标准也是相辅相成的，如果转用后达到的技术效果是本领域技术人员基于现有技术认知难以预期的，这也说明了载体的转用并非轻而易举的。

（五）关于已知递送载体与已知核酸药物的组合

有一类发明涉及已知功能的递送载体与已知药效的核酸药物之间的组合。组合发明的创造性判断通常需要考虑组合后的各技术特征在功能上是否彼此相互支持、组合的难易程度、现有技术中是否存在组合的启示，以及组合后的技术效果等。具体到核酸药物递送领域，将递送载体与核酸药物组合通常是利用递送载体普遍的载药能力和核酸药物自身的治疗活性，载体与被装载药物的组合通常不改变载体和药物各自的功能。因此，如果发明仅涉及将现有技术已经公开的已知功能的递送载体与已知治疗活性的核酸药物进行组合，而没有证明这种组合带来了新的技术效果，也未证明两者组合达到了协同增效的程度，那么就应当认为这样的组合并不具备创造性。相反，如果发明证明了已知功能递送载体与已知药效核酸的组合获得了两者原本都不具备的新的技术效果，或者在各自原有技术效果的基础上获得了预料不到的协同效果，则应当认为发明具备创造性。

【案例6】关于聚合物修饰的外泌体与已知 miRNA 的组合

该案专利权利要求1如下：

1. 一种纳米颗粒，其包含外泌体（Exos）和大分子树枝状聚合物；所述纳米颗粒具有核－壳结构；所述 Exos 作为纳米颗粒的外壳，所述大分子树枝状聚合物作为纳米颗粒的内核；所述大分子树枝状聚合物选自聚酰胺－胺（PAMAM）树脂状聚合物；所述 Exos 选自自然杀伤细胞外泌体（NKExos）；所述 Exos 与所述大分子树枝状聚合物的质量比为 4∶1～1∶4；所述内核进一步加载基因治疗剂；所述基因治疗剂选自核酸片段；所述核酸片段选自 miRNA；所述 miRNA 的核苷酸序列如 SEQ ID NO∶1 所示。

说明书实施例记载了一种与权利要求 1 所限定的组成和制备方式均相同的外泌体伪装的核－壳纳米颗粒（NNs－NKExos），其组成概括为：10mg NKExos 作为纳米颗粒的外壳；5.44mg 酪氨酸偶联的 PAMAM 树枝状聚合物，加载 1mM miRNA（序列如 SEQ ID NO∶1 所示），作为纳米颗粒的内核；外壳和内核共同构成所述纳米颗粒。对照组 1 仅含自然杀伤细胞外泌体 NKExos，不含 PAMAM 树枝状聚合物加载的 miRNA；对照组 2 仅含载有目的 miRNA 的 PAMAM 树枝状聚合物（PAMAM－miRNA），不含 NKExos。效果实验数据记载，NKExos、PAMAM－miRNA、NNs－NKExos 在体外实验中均显示对胃癌细胞、肺癌细胞、黑色素瘤细胞的增殖抑制作用，其中，NNs－NKExos 处理下癌细胞存活率低于 NKExos 或 PAMAM－miRNA 单独处理下癌细胞存活率。实验结果以柱状图表示，没有记载定量数据结果。

作为最接近的现有技术，对比文件 1（WO2018107062A1，公开日为 2018 年 6 月 14 日）公开了一种混合外泌体－聚合物（HEXPO）纳米颗粒，并具体公开了以下技术内容，一种纳米颗粒，其包含：（a）包含阳离子聚合物和治疗剂的核心，和（b）包含衍生自外泌体的脂质包衣壳。所述外泌体选自哺乳动物细胞或植物；所述阳离子聚合物可选自 PAMAM。上述公开的混合物外泌体聚合物纳米颗粒可实现 siRNA 高加载效率和高肿瘤靶向能力。即对比文件 1 公开了一种核－壳结构的纳米颗粒，其包含外泌体和 PAMAM，所述外泌体作为纳米颗粒的外壳，所述 PAMAM 作为纳米颗粒的内核。此外，对比文件 1 还公开了药物组合物的制备方法，包括：（a）将治疗剂与阳离子聚合物一起孵育，以产生多聚体；（b）加入分离的外泌体，孵育该复合物；在某些方面，所述治疗剂是核酸；在某些方面，所述阳离子聚合物是 PAMAM。在一个实施方案中，组合物用于在需要其的患者中治疗癌症，癌症起源于肺、胃、胰腺、结肠、肾、卵巢、皮肤等。

驳回决定指出，权利要求 1 与对比文件 1 相比的区别技术特征在于：权利要求 1 具体限定外泌体为自然杀伤细胞外泌体 NKExos，外泌体与所述大分子树枝状聚合物的质量比为 4∶1～1∶4，内核进一步装载核苷酸序列如 SEQ ID NO∶1 所示的 miRNA。权利要求 1 实际解决的技术问题是：提高纳米颗粒的靶向性与抗肿瘤作用。对此，对比文件 2（CN10799149A，公开日为 2018 年 5 月 8 日）公开了 NK 细胞外泌体对多种肿瘤细胞具有杀伤能力，包括胃癌、肺癌、黑色素瘤等。由此，对比文件 2 给出了 NK 细胞外泌体具有直接抗肿瘤功能的教导，给出了 NK 细胞外泌体相对于常规外泌体具有更强抗癌效力的技术启示。本领域知晓，NK 细胞可非特异性直接杀伤靶细胞，例如肿瘤细胞、病毒感染细胞。为提高对比文件 1 所述纳米颗粒的靶向性与抗肿瘤作用，本领域技术人员有动机选择 NK 细胞分泌的外泌体替换常规细胞分泌的外泌体。外泌体与大分子树枝状聚合物的质量比是常规选择。对比文件 1 公开内核除了聚合物还包含治疗剂，所述治疗剂可选自核酸。在某些方面，核酸选自质粒 DNA 或抑制性 RNA；在某些方面，抑制性 RNA 可选自 miRNA。对比文件 2 还公开激活后的自然杀伤（NK）细胞其外泌体富含大量的 miRNA，这些 miRNA 在实验中可以抑制肿瘤细胞生长，具有抗肿瘤功能，所述 miRNA 可选自 UGAGGUAGUA GGUUGUAUAG UU，即权利要求 1 中限定的 SEQ ID NO：1 序列。为进一步提高纳米颗粒的抗肿瘤作用，本领域技术人员有动机于内核进一步添加核苷酸序列如 UGAGGUAGUA GGUUGUAUAG UU 所示的基因治疗剂。由此，获得权利要求 1 所述技术方案是显而易见的，该权利要求不具备创造性。

在提出复审请求时，复审请求人将权利要求 1 修改为用途权利要求，并将原始说明书实施例记载的具体制备方法也限定至权利要求 1 中。修改后的权利要求 1 请求保护：

一种纳米颗粒在制备用于治疗胃癌的药物中的用途，所述纳米颗粒包含外泌体（Exos）和大分子树枝状聚合物，所述纳米颗粒具有核－壳结构；所述 Exos 作为纳米颗粒的外壳，所述大分子树枝状聚合物作为纳米颗粒的内核，所述大分子树枝状聚合物选自聚酰胺－胺（PAMAM）树枝状聚合物，所述 Exos 选自自然杀伤细胞外泌体（NKExos）；所述内核进一步加载基因治疗剂，所述基因治疗剂选自核酸片段，所述核酸片段选自 miRNA，所述 miRNA 的核苷酸序列如 SEQ ID NO：1 所示；该纳米颗粒的制备方法如下：

（1）将 10mL 浓度 1mM 的目的 miRNA 加入 100μL 1×PBS 缓冲液；

（2）加入 5.44mg 的酪氨酸偶联的 PAMAM 树枝状聚合物，充分混合，4℃下反应 15 分钟；

（3）10000rpm、离心 30 分钟，弃去过量的 miRNA，收集沉淀，重悬得到载有目的 miRNA 的 PAMAM 树枝状聚合物；

（4）加入上述 10mg 的 NKExos，4℃下孵育 24 小时；

（5）获得 NNs－NKExos 组合物。

复审请求人认为，对比文件 1 没有公开 NK 细胞外泌体 NKExos，本领域技术人员没有动机从数量众多、种类众多的哺乳动物细胞中优选出 NKExos。对比文件 2 虽然公开了 NKExos，但其没有公开大分子树枝状聚合物和 NKExos 的结合，并且 NKExos 即为 miRNA 的载体，能够起到载体运输的作用，对比文件 2 没有给出在外泌体基础上，加入大分子树枝状聚合物的技术启示，本领域技术人员更没有动机构建大分子树枝状聚合物和 NKExos 组合的纳米颗粒。对比文件 2 公开了数量众多的 miRNA，其中 SEQ ID

NO：535 的核苷酸序列虽然与该申请 SEQ ID NO：1 一致，但没有验证 SEQ ID NO：535 所示 miRNA 的相关功能和实验数据。因此，对比文件 2 无法提供将 SEQ ID NO：535 用于治疗肿瘤的相应技术启示。此外，复审请求人还提交了补充实验数据，补充对比例与原始说明书实施例中记载的区别是：保持纳米颗粒中 PAMAM 树枝状聚合物和 NKexos 的总重量的前提下，改变颗粒中 PAMAM 树枝状聚合物和 NKexos 的重量比。体外实验结果显示，补充对比例中胃癌细胞的存活率高于原始实施例。基于此，复审请求人期望补充实验数据证明，在聚合物和 NKExos 总量不变的情况下，两者的比例过低或者过高均无法实现对胃癌细胞增殖的有效抑制，只有选择实施例制备的特定比例的聚合物和 NKExos 组合物方可实现对胃癌细胞增殖的最大程度抑制。现有技术不存在如何选择组合物中聚合物与 NKExos 的配比可以获得最佳效果的技术启示，补充的对比实验效果是无法合理预期的，即权利要求 1 的效果是预料不到的技术效果。综上，该申请具备创造性。

经合议审查，复审决定①指出修改后的权利要求 1 与对比文件 1 之间的区别技术特征在于：①限定外泌体为自然杀伤细胞外泌体 NKExos，限定 PAMAM 是酪氨酸偶联的 PAMAM 树枝状聚合物，限定内核加载核苷酸序列如 SEQ ID NO：1 所示的 miRNA，限定了酪氨酸偶联的 PAMAM 树枝状聚合物、NKEXos 具体用量，限定 miRNA 的浓度和体积；②限定纳米颗粒的制备方法以及具体的工艺参数；③限定纳米颗粒用于治疗胃癌。基于上述区别技术特征，权利要求 1 实际解决的技术问题是提供一种用于治疗胃癌的纳米颗粒。

关于区别技术特征①，首先，对比文件 2 公开了 NK 细胞外泌体及相关 miRNA 在抗肿瘤中的应用，并具体公开了以下技术内容：NK 细胞是固有免疫系统中主要的效应细胞，已应用于肿瘤的治疗，其通过释放穿孔素和颗粒酶杀伤被感染或发生癌变的细胞，NK 细胞分泌的外泌体含有部分 NK 细胞的活性物质，也具有抗肿瘤的作用。即对比文件 2 明确给出了 NK 细胞外泌体具有抗肿瘤作用的教导，由此，本领域技术人员有动机选择 NK 细胞分泌的外泌体作为抗肿瘤纳米颗粒的外泌体成分。其次，对比文件 1 已经公开了大分子树枝状聚合物为 PAMAM，具体选择络氨酸偶联的 PAMAM 树枝状聚合物是本领域常规选择。再次，对比文件 1 还公开了内核除了聚合物还含有治疗剂，所述治疗可选自核酸，在某些方面，核酸选自质粒 DNA 或抑制性 RNA；在某些方面，抑制性 RNA 可选自 miRNA。对比文件 2 公开了激活后的 NK 细胞，其外泌体还富含大量的 miRNA，这些 miRNA 在实验中可以抑制肿瘤细胞的生长，具有抗肿瘤的功能，SEQ ID NO：1 - 2144 所示序列的 miRNA 可用于制备抗肿瘤制剂。即对比文件 2 明确公开了权利要求 1 中限定的 SEQ ID NO：1 用于制备抗肿瘤制剂的应用。由此，为了进一

---

① 国家知识产权局专利复审委员会第 318370 号复审决定（发文日：2022 - 06 - 28）。

步提高抗肿瘤作用，本领域技术人员有动机在内核中进一步添加核苷酸序列，例如该申请 SEQ ID NO：1 的 miRNA 作为纳米颗粒的基因治疗剂。而酪氨酸偶联的 PAMAM 树枝状聚合物、NKExos 的具体用量以及 miRNA 的浓度和体积是根据疗效需求、纳米颗粒载药量效果等因素，通过常规试验调整而确定的。对于区别技术特征②，对比文件 1 公开了纳米颗粒的制备方法。在此基础上，将核酸片段溶解于适量缓冲液中、混合反应完成后离心去除过量的核酸片段、收集沉淀、加入 NKExos 孵育均为本领域的常规实验手段，本领域技术人员可根据实际需要进行合理调整，缓冲液的用量、miRNA 与 PAMAM 树枝状聚合物混合后的反应温度和时间、离心转速和时间、加入 NKExos 的孵育温度和时间是根据纳米颗粒成型和载药效果等因素，通过常规试验调整而确定的常规选择。对于区别技术特征③，对比文件 1 公开了所述纳米颗粒可实现 siRNA 高加载效率和高肿瘤靶向能力；具体癌症可起源于胃。对比文件 2 公开 NK 细胞外泌体具有抗肿瘤作用。由此，本领域技术人员有动机将所述纳米颗粒用于制备治疗胃癌的药物，并通过常规技术手段验证其具体的治疗效果。因此，该专利权利要求 1 不具备创造性。

对于复审请求人的相关意见，复审决定进一步指出，尽管对比文件 2 没有记载 SEQ ID NO：535 的 miRNA 的实验数据，但其明确公开 SEQ ID NO：1－2144 所示序列的 miRNA 可用于制备抗肿瘤制剂。尽管不同 miRNA 抗肿瘤效果存在差别，但是在对比文件 2 公开内容的基础上，本领域技术人员有足够的动机进一步添加核苷酸序列，例如该申请 SEQ ID NO：1 所示的 miRNA 作为抗肿瘤纳米颗粒的基因治疗剂，并能够通过常规试验考察并获得其具体的技术效果。同时，亦有公知证据表明，该申请 SEQ ID NO：1，即 miRNA let－7a，已经是本领域非常成熟的一个 miRNA，其与人类癌症的发生发展关系已被多篇现有技术公开和证实。

对于补充实验数据，该申请说明书中进行验证实验时，仅提供了 NKExos、PAMAM－miRNA、NNs－NKExos 与空白对照组，未提供阳性对照组，因此本领域技术人员无法判断该申请相对于现有技术抗肿瘤的能力，进而无法判断其是否产生了预料不到的技术效果。进一步，本领域公知，为了对比不同组别数据之间的差异性，需要对数据进行统计学的统计计算，例如该申请原始说明书中标注了"各组实验数据具有显著性差异"，然而，补充实验中没有证明对比例 1～2 和原始实施例的实验结果数据之间存在统计学差异。仅根据数据之间存在差值，不能证明数据之间存在统计学差异。因此，补充的对比实验资料不能证明该申请技术方案获得了何种预料不到的技术效果。

该申请的发明点就在于从对比文件 1 公开的较宽的外泌体和基因治疗剂范围中具体选择了 NKExos 和 SEQ ID NO：1 所示的 miRNA，将两者组合，最终获得具有胃癌治疗活性的纳米颗粒 NNs－NKExos。因此，判断该申请是否具备创造性的关键就在于判断将已知功能的递送载体（自然杀伤细胞外泌体 NKExos）与已知药效的核酸药物（SEQ ID NO：1 所示的 miRNA，即 miRNA let－7a）组合是否显而易见，组合后的技术效果是否为本领域合理预期的技术效果。

外泌体载体系统通常包含两部分主要结构：一是外泌体的脂质双层囊泡外壳结构，二是活性药物构成的内核。对于将细胞外泌体作为载体实现药物递送的发明，一般情况下，细胞外泌体等胞外囊泡具有与来源细胞相似的功能特性以及广泛的载药能力。除非发明验证了特定细胞来源的外泌体具有基于现有技术难以预期的技术效果，否则通常本领域技术人员能够依据治疗目的进行选择。比如 NKExos，本领域技术人员基于对比文件 2 公开的内容已经可以明确 NKExos 具有抗肿瘤，包括抗胃癌的功能。对于外泌体与特定内载药物的组合，通常也是本领域技术人员基于治疗需求能够进行的常规选择，比如基于治疗胃癌的治疗需求，本领域技术人员能够从现有技术已披露的具有胃癌治疗功能的外泌体和 miRNA 中具体选择 NKExos 与 miRNA let-7a。除非发明证明了二者的组合带来了预料不到的技术效果，如一定的协同增效作用，否则本领域技术人员通常也能够预期包含在外泌体中的内载药物仍能发挥其本身的药物活性，内载药物也通常不会影响外泌体本身的活性和功能。还应当注意，如果外泌体与内载药物各自均具有某一方面的治疗活性，例如该申请涉及的胃癌抑制活性，那么将二者组合后由于载药量增加而在该方面的治疗活性呈现一定程度的提高，也不属于预料不到的协同增效作用。可见，审查实践中对于协同增效作用的认定，通常是相对谨慎的。

具体到该案，该申请在原始说明书中仅记载了 NKExos、PAMAM-miRNA、NNs-NKExos 与空白对照组的肿瘤细胞抑制实验，实验结果以柱状图表示。柱状图显示，在相同处理条件下，胃癌细胞存活率依次为空白对照组 > NKExos > PAMAM-miRNA > NNs-NKExos，由此表明，内核加载 miRNA 的自然杀伤细胞外泌体纳米颗粒的胃癌细胞增殖抑制能力大于单独的外壳组分自然杀伤细胞外泌体，或者单独的内核组分 PAMAM-miRNA。但是，柱状图的表现形式只能作为定性结果，无法作为定量结果；也就是说，该申请的柱状图结果能够表明，与单独的 NKExos 或者单独的 PAMAM-miRNA 相比，NNs-NKExos 具有提高的胃癌细胞抑制效果，但是柱状图的定性结果不能反映提高的程度，更不能反映出构成纳米颗粒的 NKExos 外壳和 PAMAM-miRNA 内核的组合具有预料不到的协同增效作用。因此，仅依据该申请原始说明书记载的实验结果数据难以认定 NKExos 与 PAMAM-miRNA 的结合获得了预料不到的技术效果。

从实质审查程序和复审程序都可以看出，驳回决定和复审决定均指出该申请原始记载的技术效果不足以证明预料不到技术效果的存在。为了克服此缺陷，复审请求人又提交了补充实验数据。补充实验数据涉及与原始实施例不同的 PAMAM 树枝状聚合物和 NKExos 重量比，补充实验结果显示 PAMAM 树枝状聚合物和 NKExos 重量比过高或过低时，均不能获得与原始实施例一样的胃癌细胞抑制效果，从而表明权利要求中 PAMAM 树枝状聚合物和 NKExos 的特定重量比获得了预料不到的技术效果。

在医药生物专利申请过程中，申请人于申请日之后提交的补充实验数据是否能够被接受，一直是各方关注的焦点。这一方面是因为医药生物领域发明的效果往往难以从药物的分子结构进行预测，所以涉及药物的发明专利申请高度依赖实验数据；虽然大多数申请人在提交申请时能够意识到这一点，从而在原始申请文件中提供一定的实验数据，但在专利审查过程中时常出现原始记载实验数据不足以支撑专利申请获得专利保护的情况，这时申请人往往期望通过补充实验数据的方式弥补原始实验数据的不足。另一方面，由于专利制度的先申请原则，考虑到申请人可能通过补交实验数据而将在申请日或优先权日未公开或未完成的内容纳入专利保护的范围，从而不当获利，违反先申请原则，所以，申请人在申请日之后提交的补充实验数据是否能够被接受，存在很大的不确定性。

自 2024 年 1 月 20 日起施行的《专利审查指南》第二部分第十章第 3.5.1 节对补充实验数据的审查标准有了更为明确的规定："对于申请日之后申请人为满足专利法第二十二条第三款、第二十六条第三款等要求补交的实验数据，审查员应当予以审查。补交实验数据所证明的技术效果应当是所属技术领域的技术人员能够从专利申请公开的内容中得到的。"同时，《专利审查指南》在第 3.5.2 节还给出了 2 个具体适用上述原则的"药品专利申请的补交实验数据"示例。

根据《专利审查指南》的上述规定，审查员应当对补充实验数据予以审查，但并不意味着补充实验数据必然可以被接受。补充实验数据被接受的必要条件是，补充实验数据拟直接证明的技术效果应当是原专利申请文件明确记载或公开的待证事实。换言之，只有当原专利申请文件明确记载了补充实验数据拟直接证明的技术效果，补充实验数据才可能被接受；否则，补充实验数据将不能被接受。

就该案而言，虽然该申请原始权利要求书和说明书中都记载了"所述 Exos 与所述大分子树枝状聚合物的质量比为 4∶1～1∶4"，原始说明书实施例还具体记载了以特定质量比 NKExos 与 PAMAM 制备的载 miRNA 外泌体纳米颗粒 NNs－NKExos；但是，原始申请文件并没有记载或暗示外泌体与大分子树枝状聚合物的特定质量比值或范围对于胃癌细胞抑制率是关键的优化调节参数，或者该申请实施例采用的特定质量比值能够带来任何预料不到的技术效果，或者其他质量比值的外泌体与大分子树枝状聚合物将不能获得具有胃癌细胞抑制效果的纳米颗粒。因此，补充实验数据不能被接受。

此外，在审查实践中，对于补充实验数据能否被接受，还需要至少考虑以下因素。

第一，补充实验数据是否为原始实验数据，以确保在诚信原则下确认补充实验数据是申请人在申请日或优先权日之前就已经完成的；如果申请人不能提供原始实验数据，则应当提供正当理由。

第二，补充实验数据的有关实验方法、条件等是否与原专利申请文件记载或公开的方法、条件一致；如果不一致，往往也不能接受补充实验数据拟证明的技术效果是基于原申请文件记载或公开内容的待证事实。

第三，补充实验数据的结果是否具有科学性、可信性；如果补充实验数据明确存在不符合技术原理或统计原则的缺陷，则也不能被接受。如该案中，合议组就认为补充实验数据不能证明数据之间存在统计学差异，因而不能支持该申请具备创造性的结论。

综上所述，对于医药生物领域的专利申请而言，专利获得授权的条件高度依赖于效果实验的验证水平，因此效果实验数据的地位显得尤为重要。对于补充实验数据，其作用地位和证明力必然不能与申请日提交的原始实验数据等同。实践中，补充实验数据被接收的情形往往是将其视为对原申请文件已经记载或公开的技术事实的补强性证据。如果补充实验数据被用于克服申请文件自身存在的固有缺陷，那么就不应当被接受；否则，因补充实验数据被接受而获得授权的这部分专利权，就违背了先申请原则，属于申请人的不当获利。

【案例7】　关于靶向蛋白修饰的外泌体与已知 miRNA 的组合

该案专利权利要求请求保护"一种高表达抑癌 miRNA 并靶向肺癌的工程化外泌体，其特征在于，所述外泌体能稳定携带肺靶向性 α6β1 蛋白，同时包裹抑制肺癌生长、转移的 miRNA，所述 miRNA 为 miR-214 和 miR-770。"

说明书记载未经修饰的外泌体靶向性较差，往往回输到体内后，实际传输到特定组织器官的外泌体比较少，大部分外泌体通过血液循环进入体内其他器官。整联蛋白 α6β1 具有肺靶向性，且 α6β1 本身能自发包装到外泌体膜上，因而高表达 α6β1 的外泌体能提高其在肺部的聚集。同时，将抗肺癌相关的 miRNA，具体是 miR-214 和 miR-770 过表达于外泌体中，获得高表达抑癌 miRNA 并靶向肺癌的工程化外泌体。实施例效果实验中，以过表达 α6β1 且携带 miR-214 和 miR-770 的工程化外泌体为实验组，以未工程化的外泌体为对照组，实验结果显示，实验组比对照组具有更高的肺癌细胞生长抑制、迁移抑制效果。

作为最接近的现有技术，对比文件1（WO2021041473A1，公开日为2021年3月4日）公开了一种工程化外泌体，其包含在外泌体表面上表达的靶向部分和被载物或有效负载，靶向部分包括整联蛋白 α6β4 或 α6β1 及其组合。有效负载包括 miRNA 等。将上述工程化外泌体用于治疗肺癌等癌症。实施例部分记载了外泌体 α6β4 和 α6β1 整联蛋白被发现与肺成纤维细胞和上皮细胞结合，将外泌体引导至肺。具体地，将整联蛋白 α6β4 构建到表达载体上，通过重组方式将外泌体工程化，获得表面表达靶向部分的工程化外泌体，用合成形式的 miRNA 负载工程化外泌体，并与 HCC827［人非小细胞肺癌（NSCLC）细胞］共培养，结果显示合成的 miRNA 通过工程化外泌体有效地靶向递送至肺癌细胞。

驳回决定指出，权利要求1与对比文件1相比的区别技术特征在于：权利要求1选择 α6β1 作为外泌体表面携带的靶向部分，包裹的 miRNA 是抑制肺癌生长、转移的

miRNA。由此确定，权利要求 1 实际解决的技术问题是如何提高外泌体肺癌靶向性并治疗肺癌。对此，对比文件 1 公开了整联蛋白 α6β4 或 α6β1 具有与肺成纤维细胞和上皮细胞结合、将外泌体引导至肺的作用，也公开了工程化外泌体靶向部分可选择 α6β1。基于对比文件 1，本领域技术人员容易想到以相同肺靶向功能的 α6β1 替换对比文件 1 实施例中构建的工程化外泌体的靶向部分 α6β4，相应提高肺靶向性的功能容易预期。对比文件 1 还公开了有效负载是治疗剂，有效负载物包括 miRNA。可见，对比文件 1 教导了其具有靶向性的工程化外泌体可负载 miRNA 等治疗剂。对比文件 2（Tumor Cell – Derived Exosomal miR – 770 Inhibits M2 Macrophage Polarization via Targeting MAP3K1 to Inhibit the Invasion of Non – small Cell Lung Cancer Cells，Jixian Liu 等，Frontiers in Cell and Developmental Biology，第 9 卷，文章编号 679658，第 1 – 13 页，公开日为 2021 年 6 月 14 日）公开了一种表达抑癌 miRNA 的外泌体，具体为：用 miR – 770 agomir 转染 A549 细胞，获得 miR – 770 高表达 A549 细胞，培养 48 小时后，离心收集细胞上清液，随后，过滤细胞上清液并超速离心分离外泌体。外泌体 miR – 770 通过抑制巨噬细胞的 M2 极化，显著抑制非小细胞肺癌细胞在体内的肿瘤生长和迁移。可见，对比文件 2 公开了一种高表达抑癌 miRNA 的外泌体，所述外泌体包括抑制剂肺癌生长、迁移的 miR – 770。对比文件 3（MicroRNA – 214 Governs Lung Cancer Growth and Metastasis by Targeting Carboxypeptidase – D，Xiaojian Zhao 等，DNA and Cell Biology，第 35 卷，第 11 期，第 1 – 7 页，公开日为 2016 年 12 月 31 日）公开了 miR – 214 具有抑制肺癌增殖和迁移的功能。依据对比文件 2 和 3 的教导，miR – 770 和 miR – 214 具有抑制肺癌生长、转移的治疗作用，本领域技术人员容易想到将已知抑制肺癌的 miRNA 作为对比文件 1 肺靶向性工程化外泌体的负载物治疗剂，相应靶向肺部抑制肺癌的用途或效果容易预期。

与案例 6 的创造性评价思路一致，对于已知靶向功能蛋白修饰的外泌体与已知治疗功能的 miRNA 的组合，通常是本领域技术人员基于治疗需求能够进行的常规选择。比如基于该申请治疗肺癌的需求，本领域技术人员能够从现有技术已披露的具有肺癌细胞抑制活性的 miRNA 中具体选择 miR – 770 和 miR – 214，也能够从现有技术已披露的具有肺靶向性的整联蛋白中具体选择 α6β1。除非该发明证明了上述组合带来了预料不到的技术效果，例如一定的协同增效作用，否则通常能够预期靶向蛋白、外泌体、内载 miRNA 仍能各自发挥其本身的靶向和治疗活性。此外，该申请效果实验仅证明了工程化外泌体相较于未工程化外泌体具有更高的肺癌细胞生长和迁移抑制效果，这也不属于本领域技术人员难以预期的协同增效作用。

（六）关于递送方式的改变

制药用途权利要求是我国专利体系中对医药用途发明的主要保护形式。根据《专利审查指南》的规定，通常而言，给药对象、给药方式、给药途径、用量及时间间隔等与使用有关的特征不能对制药过程产生影响。因为，给药对象、给药方式、给药途径、用量及时间间隔的技术特征往往只能体现在药物使用的过程中，而不能体现在制药的过程中，具体到核酸药物递送领域也是如此。在具体审查实践中，考虑以特定方式撰写的给药途径特征可能暗含了对药物制剂组成的影响，比如"通过皮下给药"可能暗含了药物制剂为注射剂、"吸入给药"可能暗含了药物制剂适于形成雾化剂或者喷雾剂等，审查员可能将"给药途径"也认定为区别技术特征。但是当现有技术已经启示相同制剂能够用于该途径给药时，经该途径给药后所能达到的效果，比如药物分布特性、药物代谢特性等，也应当认为相同制剂所能达到的客观效果。

【案例8】 关于相同结构脂质体客观上具备相同的递送效果

该案专利权利要求1如下：

1. 一种脂质体在制备用于治疗肺组织疾病的肺组织表面给药用医药制剂中的应用，其特征在于，脂质体的表面被末端疏水化聚乙烯醇修饰，所述末端疏水化聚乙烯醇为由碳原子数1~30的硫代烷基形成的疏水性基团与聚乙烯醇的末端键合形成的聚合物。

说明书记载，用末端疏水化聚乙烯醇修饰脂质体或脱乙酰壳多糖的表面，可以适当地调节被封入脂质体内的药物或基因在肺组织表面的滞留性或向肺组织或肺表面细胞内的迁移性，从而控制其生物体内行为。在脂质体的表面存在越多的末端疏水化聚乙烯醇，可以使脂质体在肺组织表面（例如支气管肺泡表面）滞留越长时间；在脂质体的表面存在越多的脱乙酰壳多糖，可以使脂质体越快地迁移至肺组织内。即在脂质体的表面末端疏水化聚乙烯醇的量越多，可以使封入脂质体的物质越有效率地作用于肺组织表面或表面细胞；在脂质体的表面脱乙酰壳多糖的量越多，越可以提高封入脂质体的物质向肺组织内的迁移性。因此，被末端疏水化聚乙烯醇表面修饰而形成的脂质体作为缓释性经肺给药用脂质体或以肺组织表面或肺组织表面细胞为靶的经肺给药用脂质体是有用的；被脱乙酰壳多糖表面修饰而形成的脂质体作为速效性经肺给药用脂质体或以肺组织表面和内部为靶的经肺给药用脂质体特别是以肺组织内部为靶的经肺给药用脂质体是有用的。药物或基因被封入该发明的经肺给药用脂质体中的经肺给药用脂质体制剂用经支气管给药、滴鼻给药等给药方法给予肺内进行使用。通过将含有对肺组织疾病的治疗有效的药物或基因的该脂质体制剂的治疗有效量给予有肺组织疾病的患者的肺，能够治疗该肺组织疾病。

实施例1记载，制备含有9-蒽甲酸胆甾醇酯（CA）作为荧光标记物质的脂质体，对得到的脂质体用末端疏水化聚乙烯醇（聚合度：480、疏水性基团：$C_{16}H_{33}S-$）进行表面修饰，由此制备末端疏水化聚乙烯醇修饰的脂质体。实施例2记载，使用脱乙酰壳多糖（分子量 15 万、脱乙酰化度：85%）代替末端疏水化聚乙烯醇，其他条件与实施例 1 相同，制备脱乙酰壳多糖修饰的脂质体。在试验例中，对大鼠经支气管给予制备的实施例 1 末端疏水化聚乙烯醇修饰脂质体或实施例 2 脱乙酰壳多糖修饰脂质体，测定给予 5 小时后在肺组织内、支气管肺泡清洗液（BALF），以及支气管肺泡细胞（BALC）中的 CA 浓度。另外，作为对照，使用聚合物未修饰脂质体代替聚合物修饰脂质体，进行上述相同的试验。结果表明实施例 1 经末端疏水化聚乙烯醇修饰脂质体与对照相比，在支气管肺泡清洗液 BALF 中检测出较多的 CA 荧光；实施例 2 脱乙酰壳多糖修饰脂质体与对照相比，在肺组织中检测出较多的 CA 荧光。由此确定，末端疏水化聚乙烯醇修饰脂质体可以在肺组织表明长时间滞留，所以在肺组织表面或表面细胞中发挥药理作用的情况下有用；脱乙酰壳多糖修饰脂质体可以短时间内有效率地向肺组织内迁移，可以将难以向肺组织内迁移的药物有效率地转运到肺组织内。实验结果均以柱状图的形式记载。

对比文件 1（Design of Biodegradable Microparticulate Dosage Forms for Mucosal Peptide Delivery，Hiromitsu Yamamoto 等，Expert Opinion on Drug Delivery，第 8 卷第 4 期，第 467－483 页，公开日为 2011 年 3 月 5 日）公开了一种对黏膜具有良好黏附性的黏膜给药用制剂，可以是脂质体和纳米微球形式。该脂质体或纳米微球的表面被末端疏水化聚乙烯醇或脱乙酰壳多糖修饰，该末端疏水化聚乙烯醇是聚合度为 480、末端疏水性基团 $C_{16}H_{33}S$—（即与该申请实施例 1 相同）；该脱乙酰壳多糖是脱乙酰化度为 85%、分子量为 15 万的脱乙酰壳多糖（即与该申请实施例 2 相同）。

驳回决定指出，权利要求 1 与对比文件 1 相比，区别技术特征在于：权利要求 1 中明确限定脂质体是经肺给药用于治疗肺组织疾病。对于该区别技术特征，对比文件 1 还公开了经黏膜给药包括鼻黏膜、口腔黏膜、支气管黏膜（相当于经肺给药）等，肺部给药近年来也引起关注。其研究目的在于提供对黏膜具有良好黏附性的制剂，最后结果也显示经生物相容性聚合物修饰的脂质体和维修对于黏膜具有较好的附着率。在上述启示下，本领域技术人员能够预见该脂质体可以用于经肺给药，从而用于治疗肺组织疾病。因此，权利要求 1 不具备创造性。对于技术效果，对比文件 1 公开了经聚合物修饰的脂质体对于肠黏膜和肺黏膜均具有良好的黏附性，本领域技术人员可以预期，黏附性越强，在组织表面停留的时间也越长，反之则可能较快进入黏膜内部，因此，该申请不具备预料不到的技术效果。

复审请求人不同意驳回决定的意见，对该案提出了复审请求。复审决定[1]指出，权利要求 1 与对比文件 1 的区别在于，权利要求 1 明确限定脂质体适用于向肺组织表面给药并用于治疗肺部疾病。根据说明书记载的内容和所要达到的技术效果，该发明实际

---

[1] 国家知识产权局专利复审委员会第 75173 号复审决定（发文日：2014－10－21）。

解决的技术问题是提供一种脂质体用于肺组织疾病的新用途。然而，对比文件 1 公开了"经黏膜给药包括鼻黏膜、口腔黏膜、支气管黏膜，肺部给药近年来也引起关注"；同时，脂质体的肺部给药是本领域常用的技术手段（参见公知常识证据 1：《药剂学》第 4 版，毕殿洲主编，人民卫生出版社，第 456 页，公开日为 2001 年 4 月 30 日），其可达到全身给药或普通制剂不具备的优点，例如脂质体可改善药物的溶解性，肺部的表面积大、吸收迅速，因此给药后可增强药物的生物利用度。脂质体可达到缓释长效、局部疗效好的优点，同时全身药物水平低，减少其他地方的毒性和副作用，对黏膜刺激性较小。本领域技术人员有动机将对比文件 1 中经修饰的脂质体用于肺组织表面给药来治疗肺部疾病。

在复审程序中，复审请求人主要陈述了以下观点：对比文件 1 显示与末端疏水化聚乙烯醇修饰的脂质体相比，脱乙酰壳多糖修饰脂质体的黏膜附着性更高。在该申请试验例中，末端疏水化聚乙烯醇修饰脂质体显示出"能够长时间滞留在肺组织表面"的性质，另外，虽然脱乙酰壳多糖修饰脂质体的黏膜附着性更高，但是显示出能够在短时间内迁移到肺组织内的特性。这与驳回决定指出的"黏附性越强，在组织表面停留的时间也越长，反之则可能较快进入黏膜内部"并不一致。因此，黏膜附着性与脂质体封入物向肺组织内的迁移速度完全不相关，本领域技术人员难以预测脂质体封入物向肺组织内的移动速度。因此，本领域技术人员难以预测末端疏水化聚乙烯醇修饰脂质体"能够长时间滞留在肺组织表面"。虽然，某种已有物质的未被现有技术公开的新性质是"客观存在的"，不能给该已有物质带来创造性；但是，不应当以"客观存在"为理由来否定该"客观存在的新性质"的创造性。该申请请求保护的技术方案并不是末端疏水化聚乙烯醇修饰的脂质体，而是该脂质体"在制备用于治疗肺组织疾病的肺组织表面给药用医药制剂中的应用"，因此，不能以"新性质是客观存在的"来否定该发明"应用"的创造性。另外，复审请求人也没有必要证明"对比文件 1 之表面被末端疏水化聚乙烯醇修饰的脂质体不具备适宜的'肺组织表面滞留或向肺组织内迁移能力'"。

针对复审请求人的相关意见，复审决定进一步阐述了如下理由：本领域熟知肺部给药的剂型主要包括气雾剂、喷雾剂和粉末吸入剂等，经口腔给药，通过咽喉直接进入呼吸道，达到肺组织表面后，药物进一步分布。由此可见，肺部给药实际上包括了向肺组织表面给药的过程，因此该申请的"向肺组织表面给药"在给药方式上与肺部给药无法区分。从制药过程角度来说，脂质体的肺部给药是本领域的常用技术手段，给药之后药物的分布情况是被修饰的脂质体自身性质所带来的，并不是由制药过程中的技术手段带来的。本领域技术人员在对比文件 1 的明确教导下，将被末端疏水化聚乙烯醇修饰的脂质体用于肺组织表面给药是显而易见的。对于复审请求人认为的预料不到的技术效果，复审决定进一步指出，在对比文件 1 教导下，结合本领域技术常识，本领域技术人员可以合理预期权利要求 1 所述脂质体肺组织表面给药并用于治疗肺部疾病的技术效果，至于"滞留在肺组织表面"等应视为脂质体经末端疏水化聚乙烯醇修饰后所具有的技术效果，没有证据表明对比文件 1 之实施了末端疏水化聚乙烯醇修饰的脂质体不具有上述技术效果。虽然请求人请求保护的技术方案是制药用途而非脂质体本身，然而，脂质体的肺部给药是本领域常规技术手段，因此，将末端疏水化聚乙烯醇修饰的脂质体制备成药物用于肺组织表面给药并治疗肺组织疾病的技术方案相对于现有技术是显而易见的。请求人还认为发现了被修饰脂质体的新性质，然而，被修饰的脂质体在给药之后滞留在肺组织表面是客观上带来的效果；由此客观上将增强药物与肺组织表面的接触时间从而发挥靶向作用。对比文件 1 已公开与该申请相同的被修饰脂质体，本领域技术人员将该脂质体用于肺组织表面给药时也将具备同样的效果。

复审请求人（以下简称"原告"）对原专利复审委员会（以下简称"被告"）作出的上述决定不服，向北京知识产权法院提起上诉。原告认为被告在有关创造性的评述中存在诸多事实认定错误和法律适用错误，进而导致了结论的错误。主要理由有：第一，被诉决定中"脂质体的肺部给药是本领域常用的技术手段"的认定属于事实认定错误。即使《药剂学》第 4 版第 456 页（即被诉决定中引用的公知常识证据 1，以下简称"证据 1"）中记载了"脂质体的肺部给药是本领域常用的技术手段"，也不意味着"脂质体的肺部给药是本领域常用的技术手段"是本领域的公知常识。原告提交的该《药剂学》的后继版本（即《药剂学》第 5 版，第 388 页、第 390 页，以下简称"证据 2"）并没有记载"脂质体的肺部给药是本领域常用的技术手段"。相反，其中记载了"载药脂质体……选择性地集中于单核吞噬细胞系统，70% ~ 89% 集中于肝、脾"。可见，从脂质体本身的性质来说，其用于靶向"肝、脾"可能是本领域常用技术，但将脂质体用于"经肺部给药"并非本领域常用技术。第二，被告对对比文件 1 公开内容的认定存在事实认定错误。对比文件 1 相关章节仅在泛泛描述"与肽相关的药物传递系统"宽泛的可能给药途径，其中，列举了若干种给药途径。被告引用的相关记载至多只教导了"对于微粒型药物传递系统而言，存在多种可能的给药途径，经肺给药是其中之一"。但对比文件 1 并没有给出使用该申请权利要求 1 限定的经特定修饰的脂质体进入肺部给药的技术启示。对比文件 1 仅对经肺给药进行了一般性描述，并指出"现状是几乎没有进行有关使用高分子微粒制剂的经肺给药的研究"。对比文件 1 中与经肺给药相关的章节通篇仅涉及其他微粒型药物传递系统（纳米微球）的经肺给药，完全没有教导或暗示使用脂质体进行经肺给药，更没有教导或暗示使用经（特定）修饰的脂质体进行经肺给药。因此，本领域技术人员从对比文件 1 至多仅能认识到脂质体可用于对比文件 1 的给药途径，而不会有动机将对比文件 1 中没有教导或暗示为可用于经肺给药的（经特定修饰的）脂质体用于经肺给药。第三，被告对创造性的判断中存在法律适用的错误。被告无视该申请获得的预料不到的技术效果。只有该申请权利要求 1 限定的经特定修饰的脂质体才能更长时间地滞留于肺组织表面，从而可用于治疗需要靶向肺组织表面的疾病。被告无视该申请解决的技术问题和实现的技术效果，对创造性的判断出现"事后诸葛亮"的问题。另外，该申请权利要求 1 保护的并非一项产品的权利要求，而是用途权利要求。该申请权利要求 1 经特定修饰的脂质体用于肺部给药的用途无法从其本身的结构、组成、分子量、已知的物理化学性质以及该产品的现有用途预见是利用了产品新发现的性质，并且产生了预料不到的技术效果，当然具备创造性。

基于对比文件 1 以及证据 1、2 公开的技术事实，一审判决[①]确认被告对该申请权利要求 1 与对比文件 1 之间的区别技术特征的认定正确。同时，一审判决指出该申请实际要解决的技术问题是提供一种脂质体用于肺组织疾病的新用途。对此，对比文件 1 公开了"经黏膜给药包括鼻黏膜、口腔黏膜、支气管黏膜，肺部给药近年来也引起关注"的内容；证据 1 明确记载了"脂质体静脉注射后，只有少量分布到肺，因而不能在肺中达到治疗的有效浓度，通常采用雾化经肺吸入的脂质体气雾剂"；证据 2 明确记载了"脂质体可适用于多种给药途径，包括肺部给药等"内容。原告提交的该《药剂学》属于教科书性质的出版物，被告根据《药剂学》第 4 版记载的相关内容认定脂质体的肺部给药是本领域常用的技术手段并无不当。因此，本领域技术人员容易想到将对比文件 1 经修饰的脂质体用于肺组织表面给药来治疗肺部疾病。因此，权利要求 1 不具备创造性。

对于原告强调的预料不到的技术效果，该主张缺乏事实及法律依据。原告主张该申请是利用了产品新发现的性质之发明，但纵观对比文件 1 披露的内容以及原告提交的该《药剂学》相关记载，该申请是利用产品已有性质作出的发明，且已有性质在该申请的申请日之前已被本领域技术人员所知。原告关于该申请具备创造性的主张不成立。

该案涉及聚合物修饰的脂质体在制备用于治疗肺组织疾病的肺组织表面给药用医药制剂中的应用，根据现有技术可知该申请涉及的聚合物修饰脂质体为现有技术已知结构的聚合物修饰脂质体。因此，该案创造性判断的关键点在于将已知结构的脂质体用于制备特定给药途径的医药制剂是否是显而易见的。

虽然该申请请求保护的技术方案是制药用途，而非已知结构的产品本身，但是，根据对比文件 1 以及相关公知常识证据公开的技术内容，脂质体适用于肺部给药（比如经支气管黏膜给药、雾化经肺吸入等）是在该申请优先权日之前就已被本领域技术人员知晓的技术事实。在不存在相反证据的情况下，特别是同样提及"肺部给药"途

---

① 北京知识产权法院（2015）京知行初字第 2554 号行政判决书。

径的对比文件 1 也在其表格中具体示例了与该申请实施例完全相同的聚合物修饰脂质体的情况下，本领域技术人员将没有理由怀疑该聚合物修饰脂质体不适用于肺部给药，进而本领域技术人员能够显而易见地得出该聚合物修饰脂质体用于制备肺部给药制剂的技术方案，并合理预期该聚合物修饰脂质体在肺部给药制剂中能够实现药物递送的技术效果。

该案的另一焦点在于，聚合物修饰的脂质体经肺部给药后，其滞留于肺组织表面的技术效果，能否为该申请带来创造性。申请人认为，即便现有技术公开或暗示了末端疏水化聚乙烯醇修饰的脂质体具有黏膜附着性，但并不意味着本领域技术人员能够预期该经修饰的脂质体能够滞留于肺组织表面，而不是快速进入肺组织内部；正如该申请另一实施例制备的脱乙酰壳多糖修饰脂质体，其也具有黏膜附着性，但却与末端疏水化聚乙烯醇修饰脂质体相反，其能快速进入肺组织内部，而未在肺组织表面滞留；基于此，申请人认为该申请具有预料不到的技术效果。而驳回决定、复审决定和一审判决均认为该技术效果不属于预料不到的技术效果。

虽然驳回决定、复审决定和一审判决对于技术效果是否预料不到的结论一致，但对于该问题的具体阐述还存在一定的差异。

在实质审查阶段，驳回决定基于"黏附性越强，在组织表面停留的时间也越长"的理由，认为末端疏水化聚乙烯醇修饰脂质体滞留于肺组织表面的效果是可预期的。

在复审阶段，复审决定指出该申请的"向肺组织表面给药"在给药方式上与现有技术揭示的"肺部给药"无法区分，从制药过程角度来说，脂质体的肺部给药是本领域的常用技术手段，给药之后药物的分布情况是被修饰的脂质体自身性质所带来的，并不是由制药过程中的技术手段带来的，换言之，被修饰的脂质体在给药之后滞留在肺组织表面是客观上带来的效果，不属于该申请发现的新性质。

在司法诉讼阶段，一审判决指出纵观对比文件 1 以及原告提交的该《药剂学》相关记载，该申请是利用产品已有性质作出的，且已有性质是申请日前已被本领域技术人员所知的。因此，该申请取得预料不到技术效果的主张缺乏事实及法律依据。

综合上述驳回决定、复审决定和一审判决中观点，准确判断制药用途权利要求创造性的基础是对权利要求的正确解读。该申请权利要求 1 请求保护"一种脂质体在制备用于治疗肺组织疾病的肺组织表面给药用医药制剂中的应用"，特征部分对脂质体结构进行了进一步限定。除制药用途权利要求通常限定的"物质"（脂质体）与"适应证"（肺组织疾病）的两方面特征之外，权利要求 1 还限定"肺组织表面给药"这一给药途径技术特征。通常而言，给药对象、给药方式、给药途径、用量及时间间隔等与使用有关的特征不能对制药过程产生影响。但考虑到该申请"肺组织表面给药"实质上与"肺组织疾病"的适应证紧密相关，且"肺组织表面给药"可能暗含了对药物剂型的影响，因此，驳回决定、复审决定和一审判决均将"明确限定脂质体适用于向肺组织表面给药并用于治疗肺部疾病"认定为权利要求 1 与对比文件 1 之间的区别，是合理的。"向肺组织表面给药"是对给药途径的限定，其与对比文件 1 以及原告提交的该《药剂学》第 4 版、第 5 版（即证据 1、2）记载的"经肺给药"并无实质的不同，也并不暗含"在肺组织表面滞留"的技术效果。申请人认为脂质体即便黏附于肺部黏膜，也不能预期药物将滞留于肺组织表面或者快速进入肺组织。但"在肺组织表面滞留"的技术效果是聚合物修饰脂质体经肺部给药要进一步的药物分布行为，既是相同结构脂质体经肺给药后必然达到的药物分布结果，也不能对药剂制备的用途产生任何影响。由此可见，在药物载体脂质的结构已被现有技术公开、其给药途径又是本领域常规选择的情况下，特定给药途径所达到的必然结果也不能为发明带来创造性。

三、思考与启示

随着基因治疗技术的不断发展，越来越多的核酸药物已经走上了世界医药市场的舞台。与传统小分子药物和抗体药物相比，核酸药物具有更广泛的可成药靶点和更灵活的设计方式。已上市的核酸药物主要包括反义寡核苷酸、干扰小 RNA、微小 RNA、mRNA、质粒 DNA 等多种形式，涉及的适应证也从遗传性基因缺陷疾病到病毒疫苗，丰富多样。基因治疗也被科学家们认为是最有可能攻克癌症的治疗手段。近年来，关于基因治疗、核酸药物的专利申请也成为生物医药领域的热点技术主题之一。

由于核酸药物自身不耐核酸酶降解，寡核苷酸带负电荷的性质也令其不易被细胞摄取，核酸药物的开发仍然充满挑战性。如何避免被快速降解并精准作用于靶标发挥疗效是目前所有核酸药物研发和产业化发展普遍面临的瓶颈问题。为了解决这一问题，绝大多数核酸药物在进入临床前均涉及化学修饰和适配递送系统的必要过程。适当的化学修饰和递送系统，能够保证核酸药物逃避核酸酶的降解、跨越细胞屏障，顺利达到预定的靶组织或靶器官的亚细胞结构中，在细胞质或细胞核中发挥相应的治疗作用。不适当的化学修饰和递送系统不仅无法完成核酸药物的有效递送，还可能导致核酸药物自身活性的丧失、毒副作用的增加。因此，对递送载体的改造，实现核酸药物与递送系统之间的适配，不仅是核酸药物产业发展的技术难题，也是专利审查实践中经常遇到的难题。

本章结合 8 个案例，尝试探讨了核酸药物递送技术相关主题发明的创造性审查问题。对于递送系统自身的改造，包括组分配比或用量的具体选择、已知功能组分的省略，以及相同或相似功能组分的具体选择。对于递送系统与核酸药物之间的适配及由此带来的递送方式、递送效果的改变，包括递送载体在不同类型核酸药物之间的转用、已知递送载体与已知药效核酸药物的组合，以及相同结构递送载体递送方式的改变对递送效果的影响。

对于组分配比或用量的具体选择，特别是以数值范围限定的组分配比或用量是否显而易见，一方面依赖于所述组分是否存在常规调整的范围，这一数值范围与权利要求限定的范围相近程度是否在本领域技术人员常规优化的范围内。另一方面，也取决于原申请文件对于数值范围造成技术效果差异的关键作用的证明程度，即该数值范围的选择是否相对于现有技术取得了预料不到的技术效果。对于组合物中某单一组分的含量调整，还要考虑调整是否影响了不同组分之间的配比关系。在这种情形下，仅考虑单一组分用量范围是否被字面地公开往往不能得出正确的创造性判断结论。如果现有技术不存在该组分含量调整对组合物整体效果产生何种影响的合理预期，而专利申请记载的效果数据也足以证明权利要求中限定的组分含量范围带来了预料不到的技术效果，则应当认为专利具备创造性。

对于已知功能组分的省略，省略后技术方案所能达到的技术效果是创造性考察的重点。如果组分省略后相应功能也随之消失，则该发明不具备创造性；如果组分省略后仍然保持原有的全部功能，或者带来预料不到的技术效果，则应当认为该发明具备创造性。

对于相同或相似功能组分的具体选择，如果现有技术仅存在不具有明确指向性的泛泛教导，则不宜将这种泛泛教导简单视为本领域技术人员改进现有技术以解决特定技术问题的特定教导，进而出现低估发明创造性的情况。当然，创造性的成立也依赖于该申请记载的效果实验数据足以证明具体选择的组分是解决其特定技术问题、获得相应技术效果的关键技术手段，否则，如果该申请并未记载证明具体选择的组分能够解决相应技术问题、获得相应技术效果，就无法认为该申请对现有技术作出了创造性的贡献。

对于递送载体在不同类型核酸药物之间的转用，通常要考虑转用的难度和转用后的技术效果是否为本领域技术人员合理预期。转用的难易程度可能表现在多个方面，比如核酸药物本身结构的差异、转用时是否还需要针对特定的核酸药物进行递送载体结构或组成的改造等。转用后技术效果的可预期性也包括多个方面，比如核酸药物的细胞摄取率、生物相容性（毒性）、对核酸自身活性的影响等方面。如果发明已经证明了转用存在一定难度，同时经改造的递送载体获得了不可预期的技术效果，比如与原有载体相比显著提高的细胞摄取率、更低的毒性、更高的治疗活性等，则不应当认为改造只是一种简单的常规选择。

对于已知递送载体与已知药效核酸药物的组合，特别是外泌体作为递送载体与已知功效核酸药物的组合，通常认为只是利用了递送载体普遍的载药能力和核酸药物自身的治疗活性，递送载体与核酸药物组合之后不会影响其各自原有功能的发挥。如果发明仅涉及将现有技术已知功能的递送载体与已知治疗活性的核酸药物进行组合，而没有证明这种组合带来了两者各自所不具备的新的技术效果，或者在两者各自所原有效果的基础上达到了协同增效的程度，那么应当认为这样的组合不具备创造性。

相同结构递送载体递送方式的改变对递送效果的影响，通常来说，给药对象、给药方式、给药途径、用量及时间间隔等与药物使用有关的技术特征不能对制药过程产生影响。如果递送载体本身的结构已被现有技术公开，权利要求限定的给药途径又是本领域已知的该类型递送载体的常规给药途径，那么通常不能认为该发明具备创造性。对于由该给药途径所达到的药物分布等进一步效果，也应当认为是相同结构载体经该给药途径所必然能够实现的技术效果，不能为该发明带来创造性。

【专家点评】

本章重点关注涉及递送系统自身结构或组成的改造，以及关于核酸药物与递送系统之间的适配及由此带来的递送方式、递送效果的改变的情形。通过 8 个案例，探讨了核酸药物递送技术相关主题发明的创造性审查问题。重点关注以下情形的创造性判断：对于递送系统自身改造，具体包括组分配比或用量的具体选择、已知功能组分的省略、相同或相似功能组分的具体选择；对于递送系统与核酸药物之间的适配及由此带来的递送方式、递送效果的改变，具体包括递送载体在不同类型核酸药物之间的转用、已知递送载体与已知药效核酸药物的组合，以及相同结构递送载体递送方式的改变对递送效果的影响。该技术领域的发明多涉及发明要素的选择、省略、转用和/或组合，对技术效果的考察是判断其创造性的重点。这一方面与生物医药发明技术效果的可预期性低有关，另一方面与核酸药物技术发展特点相关。如果一项发明中要素的选择、省略、转用和/或组合带来了现有技术未曾揭示的新的技术效果，或者在现有技术已公开的技术效果上达到了不可预期的程度，比如要素的组合产生了协同作用，则应当认为发明中要素的选择、省略、转用和/或组合对现有技术作出了创造性的贡献。相反，如果发明申请提供的效果实验数据不足以证实所述选择、省略、转用和/或组合是解决其技术问题、获得其技术效果的关键因素，或者只是声称发明获得了不可预期的技术效果，而没有提供确凿可信的效果实验数据，那么发明中的选择、省略、转用和/或组合很有可能只能被认为是基于现有技术的常规选择、省略、转用和/或组合，那么发明的技术方案将难以获得保护。

（点评专家：张秀丽）

第 六 章
给药群体表征制药用途专利保护

现代科技和生物技术的快速发展，带来临床医学领域的全面进步，疾病的分类和治疗也更为准确细致。特别是近年来，基于基因组测序技术、分子遗传学、生物信息学等多学科交叉而发展起来的精准医学概念的诞生，进一步将疾病分类扩展至分子水平。分子靶向药物的相继研发成功和上市，实现了传统广谱治疗向个体化治疗的跨越。通过对疾病特异性分子标志物的识别检测，对疾病的不同状态和过程进行精准诊断及分类，预测患者对治疗药物的敏感性，根据每个患者的情况制定个体化的治疗方案，使患者以最小的毒性代价获得最大收益，提高疾病的诊治效益。个体化诊断和治疗正逐渐成为社会、经济发展的大趋势，其分类和水平也将随着研究的不断深入以及分子生物学等技术的进展而不断细化和提高，而这一技术发展的前提是建立在对疾病准确分型的基础之上。

医药用途发明是医药领域中的一类主要发明类型，是指基于发现某些物质或产品具有新的性能，该性能使该物质或产品具有治疗或预防某种疾病的作用，从而可以用于医药用途。包括第一医药用途、第二医药用途等。第二医药用途也就是通常所说的"旧药新用"，狭义的第二医药用途仅指药物新适应证，即该药物具有新的治疗其他疾病的作用，广义的第二医药用途还包括新的给药途径、给药剂量、给药对象等给药特征类医药用途。给药特征类医药用途发明通常没有发现任何新的医药用途性能，一般在原有的药物性能上，发现给药途径、给药频率、给药对象或给药剂量上的不同给药方式改变，从而能够产生比较好的效果。

不同国家或地区基于自身的经济和社会利益对医药用途发明所采取的专利保护制度有所差异，并且随着社会经济的发展和科学技术的不断进步，各历史时期所采取的保护制度和保护方式也不尽相同。根据我国现行专利审查指南的相关规定，对于医药用途类发明可通过"制药用途型权利要求"（即瑞士型权利要求）的方式得以保护。

一、制药用途型权利要求的起源和发展

制药用途型权利要求常见的撰写形式表现为"A 物质在制备治疗 X 疾病药物中的

用途"或其他类似的方式，该撰写方式最初诞生于欧洲，我国专利法的法律体系与欧洲专利法律体系较为接近，制药用途型权利要求的相关规定也参照欧洲专利局曾经的做法，通过对欧洲专利法律体系中制药用途型权利要求的产生和发展的回溯，可以了解我国制药用途型权利要求的由来。

基于伦理道德方面的考虑，为了不限制医生的治疗行为等，欧洲专利局将疾病的诊断和治疗方法排除在可授权客体之外，该规定始终没有改变并一直延续至今。为了实现物质医药用途的保护，《欧洲专利公约》（European Patent Convention，EPC）设置了新颖性的例外。EPC 1973 第 52 条第 4 款规定[①]：新颖性规定不应排除任何用于疾病诊断治疗方法的已知物质或组合物的专利性，其条件是这种已知物质或者组合物在申请日之前没有被用于任何疾病的诊断治疗方法。根据该规定，对于已知物质的第一次医药用途，可以提供产品保护。这类权利要求通常采用"用途限定的产品权利要求"进行保护，这与包括我国在内的很多国家现行的"制药用途型权利要求"保护形式存在不同。

根据 EPC 的相关规定，早期能以产品形式获得专利保护的仅仅是第一医药用途发明，当某物质具有医药用途已经为公众所知的情况下，在将它用于治疗其他的疾病，也就是物质的第二医药用途，仍然是不能获得专利权保护的。然而，随着医药技术的发展，越来越多的物质的新用途相继被开发出来，这种第二医药用途为社会带来了重大的商机和医学意义。关于第二医药用途发明能够被授予专利权也引发了激烈的争论，瑞士型权利要求也在这一历史背景下应运而生。

1983 年，名称为"氢化吡啶"涉及第二医药用途的发明专利申请在欧洲分别被 3 个专利局驳回，驳回理由均为权利要求保护的技术方案属于疾病的诊断和治疗方法，不能被授予专利权，申请人不服，提出了申诉请求。德国联邦最高法院在其判决中认为，对于以"用物质 X 作为有效成分来治疗疾病"方式撰写的用途权利要求，其实质是提供了一种药品配方，允许采用这种权利要求的专利权是为了防止其他医药制造厂家制造和销售同样的药品。对于医生使用药品所产生的限制，这类权利要求所产生的限制也不会超过第一医药用途发明的产品权利要求所产生的限制，并且从实践角度来看也没有产生什么不良影响。

欧洲专利局扩大上诉委员会的判决（G05/83 决定[②]）与德国联邦最高法院主要观点基本一致，即承认有必要为第二医药用途发明提供专利保护。但两者也有不同，主要体现在此类发明权利要求的撰写形式方面。欧洲专利局借鉴了瑞士知识产权局在此方面的经验，将第二医药用途发明权利要求的撰写形式限制在"物质 A 来制备用于治

---

① 《欧洲专利公约》（1973 年）第 52 条第 4 款。
② EPO 扩大申诉委员会 1985 年 G05/83 决定。

疗疾病 Y 的药品"的范围内，也就是通常所说的瑞士型权利要求。G05/83 决定明确了第二医药用途可通过瑞士型权利要求给予保护，这类权利要求的新颖性不仅可以来自物质或制造方法，还可以来自新颖的治疗应用。该判决在欧洲范围内产生了广泛的影响，瑞士型权利要求作为第二医药用途的保护形式得到了欧洲国家的普遍认可。

2000 年 11 月，欧洲专利组织对《欧洲专利公约》进行了进一步修订，形成 EPC 2000，并于 2007 年 12 月 13 日生效。修订的 EPC 2000 第 54 条第 5 款规定：第 2 款和第 3 款的规定不排除第 4 款所述的物质或组合物在第 53 条中提及的方法中的任何特定用途的可专利性，前提是所述用途不属于现有技术。这也意味着，《欧洲专利公约》对"首次药用"和"二次药用"的已知化学产品均授予新颖性的豁免权，明确了第二医药用途类主题同样可以通过产品形式给予保护，其撰写形式不再局限于瑞士型权利要求。当时，欧洲专利局并未禁止瑞士型权利要求的撰写方式，后续的很多申请依然采用了制药用途这一传统的撰写形式。

随着时间的推进，后续逐渐产生了一种药品使用对象、使用方式、使用途径、用量及给药频率改变而产生药品新用途为技术特征的"进化版瑞士型权利要求"，例如，在某个新剂量范围内治疗该疾病具有更好的效果等。其通常没有发现药品的新作用，更偏向于"给药方案"。欧洲专利局早期对于此类主题也是拒绝授予专利权的，例如欧洲专利局技术上诉委员会 T317/95 决定。但在实践中，对于这类权利要求中包含的与药物使用相关的给药特征的判断存在很大的分歧和争议。持反对授权观点的主要理由为：给药特征不能构成新的适应证，不具备新颖性，而持支持授权观点的主要理由认为给药剂量、给药途径、给药对象等特征的确定都是在药物研发过程中完成，体现了制备药物过程中的特征，应当予以考虑，给药特征使发明区别于现有技术，具备新颖性。伴随着这些争议，2007 年，在欧洲专利局技术上诉委员会作出的 T1020/03 号判决中，首次认可了"已知药物用于治疗已知的疾病适应证的新的给药方案"的可专利性，该判决认为：剂量在瑞士型权利要求中涉及的是用于治疗疾病的药物的制备特征，给药剂量特征可以作为评价新颖性和创造性的基础。此后，欧洲专利局很多判决都参考了 T1020/03 号判决的观点。①

2010 年，在欧洲专利局扩大申诉委员会作出的 G02/08 决定②中还明确了：EPC 2000 第 54 条第 5 款不仅承认"用于新的疾病适应证用途"的已知药用化合物和组合物的新颖性，还承认"用于已知疾病适应证的新的治疗方法"的已知药用化合物和组合物的新颖性，其中的"新的治疗方法"包括"新的给药形式"。即欧洲专利局扩大申诉委员会认可了新的疾病适应证、给药剂量、给药方案、给药对象等用药特征能够赋

① 吴立，薛旸. 欧洲医药用途发明专利的审查标准沿革及中欧审查实践对比 [J]. 中国新药杂志，2020 (13)：1449－1455.

② 欧洲专利局扩大申诉委员会 2010 年 G02/08 决定。

予药物产品新颖性和创造性。同时，扩大申诉委员会还明确："如果带来新颖性和创造性的特征与制备方法没有任何关系，而仅仅在于新的药物用途，那么瑞士型权利要求的撰写格式将不再适用"。欧洲专利局不再承认瑞士型权利要求的合理性。

G02/08 决定终结了在欧洲适用 20 多年的瑞士型权利要求，它与 EPC 2000 一起为"第二医药用途"类发明专利权提供了法律基础，使得新的适应证和新的治疗方法都能够通过药物产品的方式获得延长期保护，大大加强了欧洲药品的专利保护力度，对于鼓励医药行业的技术创新起到了重要作用。

欧洲专利局对于医药用途类发明审查标准体现了一个动态调整的过程。其中，G05/83 和 G02/08 决定作为两个里程碑式的决定，分别标志着瑞士型权利要求在欧洲的开始和结束。从瑞士型权利要求启动初始认为给药方案、给药剂量等相关特征在制药用途类权利要求中不具有限定作用，不能作为评价权利要求新颖性的基础，到逐渐发现给药方案等给药特征也会对治疗效果产生影响，逐渐认可给药特征的限定作用，拓宽了瑞士型权利要求的适用范围，最终倾向于将瑞士型权利要求中的给药剂量、给药方式等特征作为评价新颖性和创造性的基础。当前，欧洲专利局已不再将瑞士型权利要求作为第二医药用途的保护形式，第一医药用途和第二医药用途均可以通过产品形式予以保护。

我国对于医药用途类发明的审查借鉴了欧洲专利局的早期做法，为了鼓励创新主体的积极性，同时规避疾病的诊断和治疗方法不能被授予专利权的限制，1993 年开始允许对药物用途主题采用瑞士型权利要求的保护形式予以保护。该保护形式与欧洲专利局 G05/83 判决中的规定一致，并一直沿用至今。但我国并未区分第一医药用途和第二医药用途。同时，对于给药对象、给药方式、给药途径、给药剂量及时间间隔等与药物使用有关的特征，如果上述特征仅仅体现在用药过程中，不能对药物制备过程以及所治疗的疾病产生影响，通常情况下认为上述特征对制药用途权利要求不具有限定作用，不能使制药用途权利要求具备新颖性。可以看出，我国虽然借鉴了欧洲早期关于瑞士型权利要求的做法，但当前的审查规则已经与欧洲形成了明显的不同。

二、专利保护实践中涉及给药群体表征制药用途的焦点问题

我国《专利审查指南》中规定采用药品权利要求或制药用途权利要求申请医药用途发明专利。

《专利审查指南》第二部分第十章第 5.4 节"化学产品用途发明的新颖性"明确了涉及化学产品的医药用途发明的新颖性考虑因素。

（1）新用途与原已知用途是否实质上不同。仅仅表述形式不同而实质上属于相同用途的发明不具备新颖性。

（2）新用途是否被原已知用途的作用机理、药理作用所直接揭示。与原作用机理或者药理作用直接等同的用途不具有新颖性。

（3）新用途是否属于原已知用途的上位概念。已知下位用途可以破坏上位用途的新颖性。

（4）给药对象、给药方式、途径、用量及时间间隔等与使用有关的特征是否对制药过程具有限定作用。仅仅体现在用药过程中的区别特征不能使该用途具有新颖性。

与世界上多数国家一样，我国也认可药物新适应证的可专利性，但对于给药特征类制药用途，只有给药特征对药物制备过程产生限定作用时，该特征才能使制药用途发明具备新颖性。这样实际上是将给药对象等给药特征类医药用途发明排除在可以授予专利权的范围之外。

给药特征类医药用途发明的可专利性也是医药用途发明中目前争议最大的一类主题。制药用途权利要求属于方法类权利要求，从形式上看，医药用途发明权利要求所保护的主题是"制药方法"，然而，医药用途发明的实质在于发现已知物质在医药领域的新用途，其核心在于新用途而不在于制药方法。采用制药用途类型的权利要求这样一种变通的撰写方式虽然解决了对医药用途发明提供专利保护的问题，但也使权利要求在"形式上"与"内容上"出现不相符合，导致在对给药特征类医药用途发明进行新颖性审查时出现了一些障碍与争议。

关于医药用途发明类型的认定，国内外学者一直存在很大的争议，主要有两种观点：一种观点认为，医药用途发明的实质是疾病的治疗方法，采用制药用途型权利要求这种变通的形式对医药用途发明进行专利保护，主要是规避疾病治疗方法不能被授予专利权的这一规定，因此，不要求权利要求中出现的技术特征必须对制药过程产生限定作用，新的疾病适应证特征以及新的给药特征均能够对权利要求起到限定作用，从而使制药用途发明具备新颖性；另一种观点则认为，制药用途发明本质上是药物制备方法发明，应归属于方法发明中的制备方法发明，权利要求中出现的区别特征只有对制药过程产生限定作用时，该医药用途发明才能具备新颖性。

在经历了长时间的争论后，国外大部分国家或地区（例如日本和欧洲）选择采用产品权利要求替代制药用途类权利要求，同时认可不同给药特征能够对权利要求有限定作用，进而使医药用途发明具备新颖性。而我国当前审查实践中，主流观点仍然认为对于在制备药物过程中和药物用途中能够体现的技术特征，才能被认为对制药用途类权利要求具有限定作用的技术特征。给药剂量、给药方式、给药对象等这些体现在给药方案的技术特征，则可能被认为是医生的治病行为，通常不作为区别特征来考虑，不会给制药用途权利要求带来新颖性。

众所周知，新药研发存在难度大、周期长、风险高等一系列问题，研究已知药物新的适应证及新的给药特征能够降低研发成本，缩短研发周期，对已知药物进行进一步研究成为目前的研究重点，包括进一步挖掘已知药物新的疾病适应证或改变药物的给药方式、给药对象等以取得更有效的治疗效果或降低药物产生的副作用等。

给药特征一般是指为达到治疗效果而对药物使用方法的改进，不少观点认为，虽然给药特征与医生针对个体患者所采取的疾病治疗方法极为相似，但这种以已知药物为基础的改进型技术方案不同于疾病治疗方法，医药用途发明中的给药特征并不是医生在用药过程中对治疗方案进行选择的结果，它属于医药研发人员在药品研发制备过程中为用药过程确定的信息。给药特征类医药用途发明的背后包含研究人员大量的研发资金及精力的投入，对"给药方式""用量"等药物使用方式进行改进，可以极大地减少药物副作用的发生，提高疾病的治疗效果以及患者的生活质量。这些给药特征是指导医生或患者进行用药的基础。如果这类发明不能得到专利的保护，医药研发人员的研发动力势必会受到沉重打击，不利于整个医药产业的创新发展。

给药对象即是给药特征类制药用途中的一种主要类型。近年来，随着科学技术的发展以及对疾病研究的不断深入，特别是精准医学和分子靶向药物的诞生，进一步促使研究者重视对疾病发展过程中病因、发病机制、作用机理等方面的研究，这些研究为新机理、新靶点的发现提供了理论基础，也成为新药研发的重要突破口，专利申请中越来越多以病因、症状、机理、基因型、治疗史、治病机理等给药群体方式表征制药用途权利要求主题出现，例如携带 A 基因阳性的乳腺癌患者、接受过 B 药治疗但失败的乳腺癌患者、先前经历过 C 疾病的患者等。随着医药行业的发展，给药对象类医药用途发明的专利保护需求也在不断上升。

我国目前接受药物新适应证的可专利性，但是将仅仅体现在用药过程中的给药对象等给药特征排除在可以授予专利权的范围之外。事实上，给药对象的选择并不仅仅是与药物使用有关的特征，其与疾病新适应证的判断密切关联，是疾病适应证的重要考虑因素，给药对象的选择有些情况下会导致治疗的疾病不同。

由于疾病发病是一个多因素、多细胞、多组织、多器官、多系统等参与的极其复杂的过程，疾病的分类方式繁杂，无明确统一标准。并且，一种疾病往往存在多种不同的病因、多种不同的致病机理，同时也可伴随多种临床表现（例如基因型、症状、生理指标等）的改变。各种疾病之间也可存在相同的症状表现，且病因、症状、机理等相互转化、相互影响等，这种错综复杂的关系增加了对疾病事实认定的难度。对于采用病因、症状、机理、基因型、治疗史等给药对象方式限定的制药用途型权利要求，这些给药群体特征是否对疾病或适应证有限定作用，何种情形属于新的适应证以及如何判断其与原已知用途存在实质不同，也存在一定争议。此外，上述给药方式限定的疾病类型还存在是否清楚、能否得到说明书支持的争议，成为困扰制药用途型权利要求审查的主要问题。这些问题也导致对制药用途型权利要求保护范围的解读，新颖性、创造性、不支持等的审查标准把握上存在诸多难点。

（一）关于致病原因特征

病因通常是指能够引起疾病并赋予该疾病特异性的各种因素，是疾病分类过程中的主要考虑因素之一。病因的种类很多，一般可分为以下几类：生物性因素（细菌、病毒、真菌等）、理化因素（高温、寒冷、电离辐射、毒物等）、遗传因素（染色体等遗传物质变异等）、先天因素、环境生态因素（废水、废气等）、营养因素、免疫因素（免疫反应过强、免疫缺陷等）、精神、心理和社会因素等。[①] 在疾病发生发展过程中，由原始病因作用于机体所产生的结果又可作为病因，引起新的后果。这种因果的相互转化常常促进疾病的恶化，导致恶性循环。有些疾病一旦发生或进展到一定程度后，即使原始病因已消除，通过因果交替规律仍可推动疾病的进展。[②] 可见，病因与致病机理、临床表现、效果等存在纠缠不清的问题，界限难以分清，以至于对制药用途型权利要求新颖性和创造性的判断造成困扰。

【案例1】关于致病原因限定疾病的新颖性和创造性评判

涉案专利申请涉及使用人乳寡糖、维生素 C 和抗炎剂减少氧化应激的发病率的方法，独立权利要求 1 请求保护如下：

1. 包含选自 6′－唾液酸乳糖、2′－岩藻糖基乳糖和乳酰－N－新四糖的至少一种人乳寡糖的组合物在制备药物中的用途，所述药物用于阻抑病毒诱导性炎症。

说明书证实了所述人乳寡糖在体外抑制多种不同病毒感染的效果，减少早产小猪的氧化应激的作用，体外减少病毒诱导性炎症的能力等。

对比文件 1（CN103797021A，公开日为 2014 年 5 月 14 日，申请日为 2011 年 11 月 21 日，优先权日为 2010 年 11 月 23 日）是一件申请日在该申请优先权日之前，公开日在该申请的申请日之后的 E 类文件。具体公开了寡糖混合物，其包含 6′－唾液酸乳糖、2′－岩藻糖基乳糖，寡糖混合物用于缓解变态反应或炎症有关病状的出现率或严重性，目标群体是婴儿或儿童的群体，特别是有形成不期望的病状如变态反应、慢性炎症、皮肤发红、皮疹、消化道疼痛或感染的风险的那些婴儿。

对比文件 2（Inhibition of nonopsonic Helicobacter pylori - induced activation of human neutrophils by sialylated oligosaccharides, Susann Teneberg, et al, Glycobiology, 第 10 卷, 第 11 期, 第 1171 - 1181 页, 公开日为 2000 年 12 月 31 日）公开了一种用于预防以神经氨酸酶活性为特征的病毒感染后的继发感染的营养组合物，可以将该营养组合物制

① 刘春英. 病理学 [M]. 北京：中国中医药出版社，2016.
② 王蔚东，谭江梅. 病理生理学 [M]. 北京：中国医药科技出版社，2018.

成药物或治疗性营养组合物，该组合物中可以包含 6′唾液酰基乳糖（即 6′－唾液酸乳糖）和/或乳－N－新四糖（即乳酰－N－新四糖），且继发感染可以是中耳炎。

对比文件 3（WO9843494A1，公开日为 1998 年 10 月 8 日）公开了一种营养组合物，其中含有一种或多种人乳寡糖，包括 2′－岩藻糖基乳糖和乳酰－N－新四糖，该营养组合物可用于正常、健康的婴儿、儿童、成人或具有特殊需要的对象，例如伴随某些病理学病状的患者。研究表明人乳寡糖能够保护婴儿免受呼吸道、胃肠道以及泌尿生殖道的病毒和细菌感染。

驳回决定认为，关于对比文件 1，本领域技术人员无法将权利要求 1 中的"病毒诱导性炎症"与对比文件 1 中公开的"炎症"相区分，本领域技术人员根据对比文件 1 能够直接地、毫无疑义地确定可以将该寡糖混合物制成用于"炎症有关病状"的药物。因此，对比文件 1 公开了权利要求 1 的全部技术特征，构成了该申请的抵触申请，权利要求 1 不具备新颖性。

关于对比文件 2，根据该申请说明书中对"炎性疾病"或"炎性疾病状态"的定义，可以将"病毒诱导性炎症"理解为由病毒诱导产生的特征为炎症的任何疾病、病症或疾病状态。对比文件 2 中公开的"中耳炎"是由感染引起的耳部全部或部分结构的炎性病变，该疾病不仅涉及了细菌感染，而且会表现出"红、肿、热、痛"等与炎症有关的一系列症状。本领域技术人员无法将权利要求 1 中的"病毒诱导性炎症"与对比文件 2 公开的"中耳炎"相区分，权利要求 1 相对于对比文件 2 不具备新颖性。

对于权利要求 1 中涉及"2′－岩藻糖基乳糖"的并列技术方案，根据对比文件 3 公开内容可知，"2′－岩藻糖基乳糖"是一种常见的人乳寡糖，可以将其单独或与其他人乳寡糖一起加入营养组合物中以发挥对于某些病毒和细菌感染的保护作用。由于人乳寡糖是从人乳中发现的寡糖成分，多种多样的人乳寡糖在人乳中混合存在并且具有相似的活性和功能，本领域技术人员在制备营养组合物时也通常会选择将一种或多种人乳寡糖混合使用，在现有技术中不存在相反教导的情况下，本领域技术人员容易想到将 2′－岩藻糖基乳糖加入对比文件 2 所公开的能够用于预防病毒感染后的继发感染的营养组合物中，且说明书中也没有记载选择使用 2′－岩藻糖基乳糖具有何种预料不到的技术效果。权利要求 1 中涉及"2′－岩藻糖基乳糖"的并列技术方案相对于对比文件 2 和对比文件 3 的结合不具备创造性。

在复审程序中，复审请求人认为：对比文件 1 和 2 均没有指出人乳寡糖在阻抑病毒诱导性炎症中的任何作用，本领域技术人员能够区分各种起源的炎症，并提交附件 1（Molecular Pathways in Virus－Induced Cytokine Production，T. H. Mogensen 等，Microbiology and Molecular Biology Reviews，第 131－150 页，公开时间为 2001 年 3 月）用于证明本领域技术人员能够通过具体分子特征区分病毒性炎性刺激和其他炎性刺激，权利要求 1 中限定的下位"病毒诱导性炎症"能够与对比文件 1 中公开的一般（上位）的

"炎症"以及对比文件 2 中公开的"中耳炎"相区分。该申请说明书证实了人乳寡糖以独特方式阻抑病毒诱导性炎症。权利要求 1 相对于对比文件 1 或对比文件 2 具备新颖性和创造性。

复审决定①认为,"病毒诱导性炎症"为病毒诱导的炎症,根据公知常识性证据记载,炎症按病因学分类包括:细菌性炎症、病毒性炎症、衣原体引起的炎症、立克次体引起的炎症、支原体引起的炎症等多种炎症。因此,病毒诱导性炎症属于按病因学分类的一种炎症,是炎症的下位概念。同时,复审请求人提供的附件 1 也可以确定病毒诱导性炎症属于一种具体的炎症,本领域技术人员在附件 1 的基础上结合本领域公知常识,通过相关的分子途径和病毒特征,容易区分病毒性炎症与其他炎症。

关于新颖性,对比文件 1 没有公开或暗示其炎症是病毒诱导的,对比文件 2 也没有公开或暗示其继发感染是病毒诱导性炎症,权利要求 1 相对于对比文件 1 或对比文件 2 具备新颖性。

关于创造性,对比文件 2 没有公开或暗示含 6′–唾液酸乳糖和/或乳酰–N–新四糖的组合可以用于病毒诱导的炎症,也没有证据或公知常识表明治疗炎症或细菌性感染的炎症药物对病毒诱导的炎症确切有效,不能确定 6′–唾液酸乳糖和/或乳酰–N–新四糖可以用于病毒诱导的炎症。对比文件 3 只提及了人乳寡糖能保护婴儿免受病毒和细菌感染,没有公开其对病毒是否具有治疗作用,根据对比文件 3 不能合理推出 2′–岩藻糖基乳糖和乳酰–N–新四糖可以用于病毒诱导的炎症。进而不能显而易见地得到权利要求 1 请求保护的技术方案。该申请说明书证实了所述人乳寡糖除了减少一般的炎症效果之外,还能够从多种途径阻抑病毒诱导性炎症。权利要求 1 相对于对比文件 2 和对比文件 3 的结合具备创造性。

该案关于制药用途型权利要求判断的主要争议焦点在于:以病因限定的疾病能不能对疾病产生限定作用,是否构成新的疾病亚型或新的适应证。

该案驳回决定与复审决定在病因限定疾病是否构成新的疾病亚型这一问题上观点出现不一致。驳回决定认为,无法将该申请中的"病毒诱导性炎症"与对比文件中 1 公开的"炎症"或对比文件 2 公开的"中耳炎"相区分。复审决定则认为,根据本领域公知常识以及现有技术证据可以证明,炎症的类型有多种,"病毒诱导性炎症"属于众多炎症类型中的一种,是"炎症"的下位概念,能够区别于对比文件 1 公开的"炎症"和对比文件 2 公开的"中耳炎"。复审决定从该申请公开内容、现有技术以及公知常识整体状况等多个角度,结合"病毒诱导性炎症"与"其他炎症"在发病机理、治疗手段等方面的异同,对于"病毒诱导性炎症"能否区别于"炎症"给出了较为全面、详细的分析。

---

① 国家知识产权局第 162203 号复审决定(发文日:2018 – 10 – 10)。

该案也提示我们，对于涉及病因限定的疾病或适应证，在新颖性判断时，需要结合现有技术的整体状况以及公知常识对病因是否对疾病的产生限定作用进行综合判断。分析病因限定是否隐含疾病的发病机理、具体表现、治疗手段等存在差异，导致疾病的不同。如果本领域技术人员能够清楚地认知采用病因限定的疾病或适应证与原已知疾病或适应证存在实质不同，则应当认为该制药用途具备新颖性。

在创造性判断时，应重点关注病因限定是否导致疾病不同，以及本领域技术人员是否容易由从现有技术中的疾病联系到该申请病因限定的疾病类型，以及治疗效果是否可以预期。当病因限定导致疾病与现有技术已知疾病不同时，病因限定的疾病则构成了该申请与现有技术之间的区别特征，此时应根据与最接近现有技术公开的疾病在致病机理、治疗手段等方面的相似性，结合公知常识或其他现有技术进行创造性判断。如果根据现有技术教导，本领域技术人员容易从现有技术公开的疾病联系到该病因限定的疾病，且技术效果可以合理预期，则权利要求不具备创造性。

（二）关于临床症状特征

症状通常是患者自觉感到的异常变化及医者通过诊察手段获得的形体上的异常特征，是疾病和证候的表现。[①] 临床常见的症状有发热、疼痛、水肿、咳嗽与咳痰、咯血、呼吸困难、发绀、心悸、恶心与呕吐、呕血、便血、腹泻、黄疸、少尿、多尿、血尿、晕厥、意识障碍等。[②] 症状伴随着疾病的发生而存在，是构成疾病的基本要素。通常情况下，一种疾病可以表现出多种不同的症状，而各类疾病也可以存在相同的症状表现，并且，随着疾病的进展，各阶段表现出的症状也可发生改变。症状是疾病分类过程中考虑的因素之一，但症状与疾病之间关系的复杂性使得症状表征或限定疾病的制药用途型权利要求的新颖性和创造性审查出现了一定的争议。

【案例2】关于症状表征疾病的新颖性判断

涉案专利请求保护用于治疗关节损伤的方法，授权权利要求共4项，其中独立权利要求1请求保护如下：

1. 利妥昔单抗在制备用于预防或降低类风湿性关节炎所导致的结构性关节损伤的进展速率的药物或制品中的用途，通过对受试者给予所述药物或制品后至少一个月，对受试者进行放射照相术检查以与所述给药之前的放射照相术结果相比确定。

实质审查阶段曾引用对比文件1（US2004/0202658A，公开日为2004年10月14

---

① 卞金玲. 国医大师石学敏 [M]. 北京：中国医药科技出版社，2018.
② 郭玲，屈宁宁. 医学综合 [M]. 北京：北京邮电大学出版社，2002.

日）评述全部权利要求不具备新颖性，在专利权人对权利要求作出修改后进行授权。

其中，对比文件1公开了利妥昔单抗治疗对肿瘤坏死因子抑制剂的应答不足的受试者关节损伤的方法，所述关节损伤由活动性风湿性关节炎引起，所述抗体每周施用并产生效果，可施用4周。

在无效宣告请求程序中，无效宣告请求人提交了两份证据。

证据1：US2004/0202658A，公开日为2004年10月14日（即实质审查过程中采用的对比文件1）。

证据2：中华医学会风湿病学分会，类风湿关节炎诊治指南（草案），中华风湿病学杂志，第7卷第4期，第250–254页，公开日为2003年4月。

无效宣告请求人认为：权利要求1中"通过对受试者给予所述药物或制品后至少一个月，对受试者进行放射照相术检查以与所述给药之前的放射照相术结果相比确定"仅为治疗过程中采用评估治疗效果的手段，不涉及制药过程，对权利要求不具有限定作用。结构性关节损伤是类风湿性关节炎的症状，而不是独立的适应证，其在类风湿性关节炎的不同发展阶段中伴随出现，无法割裂。对比文件1公开了利用利妥昔单抗治疗患有活动性类风湿性关节炎、对一种或多种TNF–α抑制剂治疗具有不充分应答的患者，其给药方式为在第1日和第15日1000mg i.v.，每周4次。治疗包含治疗和预防两个方面，且对类风湿性关节炎的治疗（或预防）的效果评价包含了对结构性关节损伤的评估。可见，该专利权利要求1与对比文件1采用相同的利妥昔单抗治疗同样有类风湿性关节炎的患者，且采用了相同的给药方式，所能达到的治疗效果也必然是相同的，权利要求1不具备新颖性。

专利权人认为："通过对受试者给予所述药物或制品后至少一个月，对受试者进行放射照相术检查以与所述给药之前的放射照相术结果相比确定"是对"类风湿性关节炎所导致的结构性关节损伤"的进一步限定，该权利要求所限定的适应证应理解为"已经接受过利妥昔单抗在先治疗的受试者中类风湿性关节炎所导致的放射照相术结构性关节损伤"。对比文件1关注的是类风湿性关节炎，没有公开或教导上述适应证，权利要求1具备新颖性和创造性。

无效宣告请求审查决定[①]中指出：关于权利要求1保护范围的理解，通过对受试者给药前和给药后放射照相术结果的对比能够确定的是"结构性关节损伤的进展（或进展速率）"，仅凭"对受试者给予所述药物或制品后至少一个月"无法将该权利要求理解为"对已经接受过利妥昔单抗在先治疗的受试者的复治"。因此，"通过对受试者给予所述药物或制品后至少一个月，对受试者进行放射照相术检查以与所述给药之前的放射照相术结果相比确定"应理解为对"结构性关节损伤的进展（或进展速率）"的

① 国家知识产权局第49966号无效宣告请求审查决定（发文日：2021–05–28）.

确定方法的限定，该表述属于治疗过程中采用的评估治疗效果的手段，不涉及制药过程，对权利要求所保护的制药用途发明不具有限定作用。因此，权利要求 1 的保护范围为：利妥昔单抗在制备用于预防或降低类风湿性关节炎所导致的结构性关节损伤的进展速率的药物或制品中的用途。

关于新颖性，对比文件 1 公开了采用利妥昔单抗作为 CD20 抗体治疗活动性类风湿性关节炎患者的技术方案，该治疗导致基于一或多种终点的有益临床应答，对比文件 1 公开的"二级终点包括适应性 Sharp 放射影像学总分值、侵蚀分值和关节空间狭窄分值的变化"，即对应于该专利所述"降低类风湿性关节炎所导致的结构性关节损伤的进展速率"的具体检测指标，对比文件 1 公开的"探索性终点和分析涉及探索性放射影像分析，包括无侵蚀进展的患者的比例可以在第 24 周及以后进行评估"对应于该专利所述的"预防类风湿性关节炎所导致的结构性关节损伤的进展速率"的具体检测指标。因此，对比文件 1 公开了利妥昔单抗在制备用于预防或降低类风湿性关节炎所导致的结构性关节损伤的进展速率的药物或制品中的用途。权利要求 1 相对于对比文件 1 不具备新颖性。

关于专利权人主张的类风湿性关节炎所导致的结构性关节损伤属于治疗针对的具体疾病，无效宣告请求审查决定认为，首先，该专利说明书以及无效宣告请求人提及的证据 2 均可证实"结构性关节损伤"是"类风湿关节炎"的典型症状之一，"结构性关节损伤"几乎伴随在"类风湿关节炎"的整个发病过程中，随疾病进程会逐渐加重，可通过放射照相术检测判断。因此，"结构性关节损伤"属于"类风湿性关节炎"的已知伴随症状，治疗"类风湿性关节炎"通常也意味着"结构性关节损伤"的控制或减轻，"结构性关节损伤"并不属于"类风湿性关节炎"之外的一种新适应证，也不属于能够从"类风湿性关节炎"中进一步细分出来的具体亚型或分期。其次，在实际的用药过程中，药物往往对多种症状均能起效，最终体现的仍是对这些症状所对应的疾病的治疗。而治疗所侧重的症状仅影响了医生在临床用药过程中对治疗方案的选择，与药物及其制药用途本身并无必然联系。即便并非所述治疗类风湿性关节炎的药物都能够治疗"类风湿性关节炎所导致的关节损伤"，也不会导致权利要求所述制药用途与对比文件 1 产生差异。基于上述理由，宣告专利权全部无效。

该案关于制药用途型权利要求判断的主要争议焦点在于：以症状表征的疾病能不能对疾病产生限定作用，是否构成新的疾病亚型或新的适应证。

实质审查阶段和无效宣告请求阶段使用的最接近现有技术相同，但针对"类风湿性关节炎所导致的结构性关节损伤的进展速率"是否构成新的疾病类型或新的适应证，两者观点出现了分歧。

实质审查阶段，在专利权人将权利要求 1 中的疾病类型由"具有类风湿性关节炎（RA）的受试者中的关节损伤"修改为"类风湿性关节炎所导致的结构性关节损伤的进展速率"，以及增加了"通过对受试者给予所述药物或制品后至少 1 个月，对受试者进行放射照相术检查以与所述给药之前的放射照相术结果相比确定"的技术特征限定后作出授权。可以看出，实质审查阶段应该是认可了"类风湿性关节炎所导致的结构性关节损伤的进展速率"对疾病类型或适应证的限定作用。

而无效宣告请求阶段，合议组并未支持上述观点，其主要观点认为：在考量制药用途权利要求中症状特征的限定作用时，需要明确症状特征与疾病之间的关系，如果其属于伴随该疾病全程的已知症状，治疗相应的疾病通常也意味着该伴随症状的控制或减轻，通过症状特征难以区分该疾病的具体种类或分型分期时，症状限定通常并不能构成对相应疾病的进一步限定。

该案的审理过程反映出采用症状表征的制药用途型权利要求新颖性判断的不同观点，也体现了症状表征疾病或适应证判断的复杂性。申请人在表征制药用途型权利要求时，往往还会加入诸如该案中"通过对受试者给予所述药物或制品后至少 1 个月，对受试者进行放射照相术检查以与所述给药之前的放射照相术结果相比确定"对疾病治疗效果检测方法、检测步骤等的特征，进一步增加了事实认定的难度。

通常情况下，在制药用途型权利要求的新颖性判断中，需要考虑权利要求中的技术特征是否对制药过程以及药物用途产生影响，如果某些特征仅体现在用药过程中，未对制药过程产生影响，也没有导致相应制药用途权利要求所针对的疾病区别于现有技术已知的用途，则这些特征往往不能使所述制药用途发明具备新颖性。

在实际的用药过程中，由于药物往往对多种症状均能起效，最终体现的仍是对这些症状所对应的疾病的治疗，因此对于症状表征的制药用途型权利要求的新颖性判断，可分为两个方面进行。一方面准确解读并确定权利要求保护范围，该步骤是新颖性判断的基础和关键。通过充分了解现有技术整体状况以及该申请说明书的记载，厘清症状与疾病的关系，确定该症状是否是疾病自身所伴随的症状，该症状的不同是否导致疾病的治疗手段、治疗效果存在差异，以至于能够限定出一种新的疾病类型，或者使其细分出具体的亚型或分期。另一方面，在上述事实确定的基础上，再进一步判断发明与现有技术中的制药用途是否实质相同。如果所述症状仅仅是伴随疾病全程的已知症状，该症状的不同并未导致疾病的种类、分型、分期等有所不同，通常不能认为症状对疾病具有限定作用。

【案例3】关于症状表征疾病的创造性判断

涉案专利申请涉及在治疗注意力缺陷/多动障碍中联合使用马吲哚，独立权利要求 1 请求保护如下：

1. 马吲哚在用于制备在治疗需要进行如 DSM/Ⅳ 定义的注意力缺陷/多动障碍

（ADHD）的治疗的患者的如 DSM/Ⅳ定义的注意力缺陷/多动障碍（ADHD）的药物中的用途。

说明书中描述了马吲哚对 ADHD 症状进行治疗，并笼统记载了"研究已经表明，马吲哚用于预防和治疗 ADHD 取得了显著的结果"，没有具有实验效果数据。

对比文件 1（Vazquez - Alvarez A 等，Mazinodol effects on lead - induced locomotor hyperactivity in mice，Society for Neuroscience Abstract Viewer and Itinerary Planner，2002，Abstract No. 804.6，公开日为 2002 年 12 月 31 日）公开了：铅中毒会诱发与"伴随着运动机能亢进症状的注意力缺损障碍"相似的症状，具体表现为高度的自发活动、对挫折的低忍耐和注意力分散。常用药苯丙胺或哌甲酯的效果不理想，因此，尝试评估替代药物例如马吲哚。使用小鼠进行的实验，实验小鼠在 25 天饮用醋酸铅，对照组饮用自来水，记录自发活动行为以分析铅诱发的暂时性的多动症。空白对照组给予生理盐水，给药组给予马吲哚（0.1、0.3、1、3、10mg/kg 多个剂量），阳性对照组给予苯丙胺（1mg/kg 单个剂量）。该实验结论是低剂量马吲哚对于控制铅诱发的运动机能亢进症状有效。

驳回决定认为：权利要求 1 与对比文件 1 的区别特征在于：权利要求 1 中涉及疾病为如 DSM/Ⅳ定义的注意力缺陷/多动障碍（ADHD），而对比文件 1 中涉及铅导致的运动过度。基于上述区别特征，权利要求 1 实际解决的技术问题为将马吲哚用于制备治疗如 DSM/Ⅳ定义的 ADHD 的药物。然而，本领域技术人员已知 DSM/Ⅳ定义的 ADHD 的特点为注意力不集中、冲动和多动，即铅中毒引起的改变与 DSM/Ⅳ定义的 ADHD 具有相近似的症状特征，本领域技术人员容易想到马吲哚对有相近似症状的 ADHD 同样也具有治疗作用，并有动机通过本领域的常规实验手段加以验证，权利要求 1 不具备《专利法》第 22 条第 3 款规定的创造性。

在复审阶段，复审请求人主要观点认为：①对比文件 1 仅公开铅中毒引起与 ADHD 症状相近的改变，并未提及其改变症状同 DSM/Ⅳ标准的多动、冲动和注意力不集中，即并未公开马吲哚用于 ADHD 本身的用途，依据附件 8 可知，运动机能亢进不是 ADHD 的症状。②依据附件 1~6 可知，铅仅是 ADHD 的一种环境危险因素，且动物模型与临床人体观察到的结果存在矛盾。因此，铅诱导的小鼠不是评估 ADHD 的模型。③对比文件 1 中苯丙胺治疗中活性呈剂量依赖性的增加，而马吲哚是剂量依赖性的双向作用，本领域技术人员不能预期马吲哚可成功治疗 ADHD。综上，该申请具备创造性。

附件 1~8 具体如下。

附件 1：Behavioral Brain Research，1998，94，127 -152。

附件 2：Trends in Neuroscience，2008，32，2 -8。

附件 3：Pharmacology & Therapeutics，2016，158，41 -51。

附件 4：Behavioral and Brain Functions，2005，1，9。

附件 5：Neuroscience Letters，2011，489，20 - 24。

附件 6：Environmental Health Perspectives，2010，18，1654 - 1667。

附件 7：Drug Design，Development and Therapy，2014，8，2321 - 2332。

附件 8：Terence R. Anthony：Neuroanatomy and the Neurologic Exam：A Thesaurus of Synonyms，Similar - Sounding Non - Synonyms，and Terms of variable meaning，1993，293。

复审决定[①]认为：①对比文件 1 公开了铅中毒诱发的症状与"伴随着运动机能亢进症状的注意力缺损障碍"症状相似，常用治疗药物为苯丙胺、哌甲酯。该对比文件实验部分通过铅中毒小鼠模型，证明低剂量马吲哚对于控制铅诱发的运动机能亢进症状有效，阳性对照药苯丙胺与马吲哚的效果相似。已知苯丙胺、哌甲酯均是常用的 ADHD 治疗药，铅中毒是 ADHD 的病因，在疾病表现症状相似、与已知该疾病治疗药物效果相似的基础上，为了扩展马吲哚的应用，本领域技术人员容易想到将马吲哚用于 ADHD 的治疗。而 DSM/Ⅳ 中定义的 ADHD 的诊断标准是常用的 ADHD 的诊断标准，本领域技术人员容易想到采用所述 DSM/Ⅳ 的标准定义所述 ADHD 疾病。②通常药物研究是在动物模型的基础上拓展到人体，动物模型的结果将给予本领域技术人员足够的动机或启示。③对比文件 1 中，马吲哚显示了双相作用，即低剂量组降低自发活性，高剂量组增加自发活动，但比较组中仅设置苯丙胺一个剂量组，单个剂量组无法评估是否存在双相作用。因此，无法得出马吲哚与苯丙胺的药效学相反的结论。在疾病表现症状相似的基础上，由于马吲哚在动物模型中已显示出与苯丙胺相似的效果，本领域技术人员容易想到将马吲哚用于 ADHD 的治疗，且可以合理预期其对于 ADHD 的效果。因此，权利要求 1 相对于对比文件 1 与公知常识的结合不具备创造性。

申请人不服国家知识产权局作出的复审审查决定，向北京知识产权法院提出行政诉讼（一审）。申请人诉称：有效的人类神经科学动物模型必须具备表面有效性、预测有效性及建构有效性，对比文件 1 不具备上述标准，不是有效的、本领域认可的 ADHD 模型。铅中毒可以导致身体、大脑及神经系统的多种疾病，如果没有对比文件 1 之外的更多信息，不会认为铅中毒是 ADHD 的病因。对比文件 1 的实验结果仅证明了马吲哚对于控制铅诱导的活动过度有效，却没有提供马吲哚对于注意力不集中或冲动的抑制作用。因此，对比文件 1 没有给出技术启示，权利要求 1 具备创造性。

国家知识产权局认为，根据公知常识性证据（唐建华主编，《儿科学》，第 196 页，科学出版社，公开日为 2003 年 8 月）记载可知，临床上不具症状的铅中毒的这一环境因素可能是注意力缺陷多动症的病因。因此，铅中毒作为 ADHD 的可能病因在该申请优先权日之前已经成为本领域的公知常识。本领域技术人员能够依据"伴随着运动机

---

① 国家知识产权局第 157938 号复审决定（发文日：2018 - 09 - 06）。

能亢进症状的注意力缺损障碍"和"运动机能亢进和轻微脑功能障碍"两种病症的高度相似性在对比文件 1 中的铅中毒诱导的疾病症状与 ADHD 疾病症状之间建立关联，从而将马吲哚拓展应用于 ADHD 疾病症状的治疗。

一审判决①中指出，对比文件 1 公开了铅中毒诱发的疾病症状为高自发运动活性、对挫折的耐受性和注意力分散，这三个症状为 DSM/Ⅳ 所定义的 ADHD 的典型症状。对比文件 1 还公开了该疾病的治疗包括效果不佳的苯丙胺、哌甲酯，并评估了替代药物马吲哚，同时在用铅中毒小鼠模型评估铅诱导的活动过度的具体实验中采用苯丙胺作为阳性对照药。实验结果证明马吲哚对于控制铅诱导的活动过度有效。苯丙胺、哌甲酯均为常用的 ADHD 的治疗药，已知铅中毒可能系 ADHD 的病因，本领域技术人员从对症治疗的角度出发，有动机将对铅中毒诱发的高自发运动活性、对挫折的低耐受性和注意力分散具有抑制作用的药物用于对 ADHD 的治疗，即有动机将马吲哚用于对 ADHD 的治疗并对其结果有一定的预期。权利要求 1 相对于对比文件 1 与公知常识的结合不具备创造性。

申请人不服北京知识产权法院的一审判决，向最高人民法院提起上诉（二审）。

二审判决②中指出，根据该申请说明书的记载可知，该申请发明目的是针对 DSM/Ⅳ 定义的注意力缺陷/多动障碍（ADHD）症状所作出的研究，而没有涉及上述症状出现的病因，仅笼统描述了对 ADHD 症状进行治疗，马吲哚具有降低 ADHD 症状严重程度的效果，没有具体实验效果数据，因此，仅能确定马吲哚对 ADHD 有一定的治疗意义。

对比文件 1 和权利要求 1 的症状均主要体现在注意力是否集中、情绪是否冲动以及是否具有高自发性运动，二者在症状文字表述上不同，但症状实质上是相似的，部分症状表现有交叉的情形。结合本领域公知的铅中毒是引起 ADHD 的病因之一，以及对比文件 1 还公开了铅诱导小鼠的治疗可以使用治疗 ADHD 的常规药物苯丙胺和哌甲酯，本领域技术人员从对症治疗的角度出发，有动机将对比文件 1 的铅诱导小鼠与 ADHD 患者关联起来，容易想到将能用于治疗铅中毒小鼠的药物用于 ADHD 的治疗评估中。对比文件 1 的实验结果证明马吲哚对于控制铅诱导的活动过度有效，本领域技术人员有动机将马吲哚用于治疗 ADHD，并对治疗结果有一定的预期。对比文件 1 中苯丙胺、哌甲酯和马吲哚之间效果有差异，只能证明三种药物在不同实验条件治疗铅中毒小鼠时效果有差异，不能说明马吲哚不能被用于治疗铅中毒小鼠，也不能据此说明马吲哚不能被用于治疗 ADHD。该申请所能达到的技术效果属于本领域技术人员可预期的，不属于预料不到的技术效果，权利要求 1 不具备创造性。

---

① 北京市知识产权法院（2019）京 73 行初 3019 号行政判决书。
② 最高人民法院（2020）最高法知行终 586 号行政判决书。

该案关于制药用途型权利要求判断的主要争议焦点在于：症状表述不完全相同疾病的创造性判断。具体体现在将马吲哚用于 ADHD 的治疗是否显而易见，以及效果是否可以合理预期。

从该案来看，国家知识产权局、北京知识产权法院、最高人民法院知识产权庭的审查、判决结论基本相同，给出了较为明确的判断原则，即对于症状高度相同或重叠的疾病，基于对症治疗的治疗原则，本领域技术人员有动机将现有技术公开的活性物质用于症状高度相同或相似的疾病的治疗，且当发明并未取得预料不到的技术效果时，发明不具备创造性。

关于将马吲哚用于 ADHD 的治疗是否显而易见，对比文件 1 公开的铅中毒诱发的疾病症状与该申请中 ADHD 的症状均主要体现在注意力是否集中、情绪是否冲动以及是否具有高自发性运动，对比文件 1 的实验结果证明马吲哚对于控制铅诱导的活动过度有效，还公开了铅诱导小鼠的治疗可以使用治疗 ADHD 的常规药物苯丙胺和哌甲酯，且本领域公知铅中毒是引起 ADHD 的病因之一。基于现有技术整体状况以及本领域公知常识，本领域技术人员容易将对比文件 1 的铅诱导小鼠与 ADHD 患者关联起来。本领域技术人员从对症治疗的角度出发，容易想到将能用于治疗铅中毒小鼠的药物用于 ADHD 的治疗评估中。

在判断技术效果是否属于预料不到的技术效果时，通常按照以下三个步骤进行。首先根据该申请说明书公开的内容确认该申请所取得的效果，其次确认最接近现有技术所能实现的效果，最后将该申请与现有技术的效果进行对比分析，确定效果是否属于预料不到的技术效果。该案中，由于该申请说明书仅笼统描述了对 ADHD 症状进行治疗，在发明内容部分泛泛记载了"研究已经表明，马吲哚用于预防和治疗 ADHD 取得了显著的结果"，而未记载任何效果数据，也未记载 ADHD 症状出现的病因。基于此，该申请所能实现的效果仅能确认为马吲哚对 ADHD 有一定的治疗意义。而对比文件 1 的实验结果证明马吲哚对于控制铅诱导的活动过度有效，基于铅中毒症状表征与 ADHD 极为相似，以及本领域公知的铅中毒是 ADHD 的致病因素之一，从对症治疗的角度，本领域技术人员对马吲哚在治疗 ADHD 方面的效果具有一定的合理预期。因此，该申请所能达到的技术效果属于本领域技术人员可以合理预期的，不属于预料不到的技术效果。

（三）关于作用机理特征

疾病发生机制和药物作用机理等的研究为新药研发提供了新的靶点，对推动精准医疗的发展起到重要的作用，也成为目前社会研究的热点。相应的，采用机理表征的制药用途专利申请数量也与日俱增，成为医药领域专利申请中常见的另一大类主题类型。机理表征的制药用途权利要求本质上保护的仍然是物质的医药用途，该类权利要求的特点是不直接限定具体适应证，而是采用作用机理、致病机理和/或药理活性等机理特征表征涉及的疾病。

【案例4】 关于机理限定疾病的新颖性和创造性判断

涉案专利涉及用于减小眼内压的 A_3 腺苷受体激动剂，其中独立权利要求 1 请求保护：

1. A_3 腺苷受体（A_3AR）激动剂在制备用于减小受试者眼内压（IOP）的药物中的用途，其中所述 A_3 腺苷受体激动剂选自由以下各项组成的组：N6-（4-氨基-3-碘苄基）腺苷-5'-（N-甲基糖醛酰胺）（AB-MECA）、N6-（3-碘苄基）-腺苷-5'-N-甲基糖醛酰胺（IB-MECA）和 2-氯-N6-（3-碘苄基）-腺苷-5'-N-甲基糖醛酰胺（Cl-IB-MECA）。

说明书中记载了：增加的 IOP 或眼高压是青光眼的最重要的风险因素，两只眼间压力的不同潜在地与某种类型的青光眼以及虹膜炎或视网膜脱离有关。升高的 IOP 的病症包括但不限于青光眼、导致 IOP 升高的眼的炎性病症、归因于解剖学问题的 IOP 增加的病症、由其他药物的副作用产生的增加的 IOP 以及其他病症。说明书还验证了 IB-MECA 对干燥性角膜结膜炎患者具有降低 IOP 的作用。

对比文件 1（CN101365430A，公开日为 2009 年 2 月 11 日）公开了一种治疗患者青光眼的方法，通过给予患者有效量的 A_3 腺苷激动剂 Cl-IB-MECA，药物组合物可以适于口服、静脉或局部给药，药物可以是眼药水，患者包括人。

驳回决定认为：关于新颖性，本领域技术人员公知青光眼患者其眼内压是升高的，因此，可以推定对比文件 1 中 A_3 腺苷受体激动剂 Cl-IB-MECA 治疗青光眼是通过减少眼内压而完成的，即 A_3 腺苷受体激动剂具有减少受试者眼内压的作用。可见，对比文件 1 公开了权利要求 1 的全部技术特征，权利要求 1 不具备新颖性。

关于创造性，对于权利要求 1 中涉及 A_3 腺苷激动剂为 AB-MECA、IB-MECA 的并列技术方案，由于对比文件 1 已经公开了 A_3 激动剂具有减少眼内压的作用，本领域技术人员容易想到其他 A_3 激动剂如 AB-MECA、IB-MECA 也具有相同的作用，从而制备相应的减少受试者眼内压的药物。权利要求 1 中涉及 A_3 腺苷激动剂为 AB-MECA、IB-MECA 的并列技术方案相对于对比文件 1 不具备创造性。

在复审阶段，复审请求人认为：并不是所有的 IOP 都会导致青光眼，青光眼患者可能具有正常眼内压，治疗青光眼的方法不同于降低 IOP。同时，眼内高压不必然涉及神经节细胞损伤，对比文件 1 中靶细胞视网膜神经节细胞不能被认为是治疗 IOP 的靶细胞。尽管对比文件 1 提及了眼内高压，但该提及仅是与青光眼中的视神经纤维层损伤的逆转有关，且在眼高压的眼中，视神经纤维层是可接受为正常的。因此，对比文件 1 仅教导了治疗青光眼，不能认为教导了治疗 IOP。复审请求人同时提交了附件 1

（A1 -，A2A - and A3 - subtype adenosine receptors modulate intraocular pressure in the mouse，Marcel Y. Avila 等，British Journal of Pharmacology，2001 年，第 134 期，第 241 - 245 页），附件 1 教导了 A$_3$ 腺苷受体拮抗剂能降低诱导 IOP 增加的实验动物模型的 IOP，而该发明则显示激动剂能降低 IOP，该效果是无法预期的。

复审决定[1]认为：关于新颖性，青光眼和 IOP 实质上是不同的，眼压升高可能导致青光眼，但患有青光眼并不表示眼压必然升高。对比文件 1 公开了通过降低视神经节细胞死亡而保护视神经并治疗青光眼的方法，该方法是通过对神经节细胞应用 P2X7 和 A$_3$ 受体，减少释放到视网膜胞外间隔内的 ATP 水平，提高所释放的胞外 ATP 转化为腺苷这 3 个途径实现的。由对比文件 1 公开内容不能推定 A$_3$ 腺苷受体激动剂治疗青光眼是通过减少眼内压完成的，也不能推定 A$_3$ 腺苷激动剂具有减小眼内压的作用。同时，对比文件背景技术记载的内容不能证明青光眼必然经历眼压升高，相反，本领域技术人员公知，青光眼的其中一种类型即为正常眼压青光眼。不能由对比文件 1 公开的治疗青光眼的用途推定其必然具有减少 IOP 的用途，权利要求 1 相对于对比文件 1 具备新颖性。

关于创造性，如前所述，权利要求 1 中 A$_3$ 腺苷激动剂为 AB - MECA、IB - MECA 的并列技术方案与对比文件 1 相比，其区别在于药物不同、用途不同：权利要求 1 使用的药物为 A$_3$ 腺苷受体激动剂为 AB - MECA、IB - MECA 并用于减小 IOP，而对比文件 1 的药物为 A$_3$ 腺苷激动剂，具体使用药物为 C1 - IB - MECA 并用于治疗青光眼。然而，对比文件 1 公开了 A$_3$ 腺苷受体激动剂 C1 - IB - MECA 可防止 Ca^{2+} 升高，C1 - IB - MECA 和 IB - MECA 可终止神经节细胞死亡，是神经保护性的，但没有公开 A$_3$ 腺苷受体激动剂如 AB - MECA、IB - MECA 可减小 IOP。该申请说明书实施例证明了 C1 - IB - MECA 具有减小眼内压的效果。本领域技术人员无法从对比文件 1 公开的 A$_3$ 腺苷受体激动剂如 C1 - IB - MECA 和 IB - MECA 的防止 Ca^{2+} 升高和终止神经节细胞死亡的用途显而易见地得出或者预见 AB - MECA、IB - MECA 可减小 IOP。因此，权利要求 1 要求保护的 A$_3$ 腺苷受体激动剂 C1 - IB - MECA 和 IB - MECA 的技术方案具备创造性。

该案关于制药用途型权利要求判断的主要争议焦点在于：以机理表征的制药用途能不能与现有技术公开的疾病相区分。

由于疾病的复杂性和特殊性，机理与疾病之间往往存在错综复杂的关系，一种疾病可能涉及多种机理，而同一机理又可能与多种疾病关联，并且，大多数情况下还存在致病机制不明、作用机理不被现有技术所了解的情况。这种错综复杂的关系给机理表征的疾病能否与现有技术中的已知疾病相区分的判断带来了很大的困扰，成为新颖性和创造性判断中的审查难点。

---

① 国家知识产权局第 100537 号复审决定（发文日：2015 - 11 - 19）。

我国《专利审查指南》第二部分第十章 5.4 节"化学产品用途发明的新颖性"明确了在新颖性判断时需要考虑"新用途与原已知用途是否实质上不同""新用途是否被原已知用途的作用机理、药理作用所直接揭示""新用途是否属于原已知用途的上位概念""给药对象、给药方式、途径、用量及时间间隔等与使用有关的特征是否对制药过程具有限定作用"等这些因素。审查实践中，当现有技术没有公开药物作用机理，或者作用机理与现有技术不同时，如果本领域技术人员无法根据作用机理将所治疗的具体疾病相区分，通常推定不具备新颖性。这也是目前审查实践中遵循的主要审查原则。

该案中，驳回决定与复审决定中关于新颖性审查的原则是相同的，即对于机理表征的制药用途，如果发明涉及的物质、治疗的疾病与现有技术公开的物质、治疗的疾病均相同或无法相区分，则认为二者技术方案实质相同，权利要求相对于现有技术不具备新颖性，反之，如果该机理的限定使得治疗的疾病产生实质性差异，则权利要求具备新颖性。二者主要的分歧点在于：治疗青光眼与降低眼内压之间对应关系的判断。驳回决定认为青光眼患者存在眼内压升高的情况，可以认为对比文件 1 是通过降低眼内压实现对青光眼的治疗，治疗青光眼属于降低眼内压的一种具体应用情形。复审决定则认为：青光眼患者并不必然存在眼压升高，且从对比文件 1 公开的作用机理来看，并不能推定治疗青光眼是通过减少眼内压完成的，无法推定二者治疗疾病相同。可见，厘清治疗青光眼与降低眼内压之间的对应关系是该案新颖性和创造性判断的关键。

该案中，虽然说明书中记载了"升高的 IOP 的病症包括但不限于青光眼"，但同时，对比文件 1 说明书也记载了"在压力不升高的情况下，青光眼病症也会发生，并且在升高的眼压得到控制之后，神经节细胞的损失也会持续很长时间"，通过了解公知常识也可知，正常眼压青光眼也是一种常见的青光眼类型。因此，综合该申请说明书的记载、对比文件 1 公开内容以及本领域公知常识可以确定，眼压升高可能导致青光眼，但患有青光眼并不必然眼压升高。该申请中的减小眼内压与对比文件 1 中的治疗青光眼属于疾病之间存在交叉重叠的情形，不能认为治疗青光眼属于降低眼内压的一种具体应用情形。

申请人为了获得更大的保护范围，往往采用机理表征制药用途的方式。但由于致病机理、作用机理等的复杂性、未知性，此种表述方式很容易将现有技术已知的具体疾病或适应证类型纳入其中。该案的审理过程也提示我们，在判断机理表征的制药用途是否与现有技术产生实质性区别时，应该首先确定现有技术是否公认该机理特征能够导致疾病的进一步分型或不同。对于本领域技术人员明确无法区分的情况，可以首先采用推定不具备新颖性的方式进行质疑，但后续需要充分考虑申请人的意见陈述、说明书公开的内容、现有技术状况等，站位本领域技术人员综合判断作用机理的限定是否隐含疾病的致病机理、具体表现、治疗手段等方面存在明显不同。综合考虑上述因素后，如果机理的限定导致制药用途与现有技术相比产生了实质性区别时，则所述制药用途具备新颖性。反之，则不具备新颖性。

关于创造性，以机理表征的制药用途权利要求与其他类型的权利要求的创造性判断方法相同，即通常采用"三步法"判断发明对本领域技术人员来说是否显而易见。对于作用机理不同的两种制药用途，当两种作用机理并不对应于相同的疾病，即机理特征的限定导致疾病与现有技术疾病不同时，机理表征的疾病构成了区别特征。然后，根据该申请与最接近现有技术公开的疾病在致病机理或作用机理方面的相似性，分析现有技术是否存在技术教导，进行创造性判断。如果本领域技术人员有动机从现有技术的疾病联系到该机理表征的疾病，则权利要求不具备创造性。若存在反向教导、技术障碍或其技术效果不能预期的情况，该作用机理表征的制药用途相对于现有技术公开的其他作用机理的制药用途或治疗疾病的用途通常是非显而易见的，则可以认可权利要求具备创造性。

【案例5】 关于机理表征疾病是否得到说明书的支持

涉案专利涉及整联蛋白受体拮抗剂及其使用方法，其中权利要求1~5请求保护：

1. 以下结构式（具体结构式略）所示的有效量的RG磺基丙氨酸肽在制备用于在人或动物受试者中抑制α3β1-整联蛋白、α5β1-整联蛋白、αvβ3-整联蛋白和αvβ5-整联蛋白，和/或其他整联蛋白产生的方法的药物中的用途。

2. 依据权利要求1的用途，其中实施所述方法以产生选自以下的至少一种治疗或诊断作用：调节核内体组织蛋白酶；治疗或预防微生物（例如，细菌或病毒）感染；阻止微生物进入（例如，细菌或病毒）细胞中；治疗或预防性抑制血管生成、治疗或预防血管生成相关疾病、抑制肿瘤或新生物的血管生成或血管形成；抑制VEGF产生或可利用性；抑制细胞的黏附、迁移和/或增殖；治疗炎症；治疗癌症；治疗转移；引导或递送治疗剂或诊断剂至肿瘤；治疗血栓形成；引起玻璃体溶解；引起玻璃体视网膜脱离；促进玻璃体切除术[①]性能；促进伤口愈合；表达特定整联蛋白的组织的放射性同位素标记和治疗青光眼。

3. 依据权利要求1的用途，其中实施所述方法以治疗选自以下的血管生成相关疾病或病症：癌症、血管畸形、动脉硬化、血管粘连、水肿性硬化症、角膜移植片新血管形成、新生血管性青光眼、糖尿病性视网膜病、翼状胬肉、视网膜变性、干性和湿性黄斑变性、黄斑水肿、漂浮物、角膜新生血管形成、缺血性视神经、虹膜发红、中心静脉闭塞、视网膜前膜的移除、晶状体后纤维组织增生、颗粒性结膜炎、类风湿性关节炎、系统性红斑狼疮、甲状腺炎、银屑病、哮喘、毛细管扩张、化脓性肉芽肿、

---

① 此处"玻璃体切除术"应为"玻璃体切割术"，原文如此，不作修改，下同。——编辑注

脂溢性皮炎和痤疮。

4. 依据权利要求 1 的用途，其中实施所述方法以治疗或预防病毒或其他微生物感染。

5. 依据权利要求 4 的用途，其中实施所述方法以治疗或预防埃博拉病毒感染。

说明书中记载了：整联蛋白是异二聚体细胞表面受体，其通过与具有暴露的 RGD 序列的配体结合而介导细胞与胞外基质间的黏附。正常的整联蛋白 – RGD 结合在参与细胞生长、迁移和存活的基因表达中起作用。这种细胞生长、迁移和存活的错误调节可导致许多疾病状态，包括血栓形成、炎症和癌症。玻璃体和视网膜之间的强烈黏附可能是最终发生许多病理性玻璃体视网膜疾病的原因，据报道，在动物模型中，玻璃体内注射 RGD 肽引起玻璃体视网膜后部脱离，可用于治疗某些视网膜病症和/或在玻璃体切除术中促进玻璃体的摘除。也已知整联蛋白被各种包膜病毒和非包膜病毒以及感染的宿主细胞利用。

说明书实施例给出了化合物 1 的制备方法，验证了化合物 1 具有与 RGD 类似的性质，可以引起玻璃体与视网膜完全分离，玻璃体完全液化，具有抑制黑色素瘤黏附、抑制伤口愈合、抑制体内脉络膜新血管形成、抑制糖尿病性视网膜病中新血管形成、减少糖尿病黄斑水肿的作用。

驳回决定认为：本领域公知，不同的疾病表现出不同的病理特征以及分子机制，而且不同细胞中的整联蛋白的类型以及相关性也是不同的，例如 α5β1 的主要配体为纤连蛋白、α6β1 的主要配体为层黏连蛋白、α7β1 主要分布于肌细胞等。该申请证明了化合物 1 可以诱导玻璃体后部脱离、抑制伤口愈合、抑制黑色素瘤等的黏附、抑制糖尿病视网膜新血管形成，减少黄斑水肿以及糖尿病黄斑水肿等疾病。但是，权利要求 1 限定的疾病远远大于该申请说明书公开的范围，例如细菌和病毒的感染、炎症、系统性红斑狼疮、哮喘等，这些疾病的原因以及治疗方式都是不同的，并非仅与整联蛋白相关，也难以确定通过抑制整联蛋白可以起到治疗的作用。因此，除了根据说明书公开的内容可以直接确定的疾病，本领域技术人员难以合理预期对权利要求中限定的所有疾病均能达到治疗效果。权利要求 1 ~ 5 得不到说明书的支持，不符合《专利法》第 26 条第 4 款的规定。

在复审阶段，复审请求人删除了权利要求 4 和 5，删除了权利要求 1 ~ 3 中的部分特征，修改后的权利要求 1 ~ 3 请求保护：

1. 以下结构式（即化合物 1）所示的有效量的 RG 磺基丙氨酸肽在制备用于在人或动物受试者中抑制 α5β1 – 整联蛋白、αvβ3 – 整联蛋白和 αvβ5 – 整联蛋白的药物中的用途。

2. 依据权利要求 1 的用途，其中实施所述方法以产生选自以下的至少一种治疗或诊断作用：治疗或预防性抑制血管生成、治疗或预防血管生成相关疾病、抑制肿瘤或新生物的血管生成或血管形成；抑制细胞的黏附、迁移和/或增殖；引起玻璃体溶解；引起玻璃体视网膜脱离；促进玻璃体切除术性能；促进伤口愈合；表达特定整联蛋白的组织的放射性同位素标记和治疗青光眼。

3. 依据权利要求 1 的用途，其中实施所述方法以治疗选自以下的血管生成相关疾病或病症：角膜移植片新血管形成、新生血管性青光眼、糖尿病性视网膜病、翼状胬肉、视网膜变性、干性和湿性黄斑变性、黄斑水肿、漂浮物、角膜新生血管形成、缺血性视神经、虹膜发红、中心静脉闭塞、视网膜前膜的移除、晶状体后纤维组织增生、颗粒性结膜炎。

复审请求人认为：该申请实验数据证明 RGD 肽可以抑制 α5β1 - 整联蛋白、αvβ3 - 整联蛋白和 αvβ5 - 整联蛋白。早前研究也已显示整联蛋白和 RGD 肽参与多种眼疾病，例如血管生成、胞外基质的成纤维细胞和糖蛋白组分之间的相互作用、伤口愈合或病理程序中的细胞迁移和调节炎症和血栓形成、细胞迁移、肿瘤生长和进展以及参与淋巴细胞活化、再循环和归巢以及血细胞生成，多种炎症的发展等。修改后的权利要求书能够得到说明书支持。

复审通知书认为：本领域公知，整联蛋白是一大类细胞黏附蛋白家族的统称，不同具体类型的整联蛋白，其分布、相互作用蛋白、参与的信号传导通路以及相应的生理过程均有区别。该申请未证明化合物 1 对相关疾病或病症的治疗是由于抑制 α5β1 - 整联蛋白、αvβ3 - 整联蛋白和 αvβ5 - 整联蛋白的结果，且无法根据现有技术和该申请说明书记载的内容预测抑制 α5β1 - 整联蛋白、αvβ3 - 整联蛋白和 αvβ5 - 整联蛋白是否还与其他疾病或病症相关。即该申请说明书并未对其化合物 1、具体类型整联蛋白、具体类型疾病这三者的关系作出详细记载，仅仅是提供了一种概略描述，不能得出该发明的化合物 1 能治疗权利要求中记载的所有疾病的结论。因此，权利要求 1~3 的概括超出了说明书公开的范围，得不到说明书支持。

复审请求人在答复复审通知书时提交了权利要求全文替换页，其中，删除了权利要求 2 和 3，并对权利要求 1 进行了修改，修改后的权利要求 1 请求保护：

1. 以下结构式（即化合物 1）所示的有效量的 RG 磺基丙氨酸肽在制备用于在人或动物受试者中诱导玻璃体视网膜后部脱离、抑制伤口愈合、抑制脉络膜新血管形成、抑制糖尿病性视网膜病新血管形成、减少黄斑水肿、治疗糖尿病黄斑水肿以及减少视网膜下新血管形成的药物中的用途。

复审请求人认为：该申请说明书实施例提供了权利要求中限定适应证的具体实验数据，权利要求能够得到说明书支持。

复审决定认为①：从该申请说明书记载内容能够获知，该申请化合物 1 为有效的整联蛋白抑制剂，本领域技术人员可得知其能诱导玻璃体视网膜后部脱离、抑制伤口愈合、抑制脉络膜新血管形成、抑制糖尿病视网膜新血管形成、减少黄斑水肿、治疗糖尿病黄斑水肿以及减少视网膜下新血管形成。修改后的权利要求 1 能够得到说明书支持，符合《专利法》第 26 条第 4 款规定。

该案关于制药用途型权利要求判断的主要争议焦点在于：机理表征的制药用途能否得到说明书的支持。

对于机理表征的疾病，机理往往是疾病的产生原因，或者是药物的作用机理等，通常情况下，以机理表征疾病被认为属于功能性限定的技术特征，其涵盖了与该机理有关的所有适应证。《专利审查指南》第二部分第二章第 3.2.1 节规定，对于含有功能性限定的技术特征，应当审查该功能性限定是否得到说明书的支持。如果权利要求中限定的功能是以说明书实施例中记载的特定方式完成的，并且所属技术领域的技术人员不能明了此功能还可以采用说明书中未提到的其他替代方式来完成，或者所属技术领域的技术人员有理由怀疑该功能性限定所包含的一种或几种方式不能解决发明所要解决的技术问题，并达到相同的技术效果，则权利要求中不得采用覆盖了上述其他替代方式或者不能解决发明技术问题的方式的功能性限定。

由于机理与疾病之间错综复杂的关系，一种机理可能与多种疾病存在关联，同时一种疾病又可能存在多种致病机理。并且，存在绝大多数机理没有明确或公知的对应疾病范围，或者现有技术仅知晓机理与有限数量的疾病之间具有明确对应关系的情况。导致以机理表征疾病的制药用途权利要求保护范围存在很大的不确定性。因此，机理与疾病之间的关系是判断机理表征制药用途权利要求得到说明书支持的关键。

当以机理表征疾病时，机理与疾病之间应当有对应关系。对于采用机理表征的制药用途，机理表征的疾病类型中涵盖了与该机理有关的所有适应证的宽范围，当然也包括了与该机理存在相关性但关系不十分明确的疾病类型。当说明书仅证实或现有技术仅公开了相关作用机理，或者仅证实了一种或几种具体疾病治疗效果的情况时，本领域技术人员通常难于预期对该机理相关的所有疾病均具有治疗作用，从而导致仅以机理表征疾病的制药用途权利要求得不到说明书支持。

该案中，实质审查阶段与复审阶段的主要观点一致，即该案说明书仅验证了化合物 1 对诱导玻璃体视网膜后部脱离、抑制伤口愈合、抑制脉络膜新血管形成、抑制糖尿病视网膜新血管形成、减少黄斑水肿、治疗糖尿病黄斑水肿以及减少视网膜下新血管形成这几种具体疾病的治疗或改善效果，并未验证其通过何种具体机理治疗上述疾病，也未证明上述疾病的治疗是抑制 $\alpha 5\beta 1$ - 整联蛋白、$\alpha v\beta 3$ - 整联蛋白和 $\alpha v\beta 5$ - 整联蛋白产生的结果。而现有技术已知，上述几种疾病发病机制等均不同，其发生不仅与整联蛋白相关，还涉及其他多种不同的致病机理。基于该申请说明书的记载以及现有技术，本领域技术人员无法确认化合物 1 是通过抑制 $\alpha 5\beta 1$ - 整联蛋白、$\alpha v\beta 3$ - 整联

蛋白和 αvβ5 - 整联蛋白这一机理达到治疗前述几种具体疾病的目的，以该机理表征的制药用途权利要求得不到说明书支持。另外，由于整联蛋白包含多种不同的类型，各类整联蛋白的分布、相互作用蛋白、参与的信号传导通路以及相应的生理过程均存在差异，涉及的疾病包括血栓形成、炎症、癌症、病毒感染等多种不同的疾病类型。由于疾病治疗的复杂性，仅仅知晓机理可能与疾病存在关联，并不能说明通过该机理可以治疗相关疾病。因此，即便是该申请证实了化合物 1 通过抑制 α5β1 - 整联蛋白、αvβ3 - 整联蛋白和 αvβ5 - 整联蛋白治疗前述疾病，基于该申请说明书的记载以及现有技术，本领域技术人员仍然无法预期化合物 1 对与该机理相关的其他疾病是否具有治疗作用，其治疗效果难以预先确定，权利要求同样得不到说明书支持。

对于上述情况，申请人往往试图通过提供疾病与该机理相关的现有技术证据，说明现有技术已知该机理与验证效果的具体疾病之间存在关联，或者与该机理相关的疾病类型还有很多。并认为在该申请验证了或现有技术知晓该机理与多种疾病存在关联的情况下，能够预期化合物能够通过该机理治疗与该机理相关的疾病，能够得到说明书支持。

如前所述，现有技术发现疾病与该机理相关，并不意味着必然能够通过该机理治疗疾病。当现有技术中并不知晓药物可通过该机理治疗相关疾病，且说明书未提供相关验证实验的情况下，本领域技术人员仅根据疾病与该机理存在相关性，并不能预期药物能够治疗所有与该机理相关的所有疾病类型。因此，申请人通过举证机理与疾病存在相关性的方式来证明机理表征的制药用途能够得到说明书支持的观点通常很难得到国家知识产权局的认可。

综上所述，对于机理表征的制药用途，通常情况下，应当限定到具体疾病，可根据说明书对机理与疾病关系的验证情况以及现有技术公开的程度，确定能够支持的疾病范围。对于说明书验证了物质能够治疗某种疾病，但未验证具体作用机理，由于疾病发生的复杂性，无法排除其他机理的存在，本领域技术人员根据说明书或现有技术无法确认所述物质是通过该机理治疗所述疾病，也无法预期所述物质可以治疗与该机理相关的所有疾病类型，因此，以机理表征疾病的制药用途权利要求通常得不到说明书的支持。

（四）关于辅助治疗手段、疾病分期特征

辅助治疗是在基础治疗之后用来增加治愈机会的一种疗法。肿瘤或癌症作为当今难以治愈的疾病类型之一，有些肿瘤或癌症一旦发生了转移，极少能治愈。然而，即使这些癌症无法治愈，采用适当的外科手术，放疗、化疗、激素治疗和生物治疗等仍可明显缓解症状，提高患者的生活质量，甚至延长生命。肿瘤的辅助治疗是针对直接切除肿瘤组织或破坏肿瘤细胞而言的治疗。比如对于乳腺癌，基础治疗通常指的是手

术，有时候合并放疗，辅助治疗可以包括化疗、放疗、内分泌治疗。[①] 对于有些类型的肿瘤，治疗的先后顺序会影响预后。如果将化疗或化疗联合放疗作为首选治疗，即辅助治疗先于基础治疗，称作新辅助疗法。如果先行外科手术，降低肿瘤负荷，在这种情况下的放疗、化疗被称作辅助治疗。辅助治疗的目标是通过清除未检测到的转移灶而减少癌症复发。[②]

辅助疗法作为临床常见的一种治疗手段，对提高患者生命质量、延长生存期起到非常重要的作用。随着肿瘤化疗的疗效不断提高，其在整个肿瘤治疗过程中的地位和重要性越来越受到人们的重视，有些肿瘤经过化疗可以达到治愈的效果。

【案例6】 关于辅助治疗、疾病分期限定疾病的新颖性判断

涉案专利涉及辅助癌症治疗的方法，其中独立权利要求1和从属权利要求2请求保护：

1. 治疗有效量的达拉非尼和曲美替尼在制备用于向之前诊断为黑色素瘤的患者提供辅助治疗的药物中的用途，所述黑色素瘤已切除，所述辅助治疗包括给这样的患者施用所述治疗有效量的达拉非尼和曲美替尼的步骤，所述施用持续足以增加无复发生存（RFS）的一段时间。

2. 权利要求1的用途，其中所述患者之前诊断为Ⅲ期黑色素瘤，所述黑色素瘤已切除。

说明书中记载了达拉非尼与曲美替尼的组合对手术切除后黑色素瘤辅助治疗的实验方案，入组患者为完全切除的、经组织确认的、BRAF基因V600E/K突变阳性、Ⅲ期皮肤黑色素瘤患者。

对比文件1（WO2011047238 A1，公开日为2011年4月21日）公开了治疗有效量的达拉非尼和曲美替尼用于治疗黑色素瘤，在针对BRAF基因V600E突变体黑色素瘤细胞系的体外生长抑制实验中，达拉非尼和曲美替尼组合显示出协同作用或导致IC50值降低。使用A375P F11（编码BRAF基因V600E突变的人黑色素瘤细胞系）细胞建立小鼠异种移植模型，以平均肿瘤体积为考察指标，相比于单独给予的每个药剂，达拉非尼和曲美替尼组合具有优点。

驳回决定认为：权利要求1与对比文件1的区别在于治疗对象有所不同，并限定了用药方案。虽然权利要求1中进一步限定了所治疗的患者为"之前诊断为黑色素瘤的患者"以及"所述黑色素瘤已切除"，但上述限定并没有体现出该给药对象与对比文

---

① 胡薇，朱水波，施俊义. 乳房保健365问［M］. 上海：第二军医大学出版社，2013.
② 美国医师协会，美国内科医师协会. 肿瘤学［M］. 王林，译. 天津：天津科学技术出版社，2006.

件 1 中涉及的给药对象在治病机理上有何不同，并因此造成适应证和药物制备过程发生实质变化，不能为所要求保护的上述制药用途带来本质上的区别；而 "施用持续足以增加无复发生存（RFS）的一段时间" 这一用药方案特征属于药物使用过程中的技术特征，没有证据表明这些特征对制药制备过程中的原料、工艺、适应证等产生了实质性的影响，它们所体现的仅仅是医生的治病行为，属于仅仅体现在用药过程中的技术特征，不能构成对制药用途权利要求的限定。因此，权利要求 1 请求保护的技术方案与对比文件 1 公开的治疗用途实质上相同，权利要求 1 不具备新颖性。从属权利要求 2 中限定的 "Ⅲ期黑色素瘤" 给药对象同样没有导致所治疗的适应证产生差异，也没有改变药物活性成分达拉非尼和曲美替尼的已知活性及其制药过程，因此，权利要求 2 同样不具备新颖性。

在复审阶段，复审请求人进一步修改了权利要求书，修改后的权利要求 1 请求保护：

1. 治疗有效量的达拉非尼和曲美替尼在制备药物中的用途，所述药物用于向患者提供辅助治疗以减少复发的可能性或严重性或者延迟疾病复发的生物学表现的出现其中所述患者之前诊断为Ⅲ期黑色素瘤并且所述黑色素瘤已切除，所述辅助治疗包括给这样的患者施用所述治疗有效量的达拉非尼和曲美替尼的步骤，所述施用持续足以增加无复发生存（RFS）的一段时间。

复审请求人认为：①根据说明书中的定义，权利要求 1 中的术语 "辅助治疗" 实际上是在患者接受切除黑色素瘤的手术之后给患者施用达拉非尼和曲美替尼，其目的在于预防黑色素瘤复发。对比文件 1 中的术语 "治疗" 是指治疗性治疗，实施例中使用荷瘤小鼠考察了达拉非尼甲磺酸盐和曲美替尼盐酸盐的组合对肿瘤大小的影响，考察的治疗效果不涉及预防肿瘤切除后的复发。治疗黑色素瘤和在黑色素瘤被切除后预防其复发是不同的医学病症，治疗黑色素瘤成功不意味着预防黑色素瘤复发成功。即使一种药物已经被批准用于治疗某种肿瘤，如果药品上市持有人欲将该药物用于在手术后预防肿瘤的复发，必须另外进行临床试验。对比文件 1 关于与手术治疗联用的教导不等同于公开了将达拉非尼和曲美替尼用于黑色素瘤手术切除后预防复发的辅助治疗。②对比文件 1 没有公开Ⅲ期黑色素瘤，根据本领域公认的美国癌症联合会（AJCC）的 TNM 分类体系，黑色素瘤通常按照阶段分类：局限性黑色素瘤（Ⅰ期和Ⅱ期）、局部黑色素瘤（Ⅲ期）和远端转移黑色素瘤（Ⅳ期）。不同阶段的黑色素瘤具有不同的诊断标准、适用不同的治疗手段、治疗响应不同，Ⅲ期黑色素瘤是黑色素瘤的下位概念。③达拉非尼和曲美替尼的组合已经被中国国家药品监督管理局批准用于 BRAF 基因 V600 突变阳性不可切除或转移性黑色素瘤和 BRAF 基因 V600 突变阳性Ⅲ期黑色素瘤的术后辅助治疗这两种适应证，可见，"黑色素瘤的术后辅助治疗" 是一种独立的适应证，不同于未经手术的黑色素瘤的治疗。因此，对已经进行了切除的黑色素瘤患者的辅助治疗是一种要治疗的状况，相对于引用的现有技术具备新颖性。同时在非辅助背景中的功效不总是转换成在辅助背景中的有效治疗，用达拉非尼和曲美替尼的组合对切除的黑色素瘤的Ⅲ期疾病患者的辅助治疗，不仅将黑色素瘤复发或死亡的危险大大降低53%（参见附件1），而且已被证明在BRAF抑制剂威罗非尼（EMA批准用于治疗患有BRAF基因V600突变阳性晚期或转移黑色素瘤，参见附件4）无效的背景中高度有效。该申请与现有技术相比显示了出乎意料的益处。综上，该申请修改后的权利要求具备新颖性。

附件1：G. V. Long等，Adjuvant Dabrafenib plus Trametinib in Stage Ⅲ BRAF-Mutated Melanoma，The New England Journal Of Medicine，公开日：2017年9月10日。

附件4：网页新闻资料，https：//www. ascopost. com/news/58601。

复审决定认为①：权利要求1请求保护的主题是制药用途，化学产品的医药用途发明是基于发现产品新的性能并利用此性能而作出的发明，化学产品的药用性能通过其治疗的疾病（适应证）来体现。因此，判断权利要求1相对于对比文件1是否具备新颖性的关键在于分析权利要求1中的"提供辅助治疗以减少复发的可能性或严重性或者延迟疾病复发的生物学表现的出现，其中所述患者之前诊断为Ⅲ期黑色素瘤并且所述黑色素瘤已切除"和对比文件1公开的"治疗黑色素瘤"是否实质上相同，或者说该申请和对比文件1的药物针对的适应证是否实质上相同。

药物适应证通常是指药物适合运用的范围和标准，各国药品监管部门对于药品说明书中的适应证均有相应的撰写要求。从各国对药品说明书【适应证】撰写的相关规定和指导原则可以看出，区分药品适应证时一般至少需要考虑以下因素：①目标疾病或状态，确定药品的效应（治疗、预防或诊断）；②目标人群，如适用的患者亚群和疾病亚型；③在治疗中的地位（一线、二线）；④用于单药治疗/联合治疗。

具体到该案，美国癌症联合会的TNM分类体系是本领域公知的恶性黑色素瘤临床与病理分期标准，不同阶段或是否手术切除的黑色素瘤患者的诊断标准、治疗手段、治疗响应和预后等方面均存在一定差异。对比文件1并未公开将达拉非尼和曲美替尼用于Ⅲ期黑色素瘤患者手术切除后预防复发的辅助治疗。处于不同分期的黑色素瘤患者之间、荷瘤患者和手术切除后的黑色素瘤患者之间的病理状态和预后存在差异，将对比文件1中的药物治疗黑色素瘤的获益/风险平衡外推到Ⅲ期黑色素瘤患者手术切除后预防复发缺乏充分的理由和证据，药物用于手术切除后预防复发的用途也不能由药物直接治疗黑色素瘤的用途的作用机理和药理作用所直接揭示。复审请求人提供的附件8所示甲磺酸达拉非尼胶囊说明书和附件9所示曲美替尼片说明书，将"BRAF V600突变阳性不可切除或转移性黑色素瘤"和"BRAF V600突变阳性黑色素瘤的术后辅助

---

① 国家知识产权局第312780号复审决定（发文日：2022-06-23）。

治疗"、"BRAF V600 突变阳性的Ⅲ期黑色素瘤患者完全切除后的辅助治疗"列为独立的适应证。以上表明，"预防黑色素瘤术后复发的辅助治疗"是一种独立的适应证，不同于未经手术的黑色素瘤的治疗，修改后的权利要求1请求保护的制药用途与对比文件1中的制药用途因适应证不同而构成了实质上不同的技术方案。驳回决定中认为该申请权利要求1不具备新颖性的理由不成立。

该案关于制药用途型权利要求判断的主要争议焦点在于：用于手术后患者预防复发（即癌症辅助治疗）、疾病分期的给药对象限定能否区别于已知的制药用途。

《专利审查指南》中关于涉及化学产品的医药用途发明的新颖性考虑因素，将"给药对象"归属为与药物使用有关的特征，并明确，如果属于仅仅体现在用药过程中的区别特征，则不能使该用途具有新颖性。通常情况下，给药对象的种属、年龄、性别等方面的区别不会给制药用途权利要求带来新颖性。但如果给药对象的不同导致所治疗疾病不同，则制药用途权利要求具备新颖性。即对于采用诸如"给药对象""患者群体"等方式限定的制药用途，上述限定是否导致适应证产生不同是新颖性判断的关键，这也是该案驳回决定与复审决定之间观点不一致的主要原因。

驳回决定主要认为，辅助治疗的途径还是通过达拉非尼和曲美替尼消除隐匿性病灶来达到防止黑色素瘤复发的目的，并没有体现在治病机理上与对比文件1有何不同，未导致适应证发生实质变化。同样，Ⅲ期黑色素瘤的给药对象限定同样没有导致所治疗的适应证产生差异。因此，辅助治疗与分期限定不能为所述制药用途带来本质上的区别。复审决定则认为，处于不同分期的黑色素瘤患者之间、荷瘤患者和手术切除后的黑色素瘤患者之间的病理状态、治疗手段、治疗响应和预后等方面均存在一定差异，"预防黑色素瘤术后复发的辅助治疗"是一种独立的适应证，药物用于手术切除后预防复发的用途不能由药物直接治疗黑色素瘤的用途的作用机理和药理作用所直接揭示，不同于未经手术的黑色素瘤的治疗，因此，权利要求1中限定的适应证与对比文件1公开的适应证不同，形成了新的制药应用。

可以看出，驳回决定与复审决定在相同疾病的判断标准上并不完全相同，确定相同疾病的判断标准对这一类型主题权利要求新颖性和创造性判断具有非常重要的作用和意义。但同时，该问题也是困扰专利审查的一个主要难点。

现实中，疾病分类是医学上一个复杂的问题，它不是一成不变的，会随着医学科学的进步而不断改变的，从无到有，从简到繁。① 在医学发展到每一阶段都有一个与之相适应的，众所公认的疾病分类准则。比如，对于肿瘤，传统的肿瘤诊断和分类主要是基于其发生位置、组织病理学等特征得出，但肿瘤复杂的异质性给这种诊断方法提

---

① 北京协和医院世界卫生组织疾病分类合作中心病案科. 国际疾病分类（第九次修订本）（ICD-9）指导手册（医院疾病分类部分）[M]. 北京：北京协和医学院，1987.

出了极大的挑战。同样的疾病、同样的治疗方法，但患者病情的发展与预后完全不同。因此，现代肿瘤学认为肿瘤不再是一种疾病，而是一类疾病。① 现代肿瘤的分类主要依据组织发生及生物学特性的综合分类法。肿瘤的分型、分级和分期是目前评价肿瘤生物学行为和临床进展的三项重要指标。② 分期是按照肿瘤大小、累及范围，将肿瘤分成Ⅰ、Ⅱ、Ⅲ、Ⅳ期，分别代表着患者病变的早期、中期与晚期，反映的是肿瘤病程进展程度和患者到达预期生命终点的时间点。分级是根据肿瘤细胞的分化程度，将肿瘤分为高分化、中分化和低分化，通常应用于恶性肿瘤的组织分级。传统分型是通常应用于临床或病理的肉眼分型，如食管癌的髓质型、蕈伞型、溃疡型、缩窄型等。③ 而随着基因技术的发展和对疾病认识的不断深入，肿瘤的分型也由传统的组织分型转向以分子特征为基础的肿瘤分类体系。分子分型不仅可以对肿瘤组织进行更精细的分型，判断肿瘤的预后，还可以依据肿瘤的分子标志物有效选择靶向治疗药物，延长患者生存期。④

细致、精准的疾病分类在当前临床诊断和治疗上具有重要的意义和作用。各国药品监管部门也将具有不同分型、分级、分期的患者亚群或疾病亚型，以及患者先前是否接受过基础治疗等作为药品适应证的考虑因素，临床上也根据疾病的不同分型、分级、分期情况以及已经采取的治疗手段等确定相应的治疗措施。说明不同分型、分级、分期疾病的具体表现、进展情况、发病机制等方面可能存在差异，对药物或治疗手段的响应也可能存在不同。

对于该案而言，申请人提供的证据能够说明不同分期的黑色素瘤具有不同的临床表现、适用不同的治疗手段、治疗响应也不同，Ⅲ期黑色素瘤是黑色素瘤的一种具体下位概念。同时，申请人提供的证据也能佐证治疗黑色素瘤与在黑色素瘤被切除后预防其复发是不同的医学病症，治疗黑色素瘤成功并不意味着预防黑色素瘤复发成功。因此，"预防Ⅲ期黑色素瘤术后复发的辅助治疗"能够区别于对比文件1中的黑色素瘤治疗，构成一种新的治疗应用，权利要求具备新颖性。

通过对该案行政程序中相关意见的梳理，可以为辅助治疗、疾病分期等这类给药对象特征对制药用途的限定作用的考量提供更全面的分析角度，对此后相同疾病判断标准的统一奠定了一定的基础。

（五）关于基因型、耐药性特征

众所周知，肿瘤容易发生基因变异，这种差异可能导致对治疗药物出现耐药或抵

① 沈镇宙. 关爱·自信：沈镇宙教授谈乳腺癌 [M]. 上海：复旦大学出版社，2014.
② 胡雁，陆箴琦. 实用肿瘤护理 [M]. 3 版. 上海：上海科学技术出版社，2020.
③ 陈文莉. 战胜癌症 [M]. 上海：上海科学技术出版社，2020.
④ 于军，等. 基因组学与精准医学 [M]. 上海：上海交通大学出版社，2017.

抗。在正常个体间，发育和功能调控中的重要分子事件是相似的，而在肿瘤中，能够导致一系列细胞功能失调的遗传学和表观遗传学改变，却是千差万别的。长期以来，组织病理学在肿瘤分型中具有不可替代的重要作用，但是越来越多的临床实践说明，传统病理形态学已不能满足临床诊疗需求。同一病理类型、同一分期的恶性肿瘤患者，采用同一治疗方案，其疗效及预后有明显不同。[①]

随着近年来高通量测序技术、分子生物学等技术的快速发展以及对疾病研究的不断深入，大家逐渐发现基因型在癌症的诊断和治疗中发挥着越来越重要的作用。依据癌症的基因/分子标志物有效选择靶向治疗药物，极大地提高了癌症的治疗效果，延长患者生存期。目前，临床上已将部分突变基因作为癌症分子分型的综合检测指标并指导用药，例如，在非小细胞肺癌中，针对 EGFR、ALK、ROS1、BRAF、NTRK、MET、RET、KRAS、HER2 等不同基因型变异的非小细胞肺癌采用不同的靶向药物进行治疗。药物上市审批时也批准将具有 ROS1 融合阳性、EGFR T790M 突变阳性、ALK 阳性、RET 融合阳性、MET 突变等非小细胞肺癌作为药物的适应证。

可以看出，基因型限定的适应证在临床诊断和治疗中具有特殊的意义，利用肿瘤之间的基因差异可以对肿瘤进行准确分型，通过分型可以预测肿瘤预后、判断药物敏感性，也为合理选择治疗方案提供了理论依据。以基因检测为基础进行的疾病个体化诊断和治疗正逐渐成为社会、经济发展的大趋势。

【案例7】 基因型表征疾病的新颖性判断

涉案专利涉及治疗肺腺癌的方法，其中权利要求 1 请求保护：

1. 化合物 1（具体结构式略）或其药学上可接受的盐在制备用于治疗 SLC34A2 - ROS1、CD74 - ROS1 或 FIG - ROS1 融合阳性非小细胞肺癌的药物组合物中的用途。

说明书制备了化合物 1，生物学实验证实化合物 1 对 ROS1 融合激酶具有抑制活性，且抑制效果优于对照药物克唑替尼。体外细胞实验证实，化合物 1 对带有激活的 EML4 - ALK 融合的人肺 NSCLC 腺癌细胞系 NCI - H2228 在 48 小时和 72 小时的 IC50 分别为 1000 ~ 5000nM、5000 ~ 10000nM，对带有激活的 SLC34A2 - ROS1 融合的人肺 NSCLC 腺癌细胞系 HCC - 78 在 48 小时和 72 小时的 IC50 均在 10 ~ 100nM 水平，并且化合物 1 对 SLC34A2 - ROS1 融合的人肺 NSCLC 腺癌细胞系的抑制效果比对照药物克唑替尼更为有效。

对比文件 1（WO2014039971A1，公开日为 2014 年 3 月 13 日）公开了：一种用于治疗肺腺癌的方法，包括向需要这种治疗的患者施用化合物 1，所述肺腺癌是非小细胞

---

① 孙燕. 临床肿瘤学［M］. 北京：中国协和医科大学出版社，2007.

肺癌，所述肺腺癌可以是 KIF5B - RET 非小细胞肺癌。

驳回决定认为：根据该申请说明书的记载，ROS1 激酶由人染色体 6 上的 ROS1 基因（6q22）编码，是一种容易异常表达从而导致癌症的 2347 个氨基酸长的受体酪氨酸激酶，ROS1 融合通常由染色体易位或逆位造成，有许多已知的 ROS1 融合，其中包括 SLC34A2 - ROS1、CD74 - ROS1 或 FIG - ROS1。可见，"SLC34A2 - ROS1、CD74 - ROS1 或 FIG - ROS1 融合阳性"是对于患者体内生物标记物的限定，而不是对于癌症类型的限定。尽管权利要求 1 限定所针对的疾病为"SLC34A2 - ROS1、CD74 - ROS1 或 FIG - ROS1 融合阳性非小细胞肺癌"，但其实质上是通过 ROS1 的突变类型对患者人群进行区分，并不能对请求保护的制药用途产生影响，其所针对的疾病仍然是非小细胞肺癌。由此，权利要求 1 请求保护的技术方案已被对比文件 1 公开，权利要求 1 不具备《专利法》第 22 条第 2 款规定的新颖性。

在复审阶段，复审请求人提交了 7 份附件，其主要观点认为：附件 1 披露了"对该群组的临床病例特征的分析显示，ROS1 阳性患者定义了一种新的且重要的非小细胞肺癌（NSCLC）遗传亚型"，本领域技术人员将会理解 ROS1 基因重排的阳性肿瘤是遗传上不同类别的非小细胞肺癌，并且与其他非 ROS1 突变的非小细胞肺癌相比是独立的癌症群体。根据附件 2 对于"疾病"这一术语的定义，判断疾病是否相同的一个标准应当是疾病的病理状态或疾病状态是否相同。当病理状态或疾病状态发生了变化，则意味着该疾病发生了变化，并应该被认为是不同的疾病，ROS1 及其与 SLC34A2 融合形式的异常表达对病理状态和疾病状态产生了影响，相对于一般的 NSCLC 而言，病理和疾病状态已发生了改变，该申请中的 ROS1 融合阳性 NSCLC 不同于对比文件 1 中的一般 NSCLC。附件 3 表明，目前 NSCLC 由病理特征定义，由于遗传学和细胞学上的异质性导致信号传导通路不同，进而使得每种亚型的患者需要采取不同的治疗手段。ROS1 融合阳性 NSCLC 具有独特的肺癌基因组和信号传导通路，应视为 NSCLC 不同的疾病。附件 5 ~ 7 显示，FDA 批准了 3 种治疗 NSCLC 的药物，它们所针对的适应证均是与特定的生物标记物相关的具体疾病，这些疾病各自作为一种特定的适应证。可见，制药业通常将 ROS1 融合阳性 NSCLC 与一般的 NSCLC 视为不同的疾病。综上理由，ROS1 融合阳性非小细胞肺癌是一种独特的肺癌分子类型，其不同于一般的非小细胞肺癌，相对于对比文件 1 具备新颖性。

附件 1：ROS1 rearrangements define a unique molecular class of lung cancer, Kristin Bergethon 等，Journal of Clinical Oncology，第 30 卷，第 8 期，第 863 - 870 页，2012 年 3 月 10 日。

附件 2：维基百科中"疾病"词条的网页内容，http：//en. wikipedia. org/wiki/Disease。

附件 3：Non - small - cell lung cancers：a heterogeneous set of disease, Zhao Chen 等，Nature Reviews Cancer. , PMC, 2017 年 12 月 4 日。

附件 4：国家知识产权局第 101324 号复审决定。

附件 5：美国 FDA 批准的 Gilotrid^R 的说明书（来源：美国 FDA 网站），2013 年批准，2017 年 11 月修订。

附件 6：美国 FDA 批准的 Alecensa^R 的说明书（来源：美国 FDA 网站），2015 年批准，2018 年 08 月修订。

附件 7：美国 FDA 批准的 Tagrisso^R 的说明书（来源：美国 FDA 网站），2015 年批准，2018 年 08 月修订。

复审决定认为[①]：对于已知医药产品的新用途发明，需要判断限定的疾病或适应证是否能够被本领域技术人员清楚认识和了解。基于分子靶点的非细胞肺癌个体化治疗在临床治疗方案及药物选择中扮演越来越重要的角色。目前发现的 NSCLC 肺腺癌的主要驱动基因有 KRAS、EGFR、BRAF、MEK1 突变、EML4 – ALK 融合基因、ROS1 融合基因和 KIF5B – RET 融合基因等。常用的非小细胞肺癌靶向治疗药物有表皮生长因子受体酪氨酸激酶抑制剂（EGFR – TKI）、EML4 – ALK 融合基因抑制剂、MEK1/2 抑制剂等。ROS1 重排是 NSCLC 的一种特殊亚型，与其他肺癌驱动基因未发现有重叠（《中国肿瘤内科进展·中国肿瘤医师教育（2013 年）》，石远凯主编，中国协和医科大学出版社，2013 年 6 月，第 1 版，第 27 – 30 页）。克唑替尼是治疗 ROS1 阳性晚期 NSCLC 的有效治疗药物，FDA 批准的 XALKORI 的说明书中将 ROS1 阳性的 NSCLC 作为一种具体的适应证。以上说明 ROS1 阳性 NSCLC 作为适应证并不等于 NSCLC，因此，ROS1 融合阳性的 NSCLC 应当是本领域技术人员已知的基因亚型适应证，属于 NSCLC 的下位概念。本领域技术人员能够将该申请中的 ROS1 融合阳性非小细胞肺癌与对比文件 1 公开的 KIF5B – RET 融合阳性的非小细胞肺癌进行有效的区分。权利要求 1 相对于对比文件 1 具备新颖性。

该案关于制药用途型权利要求判断的主要争议焦点在于：基因型对制药用途是否产生限定作用，能否使制药用途具备新颖性。

该案驳回决定和复审决定在对"SLC34A2 – ROS1、CD74 – ROS1 或 FIG – ROS1 融合阳性非小细胞肺癌"是否构成新适应证的认定上产生分歧。驳回决定主要观点认为，"SLC34A2 – ROS1、CD74 – ROS1 或 FIG – ROS1 融合阳性"是对患者体内生物标记物的限定，而不是对癌症类型的限定。其实质上仍然是通过 ROS1 的突变类型对患者人群进行区分，该特征并没有体现在制药用途特征中，属于临床医师针对具体疾病的治疗所确定的治疗方案，通常是药物制备完成之后的下一步骤，属于医疗活动中的用药行为，因此基因型对制药用途不构成限定作用。而复审决定主要观点认为：ROS1 融合阳性的非小细胞肺癌已经被本领域技术人员认知为一种基因亚型适应证。该申请发现了

---

① 国家知识产权局第 278419 号复审决定（发文日：2021 – 11 – 19）。

化合物 1 对 ROS1 融合激酶的有效抑制活性，并将其用于治疗 ROS1 融合阳性的非小细胞肺癌，属于发现了已知医药产品的新性能，并利用新性能来治疗疾病的新用途发明，因而对制药用途构成限定作用，能够使权利要求具备新颖性。

如前面章节所述，随着近年来基因技术的快速发展以及对疾病研究的不断深入，疾病的分类也越来越细致。基因分型在疾病的诊断和治疗过程中也发挥着越来越重要的作用，也相继有越来越多的基因参与到临床疾病的分类过程中，并指导临床治疗过程中。基因分型在临床诊断和治疗中具有特殊的意义。因此，在判断基因型是否对制药用途产生限定作用时，应当基于说明书的记载以及现有技术的整体情况来判断，而不应简单认为基因型的限定仅属于临床应用方案。具体来说，首先，综合考虑基因型在现有技术中的含义和边界，临床基因分型对诊断的意义以及在治疗中的特殊性等，判断该基因型限定的适应证是否能够被本领域技术人员清楚地认知，然后，进一步判断该基因型限定的用途与已知用途是否存在实质不同。该案中，针对不同基因驱动的非小细胞肺癌采用不同的靶向药物治疗已经被本领域技术人员所公知，本领域技术人员已经能够认识到 ROS1 基因重排导致的 ROS1 融合阳性非小细胞肺癌是一种特殊类型的非小细胞肺癌。并且，基于目前已经批准将 ROS1 融合阳性非小细胞肺癌作为药物的适应证可知，ROS1 融合阳性非小细胞肺癌是一种非小细胞肺癌临床治疗中需要特殊对待的下位适应证，属于非小细胞肺癌的一种下位具体亚型，鉴定是否属于 ROS1 融合阳性非小细胞肺癌具有临床诊断价值，针对 ROS1 融合阳性非小细胞肺癌有必要采取特殊的治疗措施。本领域技术人员能够确定 ROS1 融合阳性的非小细胞肺癌是已知的基因亚型适应证，属于非小细胞肺癌的下位概念，能够与一般的非小细胞肺癌以及其他基因驱动的非小细胞肺癌相区分。

综上所述，鉴于基因分型在临床疾病诊断和治疗中的特殊意义，对于基因型限定的制药用途的新颖性判断，需要根据说明书的记载和现有技术的整体情况来判断该基因型对制药用途的限定作用。如果本领域技术人员能够清楚地认知采用基因型限定的适应证，并能判定其与原已知用途存在实质不同，则通常认为该基因型限定对制药用途具有限定作用，该制药用途具备新颖性。但是如果本领域技术人员能够确定所述制药用途中的基因型限定特征实质上仅是对部分患者个体的描述，基因型限定特征并不对应于临床已知的适应证，则所述基因型通常对制药用途不具有限定作用。

【案例8】 基因型、耐药性表征疾病的创造性判断

涉案专利涉及辅助癌症治疗的方法，其中独立权利要求 1 和从属权利要求 1～3 请求保护：

1.6－乙基－3－（｛3－甲氧基－4－［4－（4－甲基哌嗪－1－基）哌啶－1－基］苯

基｝氨基）－5－（四氢－2H－吡喃－4－基氨基）吡嗪－2－甲酰胺或其药学上可接受的盐与 EGFR 酪氨酸激酶抑制剂的组合在制造与 AXL 相关的癌的治疗用医药组合物中的用途，其中与 AXL 相关的癌为因 AXL 活化而获得对抗癌药物治疗的抗药性的癌。

2. 根据权利要求 1 所述的用途，其中 EGFR 酪氨酸激酶抑制剂为选自由厄洛替尼、吉非替尼和拉帕替尼构成的组的 EGFR 酪氨酸激酶抑制剂。

3. 根据权利要求 2 所述的用途，其中 EGFR 酪氨酸激酶抑制剂为厄洛替尼。

说明书中记载了临床治疗药物厄洛替尼容易引发肿瘤细胞产生耐药，现有技术已知 AXL 基因过表达与多种肿瘤细胞产生耐药性有关。说明书中证实厄洛替尼对 AXL 过表达非小细胞肺癌抑制效果不佳，该申请化合物具有抑制 AXL 激酶活性的作用，体外细胞实验以及体内动物模型实验还证实了所述化合物可恢复 AXL 过表达非小细胞肺癌以及厄洛替尼抗性癌细胞对厄洛替尼的治疗敏感性。

对比文件 1（CN102421761A，公开日为 2012 年 4 月 18 日）公开了：6－乙基－3－（｛3－甲氧基－4－［4－（4－甲基哌嗪－1－基）哌啶－1－基］苯基｝氨基）－5－（四氢－2H－吡喃－4－基氨基）吡嗪－2－甲酰胺（以下简称"化合物 A"）及其可药用盐，并公开了化合物 A 对 EML4－ALK 融合蛋白的激酶具有抑制活性，可以用于预防或治疗癌症，例如非小细胞肺癌等。还公开了化合物可以与其他抗肿瘤剂合用以减轻毒副作用或增强疗效。

驳回决定认为：权利要求 1 中限定的所述癌症"与 AXL 相关的癌为因 AXL 活化而获得对抗癌药物治疗的抗药性的癌"，属于对治病机理的限定，该机理限定并未改变所述化合物治疗癌症。权利要求 1 与对比文件 1 的区别在于：所述医药组合物中化合物 A 是与 EGFR 酪氨酸激酶抑制剂组合使用。对于上述区别特征，对比文件 1 还公开了化合物 A 可以与其他抗肿瘤剂合用以减轻毒副作用或增强疗效，在此教导下，本领域技术人员有动机将所述医药组合物与常见抗肿瘤剂，例如 EGFR 酪氨酸激酶抑制剂组合使用，从而用于癌症的治疗。权利要求 1 相对于对比文件 1 不具备创造性。从属权利要求 2～3 中限定的 EGFR 酪氨酸激酶抑制剂厄洛替尼、吉非替尼和拉帕替尼是常见抗肿瘤剂，权利要求 2～3 同样不具备创造性。

驳回决定还指出：对比文件 1 客观上已经公开了化合物 A 或其盐治疗包括非小细胞肺癌在内的癌症。该申请实施例 1 对化合物 A 的 AXL 激酶抑制活性评价，属于对化合物 A 的作用机理的验证。实施例 2 是使用由人非小细胞肺癌细胞株 PC9 细胞所建立的 AXL 过表达细胞进行体外增殖抑制评价，仅验证了单独使用厄洛替尼对于 AXL/PC9 细胞的增殖抑制作用、化合物 A 与厄洛替尼组合使用对于 AXL/PC9 细胞的增殖抑制作用，而并未验证单独使用化合物 A 对于 AXL/PC9 细胞是否具有相应的增殖抑制作用或者作用为何，上述实验能够证明化合物 A 与厄洛替尼联合用药治疗癌症，但并不足以证明化合物 A 具有通过 AXL 激酶抑制作用而对于因 AXL 活化而获得对抗癌药物厄洛替尼治疗的癌症为抗药性的癌。该申请与对比文件1公开的化合物治疗癌症的作用机理不同，并未改变所述化合物治疗的癌症疾病。实施例3和4分别通过化合物A与厄洛替尼的组合使用对厄洛替尼耐药性HCC827皮下荷瘤小鼠模型或未以抗癌药物处理的HCC827皮下荷瘤小鼠进行体内抗肿瘤评价，其结果也仅是厄洛替尼与化合物A组合使用比厄洛替尼单独使用或化合物A单独使用抗肿瘤效果更好。但上述增强的抗肿瘤效果是本领域技术人员能够合理预期的。

在复审阶段，复审请求人对权利要求书进行了修改，修改后的权利要求1（即驳回决定针对权利要求3）请求保护：

1.6-乙基-3-（｛3-甲氧基-4-［4-（4-甲基哌嗪-1-基）哌啶-1-基］苯基｝氨基）-5-（四氢-2H-吡喃-4-基氨基）吡嗪-2-甲酰胺或其药学上可接受的盐与厄洛替尼的组合在制造因AXL活化而获得对抗癌药物治疗的抗药性的癌的治疗用医药组合物中的用途。

复审请求人认为：该申请发现通过诸如厄洛替尼、吉非替尼之类的EGFR酪氨酸激酶抑制剂可以诱导肿瘤的抑制，但该效果并不持续，肿瘤会获得抗药性而开始再增殖。在获得了对厄洛替尼抗药性的样本中观察到AXL的表达增加。该申请结果证实，对于"因AXL活化而获得对抗癌药物治疗的抗药性的癌"，当化合物A与EGFR酪氨酸激酶抑制剂组合使用时，通过AXL活性抑制从而解除了对EGFR酪氨酸激酶抑制剂的耐药性，肿瘤细胞增殖被抑制。该申请首次发现"化合物A"具有AXL抑制作用。对比文件1只是教导了通式（I）所表示的化合物具有EML4-ALK融合蛋白激酶活性的抑制活性，并没有公开或提及这些化合物具有AXL激酶抑制作用，更没有公开"化合物A"具有AXL激酶抑制作用。另外，对比文件1没有公开该申请权利要求1中所限定的"因AXL活化而获得对抗癌药物治疗的抗药性的癌"，并没有给出启示。

复审决定认为①：该申请权利要求1中限定的"因AXL活化而获得对抗癌药物治疗的抗药性的癌"，属于对机理的限定，由于耐药机制复杂而多样，该机理限定并未限定出一种临床认可的、明确的耐药癌症类型。因此，权利要求1与对比文件1的区别在于：所述医药组合物中化合物是与EGFR酪氨酸激酶抑制剂厄洛替尼组合使用来制备治疗抗药性癌的药物组合物。该申请实际解决的技术问题是得到含有该化合物的具体药物组合物在抗药性癌方面的制药用途。由于对比文件1还教导了化合物可以与其他抗肿瘤剂合用以减轻毒副作用或增强疗效，比如预防出现耐药或者使耐药出现延迟。同时，在肿瘤治疗领域，将不同治疗机理的药物组合使用或者在一种药物产生耐药后换用另一种药物均属于对抗肿瘤耐药的常规技术手段。EGFR酪氨酸激酶抑制剂也属于本领域常规的抗癌药物，常用于治疗非小细胞肺癌等癌症，使用一段时间后可能产生

---

① 国家知识产权局第1304983号无效宣告请求审查决定（发文日：2023-03-28）。

耐药，厄洛替尼是常用的 EGFR 酪氨酸激酶抑制剂。本领域技术人员在对比文件 1 的基础上，为了得到含有该化合物的具体药物组合物在抗药性癌方面的制药用途，容易想到将所述化合物或其药用盐与常见抗肿瘤剂，例如 EGFR 酪氨酸激酶抑制剂厄洛替尼，组合使用以制备抗癌药，包括抗耐药性癌的药物，而不需花费创造性劳动。同时，该申请说明书记载的技术效果，比如组合使用效果好于单独使用，组合使用可以对抗耐药或延迟耐药，也属于本领域技术人员根据对比文件 1 和本领域一般知识可以预期的。权利要求 1 相对于对比文件 1 不具备创造性。

针对复审请求人的争辩理由，复审决定还指出：本领域已知，肿瘤产生抗药性的机制十分复杂，比如，接受 EGFR 酪氨酸激酶抑制剂治疗后产生耐药的原因多种多样，包括原发性耐药、获得性耐药，还有 30% 的耐药机制不明，其中原发性耐药可能与抑癌基因、胰岛素样生长因子受体、原发的基因突变等有关，获得性耐药又与二次突变等因素相关。该申请说明书的实验也仅表明在 EGFR 治疗耐药的细胞中 AXL 升高，而肿瘤耐药机制复杂，AXL 升高可能是耐药的原因之一，也可能仅是耐药的一种表现。因此，"因 AXL 活化而获得对抗癌药物治疗的抗药性的癌"并不能界定出一种明确的且临床认可的耐药癌症类型。该申请记载的化合物具有 AXL 激酶抑制活性仅仅属于关于治疗机理的一些发现。此外，即使考虑该机理性限定的内容，该申请的技术方案仍然是显而易见的。因为，对比文件 1 已经给出了其化合物与抗癌药物合用可以对抗耐药的技术启示，同时，在肿瘤治疗领域，将不同治疗机理的药物组合使用或者在一种药物产生耐药后换用另一种药物均属于对抗肿瘤耐药的常规技术手段。本领域技术人员在对比文件 1 的基础上可以想到将其具有 EML4 – ALK 融合蛋白激酶抑制活性的化合物与其他治疗机理的抗肿瘤药物合用以对抗肿瘤耐药的产生。该申请的实验所证明的也仅仅是二者组合使用对非耐药性和耐药性肿瘤的治疗效果好于单独使用，而两种抗癌药组合使用的效果好于单独使用以及二者组合使用可以对抗耐药或延迟耐药的产生属于本领域技术人员根据对比文件 1 和本领域的一般知识可以预期的，该申请的技术效果也不属于预料不到的技术效果。因此，"因 AXL 活化而获得对抗癌药物治疗的抗药性的癌"这个限定并不能使技术方案具备创造性。

该案关于制药用途型权利要求判断的主要争议焦点在于：基因型、耐药性限定对制药用途是否产生限定作用，具体涉及现有技术缺乏充分研究基础，并不对应于临床已知的或明确的基因分型疾病的判断。

驳回决定和复审决定的结论虽然是一致的，但在具体事实的认定和不具备创造性的理由上仍存在一些差异。驳回决定认为，该申请中"与 AXL 相关的癌为因 AXL 活化而获得对抗癌药物治疗的抗药性的癌"相对于对比文件 1 公开的非小细胞肺癌等癌症，并未产生实质性区别，二者的区别在于所述化合物与厄洛替尼联用，即驳回决定认为该申请与对比文件 1 涉及的疾病或适应证并无不同。复审决定则认为："因 AXL 活化而获得对抗癌药物治疗的抗药性的癌"，属于对机理的限定，由于耐药机制复杂而多样，该机理限定并未限定出一种临床认可的、明确的耐药癌症类型。复审决定将区别特征认定为"所述医药组合物中化合物是与厄洛替尼组合使用来制备治疗抗药性癌的药物组合物"。从其区别特征认定以及具体评述理由可以看出，复审决定虽然也将"因 AXL 活化而获得对抗癌药物治疗的抗药性的癌"认定为是机理限定，但实际上其认为上述机理限定不能对"抗药性癌"产生进一步限定作用，没有使其限定出一种临床认可的、明确的耐药癌症类型。即复审决定认为"抗药性癌"构成了该申请与对比文件 1 的区别特征，但并未认可"AXL 活化"对"抗药性癌"产生实质限定作用。由于现有技术对 AXL 基因与癌症抗药性之间的关系尚不完全明确，且该申请实验数据也仅能说明 AXL 基因与癌症产生抗药性之间存在关联，基于现有技术以及该申请说明书的记载，并不能确定 AXL 升高是耐药的原因，还仅是耐药的一种表现，进而不能确定"因 AXL 活化而获得对抗癌药物治疗的抗药性的癌"限定出一种明确的、可以区别于现有技术的耐药癌症类型。

关于耐药性，耐药一直是困扰癌症治疗的难题。癌细胞为了生存和繁殖，本能地要适应各种化疗药、靶向药、内分泌调节药等各种不利的内环境，通过基因变异等对各种药物产生抗药性，在临床上表现为广泛的耐药现象。尽管一些药物在临床治疗初期效果显著，但在治疗一段时间后由于癌细胞产生耐药最终导致治疗失败而不得不淘汰。据美国癌症协会统计，90% 以上的肿瘤患者死于不同程度的耐药。[①] 癌细胞在抵抗药物时，可以形成新的肿瘤，这一过程也称为复发。[②] 而临床耐药机制很多也比较复杂，有原发耐药，也有继发耐药。研究表明，耐药细胞的遗传特性和生化特性发生了复杂变化，使细胞通过许多不同途径对药物产生耐药。[③] 可以是基因突变，也可以在不产生基因突变的情况下对靶向疗法产生耐药。例如，药物摄取量减少、药物外排增加、加速药物代谢或降解、药物作用的靶酶表达改变等。可以涉及一种耐药机制，亦可能是多种耐药机制参与的结果。

通常情况下，肿瘤耐药意味着其生理生化特性或遗传特性等相对于原来的肿瘤状态已经发生了改变，导致对治疗药物出现抵抗。耐药肿瘤的治疗手段已不同于原始肿瘤，通过研究耐药机制以寻求有效治疗耐药肿瘤的新方式也成为目前攻克耐药的研究热点。因此，耐药肿瘤与原肿瘤在发病机制、治疗手段、治疗响应等方面的差异，经常被认为已经不同于原来的肿瘤。如前文所述，该案复审决定中即认为权利要求 1 中的"抗药性癌"相对于对比文件 1 公开了非小细胞肺癌等癌症类型构成二者之间的区别特征。

---

① 许玲，王菊勇，孙建立. 中西医肿瘤理论与临床实践［M］. 上海：上海科学技术出版社，2013.
② 谢文纬. 中医抗癌新思维三十二讲［M］. 北京：中国中医药出版社，2021.
③ 姚红梅，赫文波，李莉. 癌症个性化治疗对策与方法［M］. 北京：人民军医出版社，2011.

因此，对于耐药性限定的适应证，需要结合现有技术整体状况以及该申请说明书记载的内容充分考虑耐药性适应证与原适应证是否在生理生化特性、遗传特性等方面存在差异，并因此导致二者的发病机制、治疗手段等方面产生不同。如果本领域技术人员能够清楚地认知耐药性限定的适应证与原已知用途存在实质不同，则应当认为耐药性限定的适应证界定出了另一种不同的适应证，形成了一种新的治疗应用，该制药用途具备新颖性。反之，则不具备新颖性。

关于基因型，疾病的发生、发展过程复杂，肿瘤也是一个多基因参与的复杂疾病，其中涉及的基因、分子、信号转导通路等众多。大多数疾病的发病机制、治疗机理等还不被人们所认识，对其中涉及的基因、分子等的研究尚处于初期阶段。一些基因可能也仅仅是不同患者之间的个体化标记物，属于对患者个体的描述，抑或仅是确定了这些基因参与了疾病的发生发展或治疗机制，属于发现了疾病的具体病因或治疗作用机理，并未导致疾病发生实质性改变。这些个体化标记物或治疗作用机理的发现通常情况下并不会影响药物实际产生的疗效，仅仅对观察到的现象进行解释并不能界定出另一种实质不同的病症，即并未改变治疗的疾病类型，一般认为对制药用途无限定作用。因此，基因型限定制药用途发明的情形也比较复杂，对于基因型是否对制药用途产生限定作用，需要结合说明书的记载以及现有技术的整体情况等进行综合分析，基因型是否对疾病的类型产生了影响。

该案中，尽管现有技术已经报道 AXL 基因与多种癌症的耐药性有关，但如该案复审决定所述，肿瘤产生抗药性的机制十分复杂，AXL 基因在癌症耐药中的具体作用还未被现有技术所充分了解，并且其也不对应于临床已知的适应证。

纵然基因分型已经在临床疾病的诊断和治疗中发挥着越来越重要的作用，越来越多的基因逐渐参与到疾病的分类过程中，但现实中，目前可用于临床疾病分类的基因数量并不是很多，对绝大多数基因的研究尚处于初级阶段，其在疾病中所发挥的作用尚不能被大家所清楚了解。专利申请文件中涉及的技术往往比较前沿，对于其中涉及的基因以及基因在疾病分类中的作用，需要本领域技术人员结合现有技术整体状况以及该申请说明书的记载等来判断，在此基础上确定基因型对制药用途是否具有限定作用。如果本领域技术人员能够清楚地认知采用基因型限定的适应证，并能判断其与原已知用途存在实质不同，则应当认为该制药用途具备新颖性。反之，则不具备新颖性。但对于是否具备创造性，需要结合现有技术中的技术教导，以及效果的可预期性进行进一步判断。

三、思考与启示

医药领域的发明与其他领域的发明有着明显的不同，新物质的发明往往费时费力，难度很大，而对已经存在的物质进行研究则显得相对容易。寻找已知物质新的治疗活性相对于研发新的具有治疗活性的物质来说，无论是研发成本上还是研发周期上均有很大的优势，其带来的技术进步也丝毫不亚于新物质的发明。目前，欧美等经济发达国家已广泛认可了第二医药用途发明的可专利性，对第二医药用途发明给予更全面的保护，甚至进一步认可了给药途径、给药剂量等与给药方案有关技术方案的可专利性。

在美国，由于疾病的诊断和治疗方法同样属于其可授予专利权的保护主题之一，因此，物质的医药用途发明可通过疾病的诊断或治疗方法类主题予以保护，体现在药物施用过程中的给药方式、给药剂量、给药频率等特征均属于其新颖性、创造性考虑的因素。

与美国不同，欧洲专利局基于伦理道德方面的考虑，始终将疾病的诊断和治疗方法列入不授予专利权的客体范围。但为了实现对医药用途类发明的保护，欧洲专利局设置了新颖性的例外，允许医药用途类发明通过产品形式予以保护。欧洲专利局在医药用途专利新颖性的认定上也曾存在诸多争议，但从其近些年的判例来看，其对医药用途类发明的审查标准呈现出一种逐渐开放的趋势，从最初对第二医药用途不给予保护，到允许采用瑞士型权利要求进行保护，最终废弃了瑞士型权利要求，采用与第一医药用途相同的方式，即产品形式给予第二医药用途发明保护。并且，随着人们对治疗行为的研究，逐渐发现给药方案等特征也会对治疗效果产生影响，欧洲专利局也开始逐渐认可给药特征的限定作用，将医药用途类权利要求中的给药剂量、给药方式等特征作为评价新颖性和创造性的基础。在具体疾病或医学适应证判断上，通过其判例可以看出，欧洲专利局将患者群体作为进一步考虑的主要因素，对于不同患者群体或受试者群体能否构成新的治疗应用，通常考虑新的患者群体或受试者群体是否可以通过其生理或病理状态与现有技术中的群体相区分。上述判断原则在不同的判例中均得以充分体现，并被明确记载在欧洲专利局上诉委员会判例法中，如欧洲专利局上诉委员会判例法第 8 版 I. C. 6.2.3a 中明确了：根据欧洲专利局相关判例（例如见 T1118/12 第 13 点、T1399/04 第 35 点、T893/90 第 4.2 点和 T19/86 第 8 点），在同一疾病的治疗中使用相同的化合物可以构成新的治疗应用，前提是在一组新的受试者上进行的，该受试者可以通过其生理或病理状态与现有技术中治疗的受试者区分开来。欧洲专利局认为物质的新用途不仅在提供新的治疗用途领域（即新的医学适应证）的情况下是有价值的，而且在以前对药物没有反应的新型患者群体被治愈或免受疾病侵害的情况下也是有价值的。

我国现行《专利审查指南》中也承认药物新适应证的可专利性，允许通过瑞士型权利要求的方式得以保护，该规定自 1993 年起一直沿用至今。但当前对于给药特征的主流观点与欧洲专利局的早期观点一致，即对于在制备药物过程中和药物用途中能够体现的技术特征，才能被认为是制药用途类权利要求的技术特征，而给药剂量、给药方式、给药对象等体现在给药方案的技术特征，则往往被认为是医生的治病行为，不会给制药用途型权利要求带来新颖性。在瑞士型权利要求在欧洲走向终结之后，我国在这一问题上的立场与欧洲专利局产生了分歧。我国目前尚不承认给药途径、给药方案、给药对象、给药剂量、给药频率等体现在药物使用过程中技术方案的可专利性，如果上述特征并未对制药过程产生影响，也未导致治疗的疾病有所不同，通常认为不能对制药用途权利要求产生限定作用。在这一过程中，是否导致疾病有所不同的判断是制药用途型权利要求审查中的关键，也是难点所在。

现实中，疾病分类是医学上一个复杂的问题，不是一成不变的，而是在医学发展到每一阶段都有一个与之相适应的、众所公认的疾病分类的准则，使之既能反映医学科学的发展水平，又能符合实际防治疾病工作需要和切实可行的分类法。疾病分类随着医学科学的进步而不断改变。[①] 在世界卫生组织制定的《国际疾病分类》（ICD）中，病因、病理、临床表现（包括症状、分期、性别、年龄、急慢性、发病时间等）、解剖部位等均被作为疾病分类的依据，这些在疾病分类时所采用的某种疾病特征被描述为疾病分类轴心。一般情况下，以单一轴心进行疾病分类的方法很难将所有疾病概括无疑，不能满足疾病分类的需要，绝大多数情况采用的是混合轴心的疾病分类方式，即以某一种分类法为主，将其他分类法有机结合于其中。[②] 如结核性脑膜炎这一疾病就包含了病因、部位与临床表现轴心。ICD 每一次修订都会收入新的疾病类型，这些新收入疾病很多是由于对原先疾病认识的不断深入而作出的拆分和重新归类等。[③] 比如在早期的 ICD 版本中，由于对糖尿病发病机制没有足够的了解，并未区分 1 型糖尿病和 2 型糖尿病。当前 ICD 版本的分类标准显然更为科学与合理，但是仍然没能跟上分子生物学和生物大数据等技术快速发展的步伐。

随着人们对疾病病因、发病机制、临床表现等研究不断深入，越来越多的专利申请文件中采用病因、机理、症状、患病史、治疗史（如术前治疗、术后治疗、初次治疗、防复发等）、基因型、给药群体、生理或生化指标等各种方式来表征制药用途，给药对象类医药用途发明的专利保护需求也在不断上升。然而，机体与疾病之间关系的复杂性以及疾病分类标准的动态调整性等均给疾病的判断增加了很大的难度。而且，专利申请文件中涉及的技术通常是前沿技术领域，其往往基于新发现的病因、致病机制、作用机理、临床表现等，请求保护与之相关的制药用途。很多情况下，上述方式表征的疾病并不是本领域公认或被权威机构认可作为一种单独存在的适应证，其前沿性和未知性也使得上述方式表征的疾病的外延及内涵往往难以确定。审查实践中，当

① 北京协和医院世界卫生组织疾病分类合作中心病案科. 国际疾病分类（第九次修订本）（ICD‐9）指导手册（医院疾病分类部分）[M]. 北京：北京协和医学院，1987.
② 朱文峰. 中医诊断学 [M]. 北京：中国中医药出版社，1997.
③ 刘丹. 还会有新的疾病产生吗？[J]. 科学世界，2019（7）：139.

现有技术证据以及该申请实验数据等并不足以说明病因、致病机制、作用机理、临床表现等表征的疾病能够使其限定出一种明确不同于已知疾病的亚型时，上述表征方式通常会被认定为医疗活动中的用药行为，属于药物使用过程中的特征或者属于对疾病发病机制、作用机理的发现，给药对象、发病机制、作用机理的差异并不能使其限定的疾病与现有技术中的已知疾病明确区分，从而导致制药用途权利要求不具备新颖性。

确定制药用途型权利要求保护何种具体的疾病或适应证，以及判断该疾病或适应证能否与现有技术已知的疾病或适应证相区分，被认为是制药用途型权利要求具备新颖性和创造性判断的两个关键步骤。在判断过程中，需要充分考虑现有技术的整体状况以及说明书记载、申请人意见陈述等，综合分析后确定病因、机理、症状、基因型等方式限定是否隐含了疾病的发病机理、具体表现、治疗手段等的明确不同，上述限定对诊断的意义以及在治疗中的特殊性等，最终确定是否导致疾病的不同。判断过程中应避免一刀切的方式，笼统地以给药对象属于医生的治疗行为或体现在用药过程中的给药特征为由，认为上述方式对制药用途型权利要求不具有限定作用。如果本领域技术人员能够清楚地认知采用上述方式限定的适应证，并能判断其与已知用途存在实质不同，则应当认为该制药用途具备新颖性。对于不能明确上述方式限定的疾病能够与现有技术区分的情形，可首先质疑上述方式限定的疾病或适应证不能区别于现有技术，从而不具备新颖性，后续根据申请人的意见陈述情况进行进一步的判断。

【专家点评】

随着精准医学和分子靶向药物技术的快速发展，研究者更加重视对疾病发展过程中病因、发病机制、作用机理等方面的研究，这些研究成为新药研发的重要突破口，专利申请中越来越多出现以病因、症状、机理、基因型、治疗史、治病机理等给药群体方式表征制药用途权利要求主题。本章通过欧洲专利法体系中制药用途型权利要求的起源和发展，介绍我国制药用途型权利要求的由来以及保护现状，结合专利审查和司法实践中的 8 个案例分析不同类型给药对象特征在制药用途权利要求中的考量。为专利申请人、无效宣告请求人以及知识产权服务行业人员等相关人员在制药用途权利要求的理解、新颖性、创造性、不支持等的判断上提供启示和借鉴，推动制药产业高质量发展。

（点评专家：王璟）